Xpert.press

Die Reihe **Xpert.press** vermittelt Professionals
in den Bereichen Softwareentwicklung,
Internettechnologie und IT-Management aktuell
und kompetent relevantes Fachwissen über
Technologien und Produkte zur Entwicklung
und Anwendung moderner Informationstechnologien.

Ulrich Sendler

Herausgeber

Industrie 4.0 grenzenlos

Reiner Anderl · Roman Dumitrescu · Martin Eigner ·
Christopher Ganz · Anton S. Huber · Jan S. Michels ·
Tanja Rückert · Tian Shubin · Rainer Stark · Pan Zhi

Springer Vieweg

Herausgeber
Ulrich Sendler
München, Deutschland

ISSN 1439-5428
Xpert.press
ISBN 978-3-662-48277-3   ISBN 978-3-662-48278-0 (eBook)
DOI 10.1007/978-3-662-48278-0

Die Deutsche Nationalbibliothek verzeichnet diese Publikation in der Deutschen Nationalbibliografie; detaillierte bibliografische Daten sind im Internet über http://dnb.d-nb.de abrufbar.

Springer Vieweg

Gedruckt auf säurefreiem und chlorfrei gebleichtem Papier

Springer Vieweg ist Teil von Springer Nature
Die eingetragene Gesellschaft ist Springer-Verlag GmbH Berlin Heidelberg

Vorwort

Sie haben ein besonderes Buch vor sich. Es ist keine Neuauflage des ersten von mir herausgegebenen Buchs zu Industrie 4.0. Es ergänzt nicht nur die Informationen zu dem, was hierzulande und inzwischen auch in vielen anderen Ländern als vierte industrielle Revolution bezeichnet wird. Es beschäftigt sich auch mit etlichen Fragen, die weniger mit der Technik als mit den Folgen der technologischen Entwicklung für Mensch, Gesellschaft, und, ja, auch für die Natur zu tun haben. Es ist in gewisser Weise auch ein politisches Buch über die Industrie der Zukunft. Und es wagt einige Blicke zurück auf die Geschichte der industriellen Revolution(en), denn aus der Kenntnis dessen, woher wir kommen, können wir am besten verstehen, wohin der Weg uns möglicherweise führen wird.

Es ist auch deshalb ein besonderes Buch, weil es durchaus einzigartig ist, wenn eine offizielle chinesische Organisation wie Xinhuanet das umfangreiche Kap. 7 beisteuert, das aus chinesischer Sicht die Initiative Industrie 4.0 beleuchtet, sie mit dem Programm „Made in China 2025" vergleicht, und sowohl den Stand der Entwicklung als auch die strategische Zielsetzung Chinas mit diesem Programm darlegt. Dafür gilt mein besonderer Dank dem CEO von Xinhuanet in Peking, Tian Shubin. Wie für die Kapitel der anderen Autoren gilt natürlich auch hier: Sie finden sehr verschiedene Meinungen, Standpunkte und Einschätzungen zur Industrie der Zukunft, die sich nicht mit der des Herausgebers decken müssen. Zusammengenommen aber ergeben sie ein aufschlussreiches Bild.

Der Titel des Buches „Industrie 4.0 grenzenlos" könnte marktschreierisch verstanden werden. Etwa: Alles wird Industrie 4.0 und alles wird gut! Das wäre ein komplettes Missverständnis. Der Titel ist zwar mehrdeutig angelegt, aber genau diese eine Deutung, dass mit dem Buch Marketing gemacht werden soll, trifft nicht zu. Im Gegenteil sind gerade die großsprecherischen Vermarktungsparolen und entsprechende Veranstaltungen Gegenstand kritischer Betrachtung. Weniger Geschrei wäre aus Sicht des Herausgebers gut für alle Beteiligten.

Das erste von mir herausgegebene Buch zu Industrie 4.0 kam 2013 in deutscher Sprache heraus, 2014 in Chinesisch. Das vorliegende ist ebenfalls in Deutsch und Chinesisch, und zusätzlich auch in Englisch in Planung. Grenzenlos im Wortsinn ist das Thema damit tatsächlich geworden. Die damit gemeinte vierte industrielle Revolution wird weltweit als der nächste Schritt der Industrialisierung betrachtet, es gibt zahlreiche ähnliche Initiativen in vielen Ländern, und mit einigen gibt es regen Austausch oder sogar enge

Zusammenarbeit. Diese weltweite Entwicklung einzuschätzen und die Zusammenhänge zu untersuchen, ist eines der Motive, die zu diesem Buch und seinem Titel geführt haben.

Auch die Globalisierung wird mit diesem technologischen Umbruch eine neue Rolle spielen. Wenn Produkte weltweit über das Internet verbunden sind, wenn weltweit Produktdaten generiert, gesammelt und verarbeitet werden können, entstehen neue Kanäle, über die Industrie und Wirtschaft miteinander kommunizieren. Es entstehen aber auch neue Dienstleistungen, die die weltweite Rolle einzelner Anbieter neu definieren können. Und weltweit können sich Unternehmen mit Ideen für neue Produkte und Dienstleistungen herauskristallisieren, die für die etablierten, alt eingesessenen lokalen Matadore gefährlich werden können, wenn diese Ideen in Konkurrenz zu ihrem bisherigen Angebot treten.

Im übertragenen Sinne ist Industrie 4.0 grenzenlos, weil es – wenn überhaupt – nur sehr wenige Branchen und Bereiche der Industrie gibt, die nicht davon tangiert sind. Die Digitalisierung macht nirgends halt und erfasst nun auch die gesamte Industrie. Vieles, was wir hier gewohnt sind, stellt sie auf den Kopf oder besser: auf die Daten. Dieser Umbruch muss von uns verstanden, die damit einhergehenden Herausforderungen angenommen werden. Auch dies ist Thema des Buchs.

Grenzenlos ist das Thema auch, weil die Industrie nun als einer der zentralen Akteure die Internet-Bühne betritt. Damit werden die Industrieprodukte und damit verbundene Dienstleistungen zum Bestandteil der globalen Vernetzung, die weit über den längst globalisierten Handel hinausgeht und diesen übrigens nochmals deutlich verändern wird.

Wer glaubt, dass Industrie 4.0 nur die Industrie betrifft, malt sich auch Grenzen aus, die es nicht gibt. Nicht nur weil fast alles, was wir im täglichen Leben nutzen, industriell entwickelt und produziert wurde. Auch weil die Digitalisierung von Produkten und Produktion Auswirkungen auf Bereiche der Gesellschaft und des Lebens haben wird, die scheinbar gar nichts mit der Industrie zu tun haben. Gesundheitswesen und Versicherungen, Stadtverwaltung und Verkehr, Angebot und Nachfrage – um nur einige Bereiche willkürlich herauszugreifen.

Wenn die industrielle Entwicklung aber solche Auswirkungen auf beinahe alles hat, dann ist naheliegend, dass die Umwelt, das Klima, die Nutzung der natürlichen Ressourcen ebenfalls Wirkung zeigen werden. Sollten wir das Thema dann wirklich als ein rein technisches begreifen? Wäre es nicht sinnvoll, frühzeitig darauf Einfluss zu nehmen, wie es ausgestaltet wird, welche Wirkung es konkret entfalten soll, und nicht zu warten, um dann im Nachhinein Grenzen zu ziehen? Es war schon bisher nicht sinnvoll, auf technische und technologische Neuerungen immer nur zu reagieren, statt gestalterisch Einfluss darauf zu nehmen. Mit dem Internet der Dinge und Industrie 4.0 wird es geradezu gefährlich: Die Entwicklung hat ein solches Tempo vorgelegt, dass es schon jetzt verantwortungslos erscheint, wie spät und langsam wir in die Diskussion um ihre Folgen einsteigen.

Es ist also durchaus berechtigt, das Wort grenzenlos in den Titel zu nehmen. Und die Leserschaft? Wer wird das Buch lesen? An wen richtet es sich? Ist die Leserschaft auch grenzenlos, was für Herausgeber und Verlage natürlich immer den leider selten erreichten Idealfall darstellt? Natürlich nicht.

In erster Linie richtet es sich an diejenigen, die die aktivste Rolle spielen, an die Verantwortlichen in der Industrie selbst: das Management, die Projektleiter, die Leiter von Forschung und Entwicklung, die Produktionsleiter und technischen Direktoren. Sie alle sollten das Thema, das sie in den kommenden Jahren und vielleicht Jahrzehnten beschäftigt, von allen Seiten kennen und ein Buch in der Tasche haben, in dem sie zu allen wichtigen Fragen in diesem Umfeld ernstzunehmende Anregungen und Antworten finden. Zumindest aber sollten sie die Fragen finden, die sich stellen, und die sie sich folglich auch stellen müssen.

Das Buch ist auch für die geschrieben, die aus politischen, beruflichen, sozialen oder anderen Gründen mit Industrie 4.0 zu tun haben. Sie sollen hier auf eine neutrale Position treffen, die ihnen nichts verkaufen will außer dem Angebot, sich ernsthaft mit dem Thema zu befassen.

In Forschung und Lehre, in der Ausbildung an staatlichen und privaten oder betrieblichen Einrichtungen – hier sind beide Seiten angesprochen: die Lehrer und Forscher ebenso wie die Lernenden und an den Forschungsprojekten Beteiligten. Es gibt schon viel Geschriebenes, aber leider noch sehr wenig, das sich sachlich und fachlich als Lernmaterial heranziehen lässt.

Die verschiedenen Sprachen lassen keinen Zweifel, dass das Buch auch eine internationale Leserschaft im Blick hat. Weil das Thema weltweit diskutiert wird, gibt es auch auf allen Kontinenten Bedarf an inhaltlicher Klärung. In China ist das Interesse aus verschiedenen Gründen, die noch ausführlich behandelt werden, besonders groß. Dies schlägt sich nicht nur in beeindruckenden Auflagenzahlen der chinesischen Ausgabe des ersten Buches nieder. Es spiegelt sich auch in einer Untersuchung der Initiativen in Deutschland und China, und das aus zwei Perspektiven: aus deutscher und aus chinesischer Sicht.

In den USA und anderen Ländern ist das Interesse ebenfalls groß. Auch wenn durchaus unterschiedliche Ansätze gewählt wurden, gibt es viel Übereinstimmung in der grundsätzlichen Einschätzung, was sich in der Industrie verändert, was sich ändern muss. Auch zu dieser internationalen Debatte soll das Buch einen Beitrag leisten.

Beim Schreiben der eigenen Kapitel und bei der Eingliederung der Beiträge von Autoren aus sehr unterschiedlichen Bereichen wurde Wert darauf gelegt, dass das Buch für jede der genannten Zielgruppen gut lesbar ist. Auch dann, wenn der Leser nicht vom Fach ist, wenn er weder als Ingenieur noch als Informatiker noch als Fertigungsleiter täglich mit der Digitalisierung der Industrie beschäftigt ist, soll er verstehen, was die Fachleute umtreibt.

Das Buch will also ziemlich hohe Erwartungen erfüllen. Dabei haben dem Herausgeber nicht nur die zahlreichen Autoren mit ihren Beiträgen geholfen, ohne die etliche Teilbereiche gar nicht hätten abgedeckt werden können. Es gibt auch einige wichtige Menschen, deren Hilfe nicht unwesentlich dazu beigetragen hat, dass es nun vorliegt. Denn neben der freiberuflichen Tätigkeit als Technologie-Analyst, Fachautor, Referent und Berater das Manuskript für ein solches Buch zu erstellen, ist eigentlich kaum zu bewältigen. Meine Schwester Jutta Sendler und meine Freunde Hartmut Streppel und Reiner Schönrock haben mir immer wieder lesend, kommentierend und korrigierend zur Seite gestanden. Ihre Unterstützung war mir besonders wichtig hinsichtlich der Frage, ob das Geschriebene auch gut lesbar und verständlich ist. Dafür mein großes Dankeschön. Und ebenso möchte ich mich bei Anton Sebastian Huber bedanken, der – obwohl bis einschließlich Mai 2016 noch vollzeitlich als CEO der Siemens Division Digital Factory aktiv – mir immer wieder in ausführlichen und zeitintensiven Gesprächen dabei geholfen hat, das Theoretische mit dem praktisch Erforderlichen und Möglichen zu verknüpfen. Ganz abgesehen von einem eigenen Kapitel (Kap. 14), das er auch diesmal wieder beigesteuert hat.

Was ist der Zweck dieses Buchs? Zusammenhänge zu vermitteln, zur Klärung wichtiger Fragen der industriellen Entwicklung beizutragen, aber auch: Interesse zu wecken und neugierig zu machen. Denn Industrie 4.0 ist beileibe nicht das rein technische Thema, für das es in weiten Kreisen gehalten wird. Und es beinhaltet viele Chancen für die Industriegesellschaft, die gar nicht hoch genug eingeschätzt und intensiv genug verfolgt werden können.

München, im Mai 2016   Ulrich Sendler

Inhaltsverzeichnis

Prof. Dr.-Ing. Reiner Anderl, Jahrgang 1955, wurde 1984 an der Universität (TH) Karlsruhe promoviert, war in der mittelständigen Industrie (Anlagenbau) tätig und habilitierte sich an der Universität Karlsruhe 1991. Seit 1993 ist er Professor für Datenverarbeitung in der Konstruktion (DiK) im Fachbereich Maschinenbau der Technischen Universität Darmstadt. Von 1999–2001 war er Dekan des Fachbereichs Maschinenbau und von 2001–2003 Prodekan. Von 2001 bis Ende 2004 war er Sprecher des Sonderforschungsbereichs 392 „Entwicklung umweltgerechter Produkte". Im Mai 2005 wurde er zum Adjunct Professor der Universität Virginia Tech (USA) ernannt und im Oktober 2006 erhielt er eine Gastprofessur an der Universidade Metodista (UNIMEP) Piracicaba (Brasilien). Von Januar 2005 bis Dezember 2010 war er Vizepräsident der Technischen Universität Darmstadt. Seit November 2006 Mitglied der Akademie der Wissenschaften und der Literatur in Mainz und seit 2009 ist Mitglied der deutschen Akademie für Technikwissenschaften (acatech). In der Akademie der Wissenschaften und der Literatur in Mainz ist er seit 2011 Vizepräsident. Im Juni 2013 wurde er zum Sprecher des Wissenschaftlichen Beirats der Plattform Industrie 4.0 gewählt und im Dezember 2015 wiedergewählt.

Oleg Anokhin Darmstadt, Deutschland

Alexander Arndt Darmstadt, Deutschland

Dr.-Ing. Roman Dumitrescu ist seit 2012 Geschäftsführer der it´s OWL Clustermanagement und seit 2016 Direktor der Fraunhofer Einrichtung Entwurfstechnik Mechatronik in Paderborn. Nach seinem Studium der Mechatronik an der Friedrich-Alexander-Universität Erlangen-Nürnberg war er wissenschaftlicher Mitarbeiter am Lehrstuhl für Produktentstehung am Heinz Nixdorf Institut der Universität Paderborn. Unter der Leitung von Professor Jürgen Gausemeier promovierte er dort 2010 im Bereich »Entwicklungsmethodik für fortgeschrittene mechatronische Systeme«. Von März 2011 bis Dezember 2015 war er zunächst Abteilungsleiter der Fraunhofer Projektgruppe Entwurfstechnik Mechatronik in Paderborn.

Prof. Dr.-Ing. Martin Eigner gründete 1985 die EIGNER + PARTNER GmbH, die er – zuletzt als AG – als Vorstandsvorsitzender leitete. Von Juli 2001 bis August 2003 war er Aufsichtsratsvorsitzender und CTO der EIGNER Inc. in Waltham, Massachusetts (USA), dem neuen Hauptsitz. 2003 wurde die Firma mit Agile zusammengelegt und 2007 an ORACLE verkauft. Herr Eigner gründete 2001 die Beratungsfirma ENGINEERING CONSULT, deren Geschäftsführer er seitdem ist.
Nach seiner Promotion 1980 an der Universität Karlsruhe (TU), war er Leiter der Technischen Datenverarbeitung und Organisation in einem Geschäftsbereich der Robert Bosch GmbH. Seine Schwerpunkte lagen im Technischen Rechenzentrum, Elektronikvorentwicklung und Mikroprozessoranwendung, Rationalisierung, Produktfreigabe und Produktänderungswesen.
Seit 1.10.2004 leitet Prof. Dr.-Ing. Eigner den Lehrstuhl für Virtuelle Produktentwicklung an der Technischen Universität Kaiserslautern.
Prof. Dr.-Ing. Martin Eigner war seit 1984 Gastdozent in Karlsruhe, Sofia und Izmir. Er engagiert sich ehrenamtlich in diversen Branchen- und Fachverbänden. 1985 wurde er mit dem VDI-Ehrenring ausgezeichnet, 1994 zum Honorarprofessor des Landes Baden-Württemberg berufen, 1999 Ehrenprofessor der Universität Karlsruhe.

Dr. Christopher Ganz, Group Vice President Service R&D, ABB Technology Ltd., ist bei ABB dafür verantwortlich, Dienstleistungsaspekte in Forschung und Entwicklung zu stärken. Nach dem Studium der Elektrotechnik an der ETH Zürich und seiner Promotion in Regelungstechnik hatte er verschiedene Positionen in Forschung und Entwicklung im Bereich Kraftwerksleittechnik von ABB inne. Danach war er verantwortlich für das Konzernforschungsprogramm Regelung und Optimierung. In seiner jetzigen Rolle in der Zentrale von ABB in Zürich leitet Christopher Ganz unternehmensweite Projekte im Bereich der Dienstleistungs-Technologien, einschließlich Fernwartung und IoT-Technologien.

Anton S. Huber, Chief Executive Officer der Siemens AG, Digital Factory Division, geboren am 6. Januar 1951 in Mühldorf/Inn, Deutschland

Anton S. Huber begann seine Siemens-Laufbahn 1979 im Unternehmensbereich Bauelemente. Nach verschiedenen Positionen in Geschäfts- und Fachbereichen übernahm er 1989 in USA eine führende Funktion bei der Akquisition der Bendix Electronics und ihrer anschließenden Integration in die Siemens Automotive LP. 1991 wurde er President & CEO der Siemens Automotive LP in Detroit, USA.

1998 leitete Anton S. Huber die Integration des von Siemens erworbenen Westinghouse-Geschäfts mit konventionellen Kraftwerken in den Bereich Energieerzeugung (KWU). Ab 01. Oktober 1999 wurde Anton S. Huber zum Mitglied des Bereichsvorstands des A&D-Bereiches ernannt. Er war verantwortlich für die Produktentwicklung und Fertigung, wie auch für die Geschäftsentwicklung in der Region Asien und Pazifik. Im Januar 2008 wurde er CEO der Siemens Division Industry Automation. Seit Oktober 2014 ist Anton S. Huber CEO der Division Digital Factory.

Dr.-Ing. Jan Stefan Michels ist Leiter der Standard- und Technologieentwicklung der Weidmüller-Gruppe und verantwortet die Bereiche Technologieentwicklung Elektronik, Technische Standards und Verfahrensentwicklung. Zusammen mit seinem Team erarbeitet er neue Technologien in der Industrial Connectivity und der Automatisierungstechnik für zukünftige Anwendungen und deckt dabei das Spektrum von der Übertragungstechnik bis hin zu Industrial Analytics ab. Ferner zählt zu seinen Aufgaben, Standards für Produktfunktionen und Verfahren zu realisieren und zu implementieren. Dr. Michels ist Mitglied der Plattform Industrie 4.0 und der Arbeitsgruppe 2 Forschung und Innovation, im ZVEI Führungskreis Industrie 4.0 sowie in weiteren einschlägigen Arbeitskreisen im Umfeld intelligenter technischer Systeme aktiv. Vor seiner Tätigkeit bei Weidmüller war er wissenschaftlicher Mitarbeiter am Heinz Nixdorf Institut der Universität Paderborn und arbeitete auf dem Gebiet des Technologie- und Innovationsmanagements.

Dr. Tanja Rückert, Verantwortlich für die Line of Business Digital Assets & Internet of Things (IoT) bei der SAP SE, treibt Frau Rückert den Digitalen Wandel durch die Entwicklung intelligenter und hochvernetzter SAP Software. Frau Rückert hat die Gesamtverantwortung für alle SAP-Lösungen in den Bereichen Produktion, Supply Chain Management, Asset Management, IoT und Industrie 4.0. Als Executive Vice President im Bereich Products & Innovation berichtet sie direkt an den Entwicklungsvorstand Bernd Leukert.
Unmittelbar nach ihrem Eintritt in die SAP im Jahr 1997 war Frau Rückert in verschiedenen Kundenimplementierungsprojekten aktiv, übernahm später die Verantwortung für die Qualitätssicherung im Rahmen der Entwicklung von SAP Unternehmenssoftware und verantwortete als COO das Tagesgeschäft für das Personalwesen und später die gesamte Produktentwicklung.
Frau Rückert hält einen Doktortitel in Chemie von der Universität Würzburg und der Universität Regensburg. Sie teilt ihre Zeit zwischen Silicon Valley und der SAP-Zentrale in Walldorf bei Heidelberg und ist Mutter von zwei Kindern.

Ulrich Sendler, geboren 1951, erhielt sein Abitur am humanistischen Ernst Moritz Arndt Gymnasium in Krefeld. Vor dem Studium der Feinwerktechnik an der FH Heilbronn, das er 1985 mit dem Diplom abschloss, war er Werkzeugmacher und NC-Programmierer. Anschließend war er in der CAD-Systementwicklung bei Kolbenschmidt, danach als Redakteur beim CAD-CAM Report, Heidelberg, tätig.

Seit 1989 ist er unabhängiger Journalist, Buchautor und Technologie-Analyst im Umfeld von Industriesoftware. 2009 erschien beim Springer Verlag das von ihm herausgegebene PLM Kompendium. Ulrich Sendler war 2013 Initiator und Veranstalter des „Industriegipfel Feldafing – System Leadership 2030". Sein Buch „Industrie 4.0 – Beherrschung der industriellen Komplexität mit SysLM" wurde in China zum Bestseller. Seit 1995 leitet er den sendler\circle, die Interessengemeinschaft der Anbieter von Software und Service für die Industrie. Das vorliegende Werk ist das elfte von ihm herausgegebene Buch.

Tian Shubin, CEO und Präsident von Xinhuanet GmbH, Vize-Präsident der Chinesischen Internet-Gesellschaft und ständiges Vorstandsmitglied des Chinesischen Journalistenverbandes. Zuvor war er als Büroleiter der Xinhua Nachrichtenagentur in Ningxia, Chongqing, Yunnan und Jiangsu tätig. Er ist Autor zahlreicher Fachartikel über Industrie und Wirtschaft. Tian Shubin konzentriert sich seit langem auf den Bereich Industrialisierungs- und Informatisierungsentwicklung im Zeitalter der Globalisierung.

Prof. Dr.-Ing. Rainer Stark, geb. 1964, studierte Maschinenbau an der Ruhr-Universität Bochum sowie der Texas A & M University (USA). Von 1989 bis 1994 war er als Wissenschaftlicher Mitarbeiter am Lehrstuhl für Konstruktionstechnik/CAD der Technischen Fakultät der Universität des Saarlandes beschäftigt. Mit der Erlangung des Grades Dr.-Ing. wechselte er zur Ford AG. Dort war er zuletzt als Technischer Manager der „Virtuellen Produktentstehung und Methoden" der Ford Motor Company Europa tätig. Seit Februar 2008 ist er Leiter des Fachgebietes Industrielle Informationstechnik der TU Berlin und Direktor des Geschäftsfeldes Virtuelle Produktentstehung des Fraunhofer-Instituts für Produktionsanlagen und Konstruktionstechnik.

Thomas Damerau Geschäftsfeld Virtuelle Produktentstehung, Fraunhofer-Institut für Produktionsanlagen und Konstruktionstechnik IPK, Berlin, Deutschland

Kai Lindow Fakultät V – Verkehrs- und Maschinensysteme, Institut für Werkzeugmaschinen und Fabrikbetrieb (IWF), Fachgebiet Industrielle Informationstechnik, Technische Universität Berlin, Berlin, Deutschland

Pan Zhi, Generaldirektor von Xinhuanet Europe, der Tochterfirma von Xinhuanet GmbH in Europa. 1999 begann er für die Xinhua Nachrichtenagentur zu arbeiten. Von 2001 bis 2004 arbeitete er als Korrespondent im Bereich Wissenschaft und Technologie im Xinhua-Büro Berlin. Im Jahr 2008 hat er als Stipendiat am Medienbotschafter-Programm der Robert-Bosch-Stiftung teilgenommen und in Hamburg eine dreimonatige Fortbildung absolviert. Von 2010 bis 2014 arbeitete er als Chefkorrespondent im Den Haag-Büro der Xinhua-Nachrichtenagentur. Pan Zhi hat sich mit zahlreichen Fachartikeln einen Namen gemacht. Im Jahr 2015 wechselte er zu Xinhuanet.

Teil I
Grundlagen

Einleitung

Ulrich Sendler

Zusammenfassung

Die einen sprechen von industrieller Revolution und meinen den Wechsel von der Agrarwirtschaft zur Industriegesellschaft. Andere sprechen von vierter industrieller Revolution und meinen eine neue Stufe des technologischen Fortschritts. Wieder andere meinen, es sei Unfug, von Revolution zu reden, die Industrie entwickle sich einfach evolutionär weiter. Eine kleine Betrachtung der Industrierevolutionsgeschichte scheint angebracht.

Die Rolle des Industriestandorts Deutschland spielt bei der Initiative Industrie 4.0 eine zentrale Rolle. Wird aus einer Forschungsinitiative etwas mit sehr praktischem Nutzen für Deutschland? Und was hat eigentlich Industrie 4.0 mit dem Großthema Digitalisierung zu tun, das neuerdings alle Medien füllt? Nur weil Industrie 4.0 dummerweise von seinem Namen her danach riecht, muss die Initiative keineswegs nur der Industrie nutzen. Aber wer sich damit befassen soll, will natürlich wissen, wem das nutzt. Der Ausleuchtung dieser Fragen dient das einleitende Kapitel.

1.1 Die Geschichte der industriellen Revolution(en)

Unter industrieller Revolution wurde ursprünglich der Wandel von der Agrarwirtschaft zur Industriegesellschaft verstanden. Allgemein wird als Auslöser die Erfindung der Dampfmaschine gesehen: eine Wärmekraftmaschine, die in einem Dampferzeuger durch Verbrennung Dampf generiert und die im Dampf enthaltene Wärme- beziehungsweise Druckenergie in mechanische Arbeit umwandelt. Ein genauer Zeitraum lässt sich nicht bestimmen, denn es dauerte lange, bis die Dampfmaschine wirtschaftlich einsetzbar war und

U. Sendler (✉)
München, Deutschland
E-Mail: ulrich.sendler@ulrichsendler.de

© Springer-Verlag Berlin Heidelberg 2016
U. Sendler (Hrsg.), *Industrie 4.0 grenzenlos*, Xpert.press, DOI 10.1007/978-3-662-48278-0_1

schließlich sogar das Zeug hatte, die Gesellschaft und ihre Form des Wirtschaftens grundlegend zu ändern.

Über Jahrtausende hatte der Mensch regenerative Energien, in erster Linie Wasser und Wind, genutzt, um für bestimmte Tätigkeiten eine höhere Produktivität zu erzielen, als sie mit Menschenkraft allein möglich war. Und noch lange, nachdem die Dampfmaschine ihren Siegeszug angetreten hatte, blieb der Wasserantrieb auch in weiten Teilen Europas der neuen Technik überlegen.

Die erste wirtschaftlich verwendbare Dampfmaschine wurde 1712 von Thomas Newcomen in England erfunden. Ihr Wirkungsgrad betrug 0,5 %, womit das Verhältnis von aufgewendeter Energie zu abgegebener Leistung gemeint ist. Im Vergleich dazu hat ein heutiger Verbrennungsmotor einen Wirkungsgrad zwischen 30 und 50 %. Erst 1769 war James Watt in der Lage, die Dampfmaschine so weit zu verbessern, dass schließlich ein Wirkungsgrad von drei Prozent erzielt wurde. Von Watt stammt auch der Begriff Pferdestärke (PS), der dann über mehrere Jahrhunderte als Leistungseinheit genutzt wurde.

Der breite Einsatz der Dampfmaschine datiert auf die Mitte des 19. Jahrhunderts, als ihre Anzahl allein in Deutschland innerhalb weniger Jahrzehnte auf annähernd 10.000 Maschinen anstieg. Nach dem Einsatz in Bergwerken zur Entwässerung folgten Erfindungen, die mit der Spinnmaschine und dem mechanischen Webstuhl die Grundlage für die Textilindustrie legten, aber auch zu Werkzeugmaschinen, Eisenbahnen und Schiffen führten. Die massenhafte Verfügbarkeit von Kohle und Stahl aufgrund der wirtschaftlich möglich gewordenen Abbau- und Verarbeitungsmethoden veränderten die Welt.

Für alle, die heute glauben, dass China und andere asiatische Länder den Nachholbedarf an Industrialisierung vor allem mit unlauterem Kopieren moderner Maschinen und Produkte der führenden Industrienationen zu decken versuchen, ist eine geschichtliche Randnotiz der industriellen Revolution in Deutschland interessant, die sich unter anderem in einem Buch von Hans L. Sittauer über James Watt findet [1]: Die erste Dampfmaschine, die Ende des 18. Jahrhunderts im deutschen Bergbau zum Einsatz kam, war eine aus England gekaufte Maschine wattscher Bauart. Aus ihr und aus Studien deutscher Ingenieure und Wissenschaftler bei Watts in England kamen dann die Zeichnungen, mit denen die deutschen Nachbauten gegen den Willen des Erfinders entstanden. Die Industriespione kamen im Auftrag von Preußenkönig Friedrich II., Freiherr von Stein und anderen, wurden in England zum Teil mit Haftbefehlen verfolgt und mussten sich der Verhaftung durch Flucht entziehen. Übrigens wird von den ersten in Preußen gebauten Dampfmaschinen berichtet, dass ihre Störanfälligkeit diesen Kopien des Originals anfänglich reichlich Spott einbrachte. (Auf die sehr ernstzunehmenden Absichten Chinas und seiner Industrie, unseren heutigen Stand der Technik nicht nur einzuholen, sondern uns in den kommenden Jahrzehnten deutlich zu überholen, werden wir noch eingehen. Mit dem Kopieren nach preußischem Vorbild wäre dies jedenfalls nicht möglich.)

Kohle wurde zum Energieträger, die Dampfkraft steigerte die menschliche Produktivität in bisher ungekanntem Ausmaß, und die Dampfmaschine ermöglichte nicht nur industrielle Güterproduktion, sondern sie sorgte mit der Dampflokomotive und dem Dampfschiff auch für eine völlig neue Art von Transport. Hinzu kam mit der dampfgetriebenen Zylinderdruckmaschine, mit Papiermaschinen, Stereotypie und Rotationsdruck eine regelrechte Revolution im Druckwesen, die die Grundlage für eine neue, schnelle und massenhafte Kommunikation legte, wie sie die Industrie brauchte. Die moderne Industriegesellschaft war geboren.

Jeremy Rifkin, der Bestsellerautor, der 2014 sein Werk „Die Null-Grenzkosten-Gesellschaft" [2] herausbrachte, stellte darin die These auf, dass jedes Mal, wenn Transport, Kommunikation und Energie zur gleichen Zeit auf neue Füße gestellt werden, ein neues Wirtschaftssystem entsteht. Mit der industriellen Revolution entstand jedenfalls der Kapitalismus. Die Basis für Kommunikation, Transport und Energie waren die Dampfmaschine und die damit geschaffene Möglichkeit zur wirtschaftlichen Nutzung der Kohle.

Mit der Entdeckung des Erdöls und seiner wirtschaftlichen Nutzung, mit der Erfindung des Verbrennungsmotors, mit Elektrizität und Fließband zur Massenfertigung von Gütern, unter anderem von Automobilen, und mit dem Telefon als neuem Kommunikationsmittel wird Anfang des 20. Jahrhunderts der Beginn einer zweiten industriellen Revolution datiert. Arbeitsteilung und Serienproduktion führten nicht nur zu einer sprunghaften Steigerung der Produktivität, sondern auch zur Herausbildung der Konsumgesellschaft. Der Mensch kaufte nicht mehr nur das zum Leben Notwendige, immer mehr Menschen konnten sich mit einer Vielzahl von Gebrauchsgütern einen steigenden Lebensstandard leisten. War die erste industrielle Revolution von England ausgegangen, gefolgt von Frankreich und Deutschland, und hatte erst mit einer kleinen Verzögerung die USA und andere Länder erreicht, so war die US-amerikanische Industrie bei der zweiten von Anfang an führend. Aber auch wenn Telefon, Verbrennungsmotor und Erdöl Kommunikation, Transport und Energie auf eine neue Grundlage stellten – ein neues Wirtschaftssystem entstand nicht. Es sei denn, man will die Entstehung der kommunistischen Wirtschaftsordnung in Teilen der Welt als neues Wirtschaftssystem begreifen. Aber weder Russland noch China waren wichtige Elemente in der zweiten industriellen Revolution. Und in den industriellen Kernländern Europas und der USA konnte sich der Kommunismus nicht verankern.

Dann, um die Mitte des zwanzigsten Jahrhunderts, betrat der Computer die Bühne. Aus den mathematischen Fakultäten gingen die der Informatik hervor. Aus elektrisch gesteuerten, an- und abschaltbaren Maschinen und Anlagen wurden programmierte. Die Ende der Sechzigerjahre des letzten Jahrhunderts auf den Markt gebrachte speicherprogrammierbare Steuerung (SPS) wird als der Auslöser der dritten industriellen Revolution betrachtet. Automatisierung und Roboter veränderten noch einmal das Gesicht der Industrie, denn immer mehr Arbeitsschritte wurden nun von Maschinen und Robotern erledigt, während der Mensch in diesen Schritten zur Kontrollfunktion wechselte.

Man muss aber festhalten, dass diese dritte industrielle Revolution eigentlich erst nach der Postulierung der vierten durch die deutsche Initiative Industrie 4.0 definiert worden ist. In den USA wird erst der jetzige Umbruch durch den Einzug des Internets der Dinge in die Industrie als dritte Revolution betrachtet. Die dritte Phase, die ja vor allem die Phase der Durchdringung der Fertigung durch Automation und Roboterstraßen war, wurde zur großen Erfolgsphase der deutschen Industrie. Just während sich alle anderen Industrienationen auf die Dienstleistung konzentrierten und in großem Umfang die Fertigung in sogenannte Billiglohnländer auslagerten, während der Anteil der Industrie an der Bruttowertschöpfung dieser Länder zurückging, setzte der Standort Deutschland genau auf diese seine Stärke und trieb die Automatisierung der Fertigung immer weiter in Richtung Optimum.

Gleichzeitig, und das wird in der Debatte über die dritte industrielle Revolution meist vergessen oder als unwesentlich übergangen, gleichzeitig setzte die Digitalisierung der gesamten Wertschöpfungsprozesse ein. Computergesteuerte Drehbänke und Fräsmaschinen (NC-Maschinen) in der Fertigung; computerunterstützte Zeichnungserstellung und später 3D-Modellierung (CAD); computerunterstütztes Modellieren in allen Fachdisziplinen der Ingenieure, in Produktentwicklung und Produktion; die Nutzung der Modelle für Visualisierung und Simulation machte es möglich, das Produktdesign selbst von Autos und Flugzeugen und die Auslegung ganzer Anlagen in der Pozessindustrie digital auszuprobieren und zu testen, ohne sie auch nur als teuren Prototyp in Hardware gegossen zu haben. Kaum ein Schritt ist heute in der gesamten Wertschöpfungskette übrig, der nicht durch irgendeine Software unterstützt würde.

Was aber geschah in den USA? Der Computer und die Informatik waren auch dort der Treiber für Innovation. Allerdings nicht so sehr in der traditionellen Produkterzeugung, sondern mit einem absoluten Schwerpunkt auf der Computertechnologie selbst. Es waren IBM-Rechner, die die Digitalisierung in der ganzen Welt in die Unternehmen brachten. Es waren vor allem Unix-Hersteller wie Sun Microsystems und Hewlett Packard in den USA, die das Engineering erleichterten. Es war das Unternehmen Microsoft, das die Nutzung des Computers zu einer massenhaften Selbstverständlichkeit machte. Das Internet kam ebenfalls aus den USA, und bis heute ist die rasante Entwicklung von neuen Unternehmen, die mit Daten im Internet größeres Geld machen als je Unternehmen vor ihnen mit irgendeiner Art von Produkt, ungebrochen.

Während also die dritte industrielle Revolution für Deutschland zu einer führenden Stellung zahlreicher Branchen der Fertigungs- und Prozessindustrie führte, stets begleitet von dem deutschen Weltkonzern Siemens, der die speicherprogrammierbare Steuerung in der Welt durchgesetzt hatte, kümmerte sich die Wirtschaft in den USA um die IT-Revolution, die durch Computer-Hard- und Software ausgelöst worden war. Man könnte sagen: Die Industrie spaltete sich auf in eine mehr auf die Hardware fokussierte mit dem führenden Standort Deutschland, und in eine, die ihre Geschäftsmodelle zunehmend in Software, dann im Internet und schließlich in den Daten fand, mit dem führenden Standort USA.

Nebenbei: Auch wenn die Software alle Bereiche der Gesellschaft erfasste, auch wenn Transport, Kommunikation und Energieerzeugung zunehmend nur noch mit Softwareunterstützung funktionierte, auch dieser grundlegende Wandel führte nicht zu einem neuen Wirtschaftssystem.

Jetzt also ist in Deutschland die vierte, in den USA die dritte industrielle Revolution ausgerufen. Eine kaum merkliche Neuerung wurde als Auslöser identifiziert: die Möglichkeit, nahezu jedes Produkt mit dem Internet oder anderen drahtlosen Netzen zu verbinden. Damit wird es – ähnlich wie Smartphone und Tablet – zum Datenträger. Mit Hilfe von

Software und digitalen Komponenten können Daten erzeugt, gesammelt, übertragen und analysiert werden. Mit diesen Daten können wiederum Dienstleistungen in Verbindung mit Produkten angeboten werden, die es bisher nicht gab. Genauso wenig, wie es SMS vor den mobilen Telefongeräten gab. Nach der Digitalisierung der Prozesse und der Programmierung der Automation folgt die Digitalisierung und Vernetzung der Produkte. Dafür existiert – vor allem in den angelsächsischen Ländern – schon länger der Begriff Internet der Dinge, auf den wir noch ausführlich eingehen. Und die Visionäre sehen schon Maschinen und Produktionsanlagen sich selbst steuern.

Aber mit Blick auf die Aufspaltung der Industrie in die Hardwareindustrie vor allem in Deutschland und die Softwareindustrie vor allem in den USA stellt sich natürlich nun die Frage: Wer wird in dieser neuen Phase die Nase vorn haben? Gelingt es den Hardwareweltmeistern, sich mit ihren Produkten auch im Internet erfolgreich zu behaupten? Oder schaffen es die Datenweltmeister, auch mit den Produkten aus deutschen Landen das Geschäft zu machen?

An dieser kurzen Geschichte der industriellen Revolution(en) sind einige Aspekte bemerkenswert:

Jedes Mal waren die großen Umbrüche, die ja immer menschliche Tätigkeiten durch den Betrieb von Maschinen ersetzten, begleitet von der großen und weit verbreiteten Furcht, dass sie den Menschen die Arbeitsmöglichkeiten entziehen würden. Alle industriellen Revolutionen haben in der Tat zum Wegfall von Arbeitsplätzen geführt. Aber gleichzeitig sind immer wieder und sogar mehr neue Arbeitsplätze entstanden. Denn trotz des beständigen weltweiten Bevölkerungswachstums, das uns schon eine Menschheit von mehr als sieben Milliarden beschert hat, ist die Mehrheit sogar immer besser in der Lage, sich durch ihre eigene Arbeit den Unterhalt zu verdienen. Es ist nicht zu verstehen, warum der jetzige Wandel der digitalen Vernetzung einer größeren Zahl von Menschen die Arbeits- und damit Lebensgrundlage entziehen sollte, als er gleichzeitig wieder neue Arbeits- und Verdienstmöglichkeiten schafft.

Allerdings haben die ersten beiden industriellen Revolution in ihrer Folge auch zu verschiedenen Revolutionen der neu entstandenen Arbeiterklasse und letztlich zu kommunistischen Wirtschaftssystemen geführt. Und Ausbeutung in ungeheurem Ausmaß auch von Kindern und Jugendlichen, Rechtlosigkeit und soziale Unsicherheit führten dort, wo sich der Kapitalismus durchsetzte, zu sozialen Bewegungen und schließlich zu einer sozialen Marktwirtschaft, wie wir sie heute kennen. Ob die neuerliche industrielle Revolution, ob die Digitalisierung der Wirtschaft und Gesellschaft und die Vernetzung aller Menschen und Geräte erneut zu so gravierenden Veränderungen führen, lässt sich schwer absehen. Sicher scheint, dass die Gesellschaft Regelungen braucht, um niemanden in die soziale Bedeutungslosigkeit fallen zu lassen, der aus welchen Gründen auch immer an der schnellen Entwicklung der Technologie nicht schnell genug teilhaben kann.

Der Siegeszug der Industrie begann mit der Ausbeutung fossiler Ressourcen. Bis etwa zur dritten industriellen Revolution in der zweiten Hälfte des letzten Jahrhunderts wurden nicht nur Rohstoffe in nie zuvor gekanntem Ausmaß verbraucht und vernichtet, die industrielle Produktion hat gleichzeitig auch zu einer solchen Belastung der Umwelt geführt, zu einer solchen Umwelt- und Luftverschmutzung, dass mittlerweile von niemandem mehr bestritten wird, dass dem längst stattfindenden dramatischen Klimawandel nur durch eine radikale Änderung unserer Art des Lebens und Arbeitens entgegengewirkt werden kann.

Nachdem es lange aussah, als wäre dies nur ein Thema der ökologischen Partei der Grünen, beginnt sich diese Erkenntnis nun auch auf der Seite der Industrie in großem Umfang durchzusetzen. Unternehmer in Baden-Württemberg haben sich bei der Landtagswahl 2016 öffentlich für die Wahl der Grünen stark gemacht; die Rockefeller-Familie, durch die Ausbeutung von Erdöl zu Milliardären geworden, gab im März bekannt, dass sie sich aus ökologischen und ethischen Gründen aus dem Erdölgeschäft zurückzieht und ihre Anteile an Exxon-Mobil verkauft; schon 2011 lautete das Motto der weltweit größten Industriemesse, der Hannover Messe, „Greentelligence". Und es deutet sich an, dass mit der vierten industriellen Revolution die technologischen Grundlagen gegeben sind, in Zukunft auch mit den Ressourcen der Erde und unserer natürlichen Umwelt „smart" umzugehen.

An der bisherigen Geschichte der Industrie zeigt sich auch, dass ihr die ununterbrochene Steigerung des Tempos, in dem Neuerungen wirtschaftlich erfolgreich an den Markt kommen, immanent ist. Bis die Dampfmaschine zur ersten industriellen Revolution reif war, dauerte es mehr als 50 Jahre. Die erste Phase dauerte insgesamt bis zum Anfang des 20. Jahrhundert fast 150 Jahre. Massenfertigung und Taylorismus bestimmten die zweite Phase über knapp 70 Jahre. Die dritte industrielle Revolution mit der softwaregesteuerten Automatisierung umfasste nur noch 40 Jahre. Die geschichtlichen Zyklen von einer grundlegenden industriellen Innovation zur nächsten werden immer kürzer. Zu glauben, dass die vierte Phase wieder zu einer Verlangsamung führen könnte und erheblich länger dauert als die letzte, wäre naiv. Im Gegenteil: Schon die Anfänge der Internet-Wirtschaft haben in wenigen Jahren zu einem so gravierenden Wechsel in den Führungspositionen auf der Liste der weltweit erfolgreichsten und teuersten Unternehmen geführt, dass es eher naheliegt anzunehmen, mit dem Internet der Dinge (eine ausführlichere Erläuterung dieses Begriffs findet sich in Abschn. 2.1 ff.) wird sich die Industrie schneller verändern als je zuvor.

Schließlich ist noch ein Aspekt der Beachtung wert: Die ersten drei industriellen Revolutionen hatten in erster Linie zu tun mit der Veränderung der Fertigungsmethoden und der dafür verwendeten Energie. Sie begannen mit dem wichtigsten Schritt der industriellen Wertschöpfung, mit der Produktion. Das Internet dagegen hat zuerst Werbung, Dienstleistungen und Handel erfasst und umgekrempelt, also die letzten Glieder der Wertschöpfungskette, wenn die Produkte schon fertig sind. Jetzt erfasst es den Service und die Wartung, und Produkte werden smart und können zu Trägern neuer Dienstleistung werden. Erst im letzten Schritt werden diesmal die Teile der Wertschöpfungskette erreicht, die unmittelbar Produktentwicklung und Produktion betreffen. Das Verhältnis zwischen der Industrie und ihren Kunden dreht sich ebenfalls (vgl. Abb. 1.1). Die erste Rolle spielt jetzt der Kunde, der Markt. An den Kundenwünschen muss sich künftig der Unternehmer bereits bei der Planung, Entwicklung und Produktion ausrichten. Nur so werden sich Produkte in der Zukunft verkaufen lassen.

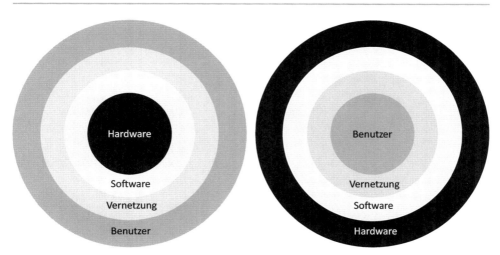

Abb. 1.1 Diese Grafik entstand nach einer Vorlage von Zühlke Engineering und zeigt, wie sich das Verhältnis zwischen Produkt und Nutzer vollständig umkehrt. Beim Internet der Dinge steht der Nutzer im Mittelpunkt. (Sendler)

Ob es sich bei der gegenwärtigen Umwälzung, die in Deutschland mit dem Begriff Industrie 4.0 belegt wurde, um eine industrielle Revolution oder nur um eine Fortsetzung der evolutionären Entwicklung handelt, ist eine Frage, die in den Debatten der letzten Jahre immer wieder aufkommt. Es gibt sogar Stimmen, die sagen, es sei gar keine grundlegende Änderung, denn auch jetzt sei die entscheidende Basis der Industrieproduktion die Nutzung der Mikroelektronik. Diese ganze Debatte ist ziemlich müßig. Wer die gravierenden Veränderungen nicht sieht, der will sie wahrscheinlich nicht sehen. Zu offensichtlich ist, dass hier weder ein vorübergehender Hype erzeugt wurde, noch dass es sich lediglich um ein Weiterentwickeln bekannter Formen des Produzierens und Wirtschaftens handelt. Eher ist die Frage, ob Jeremy Rifkin diesmal recht hat mit seiner Vermutung, dass Digitalisierung und Vernetzung über das Internet die Basis für Kommunikation, Transport und Energie so grundlegend verändern, dass dabei ein neues Wirtschaftssystem entsteht.

Er glaubt, dass die Zukunft der Share Economy gehört, und dass sich der Kapitalismus allmählich zurückzieht, weil in einem Wirtschaftsbereich nach dem anderen mit wenig oder nahezu ohne Kapital Produkte und Dienstleistungen erzeugt werden können, für die bisher viel Kapital erforderlich war. Seine Thesen sind jedenfalls einer genaueren Untersuchung wert, und in einigen Kapiteln des vorliegenden Buches finden sich Hinweise, die diese Thesen stützen könnten.

1.2   Führungsrolle Deutschlands

Oft wird behauptet, dass die deutschen Ingenieure gute Ideen haben und innovative Technologien entwickeln, aber dass die daraus resultierenden Produkte dann eher aus den USA
oder aus Asien heraus die Welt erobern. Vor allem das Marketing sei hierzulande nicht so
gut wie anderswo. Das mag sein, und es gibt einige Beispiele dafür wie das komprimier-
te MP3-Audioformat. Aber es gibt auch viele Beispiele, wo nicht nur die Technologie
hier entwickelt wurde, sondern auch ein erfolgreiches Marketing für deren Erfolg auf dem
Weltmarkt sorgte: die Straßenbahn, der Dynamo, die Druckmaschine, das Automobil, um
einige wenige beim Namen zu nennen.

Mit Industrie 4.0 ist es nun sogar gelungen, gleichsam zuerst die Marketingstrategie
zu entwickeln, und die Produkte folgen zu lassen. Die deutsche Initiative war weltweit
die erste, die den Anspruch erhob, der vierten industriellen Revolution einen Namen zu
geben. Zu einem Zeitpunkt, zu dem selbst in Deutschland kaum jemand verstand, was
damit gemeint war. Und erstaunlicherweise ist diese Marketingstrategie ausgesprochen
erfolgreich. Innerhalb von fünf Jahren gibt es bereits mehr als ein Dutzend europäische
Initiativen, die sich – teilweise mit ausdrücklichem Bezug auf Industrie 4.0 – demselben
Thema verschrieben haben. Sogar der durchaus kühne Schachzug, diesen Begriff auch
international in deutscher Schreibweise zu verwenden und nicht auf das englische industry
auszuweichen, zeigt Wirkung. Gelegentlich wird nun selbst in Asien und den USA die
deutsche Schreibweise übernommen.

Das mag für manche Beobachter ungewohnt sein. Verwunderlich ist es eigentlich nicht.
Viele deutsche Unternehmen sind in ihrem jeweiligen Bereich Weltmarktführer. Das gilt
keineswegs nur für die großen Konzerne der Automobilindustrie und Automatisierung,
sondern insbesondere auch für die sogenannten Hidden Champions, die unglaublich vielen
kleinen und mittleren Unternehmen, die Werkzeugmaschinen, elektrische Komponenten,
Antriebe, Steuerungen und zahllose andere Produkte herstellen. Meist ist nicht einmal
bekannt, dass diese Produkte global den Markt anführen.

Es ist also kein Zufall, dass jetzt die Initiative Industrie 4.0 in Deutschland entwickelt
und gestartet wurde und von hier aus weltweit große Wirkung erzielt. Die deutsche Industrie hat in den letzten 40 Jahren die Optimierung der Automatisierung auf die Spitze
getrieben, während etliche ehemals führende Industrienationen ihr Heil in der Konzentration auf Dienstleistungen und im Outsourcing der Fertigung gesucht haben. Am Standort
Deutschland wurde auch die Digitalisierung der Industrieprozesse, der Einsatz von IT-
Systemen in allen Bereichen der Wertschöpfung, in der Breite konsequenter realisiert als
in vielen anderen Ländern. Heute ist der deutsche Markt für viele Hersteller solcher Informationstechnik einer der wichtigsten, wenn nicht der wichtigste Markt weltweit. Mitunter
als Perfektionisten und von der Normierung Besessene belächelt, gibt es hier nicht wenige
Unternehmen, die bereits beachtliche Fortschritte in Richtung auf ihren digitalen Zwilling
gemacht haben. Auch wenn die für Industrie 4.0 wichtige Durchgängigkeit, auf die in
diesem Buch noch ausführlich eingegangen wird, bislang fehlt.

Noch etwas, das den Standort auszeichnet, hat zu der guten Position beigetragen: Forschung und Entwicklung waren über die letzten Jahrzehnte ein ständig wachsendes Investitionsziel, gerade auch in den Unternehmen. Und in Verbindung mit den Spezialisten in den Unternehmen haben die Forscher der technischen Forschungseinrichtungen zu zahlreichen Innovationen beigetragen. Zu Beginn dieses Jahrhunderts wurde die acatech – Deutsche Akademie der Technikwissenschaften gegründet. Was andere Länder wie die USA, Großbritannien oder Schweden schon lange hatten, gibt es nun endlich auch in Deutschland. Und einige nationale Vereinigungen von Engineering- und Produktionstechnik-Wissenschaftlern, beispielsweise die wissenschaftliche Gesellschaft für Produktentwicklung (WiGeP) sind die größten ihrer Art weltweit.

Industrie 4.0 war zunächst der Name eines Arbeitskreises von Wissenschaftlern und Industrievertretern in der acatech. Der Ergebnisbericht dieser Arbeitsgruppe war der Startschuss für die nationale Initiative. In den Leitbildern und Leitlinien der acatech heißt es:

> Ein wesentliches Ziel von acatech – Deutsche Akademie der Technikwissenschaften ist es, Politik und Gesellschaft in technikwissenschaftlichen und technologiepolitischen Zukunftsfragen zu beraten [3].

Aufgrund einer Empfehlung der acatech wurde Industrie 4.0 und die Digitalisierung der Industrie zu einem Kern der Digitalen Agenda der Bundesregierung gemacht. Es ist also gelungen, aus einem Forschungsthema eine weltweit erfolgreiche Initiative zu machen, die sich auf eine weit entwickelte, automatisierte Fertigung in vielen Branchen und auf Methoden zur Entwicklung fortgeschrittener mechatronischer Produkte stützt. Jetzt kommt es darauf an, dass die ersten Erfolge den Beteiligten nicht in den Kopf steigen. Denn die ganze Welt hat inzwischen verstanden, dass das Internet der Dinge die Digitalisierung und Vernetzung nun auch in die Industrie trägt. Es gibt schon Konkurrenz und wird noch mehr geben. Gut so. Denn Konkurrenz belebt das Geschäft. Gerade die internationale Resonanz zeigt ja auch den Zweiflern hierzulande, dass Industrie 4.0 kein Hirngespinst ist, sondern einen weltweiten Trend benennt, der nur hier zuerst begrifflich erfasst wurde.

Die Weltmarktführerschaft ist mit den bisherigen Produkten nicht einmal mehr auf absehbare Zeit gesichert. Die Nutzung, Sammlung, Speicherung und Auswertung der Daten wird bei zukünftigen Produkten in den Vordergrund treten. Viele Unternehmen in Deutschland haben die Initiative bereits in den vergangenen Jahren genutzt, um sich darauf vorzubereiten, in diese Richtung zu forschen und Pilotprojekte zu organisieren. Daran können sich die anderen, die noch glauben, dass sie Zeit haben, orientieren. Aber aktiv werden müssen noch sehr viel mehr als heute. Der Vorsprung durch die frühzeitig positionierte Initiative hat den Standort Deutschland in eine Poleposition gebracht. Jeder weiß, dass damit noch kein Rennen gewonnen ist.

1.3   Megatrend Digitalisierung

In den fünf Jahren seit ihrem Start hat sich nicht nur in der Initiative eine Menge getan. Die nationale wie internationale Diskussion um die Zukunft der Gesellschaft hat die Digitalisierung als ein zentrales Thema entdeckt. Hinsichtlich des technischen Fortschritts der Menschheit hat der Begriff Digitalisierung heute eine sehr hohe, wenn nicht die oberste Priorität. Daran werden gewaltige Hoffnungen geknüpft, aber die Digitalisierung ist zugleich Quell enormer Zukunftsängste.

Es wäre eine Studie wert zu untersuchen, warum erst jetzt dieser Begriff so in den Vordergrund aller Debatten tritt, die sich mit Technik, Industrie, Wirtschaft und Gesellschaft befassen. Warum nicht schon vor zehn Jahren? Warum hat die Bedeutung der Digitalisierung nicht schon die Begründung für Industrie 4.0 geliefert?

In dem 116 Seiten umfassenden Abschlussbericht des Arbeitskreises Industrie 4.0, der Vertretern der Bundesregierung im Oktober 2012 unter dem Titel „Deutschlands Zukunft als Produktionsstandort sichern – Umsetzungsempfehlungen für das Zukunftsprojekt Industrie 4.0" als Strategieempfehlung überreicht wurde, kommt das Wort Digitalisierung nur ein einziges Mal vor: auf S. 71, im Kap. 6 über den internationalen Vergleich. Wer sich an die ersten Diskussionen über die Initiative zu Anfang der Zehnerjahre erinnert, wird bestätigen, dass Industrie 4.0 nicht als Teil der generellen Digitalisierung betrachtet wurde, sondern fast ausschließlich als der nächste Schritt in der Evolution der Industrie, beziehungsweise eben als ihre nächste Revolution.

Seit Ende 2015 besteht in Bayern ein Zentrum der Digitalisierung Bayern (ZdB) unter Führung eines langjährigen Vertreters und Treibers der Informatik, Prof. Manfred Broy. Bei der Bildung der neuen Landesregierung von Baden-Württemberg war das Thema der Digitalisierung der Wirtschaft und die Rolle Baden-Württembergs in dieser Frage eines der Kernthemen. Im März 2016 lag der Süddeutschen Zeitung – wahrscheinlich ebenso wie vielen anderen – eine kleine Broschüre des Bundesministeriums für Wirtschaft und Energie (BMWi) bei mit dem Titel „Digitalisierung und du – Wie sich unser Leben verändert". Dahinter steht die unter www.de.digital verlinkte „Digitale Strategie 2025", die am 14. März vom selben Ministerium veröffentlicht wurde.

Ist es Zufall, dass die Strategie auf dieselbe Jahreszahl ausgerichtet ist wie die Kampagne des chinesischen Staatsrats, der im vergangenen Jahr mit „Made in China 2025" den ersten Zehnjahresplan zur Modernisierung der Industrie verabschiedet hat? Auf jeden Fall wird signalisiert, dass das Wirtschaftsministerium strategisch über die laufende Legislaturperiode hinausdenkt. Wer aber diese digitale Strategie studiert, stellt fest, dass dort zwar an einigen Stellen auch von Industrie 4.0 und der großen Bedeutung der Industrie für die Digitalisierung in Deutschland die Rede ist; und das entsprechende Kapitel stammt von Prof. Siegfried Russwurm, Mitglied des Vorstands der Siemens AG und einer der leitenden Industrievertreter in der Plattform Industrie 4.0. Aber insgesamt macht die Veröffentlichung den Eindruck, dass immer undeutlicher wird, was gemeint ist, je größer das Themenfeld und der mögliche Aktionsradius abgesteckt werden.

So spricht die digitale Strategie im letzten ihrer „Zehn Schritte in die Zukunft" davon, dass mit einer „Digitalagentur" eine „Leitstelle der Digitalen Strategie 2025" ins Leben gerufen wird. Sie soll einerseits als „Thinktank bei der Politikvorbereitung" wirken, andererseits eine Servicestelle sein, die die Bundesregierung „bei der Umsetzung kompetent, neutral und nachhaltig unterstützt und den Digitalisierungsprozess im Interesse von Wirtschaft und Verbrauchern flankiert". Autor der Beschreibung dieser Digitalagentur ist Prof. Dieter Gorny, Beauftragter für Kreative und Digitale Ökonomie des BMWi und Vorstandsvorsitzender des Bundesverbandes der Musikindustrie (BVMI). Heißt das, dass das Wirtschaftsministerium die Digitalisierung der Musikindustrie für vorbildlich hält? Oder wird eine ähnliche Auswirkung der Digitalisierung auf die Fertigungsindustrie erwartet, wie sie die Musikindustrie erfahren hat? Warum kann jemand, der die Musikindustrie vertritt, Gesellschaft, Verbraucher, Hersteller, Wissenschaft und Regierung am besten beraten, wenn es doch um die Digitalisierung insgesamt geht?

Die Themen, die in dieser digitalen Strategie angerissen werden, betreffen eine Reihe von Ministerien außer dem für Wirtschaft und Energie. Die Bildung kann nicht ohne das Bundesministerium für Bildung und Forschung (BMBF) auf die Digitalisierung ausgerichtet werden, und das BMBF ist ja auch in der Leitung der Plattform Industrie 4.0 vertreten. Die digitale Infrastruktur fällt in den Aufgabenbereich des Verkehrsministeriums. Die rechtlichen Rahmenbedingungen und Fragen der Cybersecurity fallen in die Bereiche von Innenministerium und Justizministerium. Die Zukunft der Arbeit unter Bedingungen der Digitalisierung ist Thema des Ministeriums für Arbeit und Soziales. – Aber als Herausgeber für die digitale Agenda ist nur das BMWi genannt.

Richtig ist, dass die Digitalisierung alle Bereiche der Gesellschaft erfasst hat und rasch weiter durchdringen wird. Es ist also kein Zufall, dass viele der „alten" Ministerien in ihren Tätigkeitsbereichen tangiert sind. Aber ist es nicht notwendig, dieser umfassenden Veränderung von Gesellschaft und Leben, Handel und Wirtschaft auch mit einer umfassenderen Veränderung der politischen Strukturen zu begegnen als nur mit einer Digitalagentur unter Leitung eines Vertreters der Musikindustrie? Braucht Deutschland nicht ein Ministerium für die Digitalisierung? Müssen nicht Veränderungen an den Länderhoheiten beispielsweise hinsichtlich Ausbildung, Datenschutz oder Polizei vorgenommen werden?

Was Industrie 4.0 betrifft, ist es höchste Zeit, den Platz dieser Initiative in der neuen Großdebatte über die Digitalisierung klar zu umreißen. Ohnehin ist es notwendig, sich über diese Abgrenzung Gedanken zu machen. Denn in der Tat betrifft Industrie 4.0 in erster Linie jenen Teil der Digitalisierung der Gesellschaft, der die Industrie erfasst, und beispielsweise nicht Bereiche von Dienstleistungen, die mit industriellen Produkten und industrieller Produktion nichts zu tun haben. Dienstleistungen, die durch das Internet der Dinge und Industrie 4.0 neu hinzukommen zum Angebot der Industrie, sind nicht ohne Weiteres mit Dienstleistungen in anderen Bereichen – etwa der Musikindustrie oder dem Versicherungs- und Bankenwesen – vergleichbar. Daten als neue Quelle von Wertschöpfung sind in der Industrie und vor allem in ihrem Business-to-Business-Geschäft etwas ganz anderes als in der Konsumgüterwirtschaft. All dies miteinander zu vermengen, schafft nicht Klarheit, sondern verwirrt eher mehr.

1.4 Wem nutzt Industrie 4.0?

In den Diskussionen über die Initiative begegne ich immer wieder Menschen, die nicht viel Konkretes darüber wissen, aber dennoch eine Meinung dazu haben, wem das nutzt und wem es schadet. „Die Industrie" will das, damit sie ihre Produkte besser verkaufen kann. „Wir" sollen in deren Interesse endlich wirklich gläserne Bürger werden, deren Bedürfnisse so gut bekannt sind, dass „die Industrie" uns die angeblich benötigten Dinge aufdrängen kann, bevor und ohne dass wir danach gefragt haben. Es nutzt also „der Industrie", und es schadet „uns".

Diese Meinung ist gar nicht so selten. Wer sie vertritt, denkt bei Industrie sofort an die Konsumgüterhersteller, denn mit anderen Herstellern hat ja der Normalbürger nichts zu tun. Und er denkt an die Wege, auf denen die Konsumgüter zum Endverbraucher kommen. Hier sind zwei Abgrenzungen nötig: zwischen verschiedenen Arten von Konsumgütern, und zwischen den Herstellern von Konsumgütern und jenen, die Investitionsgüter produzieren.

Die oben vereinfacht dargestellte Meinung enthält noch einen weiteren Aspekt, der Beachtung verdient: Sie geht nämlich davon aus, dass Industrie 4.0 im Wesentlichen eine Fortsetzung und Ausdehnung dessen ist, was die großen US-amerikanischen Internetkonzerne mit unseren persönlichen Daten tun, ohne uns zu fragen. Als „Gegenleistung" haben sie uns lediglich mit billigen oder kostenlosen Dienstleistungen über Apps versorgt. Aber geht es bei Industrie 4.0 um persönliche Daten? Und wenn es so ist, an welchen Stellen trifft es zu, welche Art von Produkten betrifft es und welche Industrien? Was ist der Unterschied zwischen Industriedaten aus Maschinen, Robotern, Fertigungsstraßen und chemischen Anlagen auf der einen, und personenbezogenen Daten auf der anderen? Und wie müssen Hersteller und Kunden mit den Daten der unterschiedlichen Arten umgehen? Antworten auf solche Fragen gibt das Kap. 2.

Damit zusammen hängt auch eine weitere, etwas schwerer zu beantwortende Frage: Wenn es bei Industrie 4.0 im Wesentlichen nicht um persönliche Daten geht, wenn sich in erster Linie eher etwas bei Investitionsgütern und nicht bei Gebrauchsgütern ändert, hat es dann überhaupt etwas mit mir zu tun, wenn ich nicht in der Industrie tätig bin? Und wenn ja, was? So wie es insgesamt im Verlauf der Digitalisierung immer schwieriger ist, zu verstehen, was da im Hintergrund geschieht, weil Software eben unsichtbar ist, so wird es künftig auch noch schwieriger, zu verstehen, was in der Industrie geschieht. Noch schwieriger, denn schon bisher hat die Arbeit der Ingenieure und das Geschehen in den Industriebetrieben ja nur verstanden, wer damit selbst zu tun hat. Da aber tatsächlich Industrie 4.0 und die Digitalisierung der Industrie sehr weitreichende Auswirkungen auch auf das Leben aller Menschen im Lande (und darüber hinaus) hat, wird es umso wichtiger, sich damit zu befassen.

Wer verstanden hat, dass wir es tatsächlich mit einem grundlegenden Wandel unserer Produktionsweise zu tun haben, der mit den Wertschöpfungsprozessen auch alles verändert, was wir bisher gewohnt waren und in der Industrie als selbstverständlich vorausgesetzt haben, kommt schnell auf die Frage, ob denn autonome Maschinen und Roboter nicht endgültig den Menschen überflüssig und also arbeitslos machen. Selbst die Wirtschaftslenker in Davos haben sich das Anfang 2016 gefragt. Und sie haben Zahlen in Umlauf gebracht, die solche Ängste noch zusätzlich schüren, denn sie geben vor, wissenschaftlich ermittelt worden zu sein. Sieben Millionen Arbeitsplätze gingen durch die Digitalisierung in den kommenden Jahren verloren, während lediglich zwei Millionen neue entstünden. Ein Verlust von fünf Millionen Arbeitsplätzen sei demnach die Begleiterscheinung der Digitalisierung. Auch wenn es nicht sonderlich seriös ist, aus einer Meinungsbefragung von Managern auf die tatsächliche Zukunft der Arbeit zu schließen, muss jeder, der das Thema ernst nimmt, sich mit dieser Frage beschäftigen.

Sicher ist, dass Industrie 4.0 die Art der Arbeit in der Industrie verändern wird. Und zwar in einem Umfang, der mit den bisherigen Kenntnissen und an Schulen und Hochschulen oder in betrieblicher Fortbildung erworbenen Fähigkeiten und Fertigkeiten nicht zu bewältigen ist. Es werden neue Studiengänge nötig, neue Strukturen für Ausbildung und Studium, denn die jetzigen Fakultäten und Studiengänge waren für die alte Industrie gedacht und darauf ausgerichtet. Sind die Menschen in der Lage, so schnell das zu lernen, was sie dafür benötigen? Wer hilft ihnen dabei? Was muss sich in der staatlichen Ausbildung, aber auch in der beruflichen Fortbildung ändern, damit dies gelingt? Und wie können die nötigen Veränderungen über die bisherigen Grenzen zwischen den Bundesländern hinweg realisiert werden? Auch das sind berechtigte Fragen, von deren Beantwortung abhängt, ob Industrie 4.0 ein Erfolg wird oder nicht.

Literatur

1. Sittauer, H.L. (1981). *James Watt*, Biographien hervorragender Naturwissenschaftler, Techniker und Mediziner, Band 53 (S. 76) Wiesbaden: Springer. (ISBN 978-3-322-00696-7, ISBN 978-3-663-12183-1 (eBook))
2. Rifkin, J. (2014). *Die Null-Grenzkosten-Gesellschaft – Das Internet der Dinge, Kollaboratives Gemeingut und der Rückzug des Kapitalismus*. Frankfurt/New York: Campus Verlag. (ISBN 978-3-593-39917-1)
3. http://www.acatech.de/de/ueber-uns/leitbild-und-leitlinien/leitlinien-politikberatung.html, Zugegriffen: 12. Mai 2016.

Die Grundlagen

2

Ulrich Sendler

Zusammenfassung

Auch fünf Jahre nach dem offiziellen Start der Initiative ist den meisten Menschen der Begriff Industrie 4.0 kaum bekannt. Selbst denen, die sich schon damit beschäftigt haben, fällt es schwer, eine einigermaßen plausible Erläuterung des Begriffes abzugeben. Deshalb befasst sich dieses Kapitel noch einmal mit den Grundlagen, mit der offiziellen Definition von Industrie 4.0, mit der Einordnung in den größeren Rahmen der Digitalisierung, mit den Begriffen Smartes Produkt und Smarte Produktentwicklung, mit Plattform und Öko-System. Um schließlich die gesellschaftliche Brisanz der Initiative zu analysieren.

2.1 Was ist Industrie 4.0?

Als das erste Buch des Herausgebers erschien, gab es noch keine offizielle Definition. Die Plattform Industrie 4.0 hat dann – noch unter Leitung der drei Industrieverbände Bitkom, VDMA und ZVEI – eine solche offizielle Definition geliefert. Sie ist in der Umsetzungsstrategie nachzulesen, die der unter Leitung der Bunderegierung weitergeführten Plattform im April 2015 übergeben wurde. Ihr Kern lautet:

> Der Begriff Industrie 4.0 steht für die vierte industrielle Revolution, eine neue Stufe der Organisation und Steuerung der gesamten Wertschöpfungskette über den Lebenszyklus von Produkten. Dieser Zyklus orientiert sich an den zunehmend individualisierten Kundenwünschen und erstreckt sich von der Idee, dem Auftrag über die Entwicklung und Fertigung, die Auslieferung eines Produkts an den Endkunden bis hin zum Recycling, einschließlich der damit verbundenen Dienstleistungen [1].

U. Sendler (✉)
München, Deutschland
E-Mail: ulrich.sendler@ulrichsendler.de

© Springer-Verlag Berlin Heidelberg 2016   17
U. Sendler (Hrsg.), *Industrie 4.0 grenzenlos*, Xpert.press, DOI 10.1007/978-3-662-48278-0_2

Die vierte industrielle Revolution bedeutet also eine neue Stufe „der Organisation und Steuerung der gesamten Wertschöpfungskette". Um keinen Zweifel aufkommen zu lassen, was alles dazu zu zählen ist, wird diese Wertschöpfungskette von der Idee bis zu den mit den Produkten verbundenen Dienstleistungen ausdrücklich und umfassend benannt. Damit ist klar, dass es sich um einen grundlegenden Wandel der industriellen Produktionsweise handelt, und nicht nur um eine Veränderung irgendeines Teils davon.

Trotzdem werden seit den ersten Debatten, und dies schließt die Diskussionen des die Initiative begründenden Arbeitskreises von acatech und Forschungsunion mit ein, immer wieder entscheidende Glieder der Wertschöpfungskette beiseitegeschoben oder völlig negiert, als wären sie nicht so wichtig. Meist konzentriert sich die Debatte dann auf die Veränderung der Produktion, also der Herstellung der Produkte. Weder der Weg zur Idee neuer Produkte, noch ihre Entwicklung, ihr Design und Engineering, scheinen dann wichtig zu sein. Und auch die Dienstleistungen und die darauf basierenden neuen Geschäftsmodelle und neuen Wege der Wertschöpfung fallen allzu oft unter den Tisch.

So heißt selbst auf der Homepage von acatech unter „Dossier Zukunft des Industriestandorts" der erste Satz: „Mit dem Einzug des Internets der Dinge, Daten und Dienste in die Produktion bricht ein viertes industrielles Zeitalter an" [2]. Danach folgen je ein Bild und Zitat von Bundeskanzlerin Dr. Angela Merkel und vom Präsidenten der acatech, Prof. Henning Kagermann. Das Internet der Dinge, Daten und Dienste zieht demnach nur „in die Produktion" ein, nicht in die Industrie und ihre gesamte Wertschöpfung.

Solche Sätze – und davon gibt es leider unzählige – sind eine unzulässige Vereinfachung und Verkürzung der Definition mit weitreichenden Folgen. Wer nichts mit der industriellen Fertigung zu tun hat, kann sich nämlich sofort beruhigt anderen Themen zuwenden. Wenn es nur die Produktion selbst betrifft, geht es ihn ja nichts an.

Die verengte Sicht auf die Produktion hat viele Gründe, und man kann unterstellen, dass diejenigen, die so argumentieren, dies nicht bewusst und schon gar nicht mit böser Absicht tun. Erstens war es mit allen bisherigen Phasen der industriellen Weiterentwicklung tatsächlich so, dass sie in erster Linie die Produktion betrafen. Dass dies jetzt nicht zutrifft, ist eine der großen Besonderheiten und muss allmählich in seiner ganzen Bedeutung verstanden werden. Zweitens ist die Produktion dasjenige Kettenglied in der industriellen Wertschöpfung, das den höchsten Anteil der Kosten verschlingt. Deshalb war es in den vergangenen Jahrhunderten immer oberstes Ziel, vor allem hier zu optimieren, zu rationalisieren, zu sparen. Drittens betrifft Industrie 4.0 tatsächlich auch die Produktion, und sie wird dort nochmals zu einem Produktivitätsschub führen, der ins Gewicht fällt. In dem Maße, in dem es gelingt, die Komponenten der Maschinen und Anlagen, die Antriebe, Steckverbindungen und Transportbänder mit so viel „Intelligenz" zu versehen, dass sie zunehmend autonom agieren, wird nicht nur menschliche Arbeitskraft eingespart und weitere Routinetätigkeit überflüssig gemacht. Es werden auch ganz andere Partnerschaften und Netzwerke möglich, die aus der bekannten Fabrik ein Fabriknetz werden lassen. Die Auswirkungen von Industrie 4.0 auf die Produktion sind also in der Tat gewaltig.

Wenn aber die Verkürzung auf die Produktion zuträfe, wäre die Bedeutung der ganzen Initiative keineswegs so groß, dass sich damit größere Teile der Gesellschaft befassen müssten. Es wäre ungefähr so wie mit der dritten industriellen Revolution, von der ja vor allem jetzt im Nachhinein als solcher gesprochen wird. Als die speicherprogrammierbare Steuerung zur IT-gestützten Automatisierung eingesetzt wurde, hat das außer den Produktionsunternehmen niemanden interessiert. Und außer den Fachmedien hat es kaum jemand bemerkt. Das Besondere an der vierten industriellen Revolution ist aber, dass sie tatsächlich die gesamte Produktionsweise in Frage stellt und verändert. Und das hat Folgen, die weit über die Produktionsunternehmen hinausgehen.

Industrie 4.0 verändert unsere Industrie insgesamt. Angefangen bei der Idee, denn sie kommt nicht mehr nur und auch nicht in erster Linie aus dem Kopf eines findigen Ingenieurs, sondern über das Internet aus dem Markt, von Kunden, von Partnern, vom Wettbewerb, aus aller Welt; über die Produktentwicklung, das Design und die Programmierung, die Tests und Simulation digitaler Produktmodelle bis hin zur virtuellen Inbetriebnahme, denn Daten aus dem Produktbetrieb können mit den Daten aus dem Engineering zu einer Beschleunigung und Optimierung dieser Prozessschritte genutzt werden; bis hin zu den Services, die nicht mehr nur Kundendienst, Reparatur und Ersatzteillieferanten meinen, sondern zahlreiche neue Dienste von vorausschauender Wartung bis zum optimierten Betrieb beispielsweise mit stündlicher Abrechnung.

Was ist dafür die Grundlage? Im zweiten Satz der offiziellen Definition ist das an besagter Stelle der Umsetzungsstrategie so nachzulesen:

Basis ist die Verfügbarkeit aller relevanten Informationen in Echtzeit durch Vernetzung aller an der Wertschöpfung beteiligten Instanzen sowie die Fähigkeit, aus den Daten den zu jedem Zeitpunkt optimalen Wertschöpfungsfluss abzuleiten. Durch die Verbindung von Menschen, Objekten und Systemen entstehen dynamische, echtzeitoptimierte und selbst organisierende, unternehmensübergreifende Wertschöpfungsnetzwerke, die sich nach unterschiedlichen Kriterien wie beispielsweise Kosten, Verfügbarkeit und Ressourcenverbrauch optimieren lassen [1].

Das ist für den Laien schwer nachzuvollziehen. Was sind „alle relevanten Informationen"? Wodurch sind sie in Echtzeit verfügbar? Was ist an der Vernetzung und Verbindung von Menschen, Objekten und Systemen so anders, dass sich der gesamte Wertschöpfungsfluss verändert? Denn vernetzt waren die Maschinen und Anlagen auch schon in der Automatisierung, alle relevanten Informationen konnte der Mensch auch da schon aus den Geräten herausholen, und zwar sehr schnell in dem Moment, in dem er sie gebraucht hat.

Es sind vor allem drei Faktoren, die sich in den letzten Jahren geändert haben:

1. Digitale Komponenten wie Sensoren, Aktoren, Kameras oder Mikrophone sind heute so klein und so preisgünstig herstellbar, dass wir mit ihnen den Dingen das Sehen, Hören und Fühlen beibringen können. Bei diesen Produkten sind übrigens viele deutsche Hersteller im Weltmarkt führend.
2. Seit den Zehnerjahren gibt es mit IPv6 einen weltweit nutzbaren Standard, der es ermöglicht, nahezu jedes Ding mit einer eigenen Internetadresse zu versehen. Damit

kann es den Kontakt zu anderen Geräten und Menschen herstellen sowie Daten senden und empfangen.

3. Schließlich ist die Informatik als Ingenieurdisziplin ausgereift und auf dem Weg, zur wichtigsten aller Disziplinen zu werden. Sie wird gebraucht, um den vernetzten, sensitiven Dingen zu helfen, sinnvoll und zunehmend auch autonom zu agieren.

Mit diesen Faktoren ist jetzt der Schritt möglich, der die vierte von der dritten industriellen Revolution unterscheidet. Es ist ein wenig wie mit dem Unterschied zwischen dem Smartphone und der ersten Generation von Mobiltelefonen. Mit dem Mobiltelefon konnte man sich mit jedermann vernetzen, SMS verschicken und empfangen, kommunizieren. Mit dem Smartphone kann man ins Internet, und über das Smartphone können Dienste wie Navigation oder Update angeboten werden, ohne dass aktiv darum gebeten oder nach solchen Leistungen gefragt werden muss. In der Industrie ist der Unterschied: Bisher wurden Geräte programmiert, über ein Intranet oder direkt miteinander vernetzt, programmgemäß zu bestimmten Schritten gesteuert, und vorhandene Daten konnten abgefragt werden. Künftig können Geräte über das Internet Daten zur Verfügung stellen, über ihre Daten Aktionen auslösen oder aufgrund von Daten selbst agieren, ohne dass ein menschliches Handeln zwischengeschaltet sein muss.

Genau das meint das Internet der Dinge, auf das wir gleich noch detailliert eingehen. Alle Dinge können zu Knoten und Endpunkten im Internet werden. Auch Maschinen und Anlagen. Aber eben auch die Waschmaschine, die Zentralheizung, die Klimaanlage, das Auto, das Fahrrad, die Uhr und die Brille.

Die große Aufgabe, vor der die Industrie steht, ist die Entwicklung und Herstellung solcher internetfähiger, kommunizierender Produkte, die wie Smartphone oder Tablet zum Datenträger werden. Und darüber hinaus Dienstleistungen und Geschäftsmodelle zu entwickeln, die mit diesen neuartigen Produkten zusätzliche Wertschöpfung gestatten. Schließlich muss die Industrie die neuen Möglichkeiten nutzen, um selbst über das Internet und die nach und nach verfügbaren Daten der Dinge ihre eigenen Prozesse zu optimieren und auf die neuen Technologien umzustellen.

Nehmen wir ein Beispiel, das jeder kennt: den Drucker. In den letzten Jahren ist eine Generation von Geräten auf den Markt gekommen, die nicht mehr nur als Drucker, Faxgerät und Scanner eingesetzt werden können. Sie lassen sich mit einer eigenen Adresse ans Internet anschließen. Ist eine Farbpatrone fast leer, warnt das Gerät und empfiehlt eine neue Patrone, natürlich vom Hersteller selbst. Mit einem Mausklick ist die Patrone bestellt und wird kurzfristig geliefert, bevor die installierte Patrone leer ist. Mit dem Drucker selbst macht keiner der Hersteller mehr nennenswerten Umsatz. Ihre Herstellung wird meist von Zulieferern übernommen, ist auf ein absolutes Minimum an Arbeit und sonstigem Aufwand reduziert, deren Kosten weitestmöglich gesenkt. Den eigentlichen Umsatz macht der Druckeranbieter, der gar kein Druckerhersteller mehr ist, mit dem Material, das der Kunde benötigt: vor allen Dingen Farbpatronen, Papier, Fotopapier, Spezialpapiere. Die Anbindung an das Internet ermöglicht verstärkten Zugang zum Kunden und seine engere Anbindung, als dies über das normale Händlergeschäft möglich ist.

Um solche Drucker anbieten zu können, müssen sie also „intelligent" werden. Sie müssen vernetzt sein und die Fähigkeit besitzen, die noch vorhandene Farbmenge der einzelnen Patronen nicht nur zu messen und im richtigen Moment mit einer entsprechenden Warnung anzuzeigen, sondern auch automatisch für den passenden Ersatz und die Auslösung der Auftragsabwicklung sorgen. Vermutlich sind es genau diese Eigenschaften der in den Geräten steckenden Software, die heute den Wettbewerbsunterschied zwischen den Anbietern ausmachen. Vielleicht sind es die wichtigsten Teile der Produkte, die die ehemaligen Druckerhersteller noch in eigener Regie entwickeln. Und je größer die Kunden und die Anzahl von Druckern, die sie im Einsatz haben, desto größer der Gewinn, der über diese Dienste gemacht wird. Desto größer auch der Nutzen, der sich etwa für ein Unternehmen durch die reibungslose Funktion aller Drucker in allen Abteilungen darüber realisieren lässt. Die Druckerproduktion selbst – um damit noch einmal auf die vorher benannte, unzulässige Beschränkung des Themas Industrie 4.0 auf die Fertigung zurückzukommen – die Produktion selbst ist für den Druckeranbieter nebensächlich geworden.

Wer Industrie 4.0 so versteht, dem ist unmittelbar einleuchtend, dass die vierte industrielle Revolution nicht nur die Produktionsweise und die industriellen Prozesse verändert, sondern die Produkte des täglichen Lebens, die Art ihrer Nutzung, kurz: unser Leben und Arbeiten.

Industrie 4.0 ist also nicht nur das, was die Digitalisierung mit der Industrie macht und vor allem für diese interessant ist. Industrie 4.0 ist der Teil der Digitalisierung der gesamten menschlichen Gesellschaft, der noch größere Veränderungen in unserem täglichen Leben hervorrufen wird als das Smartphone, weil er zunehmend alle Gegenstände unseres Lebens betrifft.

2.2   Kurze Geschichte der Digitalisierung

Obwohl der Begriff der Digitalisierung schon älter ist, obwohl die Digitalisierung schon seit mehr als einem halben Jahrhundert voranschreitet, ist erst in den letzten Jahren, noch nach dem Start von Industrie 4.0, eine öffentliche Debatte darüber entstanden, die breitere Schichten der Gesellschaft erreicht und interessiert. Wir befinden uns noch ganz am Anfang der Klärung, was Digitalisierung für die Gesellschaft und ihre Wirtschaft, für den Menschen und sein Leben und Arbeiten bedeutet. Nur dass sie das gesamte Leben auf der Erde verändert, daran besteht wohl inzwischen kein Zweifel.

In Wikipedia findet sich die Annahme, dass die Menschheit im Jahr 2002 zum ersten Mal mehr Information digital als analog zu speichern in der Lage war, also beispielsweise auf Festplatten statt in Aktenordnern. Geschätzt wird dort, dass die weltweite technologische Informationskapazität im Jahr 1993 erst zu 3 % digital war, aber schon 2007, 14 Jahre später, zu 94 %. Diese Annahmen berufen sich auf eine Veröffentlichung von Martin Hilbert und Priscila López in der Zeitschrift Science von 2011 [3]. Der Beginn des sogenannten digitalen Zeitalters wird oft auf den Ausgang des 20. Jahrhunderts datiert.

Mit der Digitalisierung der Information begann es aber kurz vor der Mitte des letzten Jahrhunderts. In Deutschland baute Konrad Zuse mit der Z3 im Jahre 1941 den ersten funktionstüchtigen, vollautomatischen und frei programmierbaren Computer der Welt. Noch in den letzten Jahren des zweiten Weltkriegs gab es auch in England und in den USA die ersten frei programmierbaren Rechner.

Ziel dieser Maschinen war es, zu rechnen. Ein Elektrotechnikprofessor in Heilbronn pflegte den Computer in den Achtzigerjahren in seinen Vorlesungen als Hochgeschwindigkeitsidioten zu bezeichnen. Kein Mensch – und sei er Autist – kann mathematische Aufgaben so schnell lösen wie eine Rechenmaschine. Dazu wird alle Information für die Rechenmaschine auf 0 oder 1 reduziert, auf Ja oder Nein, Schwarz oder Weiß. Nichts anderes tun die Compiler, die Übersetzungsprogramme, die ein in einer höheren Programmiersprache geschriebenes Programm, den Quellcode, in lauter Nullen und Einsen der Maschinensprache konvertieren.

Die höheren Programmiersprachen sind dazu da, dass Menschen von konkreten Details abstrahieren und Aufgabenstellungen in allgemeinerer Form beschreiben können. Die Wissenschaft, die dies lehrt, ist die Informatik. Sie entstand Ende der Sechzigerjahre. Meist waren die Anfänge Studiengänge, die aus den mathematischen Fakultäten heraus gebildet wurden. Der erste Informatik-Studiengang in Deutschland wurde an der TU München 1967 angeboten.

Waren die frühen Rechner noch mit riesigen Elektronenröhren betriebene mechanische Großmaschinen, gelang Zuse schon mit seinem Z3 der erste vollelektronische Computer. Unter anderem Texas Instruments und Intel brachten 1970/71 die ersten kommerziellen Mikroprozessoren mit integrierten Schaltkreisen auf den Markt. Die nun in unglaublichem Tempo fortschreitende Miniaturisierung vor allem der Elektronik war Voraussetzung dafür, dass Großrechner erst durch mittelgroße (Midrange-)Rechner, dann durch PCs ersetzt werden konnten. Heute verfügt ein – je nach Vertrag mit dem Telekommunikationsanbieter auch kostenlos mitgeliefertes – Smartphone über eine Leistungsfähigkeit und über Speicherkapazitäten, die noch in den Achtzigerjahren bei Unternehmenscomputern kaum zu finanzieren waren. Ein Computer in einem Maschinenbauunternehmen in Neckarsulm, auf dem 1980 ein firmenintern programmiertes CAD-System lief, kostete fast eine Million DM und hatte einen Hauptspeicher von drei Megabyte. Das 1970 nach Gordon Moore benannte und bis heute immer wieder bestätigte Mooresche Gesetz sagte voraus, dass sich die Komplexität integrierter Schaltkreise mit minimalen Komponentenkosten alle ein bis zwei Jahre verdoppelt. Je kleiner und leistungsstärker die benötigte Hardware, desto mehr konnte damit gerechnet werden, desto schneller entwickelten sich die praktischen Anwendungsfelder und die Programmierung.

Es ist natürlich kein Zufall, dass die fest verdrahtete Maschinensteuerung ebenfalls zu dieser Zeit durch die speicherprogrammierbare Steuerung (SPS) abgelöst werden konnte, deren Siegeszug mit der Automatisierung als ein wesentliches Kennzeichen der dritten industriellen Revolution gesehen wird. Ebenso wie bei den Produktionsanlagen setzte sich der Mikroprozessor und die freie Programmierung bei allen Arten von Maschinen durch.

NC- und später CNC-gesteuerte Werkzeugmaschinen, Drehbänke und Fräsmaschinen eroberten die Fertigungshallen ebenso wie frei programmierbare Roboter.

Waren Programme anfangs integrale Bestandteile des Computers, tauchte Ende der
Sechzigerjahre dafür erstmals der Begriff Software auf. In den Siebzigerjahren verord-
nete die US-Regierung dem Hersteller IBM, in seinen Rechnungen zwischen Hardware-
und Softwareleistungen zu unterscheiden. Mitte der Achtzigerjahre sorgte Microsoft für
den nächsten großen Schritt, für die millionenfache Nutzung des Personal Computers,
des PCs. Mit diesem Schritt wurde zum ersten Mal in großem Umfang Hardware durch
Software verdrängt, denn Microsoft bot keinen PC an, sondern einerseits das Betriebssystem, also die Software, die dem Computer das Abarbeiten von Programmen erlaubt, und
andererseits Anwendungssoftware wie Office-Programme. Die Computer selbst wurden
von Partnern vertrieben, die von Anfang an für Microsoft nur noch die Rolle des Zulie-
ferers hatten. Software verdrängte im Computergeschäft die Hardware. IBM hatte in den
Folgejahren eine tiefgreifende Krise, die beinahe mit dem vollständigen Zusammenbruch
geendet hätte. Aber der Wechsel zum Geschäft mit der Software gelang.

Schlag auf Schlag folgten nun Firmen und ganze Branchen, die ihr Geschäft ausschließlich mit der Entwicklung und dem Vertrieb von Software machten. In Deutschland
entstand SAP, und weltweit entwickelte sich die Softwareindustrie zu einem der wichtigsten Wirtschaftszweige, die sich selbst wieder in Branchen aufgliederte.

IT für Informationstechnik, ITK für Informations- und Telekommunikationstechnik,
wurden zu Kürzeln, die heute beinahe jedem geläufig sind. Das Centrum der Büro- und
Informationstechnik, die CeBIT, war von 1986 an für rund zwei Jahrzehnte die weltweit
wichtigste Messe, auf der ITK im Zentrum stand. Lange Jahre deutlich wichtiger als die
Hannover Messe, die größte Industriemesse der Welt, aus der sie hervorgegangen war.

Die IT wurde schnell für alle berechenbaren Tätigkeiten und Arbeitsschritte in der
Industrie in Anwendung gebracht. Für die Digitalisierung der Buchhaltung und Auftragsabwicklung, für die Programmierung der Maschinen und Anlagen, für die Berechnung der
Haltbarkeit von Produkten. In der Konstruktion sorgte Computer Aided Design (CAD) für
die Abschaffung der Zeichenbretter; über Computer Aided Manufacturing (CAM) wurde
die NC-Programmierung als Ableitung aus den CAD-Modellen automatisiert; 3D-Model-
lierung erlaubte die Gestaltung von Produktoberflächen zum Beispiel für Autos, die auch
äußerlich sichtbar zeigten, dass die Industrie an entscheidenden Stellen in den Prozessen
nicht mehr auf Handarbeit angewiesen war.

Das Internet ermöglichte die softwaregesteuerte Kommunikation, die schon bald in
Echtzeit und über mobile Endgeräte rund um den Globus Menschen miteinander vernetzte. Neben dem Internet und den mobilen Computern vom Notebook über Smartphone
bis Tablet waren es die Miniaturisierung und die preisgünstige Verfügbarkeit von Komponenten, die nochmals neue Geschäftsmodelle möglich machten. Denn über das Global
Positioning System (GPS) und die IP jedes der Endgeräte ließen sich die persönlichen und
die Nutzungsdaten ihrer Nutzer sammeln und auswerten, also auch ihre Präferenzen für
bestimmte Orte, Geschäfte oder Produkte.

Die Geschäftsmodelle der momentan weltweit die Liste der erfolgreichsten Unternehmen führenden Internet-Konzerne sind einfach: Der Konzern bietet bestimmte Dienste wie Internetsuche oder elektronischen Handel kostenlos oder extrem günstig, und im Gegenzug können Konsumgüteranbieter die betreffende Dienstleistung als Werbefläche kaufen, über die sie den Internet-Nutzern ihre Produkte anbieten. Noch nie sind Konzerne in so kurzer Zeit zu so reichen Unternehmen geworden, dass jeder einzelne von ihnen heute finanzkräftiger ist als mancher Staat.

Der wesentliche Wechsel, der dabei stattgefunden hat: Das Geschäft wird nicht mehr mit dem Verkauf von Software an den Verbraucher gemacht, sondern mit dem Verkauf der persönlichen Benutzerdaten an den Konsumgüterhersteller. Dabei wird die Zustimmung der Verbraucher – wenn überhaupt – über einen Klick unter endlos lange und selten gelesene „Verträge" eingeholt.

Die Digitalisierung hat zuerst Computerhersteller wie IBM groß gemacht. Dann hat sie den Softwareherstellern wie Microsoft das Zepter in die Hand gedrückt, und die Hardwarehersteller in der Informationstechnik wurden Zulieferer oder verlegten sich ebenfalls auf Software. Schließlich siegten die Verkäufer von Nutzdaten über die Hard- und Softwarehersteller. Das führte nicht nur zum Untergang der meisten Mobiltelefonhersteller. Im Februar 2016 gelang es der inzwischen entstandenen Google-Mutter Alphabet erstmals, Apple vom Platz 1 der Liste der teuersten Unternehmen zu verdrängen. Apple hat außer dem Geschäftsmodell der Internetkonzerne mit Nutzerdaten immer noch Hardware und Software im Angebot. Google nicht. Und Google ist der Bereich, der alle anderen Bereiche des Konzerns Alphabet finanziert.

Es ist die Art, wie die Internetkonzerne mit ihren vielfach kostenlos via Apps zur Verfügung gestellten Dienstleistungen und mit der Vermarktung der Daten ihrer Nutzer den Konsum, den Handel und tatsächlich einen großen Teil des Lebens der meisten Menschen verändert haben, was erst jetzt das Thema Digitalisierung zum Generalthema der Gesellschaft macht, und das weltweit. Nochmals ganz deutlich: Die Grundlage sind das Internet und die Vernetzung mobiler Endgeräte mit dem Internet.

Die Vernetzung von Geräten mit dem Internet – das ist auch die Grundlage von Industrie 4.0. Insofern ist die vierte industrielle Revolution ein Teil der generellen Digitalisierung. Nach dem Sieg der Software in der Automatisierung werden nun auch in der Industrie die Daten und ihre Nutzung über das Internet zum Thema.

Das Internet der Dinge hat zunächst nur Smartphones und mobile Computer als vernetzte Dinge gekannt. Jetzt erfasst es zunehmend alle industriell hergestellten Dinge. Wie das Smartphone können sie zu Datenträgern werden, mit deren Daten möglicherweise ein Geschäft gemacht werden kann. Wie beim Smartphone könnten es mit dem jeweiligen Gerät verbundene Dienstleistungen sein, die das Herz solcher Geschäfte darstellen.

Die Digitalisierung hat zuerst Hardware durch Software ersetzt. Die Hardware wurde zum Add-on für die Software. Dann wurde die Software durch das Internet ergänzt. Software machte den Zugang und das Angebot von Diensten möglich. Heute sind Daten von Produkt- und Dienstleistungsnutzern schon in vielen Bereichen der „Stoff", aus dem Werte geschöpft werden. Die Software ist wie die Hardware vielfach zum Add-on degradiert und wird teilweise kostenlos zur Verfügung gestellt, um mit den Daten Geschäfte zu machen.

Industrie 4.0 als Teil der Digitalisierung unserer Gesellschaft – das erklärt ein wenig, was gemeint ist. Aber es macht auch Angst. Denn vieles an der generellen Digitalisierung, vieles an dem, was die Internetkonzerne an Neuem gebracht haben, wird – gerade in Deutschland, aber auch in anderen Teilen Europas und der Welt – keineswegs nur positiv bewertet. Insofern lohnt es sich, genauer zu untersuchen, wo die Unterschiede liegen, was genau speziell die Digitalisierung der Industrie mit sich bringt.

2.3 Smarte Produkte

Zu Beginn der Debatte über Industrie 4.0 gab es große Verwirrung. Ist das etwas anderes als das Internet der Dinge oder nur ein Synonym dafür? Dann wurde 2014 in den USA das Industrial Internet Consortium gegründet, und viele dachten, Industrial Internet ist vielleicht ein besserer Begriff als Internet der Dinge, erst recht aber besser als Industrie 4.0. Nach den Erläuterungen zur Digitalisierung im vorhergehenden Kapitel können nun exaktere Abgrenzungen vorgenommen werden.

Das Internet der Dinge ist, auch wenn es in den vergangenen etwa zehn Jahren nicht mehr als das Internet der mobilen Computerdinge war, also vor allem der Smartphones und Tablets, gewissermaßen das Dach, unter dem sich die weitere Digitalisierung vollzieht. Weil immer mehr Dinge im Internet vernetzt sein können, werden auch immer mehr Dinge im Internet sein. Wie das Smartphone sind sie potenziell Datenträger. Mit dem Begriff Internet der Dinge und Dienste, der ungefähr zur selben Zeit entstand wie der des Internets der Dinge, wird zusätzlich zum Ausdruck gebracht, dass die Vernetzung der Dinge kein Selbstzweck ist, sondern die Grundlage für Dienstleistungen, die es so bislang nicht gab. Dienstleistungen, die neue Arten von Geschäft ermöglichen. Der häufigste Grund dafür, dass sich etwas massenhaft durchsetzt.

Das Internet ist dasselbe geblieben, aber seine Endpunkte, seine Nutzer, seine Vernetzten sind nicht mehr dieselben. Neben den Menschen sind es nun auch Dinge. Schätzungen gehen davon aus, dass wir in einigen Jahren neun Milliarden Menschen auf der Erde haben, die größtenteils das Internet nutzen, aber dass bereits in weniger als zwei Jahrzehnten rund 500 Mrd. Geräte vernetzt sind.

Was hat das mit der Industrie zu tun? Von ihr kommen alle Produkte, Dinge und Geräte, die vernetzt und zum Gegenstand von Dienstleistungen werden können. Damit sie so beschaffen sind und diese neue Rolle wahrnehmen können, damit sie – um einen anderen noch jungen Begriff zu bemühen – cyber-physische Systeme sind, müssen sie entsprechend entwickelt und hergestellt werden. Das ist der erste Zusammenhang zwischen dem Internet der Dinge und Industrie 4.0. Nur Dinge, die von der Industrie als vernetzbare Datenträger konzipiert und gebaut werden, können im Internet der Dinge mitspielen. Nur wenn die Industrie solche Dinge herstellt, kann das Internet mit diesen Dingen genutzt werden. Das ist ganz offensichtlich keine unwichtige Rolle. Die Basis für ein funktionierendes Internet der Dinge sind die internetfähigen Dinge, die die Industrie erst einmal liefern muss.

Für die Entwicklung des Geschäfts der Internetkonzerne war die Entwicklung von Smartphones und Tablets die Voraussetzung. Wenn man den Lenkern beispielsweise von Google glauben darf, spielten aber weder bei der Entwicklung dieser Geräte, noch bei der Entwicklung der darüber umgesetzten extrem erfolgreichen Geschäftsmodelle irgendwelche Strategien oder gar Pläne eine wichtige Rolle. Die Geräte waren da, und ihre Vernetzung machte es möglich, entsprechende Geschäftsmodelle zu entwickeln. Dabei wurden die Benutzer der Geräte in gewisser Weise überrumpelt. Ohne gefragt zu werden, bekamen sie Dienste und Funktionalitäten geschenkt, die ihnen Vorteile brachten. Und wie dafür mit ihren Daten welches Geschäft gemacht wurde, das bekamen sie erst mit einer gehörigen Verspätung mit. Wenn überhaupt. Und selbst dann war und ist es den meisten gleichgültig. Das im Gegenzug (fast) kostenlos zur Verfügung stehende Netz, der beinahe grenzenlose Zugang zu Wissen und Informationen, die zahlreichen hilfreichen Apps, die das Leben erleichtern – sie waren und sind den Menschen so wichtig, dass sie von dem Geschäft dahinter kaum etwas wissen wollen. Und auch nicht von dem Missbrauch, der möglicherweise mit ihren Daten getrieben wird, und von den Überwachungsmöglichkeiten, die ihre Daten sowohl für die Geheimdienste als auch für die Weltkonzerne bieten.

Wenn das Internet der Dinge nun auf theoretisch alle Dinge ausgeweitet wird, weil die Industrie mit Industrie 4.0 die Dinge entsprechend gestaltet, dann ist das mit den ersten Ansätzen des Internets der Dinge über mobile Endgeräte gar nicht zu vergleichen. Dort war der Grundzweck der Vernetzung die mobile Nutzung des Internets durch Menschen. Bei jedem anderen Gerät ist dieser Grundzweck nicht vorhanden. Ein Gerät hat aus sich heraus kein Motiv zur Nutzung des Internets und zur Vernetzung. Es sind diesmal der Hersteller und der Kunde, die sich über ihre Bedürfnisse und Wünsche klar werden müssen: Was kann wer mit dem Gerät anders oder besser tun, und welchen Vorteil hat wer, wenn das Gerät mit dem Internet verbunden ist? Hinzu kommt eine Frage, die vor allem für die Hersteller interessant ist: Wer könnte mit welchem Angebot zwischen mich und meinen Kunden treten, wenn das Gerät ans Internet angeschlossen ist oder angeschlossen werden könnte?

Auch bezüglich der Daten sind die Verhältnisse ganz andere. Grundsätzlich sprechen wir jetzt über Gerätedaten. Ob vermittelt über diese Daten auch ein Personenbezug hergestellt werden kann, ist nicht allgemein zu beantworten. Es hängt vom Gerät und seiner Funktionalität ab. Generell aber gilt für die Gerätedaten, dass sie ungemein komplexer sind als personenbezogene Konsumdaten. Gerätedaten können alles betreffen, was mit dem Gebrauch eines Gerätes zu tun hat. Seine Betriebsdaten, den Zweck seiner Nutzung, den Ort des Betriebs, die Umgebungsbedingungen, den Ressourcenverbrauch, seine Lebensdauer und seinen momentanen „Gesundheitszustand" und vieles andere mehr.

Schließlich ist das Internet der Dinge umgekehrt eine technologische Basis, die die Industrie für die Digitalisierung ihrer Wertschöpfungsprozesse nutzen kann. Die Cloud, auf die wir noch gesondert eingehen, kann auf diesem Weg ebenso zum Quell neuer Ideen für Produkte und Dienstleistungen werden, wie sich internetbasierte Dienstleistungen zur Optimierung von industriellen Prozessen heranziehen lassen.

Was Industrie 4.0 als Teil des Internets der Dinge (und Dienste) konkret bedeutet, lässt sich nur klären, wenn genauer unterschieden wird: bezüglich der Branche und bezüglich der Produkte. Industrie 4.0 heißt für die Investitionsgüterhersteller prinzipiell etwas anderes als für die Konsumgüterhersteller. Letztlich muss jedes Unternehmen für jedes konkrete Produkt und jede einzelne Dienstleistung entscheiden, was es im Zuge der Digitalisierung damit anfangen will. Wir können natürlich nicht alle Produktarten und alle Unternehmensarten untersuchen. Aber einige wichtige und den meisten Lesern bekannte Beispiele sollen herausgegriffen werden.

Es geht also um smarte Produkte. Dafür hat die Vereinigung College International Pour La Recherche En Productique (CIRP), die Internationale Akademie für Produktionstechnik, auf ihrer 23. CIRP Design Conference im März 2013 eine offizielle Definition verabschiedet. In SpringerReference findet sich diese Formulierung von Prof. Michael Abramovici von der Ruhr-Universität Bochum:

> Smart Products are cyber-physical products/systems (CPS) which additionally use and integrate internet-based services in order to perform a required functionality. CPS are defined as "intelligent" mechatronic products/systems capable of communicating and interacting with other CPS by using different communication channels, i. e., the internet or wireless LAN (Lee 2010; Rajkumar et al. 2010) [4].

Smarte Produkte sind demnach cyber-physische Produkte oder Systeme mit integrierten, Internet-basierten Dienstleistungen. Es reicht nicht aus, dass sie mechatronisch und „intelligent" sind und über einen Anschluss an das Internet verfügen. Sie müssen darüber hinaus mit einer integrierten Dienstleistung aufwarten, die über das Internet oder andere drahtlose Netze funktioniert.

Betrachten wir zunächst, was das in der Konsumgüterindustrie bedeutet, denn deren Produkte sind näher am Smartphone als Maschinen oder Anlagen, und die Auswirkungen von Industrie 4.0 wird hier für alle Menschen spürbar, nicht nur für Beschäftigte oder Verantwortliche in der Industrie.

Konsumgüter sind Produkte, die für den Verbrauch bestimmt sind. Dabei wird nochmals unterschieden zwischen kurzfristig oder unmittelbar verbrauchten Gütern wie Lebensmitteln, Zahnbürsten oder Schnürsenkeln, und Gütern, die längere Zeit, Jahre oder sogar Jahrzehnte im Gebrauch sind. Hierzu zählen die Produkte der sogenannten Weißen Ware wie Kühlschränke und Waschmaschinen ebenso wie Haushalts- oder Gartenmöbel und Einrichtungsgegenstände, aber auch ein großer Teil der Kleidung und andere Textilgüter. Das Automobil sparen wir hier aus, weil wir es gesondert betrachten wollen.

Oft gibt es zwischen den beiden großen Bereichen der kurzfristigen Verbauchs- und der längerfristigen Gebrauchsgüter einen unmittelbaren Zusammenhang. Eine Kaffeemaschine ist etliche Jahre im Einsatz, und neben Energie und Wasser benötigt der Konsument auf jeden Fall Kaffeepulver, um mit der Maschine sein Getränk zu erzeugen. Und ab und an ein Reinigungsmittel und gelegentlich vielleicht ein Ersatzteil.

Bei solchen Produkten sind naheliegende Dienstleistungen, den Verbrauch beispielsweise des Kaffeepulvers, aber auch die Nutzungszeiten der Maschine zu messen. Daraus können Angebote für neues Kaffepulver, Reinigungsmittel und selbst für Ersatzteile abgeleitet werden, die entweder der Hersteller oder Partner im Portfolio haben. Insbesondere wenn es nicht um eine einzelne Maschine im Haushalt geht, sondern um Hunderte Maschinen in einem Konzern oder einer Hotelkette, werden sich solche Angebote häufen. Das gibt es bereits. Man kennt es etwa vom bereits an anderer Stelle beschriebenen Drucker, der meldet, wenn er neue Farbpatronen braucht und Papier nachgefüllt werden muss. Je nachdem, wie er bei der Installation konfiguriert wurde, kann die Meldung auch gleich mit der Bestellung über das Internet und mit der schnellstmöglichen Lieferung gekoppelt sein. Dann hat der Druckerhersteller Einfluss auf die Wahl des Lieferanten und der Ware, und möglicherweise zahlt der Kunde bereitwillig mehr für Kaffeepulver oder Farbpatrone, womit er den Service finanziert, der zusätzlich geboten wird.

Bei dieser Art von Produkt sind zahlreiche Fälle denkbar: Beispiel a: Der Kunde nutzt den angebotenen Service nicht, sondern kauft die Ware wie bisher im Laden. Beispiel b: Der Kunde – zum Beispiel ein Großkonzern – verbindet die Maschinen mit einem eigenen System, das die Maschinenmeldung auswertet und mit einem anderen Lieferanten verbindet. Beispiel c: Der Service wird nur von so wenigen Kunden genutzt, dass sich die Entwicklung dieser Dienstleistung für den Hersteller nicht bezahlt macht.

In diese Kategorie fällt auch die häufig diskutierte Vernetzung von Haushaltsgeräten oder Teilen der Einrichtung und des Gebäudes wie Heizung oder Türen auf eine Art und Weise, dass sie sich aus der Ferne beispielsweise über ein Smartphone ein- oder ausschalten und regulieren lassen. Diese Idee gibt es schon seit Jahrzehnten. Ohne das nun Realität werdende Internet der Dinge war sie nicht umsetzbar, jedenfalls nicht wirtschaftlich erfolgreich. Ob sie jetzt ein Erfolg wird, muss sich erst noch erweisen. Jedenfalls ist unwahrscheinlich, dass Kunden ihre privaten und betrieblichen Nutzungsdaten freiwillig wegen entsprechender Dienstangebote zur Verfügung stellen, wie sie dies beim Smartphone tun. Es müssen Dienste entwickelt werden, die es wert sind. Das ist die große Herausforderung für die Konsumgüterhersteller. Die Gefahr für die Hersteller sind auf der anderen Seite die denkbaren oder eben noch nicht denkbaren Dienstangebote Dritter, die für die Kunden wichtiger werden könnten als das Produkt.

Anders als ein Konsumgüterhersteller produziert ein Unternehmen der Investitionsgüterindustrie nicht für den Endkunden. Sein Kunde ist ein anderes Industrieunternehmen. Unter Umständen bietet dieser Kunde Konsumgüter, möglicherweise ist er aber selbst ein Hersteller von Industriegütern. Ein Elektromotorenanbieter liefert beispielsweise seine Produkte an einen Roboterhersteller, der mit den Motoren die Arme seiner Roboter antreibt. Die Roboter wiederum gehen an einen Hersteller von großen Maschinen, der dazu die Roboter einsetzt. In diesem Umfeld sind smarte Produkte Maschinen aller Art, Roboter, Produktionsanlagen oder Anlagen der Prozessindustrie, aber auch Komponenten, Baugruppen und Teile, die für solche Produkte benötigt werden. Hier müssen mögliche Dienstleistungen einen ganz anderen Charakter haben. Die wichtigsten Felder, auf denen bisher Beispiele bekannt sind, betreffen den Service und die Logistik.

Durch die Anbindung von Industrieprodukten an das Internet können ihre Betriebsdaten einschließlich der Umgebungsdaten und des Datenaustauschs mit angeschlossenen Geräten in großem Umfang gesammelt und ausgewertet werden. Weil im Unterschied zu einem Haushaltsgerät der Ausfall eines Antriebs zum Ausfall einer Anlage und damit zu enormen Verlusten des Betreibers führen kann, spielt hier die Frage des Service eine ganz andere Rolle. Durch die Auswertung möglichst vieler Daten aus dem Gerät und seiner Umgebung können Störungen besser vorhergesehen werden. Ausfälle oder Stillstandzeiten von Maschinen lassen sich reduzieren und vielfach sogar vermeiden. Je mehr Geräte der Hersteller zur Auswertung zur Verfügung hat, desto besser seine Analyse, desto zuverlässiger seine Serviceleistungen. Trotzdem sind die Industriekunden in der Regel nur unter ganz klar umrissenen Bedingungen und aufgrund eindeutiger Verträge bereit, solche Dienstleistung in Anspruch zu nehmen. Denn gleichzeitig lassen die Daten unter Umständen Rückschlüsse zu auf die Prozesse, die mit den Geräten gesteuert werden, und darin wiederum könnten genau die Wettbewerbsvorteile entdeckt werden, die den Vorsprung auf dem Weltmarkt ausmachen.

In der Logistik spielt Industrie 4.0 eine Rolle, weil durch die Anbindung von Transportsystemen und zu transportierenden Produkten an das Internet die Lieferung punktgenau werden kann. Unnötige Wartezeiten und Umwege, verfrühtes ebenso wie verspätetes Liefern lassen sich vermeiden; das Suchen und Holen kann in einem viel höheren Maß automatisiert werden als bisher. Doch trotz der immensen Vorteile gilt auch hier: Nur mit Zustimmung und auf ausdrückliche Bestellung der Beteiligten können solche Dienste entwickelt und ausgeführt werden.

Als Letztes ist tatsächlich in fernerer Zukunft denkbar, was oft als Hauptgegenstand von Industrie 4.0 kolportiert wird: die smarte Fabrik, in der das Werkstück über das Netz mit den Maschinen kommuniziert bis hin zum Einschalten des Bohrers, der es mit einer Gewindebohrung versehen soll.

Welche Art von smarten Produkten man aber auch in der Investitionsgüterindustrie unter die Lupe nimmt, die Frage der Echtzeitfähigkeit und die Frage der Sicherheit spielen hier eine ganz andere Rolle als bei Konsumgütern. Hier ist die Breitbandverfügbarkeit nicht eine Frage von Annehmlichkeit, sondern von Sein oder Nichtsein. Die Zuverlässigkeit der Dienste hat nichts mit dem Zugriff auf eine Suchmaschine zu tun. Entweder tut die Maschine oder Anlage ihren Dienst, oder es wird sehr teuer für alle Beteiligten. Möglicherweise kostet ein Nichtfunktionieren oder ein zur falschen Zeit ausgeführter Dienst sogar Menschenleben. Insofern geht es beim Ausbau der Breitbandinfrastruktur nicht nur um die Telekommunikation und Internetverfügbarkeit für den Endverbraucher. Ohne eine geeignete Infrastruktur haben Industriebetriebe gar keine Chance, die notwendige Transformation für sich zu realisieren.

Auch wenn Industrie 4.0 ein wichtiger Teil der generellen Digitalisierung ist: Dieser Teil ist überhaupt nicht vergleichbar mit dem, was wir bisher aus der Welt des Konsums kennen. Nicht mit der Digitalisierung von Musik und Sprache, nicht mit der Digitalisierung der Kommunikation, nicht mit der Digitalisierung des Handels.

Ein Sonderfall unter den smarten Produkten ist das Automobil. Es war in den letzten hundert Jahren der Kern der privaten Mobilität. Die Industrie einschließlich ihrer großen Kette von Zulieferern war laut BMWi 2015 in Deutschland die größte Branche des verarbeitenden Gewerbes und gemessen am Umsatz der mit Abstand bedeutendste Industriezweig in Deutschland. Die Unternehmen der Branche erwirtschaften einen Umsatz von über 404 Mrd. Euro und beschäftigen direkt über 790.000 Personen. Weltweit war die deutsche Autoindustrie mit ihren Produkten führend, und das in fast allen Produktsparten. Welche Rolle spielt Industrie 4.0 in dieser Branche und bei diesem Produkt? Das lässt sich nicht so schnell beantworten.

Die Automobilindustrie war Taktgeber sowohl bei der zweiten industriellen Revolution mit der Massenproduktion und Arbeitsteilung als auch bei der dritten mit der softwaregesteuerten Automatisierung. Ihre Produktionsanlagen gehören zu den fortschrittlichsten und komplexesten, die es derzeit gibt. Hier werden in hohem Maß individuelle Produktvarianten zu Bedingungen und Preisen gefertigt, die ursprünglich nur für die Serienfertigung gleicher Produkte möglich waren. Etwa 150.000 unterschiedliche Fahrzeuge kommen vom Band, bevor wieder ein weitgehend identisches folgt. Jetzt stellt sich die Frage, wie diese Industrie ihre Produktion umstellt auf das Internet der Dinge, wie sie die vierte industrielle Revolution realisiert.

Gäbe es so etwas wie eine Aufnahmeprüfung, dann bekäme sie schlechte Noten. Zahlreiche Studien bescheinigen ihr ein Hinterherhinken bezüglich der Digitalisierung. Im November 2015 veröffentlichte das BMWi eine gemeinsam mit dem ZEW Mannheim und TNS Infratest durchgeführte Studie über die deutsche Digitalwirtschaft sowie den Digitalisierungsgrad deutscher Wirtschaftssektoren – mit besonders schlechtem Abschneiden der Autoindustrie. Dem „Monitoring-Report Wirtschaft Digital 2015" [5] zufolge befindet sich der Fahrzeugbau mit einem Indexwert von 37 gemeinsam mit dem Gesundheitswesen und dem sonstigen verarbeitenden Gewerbe (beide 36) in der untersten Kategorie der „stark unterdurchschnittlich digitalisierten" Bereiche.

Hinsichtlich der Digitalisierung der Produktion steht die Automobilindustrie also vor einer extrem großen Herausforderung. Sie ist umso erstaunlicher, als diese Branche noch in den Neunzigerjahren zu den Voreitern gehörte. Nirgends war die Nutzung von IT in den Prozessen so stark verankert worden, nirgends ging die Nutzung moderner Technologien so weit wie hier. Offenbar wurde danach unmerklich der Anschluss verpasst.

Und wie sieht es aus mit dem smarten Produkt Auto? Es ist ein Konsumgut ganz besonderer Art. Ist es ein mechatronisches System? Ganz sicher. Es ist ein hoch komplexes mechatronisches System mechatronischer Systeme. Rund hundert softwaregesteuerte Systeme vom Türschloss bis zur Einparkhilfe sind keine Ausnahme. Ist dieses System von Systemen ans Internet angeschlossen? Für die neueren Fahrzeuge ist die Antwort ebenfalls Ja. Kaum ein Fahrzeug verlässt mehr das Band ohne eigene IP, und der Fahrzeuglenker kann darüber bestimmte Dienste in Anspruch nehmen. Aber genau an dieser Stelle, bei den integrierten, internetbasierten Dienstleistungen, die ein smartes Produkt ausmachen, da wird es für die Automobilindustrie schwierig.

Welche Dienste sollen aus eigenem Haus angeboten werden, welche von Partnern? Wo ist es sinnvoll und auch im Sinne des eigenen Geschäfts, die Dienste von Internetkonzernen in Anspruch zu nehmen und einzubinden? Hier wurde erst sehr schnell auf Google und Apple eingegangen, beispielsweise um deren Navigationshilfen zu integrieren. Aber 2015 übernahmen Audi, BMW und Daimler in einer konzertierten Aktion den Nokia-Kartendienst Here, um sich von den Angeboten der Internet-Größen unabhängig zu machen. Offensichtlich ist das Auto ein Produkt, bei dem die Großen im bisherigen Internet zur Konkurrenz werden.

Der Grund ist einfach: Wie das Smartphone kann auch das Auto über seinen Internetanschluss Auskunft geben über bevorzugte Orte und andere Vorlieben des Fahrers, und über das Navigationssystem kann er sogar noch direkter zu den Angeboten der Werbekunden gelenkt werden als nur mit dem Smartphone. Das Dilemma der Hersteller ist, dass ihre Kunden für das Auto und seine „intelligente" Ausstattung viel Geld bezahlen. Es ist nicht selbstverständlich, dass sie wie die Nutzer von Smartphones jede Auswertung ihrer Bewegungsdaten für irgendwelche Geschäftsideen fraglos hinnehmen. Noch weniger selbstverständlich ist, dass sie sich für entsprechende Dienste, die sie ja auch über ein Smartphone während der Fahrt haben können, in Abhängigkeit von Hersteller oder Händler ihres Fahrzeugs begeben wollen.

Aber auch ohne dieses Dilemma hat die Autobranche hier Probleme. Beispielsweise bei einem Audi A5, Baujahr 2013, kostet ein Update des Navigationssystems im Jahr 2016 nach Aussage eines Händlers rund 350 Euro. Solch ein Update ist mindestens alle Jahre sinnvoll. Der Besitzer muss sich aber danach erkundigen, ob ein Update verfügbar ist. Informationen des Herstellers gibt es nicht, und auch der Händler informiert nur auf Anfrage. Demgegenüber kostet das Navigationssystem auf dem Smartphone nichts, und es wird automatisch aktuell gehalten. Wozu dann noch das im Fahrzeug integrierte System nutzen? Die Automobilhersteller haben auch 2016 noch nicht erkannt, dass ein Navigationssystem keine Komponente ist wie ein Außenspiegel, der nur bei Beschädigung als Ersatzteil verfügbar sein muss; dass es eine Dienstleistung ist, bei der der Kunde die Aktualität der Daten voraussetzt.

Für die Autobranche kommen aber noch andere Herausforderungen hinzu. Die Entwicklung und Vermarktung von Elektroautos kommt nicht voran, und der Verbrennungsmotor, ob mit Diesel oder Benzin, verliert an Wertschätzung. Auch ohne solch katastrophales Fehlverhalten wie den softwaregestützten Abgasbetrug von Volkswagen und offenbar auch anderen Herstellern. Die Bedeutung des Autos als Mobilitätsgarantie schwindet spürbar. In den Städten gilt es nicht selten als altmodisch, noch mit dem Auto unterwegs zu sein. Und als Prestigeobjekt hat es wohl auch bald ausgedient. Nirgendwo in der Welt sind mehr Nutzer von Carsharing-Angeboten registriert als in Deutschland. An dieser Entwicklung sind zwar die Automobilhersteller aktiv und treibend beteiligt, aber den schon mittelfristig zu erwartenden Umsatzrückgang mit an Endkunden verkauften Fahrzeugen können sie so vermutlich nicht ersetzen.

Die Automobilindustrie ist wichtig für den Industriestandort Deutschland. Und sie ist durch Industrie 4.0 und das Internet der Dinge in besonderer Weise herausgefordert. Es wird spannend sein zu beobachten, wie sie dieser Herausforderung begegnet.

2.4   Smartes Engineering

Das Engineering, das Ingenieurwesen, die Bereiche des Designs und der Produktentwicklung, der Tests und Absicherung, der Vorbereitung und Planung der Produktion und der dafür nötigen Anlagen – es ist schon immer einer der wichtigsten Bereiche der Industrie. Eine weit verbreitete Rechnung sagt, dass im Engineering etwa 80 % der gesamten Produktkosten bestimmt werden, durch die Wahl des Materials, durch die Wahl der Bearbeitungsmethoden, Werkzeuge und Maschinen, mit denen das Produkt gefertigt wird, durch alle Entscheidungen, die in diesem Bereich getroffen werden. Aber nur 20 % der Produktkosten entfallen auf diesen Bereich, denn er hat die wenigsten Mitarbeiter, und seine eigenen Werkzeuge sind von ihren Kosten nicht mit den Produktionsanlagen und Betriebsmitteln vergleichbar.

Diese Rechnung ist alt und weithin bekannt. Trotzdem wird das Engineering stets geringgeschätzt, wird nur auf die hier zu sparenden Ausgaben geschaut, nicht genügend auf die Ausgaben in der Fertigung, die durch das Engineering geringer gehalten werden könnten. Mit Industrie 4.0 bekommt das Engineering noch ein ganz anderes Gewicht. Die vierte industrielle Revolution wird das Engineering früher und tiefgreifender verändern als die Produktion.

Denn die zuvor beschriebenen smarten Produkte benötigen auch ein smartes Engineering. Mechatronische Geräte mit integrierten, internetbasierten Dienstleistungen lassen sich nicht entwickeln wie mechanische oder einfache mechatronische Produkte. Es handelt sich, wie soeben beim Automobil erläutert, um höchst komplexe Systeme von Systemen. Solche Systeme können nicht in dem bisher üblichen Nebeneinander und Nacheinander von Mechanik, Elektronik und Informatik entwickelt werden. Sie verlangen nach Systems Engineering (SE).

Systems Engineering war über Jahrzehnte eine Domäne in der Luft- und Raumfahrt, entstanden aus dem Zwang, komplexe Großprojekte mit extrem vielen Beteiligten über Ländergrenzen und Kontinente hinweg zu meistern. In diesen Industrien ist daraus tatsächlich eine neue Fachdisziplin geworden, die der Systemingenieure.

Heute ist Systems Engineering ein Thema in der Automobilindustrie und zunehmend auch im Maschinen- und Anlagenbau. Es spielt keine Rolle mehr, ob Tausende von Menschen an einem Entwicklungsprojekt beteiligt sind und das Projekt das Ausmaß einer Raumstation oder eines Passagierflugzeugs hat. Jede Werkzeugmaschine, jedes Bearbeitungszentrum, ja selbst jeder Antriebsmotor kann heute eine Komplexität erreichen, die ohne die Methoden des Systems Engineerings nicht zu beherrschen ist.

Diese Methode sieht nicht mehr zuerst auf die einzelnen Elemente des neuen Produkts, die später zusammengebaut und ausprobiert werden. Stattdessen ist stets das Gesamtsystem im Fokus. Zuerst werden die Anforderungen erfasst und definiert, dann eine entsprechende Systemarchitektur entworfen. Welche Funktionen durch welche Fachdisziplin realisiert werden, ist erst der nächste Schritt.

Alle Disziplinen – das ist jedenfalls der Idealfall und das Ziel von Systems Engineering – arbeiten parallel an der Umsetzung der Anforderungen in Funktionen und erarbeiten die Logik, nach der das System funktioniert. In der Wirklichkeit der heutigen Industrie arbeiten die Disziplinen weitgehend getrennt und haben es schwer mit der Abstimmung ihrer Ergebnisse, denn alle fachspezifischen IT-Systeme sprechen ihre eigene Sprache, die außerhalb des Fachbereichs nicht verstanden wird, mit der ein Datenaustausch oder eine gemeinsame Visualisierung nicht oder nur mit großem Aufwand möglich ist.

Während Elektrik, Elektronik, Mechanik und Informatik längst mit Modellen arbeiten, ihre Entwicklungsergebnisse visuell darstellen und Tests am digitalen Modell durchführen, also die angestrebte Funktion simulieren können, gilt das für multidisziplinäre Systeme nicht. Modellbasiertes Systems Engineering ist deshalb – und darauf wird in den Kapiteln aus der Forschung noch ausführlicher eingegangen – ein sehr wichtiges Thema der wissenschaftlichen und innerbetrieblichen Forschung und Entwicklung. Dabei sind sich die Experten noch nicht darüber einig, ob es wünschenswert oder gar notwendig ist, ein multidisziplinäres Modell des Gesamtsystems anzustreben, oder ob es sinnvoller ist, für eine Kopplung der fachspezifischen Modelle zu sorgen, die dann eine Co-Simulation erlaubt.

Wenn Systeme ihre Mechanik über Software bewegen, die von elektronischen Komponenten ihre Impulse bekommt, dann sollte es möglich sein, das Modell so zu testen, als ob es über das Internet vernetzt und bereits in Betrieb wäre. Der Tester müsste virtuell einen Befehl absetzen oder eine Dateneingabe über ein anderes Gerät simulieren können, aufgrund dessen das System dann die gewünschte Funktion ausführt. Nur wenn die Industrie in der Lage ist, solche Tests bereits im frühen Entwicklungsstadium laufen zu lassen, kann sie ein Tempo erreichen, wie es die Software- und Internetindustrie heute hat. Dazu müssen entweder über Standards oder über Systemintegrationen die Voraussetzungen geschaffen werden, und die IT-Anbieter arbeiten daran.

Die andere Herausforderung von Smart Engineering ist mindestens genauso groß: Weil die Arbeitsteilung in den letzten mehr als hundert Jahren immer weiter auf die Spitze getrieben wurde, weil heute der Spezialist so gut in seinem Fach ist, dass es kaum noch besser geht, deshalb mangelt es an Generalisten. Wenn Mechaniker und Informatiker ein gemeinsames Projekt bekommen, dann fehlt ihnen oft ein Projektleiter, der beide Seiten gut genug versteht, um sich eine kompetente Führung zuzutrauen.

Die gemeinsame Arbeit der Disziplinen, die für ein modernes System zusammenarbeiten müssen, krankt noch aufgrund anderer Aspekte. Das Spezialistentum hat zu einer Konkurrenz zwischen den Fächern geführt. Über die vielen Jahrzehnte haben sich in den Unternehmen und zwischen den Disziplinen gewisse Machtverhältnisse herausgebildet, die nun ins Wanken geraten. Es sind nicht mehr ganz selbstverständlich die Maschinenbauer, die sagen, wie die Maschine gebaut wird. In manchen Unternehmen, deren Entwicklungsmannschaft noch vor zehn oder fünfzehn Jahren zu über 90 % aus Maschinenbauern bestand, sind heute die Elektroniker und Informatiker zahlenmäßig stärker. Manche Unternehmen, die als Elektronikkonzerne den Weltmarkt eroberten, sind heute Softwarekonzerne. Das gilt für IBM, aber es gilt auch schon für Siemens, um zwei der bekanntesten Beispiele zu nehmen. Rund 20.000 Mitarbeiter bei Siemens sind zu hundert Prozent ihrer Arbeitszeit mit der Entwicklung von Software beschäftigt. Diese Verschiebung in der Bedeutung der Disziplinen geht natürlich einher mit Ängsten um Positionen, die ungefähr so schwer zu überwinden sind wie die Medienbrüche zwischen den beteiligten IT-Systemen. (Von den rein menschlichen Barrieren wollen wir gar nicht erst sprechen: Eine neue Methode, die eine Arbeit schneller und vor allem transparenter für andere macht, ist vielleicht gerade deshalb von denen gar nicht gewollt, die sie nutzen sollen. Sie wollen nicht schneller sein müssen.)

Aber genau das muss jetzt von der Industrie geleistet werden, wenn Industrie 4.0 ein Erfolg werden soll: Die Disziplinen des Ingenieurwesens müssen zusammenrücken und an einem gemeinsamen Systemmodell arbeiten, um es in Hinsicht auf Innovation und Geschwindigkeit der Entwicklung mit den Smart Guys und Smart Girls der Internetkonzerne aufzunehmen.

2.5   Plattformen und Öko-Systeme

Neue Geschäftsmodelle sind in Sicht. Intelligent entwickelte, im Internet vernetzte Produkte bieten sich künftig als Datenträger am, um mit Hilfe der Daten neue Dienstleistungen anzubieten. So wie heute über ein Smartphone können künftig über diverse Geräte Apps zur Verfügung stehen, als integrierte, Internet-basierte Dienstleistungen. Auf dem Weg dahin deutet sich bereits an, dass sich die Art des Wirtschaftens und des Handels ebenfalls ändert. Gab es bisher relativ einfache Verhältnisse zwischen Herstellern und Kunden, so wird es jetzt auch in diesem Punkt komplizierter.

Bislang hat ein Hersteller ein Produkt entwickelt und produziert, das dann entweder von ihm selbst oder von einem Händler am Markt verkauft wurde. Bei Entwicklung und Produktion haben in der Regel Partner des Herstellers Teile, Baugruppen oder Dienstleistungen zugeliefert, aber das Grundprinzip war: Der Hersteller verkauft sein Produkt an den Kunden. Je mehr die Produkte sich zu smarten Produkten wandeln, desto weniger lässt sich dieses Grundprinzip aufrechterhalten.

In den Veröffentlichungen und Veranstaltungen rund um Industrie 4.0 und das Internet der Dinge tauchen zwei Begriffe immer häufiger auf, die uns bekannt vorkommen, aber neuerdings für etwas anderes stehen als das, was wir kannten. Es sind die Begriffe Plattform und Öko-System.

Wir kannten schon viele Arten von Plattformen: die Plattformen in der Automobilindustrie, die den Herstellern die Möglichkeit eröffneten, für eine Fahrzeugplattform unterschiedliche Motoren und Komponenten zu entwickeln, deren Wiederverwendbarkeit darüber gesichert wurde, dass sie für bestimmte Plattformen entwickelt waren, nicht mehr für einen bestimmten, einzelnen Fahrzeugtyp; das Betriebssystem eines PC ist die Plattform, auf der Software von unterschiedlichen Herstellern eingesetzt werden kann; natürlich stützen sich auch politische oder soziologische Gruppierungen auf eine Plattform, die die Gemeinsamkeiten definiert; es gibt Bohrplattformen und Landeplattformen, und der Begriff kennt noch viele andere Bedeutungen. Wenn in Zusammenhang mit Industrie 4.0 von einer Plattform gesprochen wird, dann liegt der Vergleich mit dem Betriebssystem eines Computers noch am nächsten.

So wie das Betriebssystem eines Smartphones eine Plattform für Millionen von Apps darstellen kann, entwickeln sich nun auch neue Plattformen, über die industrielle Dienstleistungen angeboten werden. Es ist wenig erfolgversprechend, für jedes Produkt oder jede Produktlinie spezielle Apps zu programmieren, die dann nur mit diesem Produkt funktionieren. Viel sinnvoller scheint es zu sein, Apps für eine bestimmte Art von industrieller Dienstleistung zu entwickeln, die dann mit bestimmten Produkten oder Produktarten integriert werden, ganz unabhängig davon, wer die Produkte im Einzelnen herstellt. Eine solche Dienstleistung könnte etwa die Suche nach Ersatzteilen und deren Bestellung sein, und die Produkte könnten von Haushaltsgeräten bis zu Autos reichen. Es werden sich vermutlich Plattformen herausbilden, auf denen solche Apps laufen. Dabei ist bisher noch nicht absehbar, wer die Anbieter und Betreiber sind. Es können führende Industrieunternehmen, Kooperationen von Industriebranchen, Verbände, ITK-Anbieter oder auch ganz neue Player sein, die sich auf diese Art des Geschäfts spezialisieren.

So wie es für die Industrieunternehmen wichtig ist, herauszufinden, mit welchen Geschäftsmodellen sie in Zusammenhang mit ihren künftigen smarten Produkten Umsatz machen wollen, so wird es wichtig sein, die richtige Plattform dafür zu identifizieren.

Schon die Beschreibung der neu entstehenden Plattformen wirft ihr Licht auf den zweiten Begriff, der eine neue Bedeutung bekommen hat: das Öko-System. Bisher verstanden viele Menschen – vor allem in Deutschland – darunter ein ökologisches System, ein System, das beschreibt, wie Mensch, Natur und Technik im Sinne der Ökologie zusammenwirken. Und weltweit verstanden viele Menschen unter dem englischen Begriff ECO-system, der ins Deutsche ebenfalls mit Öko-System übersetzt wurde, das Wirtschaftssystem eine Landes, einer Region oder der ganzen Welt. Jetzt taucht der Begriff in einer neuen Variante auf. Er meint das spezielle System, das künftig für die Entwicklung, Herstellung, den Vertrieb und die Nutzung von smarten Produkten im Internet der Dinge gebraucht wird.

Denn neben den Hersteller eines Produktes und seine Lieferanten und Händler treten nun die Hersteller und Anbieter von Plattformen, von Apps und Dienstleistungen, von Cloud-Technologie und Software. Die Vielzahl der Beteiligten mag nicht so groß sein wie beim Öko-System der mobilen Computer und Smartphones, aber es wird sehr viel größer und vor allem schwerer überschaubar sein, als wir es aus der bisherigen Industrie kannten. Es wird sicher mehr Öko-Systeme gaben als im Umfeld der Smartphones, denn die Anzahl der möglichen Dienstleistungsarten geht weit über das hinaus, was über das Smartphone realisierbar ist. Und jeder, der sein Unternehmen in Richtung Industrie 4.0 und das Internet der Dinge transformiert, muss sich auch überlegen, welche Rolle er dabei in welchem Öko-System spielt. Denn klar ist auch, dass er sich in der Regel nicht für ein einziges Öko-System entscheiden kann, sondern wahrscheinlich mehrere gleichzeitig bedienen muss. Das Beispiel des Internets der Autos, wie es in Abschn. 6.2 beschrieben ist, könnte dafür typisch sein. Autohersteller werden sich mit ihren Fahrzeugen schon bald sowohl im Öko-System Chinas als auch in mindestens einem der westlichen Welt vernetzen müssen.

2.6   Gesellschaftliche Brisanz

Was ist das Ziel von Industrie 4.0? Auf der Homepage von acatech findet sich unter der Überschrift „Dossier Zukunft des Industriestandorts" in der bereits an anderer Stelle zitierten Einleitung auch folgende Einschätzung:

> Deutschland hat das Potenzial zum internationalen Leitmarkt und Leitanbieter in der Industrie 4.0 und den damit verknüpften Diensten. Aus diesem Wandel kann ein neues Wirtschaftswunder „Made in Germany", können Wertschöpfung und Arbeitsplätze entstehen [6].

Industrie 4.0 wird von den Initiatoren und von der Bundesregierung, die sie als Teil ihrer Hightech-Strategie verfolgt, als wichtig für die Zukunft des Industriestandorts Deutschland angesehen. Deutschland könne zum Leitmarkt und Leitanbieter werden und daraus könne sich ein neues Wirtschaftswunder ergeben.

Der deutschen Industrie wird zugetraut, dass sie in der vierten industriellen Revolution eine Vorreiterrolle spielt. Leitmarkt heißt: Der deutsche Markt wird führend für smarte Produkte und die mit ihnen verbundenen Dienstleistungen. Leitanbieter heißt: Die deutsche Industrie stellt weltweit die führenden Anbieter von Produkten und Dienstleistungen, die auf Industrie 4.0 basieren.

Nachdem wir uns ausführlich damit auseinandergesetzt haben, um welche Art von Produkten und Dienstleistungen es sich dabei handelt, ist klar: Entscheidend ist die Nutzung des Internets für die industriellen Wertschöpfungsprozesse wie auch für die Nutzung der Produkte und Dienste. Mit Industrie 4.0 hat der Standort Deutschland den Anspruch angemeldet, künftig eine führende Rolle im Internet zu spielen. Nach den Anfängen der Internet-Wirtschaft, in denen es ausschließlich um die Vernetzung der Menschen mit Hilfe mobiler Computing-Endgeräte und um die Verwertung der dabei entstehenden personenbezogenen Daten ging, betritt die Fertigungsindustrie die Bühne.

Das ist nicht einfach die Ausweitung des bisherigen Wirtschaftens mit Daten im Internet. Es sind völlig andere, nämlich industrielle und gerätebezogene Daten. Und für ihre Nutzung benötigen die Anbieter mehr als Smartphone und Betriebssystem. Sie benötigen tiefgehendes Know-how von industrieller Wertschöpfung, softwaregesteuerten Prozessen, sicheren Maschinen und ihrer effektiven Nutzung. Dieses Know-how können sich die Internet-Konzerne nicht einfach kaufen und in ein paar Jahren erwerben. Aber sie können möglicherweise den Produzenten die Regeln diktieren, nach denen auch das Wirtschaften mit Industriedaten im Internet funktioniert.

Die deutsche Industrie hat in einer Reihe von Branchen ihre führende Stellung einge-
büßt. Textilindustrie, Unterhaltungselektronik, Computer und zugehörige Peripheriegeräte
– die Liste der an die USA und vor allem an asiatische Wettbewerber verlorenen Industriezweige ist lang. Aber auf der anderen Seite haben es wichtige Branchen wie der
Maschinen- und Anlagenbau, die Automatisierungsanbieter und Hersteller von Sensoren
und Aktoren, die Automobilindustrie und der Landmaschinenbau, die Haushaltsgeräte-
hersteller und andere Teile der Konsumgüterindustrie geschafft, dass sie hinsichtlich der
Qualität ihrer mechatronischen Produkte weltweit führend sind. Ihre Waren sind wegen
ihres Made in Germany so hoch geschätzt, dass selbst höhere Preise als beim Wettbewerb
an ihrer Führungsposition nichts ändern.

Außer den Produkten hat der Standort Deutschland auch einige weltweit führende
Anbieter hervorgebracht, die wie SAP, Siemens oder die Telekom unmittelbar Teile der
Technologie liefern, die für Industrie 4.0 gebraucht wird. Digitale Unterstützung der Wertschöpfungsprozesse und Cloud-Plattformen sind dabei an vorderster Stelle zu nennen. In
den letzten Jahren haben auch zahlreiche kleinere und mittlere Unternehmen begonnen,
IT- und Internet-Kompetenz aufzubauen und in den Kreis der Technologieanbieter aufzu-
steigen.

Der zitierte Anspruch auf die führende Rolle des Standorts Deutschland ist also durchaus berechtigt. Nicht für alle Industrien, aber sicher für diejenigen, die für die derzeitige
Stellung im Weltmarkt maßgeblich sind.

Ob daraus ein neues Wirtschaftswunder wird, muss sich zeigen. Noch ist ja nicht klar,
wie im Einzelnen das Geschäftsmodell mit industriellem Internet aussieht. Und die breite,
globale Debatte über die vierte industrielle Revolution führt natürlich zu einem regen
Wettbewerb. Wer dabei die Nase vorn haben wird, ist keineswegs ausgemacht, und es
wird auch von Branche zu Branche unterschiedlich sein.

Made in Germany wird in Zukunft, wenn Industrie 4.0 erfolgreich ist, eine andere Bedeutung haben als bisher. Es ist nicht mehr der Stempel auf einem Gerät, der das Produkt
als in Deutschland gefertigt ausweist. Künftig geht es um die Technologien, die für die
Entwicklung eines Systems und der integrierten Dienstleistung eingesetzt wurden; um die
Methoden der Entwicklung, der Tests, der Fertigung und des Service. Made in Germany
beinhaltet dann smartes Engineering, smarte Produkte, smarte Dienste. Eigentlich müsste man dafür eine andere Marke als Made in Germany erfinden, denn bei der alten Marke
ging es ja vorwiegend um die Fertigung, um das „Made". Jetzt geht es mehr um das „Wie"
der Gesamtprozesse.

Wenn es gelingt, werden nicht nur die Produkte und Dienste weltweit ihre Kunden
finden. Unternehmen und Staaten werden dann bei deutschen Unternehmen vor allem
auch die Technologie und das Wissen einkaufen wollen, wie diese neuartige Industrie
funktioniert und wie damit Geld zu verdienen ist.

Es ist höchst wünschenswert, dass dies gelingt. Der Standort Deutschland könnte in
dieser nächsten Phase der Internet-Wirtschaft ähnlich wichtig für die Welt werden, wie
es die USA in der ersten Phase waren und nach wie vor sind. Der andere Fall, dass aus

Deutschland vor allem die Hardware kommt, während andere damit die Wirtschaft der Zukunft gestalten, soll hier nicht weiter ausgeführt werden.

Industrie 4.0 hat für die Industrie und den Industriestandort Deutschland eine Bedeutung, die gar nicht hoch genug geschätzt werden kann. Vom Gelingen hängt eine sehr große Zahl von Arbeitsplätzen ab. Und damit sind sowohl jene gemeint, die nur auf diese Weise erhalten bleiben, als auch die wahrscheinlich noch größere Zahl jener, die nur so geschaffen werden können. Die Beschäftigungssituation wiederum ist eines der wichtigsten Kriterien für den Wohlstand der Gesellschaft, für die Finanzkraft des Staates, für das Wohl und Wehe aller, auch derer, die weder in der, noch für die Industrie arbeiten. Aber die gesellschaftliche Brisanz von Industrie 4.0 reicht weiter.

Die neuen Produkte und die Möglichkeiten der integrierten Dienstleistungen bieten eine ungeheure Vielzahl von Möglichkeiten, unser Leben zu verändern. Nachdem über Software und Gerätevernetzung technisch nahezu nichts mehr unmöglich ist, stellt sich die große Frage, was die Gesellschaft mit diesen Möglichkeiten macht. Sollen die Versicherungen personenbezogene Daten für ihre Geschäfte nutzen? Soll der Gesundheitszustand des Unfallpatienten der Klinik schon bekannt sein, wenn er eingeliefert wird? Welche Daten sollen kostenpflichtig sein, welche nicht? Welches Recht hat der Mensch gegenüber einem digital gesteuerten autonomen Gerät? Und umgekehrt? Und auf der anderen Seite: Sollen Maschinen in Zukunft so intelligent sein, dass sie mit minimaler regenerativer Energie auskommen? Soll die Industrie mit smarten Produkten einen großen Beitrag dazu leisten, dass die Umwelt nicht nur nicht weiter zerstört wird, sondern sich sogar wieder erholen kann?

Wenn alles technisch machbar ist, muss die Gesellschaft eine gestalterische Rolle wahrnehmen. Was mit Industrie 4.0 gemacht wird, kann nicht dem freien Markt überlassen werden. Dazu sind die Gefahren zu groß, dass das Falsche gemacht wird, und die Chance, damit Großes zu erreichen, zu wichtig. Gleichzeitig muss im Vergleich zur Vergangenheit eine neue Offenheit einkehren. Start-ups müssen gefördert, Investitionen erleichtert, Barrieren gegenüber neuen Technologien und Diensten abgebaut werden. Das ist ein Spagat, den die gesamte Menschheit nun vollbringen muss. Wenn der Standort Deutschland hier eine Führungsrolle spielen will, dann sicher auch hinsichtlich dieser Gestaltung.

In den letzten Jahrzehnten ist das Bewusstsein der Unternehmer und in den Unternehmen gewachsen, dass Erde und Natur nicht Ressourcen sind, die die Industrie nach Belieben verbrauchen darf. Der Mensch hat mit seiner Industrie dem Gleichgewicht der Natur bereits in einer Weise geschadet, die eine vollständige Wiederherstellung ausschließt. Nicht mehr die Natur und ihre jahrmillionenalten Gesetzmäßigkeiten bestimmten das Klima und die Qualität der Umwelt, sondern der Mensch. Damit hat er aber auch die Verantwortung übernommen, sich um die künftige Entwicklung der Natur zu kümmern.

Vor einigen Jahren, unmittelbar bevor das Thema Industrie 4.0 zum beherrschenden Thema auf der Hannover Messe wurde, lautete deren Motto „Greentelligence". Es wäre fatal, wenn Industrie 4.0 dazu führte, dass die Bemühungen der Industrie um nachhaltige Prozesse und Produkte wieder nachlassen. Das Gegenteil muss das Ziel sein. Die ungeheuren Möglichkeiten der neuen Technologien müssen genutzt werden, um die Industrie so

„intelligent" zu machen, dass sie gleichsam autonom zu größerer Ressourceneffizienz und Nachhaltigkeit, zu geringerem Schadstoffausstoß und weniger Umweltbelastung führt.

Unter diesem Blickwinkel ist die angestrebte Führungsrolle von Industrie 4.0 in der Welt fast noch wichtiger als unter wirtschaftlichen Aspekten: Nur wenn die weitere Industrialisierung der Welt nach den Prinzipien einer Greentelligence erfolgt, können die Milliarden Menschen den erhofften Wohlstand erreichen, ohne gleichzeitig Millionen mit Smog und Umweltzerstörung krank zu machen oder zu töten.

Industrie 4.0 hat das Zeug, auch in dieser Hinsicht einen wichtigen Wandel zu fördern, der weit über die Industrie hinaus Wirkung entfaltet. Auch aus dieser Sicht heraus ist ein Erfolg wünschenswert.

Literatur

1. Umsetzungsstrategie Industrie 4.0, Ergebnisbericht der Plattform Industrie 4.0, Herausgeberkreis BITKOM e. V., VDMA e. V., ZVEI e. V., April 2015, S. 8
2. http://www.acatech.de/de/aktuelles-presse/dossiers/dossier-zukunft-des-industriestandorts.html, Zugegriffen: 12. Mai 2016
3. The World's Technological Capacity to Store, Communicate, and Compute Information, Martin Hilbert and Priscila López, Science 332 60 (2011), print ISSN 0036-8075, online ISSN 1095-9203
4. http://www.springerreference.com/docs/html/chapterdbid/409978.html, Zugegriffen: 12. Mai 2016
5. Monitoring Report Wirtschaft Digital 2015, Bundesministerium für Wirtschaft und Energie, Referat Öffentlichkeitsarbeit, publikationen@bundesregierung.de
6. http://www.acatech.de/de/aktuelles-presse/dossiers/dossier-zukunft-des-industriestandorts.html, Zugegriffen: 12. Mai 2016

Ulrich Sendler

Zusammenfassung

Industrie 4.0 basiert auf der technischen Möglichkeit, Produkte unterschiedlichster Art, die mit digitalen Komponenten ausgerüstet und über Software steuerbar sind, mit dem Internet zu verbinden und darüber Dienstleistungen anzubieten. Diese technische Basis würde allein nicht ausreichen, um eine vierte industrielle Revolution auszulösen. Es gibt einige Technologien, die schon länger verfügbar sind, aber in Zusammenhang mit dem Internet der Dinge und Dienste eine ganz neue Bedeutung bekommen. Und in Verbindung mit der Nutzung dieser Technologien ist Industrie 4.0 eine sehr reale Vision.

3.1 Künstliche Intelligenz

Die Anfänge von Industrie 4.0 gehen unter anderem zurück auf Forschungsarbeiten des Deutschen Forschungszentrums für Künstliche Intelligenz (DFKI). Prof. Wolfgang Wahlster, Direktor und Vorsitzender der Geschäftsführung des DFKI, lehrt und forscht auf den Gebieten Künstliche Intelligenz (KI) und Computerlinguistik an der Fakultät für Informatik der Universität Saarbrücken. In zahlreichen Veröffentlichungen rund um Industrie 4.0, auch in zentralen Grafiken, die dabei zur Illustration genutzt wurden, finden sich das DFKI und Prof. Wahlster oder einer seiner vielen Kollegen als Quelle beziehungsweise Autoren. Am Standort Kaiserslautern hat das DFKI unter Leitung von Prof. Detlef Zühlke schon einige Jahre vor Gründung der Initiative Industrie 4.0 eine Smart Factory als Forschungslabor eingerichtet. Im Oktober 2015 übernahm Google einen Gesellschafteranteil

U. Sendler (✉)
München, Deutschland
E-Mail: ulrich.sendler@ulrichsendler.de

© Springer-Verlag Berlin Heidelberg 2016   41
U. Sendler (Hrsg.), *Industrie 4.0 grenzenlos*, Xpert.press, DOI 10.1007/978-3-662-48278-0_3

des DFKI. Es ist das bislang einzige Forschungsunternehmen in Europa, an dem sich Google durch eine Kapitaleinlage und einen Sitz im Aufsichtsrat beteiligt.

Die Frage, ob Industrie 4.0 etwas mit Künstlicher Intelligenz zu tun hat, ist also nicht an den Haaren herbeigezogen, sondern offenbar naheliegend. Um den Zusammenhang zu verstehen, ist ein kurzer Blick auf die Geschichte der KI notwendig.

Der Begriff Künstliche Intelligenz existiert in dieser Form seit 1956, ist also schon älter als die ersten Informatik-Studiengänge. Kaum war der Computer in der Welt und wirtschaftlich einsetzbar, verführte er zu ungeheuren Erwartungen, welche Probleme damit gelöst werden könnten. Eigentlich alle Probleme dieser Welt, dachten einige durchaus nicht dumme Köpfe. Einige der ersten KI-Experten verstiegen sich zu der Vermutung, es werde binnen kurzer Zeit möglich sein, das gesamte menschliche Wissen in Computern zu speichern. Und noch einen Schritt weiter gingen sie mit der Behauptung, wenn dies geschehen sei, werde die Biomasse des menschlichen Gehirns überflüssig und eine nachmenschliche Zeit anbrechen.

Wie weit sich manche dieser Spezialisten verstiegen, wird am besten an einigen Prophezeiungen deutlich. Einer der Pioniere der KI, Herbert Simon von der Carnegie Mellon Universität in den USA, sagte 1957 voraus, innerhalb der nächsten zehn Jahre werde ein Computer Schachweltmeister werden und einen wichtigen mathematischen Satz entdecken und beweisen. Tatsächlich dauerte es 40 Jahre bis 1997, bevor Garry Kasparov vom IBM-System Deep Blue geschlagen werden konnte. Und einen mathematischen Satz hat bis heute kein Computer entdeckt. Bekannte Sätze oder Theoreme zu beweisen, ist dagegen zu einem Spezialgebiet der KI geworden (vgl. z. B. [1]).

Die ersten Erwartungen waren viel zu hoch. Beliebige Probleme zu lösen, dafür waren weder die Leistungsfähigkeit der Hardware, noch die Speicherkapazitäten, noch vor allem die erst in den allerersten Anfängen steckende Informatik in der Lage. Viele Projekte, die die Industrie mit initiiert und finanziert hatte, weil sie sich große Einsparungen in den industriellen Prozessen erhoffte, wurden sang- und klanglos eingestellt. Aber bereits zeitgleich mit den ersten frei programmierbaren Computern in den Vierzigerjahren entstanden geniale Konzepte, die erst heute auf die Technologie treffen, mit denen sie tatsächlich praktisch einsetzbar sind, wie etwa die künstlichen neuronalen Netze, auf die wir noch zu sprechen kommen.

Eine zweite Phase der KI, beginnend schon ab Mitte der Siebzigerjahre, war geprägt von der Entwicklung sogenannter Expertensysteme. Solche auch wissensbasierte Systeme genannte Anwendungen wurden mit regelbasiertem Wissen eines bestimmten Fachgebiets gefüttert. Teilweise wuchsen dabei erstaunlich effiziente Systeme heran, die bei konkreten Fragestellungen genau des betreffenden Fachgebiets zu guten Ergebnissen führen konnten. Dennoch waren auch diese Ansätze nur sehr begrenzt nutzbar. Ein Beispiel war MYCIN. Es war ein System zur Unterstützung von Diagnose- und Therapieentscheidungen bei Blutinfektionskrankheiten, das in den Siebzigerjahren an der Universität von Stanford entwickelt wurde [2]. Es war in der Lage, Entscheidungen zu treffen, deren Qualität denen von Fachärzten entsprach. Aber es lieferte leider auch Therapievorschläge für

Blutinfektionskrankheiten, wenn es mit Daten einer Darminfektion gefüttert wurde, die völlig anders zu therapieren waren. Es kannte eben nur das Fachgebiet der Blutinfektion.

Obwohl vor allem in den Achtziger- und Neunzigerjahren viel Geld auch in die Entwicklung von industriellen Expertensystemen floss, war auch diese Phase nicht von einem breiten Durchbruch gekrönt. So gab es Versuche in der Automobilindustrie, Systeme zur Automatisierung der Konstruktion von Freiformflächen zu entwickeln, denn dieser Teil des Designs war damals ein ungeheuer hoher Kostenblock und zugleich eine der größten Bremsen bei der Verkürzung der Fahrzeugentwicklungszyklen. Selbst wenn die enormen Entwicklungsanstrengungen in Einzelfällen erfolgreich waren, standen die Kosten nie in einem wirtschaftlich vernünftigen Verhältnis zum Ergebnis. Auch hier stoppte die Industrie ihre Investitionen, die Expertensysteme gerieten – abseits der Informatik – mehr oder weniger in Vergessenheit.

Beide ersten Phasen Künstlicher Intelligenz setzten interessanterweise auf die Speicherung von menschlichem Wissen und menschlichen Regeln. Als ließe sich menschliche Intelligenz auf Wissen und Regelbeherrschung reduzieren. Die Ansätze scheiterten einerseits an den zu geringen Kapazitäten der Rechner und der Software. Andererseits waren sie aber auch ein ziemlich beschränkter Ansatz, um es mit menschlicher Intelligenz aufzunehmen.

Eine dritte Phase wurde erst nach der Jahrtausendwende eingeläutet: gestützt auf Erkenntnisse der Neurophysik und Neurobiologie, die über farbgebende Verfahren der Visualisierung allmählich in die Lage kamen, die Architektur und den neuronalen Aufbau des Gehirns zu untersuchen und darzustellen. Da besann sich die KI auf das schon 1943 (!) von Warren S. McCulloch und Walter Pitts vorgestellte Modell eines künstlichen Neurons, das dann als McCulloch-Pitts-Neuron bekannt wurde [3]. Die Genies hatten geahnt, wie das Gehirn gebaut ist und arbeitet, ohne es zu jener Zeit schon beweisen zu können. Sechzig Jahre später begannen die Forscher nun mit der Entwicklung künstlicher neuronaler Netze. Die Systeme sollten die Informationsarchitektur des Gehirns von Mensch und Tier zum Vorbild nehmen und ähnliche Lernvorgänge entwickeln, wie sie intelligente Wesen nutzen. Diese Phase ist noch keineswegs beendet. Sie scheint aber gerade in den letzten Jahren zu Ergebnissen zu kommen, die auch ihren wirtschaftlichen Einsatz, beispielsweise zur Steuerung von Maschinen oder Robotern, in die Reichweite des Denkbaren rücken.

Rechnerleistung, Speicherkapazitäten und Informatik-Forschung haben solche Fortschritte gemacht, dass sich heute neben den Forschungslaboren der Institute und den Forschungs- und Entwicklungsbereichen in der Industrie weltweit zahlreiche Unternehmen mit der Hoffnung auf wirtschaftlichen Erfolg diesen Themen widmen. Etliche Entwicklungen werden gar nicht mehr als Künstliche Intelligenz wahrgenommen, obwohl genau dies die Grundlage enormer wirtschaftlicher Erfolge ist: Am bekanntesten sind dabei sicherlich die Suchalgorithmen, die Google, Amazon oder Ebay zu ihrem Erfolg verholfen haben. Musteranalyse, Mustererkennung, Spracherkennung, Robotik – all das waren ursprünglich Teilgebiete der Künstlichen Intelligenz.

Im Februar 2011 unterlagen Ken Jennings und Brad Rutter, bis dahin herausragende Rekordsieger in der US-amerikanischen Quiz-Sendung Jeopardy, dem System Watson von IBM, das erstmals selbsttätig erfolgreich verschiedene Lösungsalternativen gewichten konnte und einen haushohen Sieg davontrug. Jeopardy ist ein seit den Sechzigerjahren beliebtes Quiz-Format, bei dem die Teilnehmer mit Antworten aus verschiedenen Fachgebieten konfrontiert werden, zu denen sie die richtigen Fragen formulieren sollen.

Jüngstes Beispiel der Leistungsfähigkeit entsprechender Systeme war der auf fünf Partien angesetzte Wettkampf zwischen Mensch und Computer im asiatischen Brettspiel Go Anfang März 2016. Knapp 20 Jahre nach dem Sieg von IBM Deep Blue über Kasparov trat das System AlphaGo von Google DeepMind gegen einen der weltbesten Profispieler in Go an, gegen den 33-jährigen Südkoreaner Lee Sedol.

DeepMind ist ein britisches, von Google übernommenes Start-up. Mit seiner Software AlphaGo wurde schon im Herbst 2015 ein europäischer Go-Meister geschlagen. Jetzt trat AlphaGo gegen einen Weltmeister an und gewann in Südkorea 4:1. Go gilt als etwa zehn Mal komplexer als Schach. Auf 19 mal 19 Feldern werden abwechselnd schwarze und weiße Steine gesetzt. Das Ziel ist die Besetzung eines möglichst großen Teils des Bretts. Was einfach aussieht, bedeutet zum Beispiel: Wenn Schwarz und Weiß je zwei Steine setzen, gibt es für diese Zugfolge 1,6 Mrd. Möglichkeiten. Go wird deshalb als Spiel geschätzt, das neben strategischem Denken und hohen kalkulatorischen Fähigkeiten vor allem die menschliche Intuition, Kreativität, Geduld und Lust am spielerischen Kampf fordert. Hier ist es nicht mehr mit dem Speichern von Regeln und gespielten Matches getan.

AlphaGo basiert auf schichtweise aufgebauten, künstlichen neuronalen Netzen, die den menschlichen Nervennetzen nachempfunden sind. Steht am Ende einer Aktivität ein Erfolg, merkt sich das System diesen Erfolg und passt die beteiligten Netzknoten an, ähnlich wie beim menschlichen Hirn die Ausschüttung von Botenstoffen zur Verstärkung von Nervensynapsen führt. Nach dem Verarbeiten von zahllosen gespeicherten Go-Spielen bestand die Vorbereitung der Software auf das Spiel gegen Lee Sedol in Spielen gegen sich selbst. Und obwohl das Entwicklungsteam von DeepMind Mitgründer Demis Hassabis selbst erst in einigen Jahren mit einem Sieg gerechnet hatte, war AlphaGo schon jetzt dazu in der Lage. Künstliche Intelligenz als Mischung aus künstlichen, neuronalen Netzen und Maschinenlernen hat einen Menschen auf einem Feld geschlagen, auf dem namhafte Experten dies erst in frühestens zehn Jahren vorausgesehen hatten.

Was spielerisch entwickelt wird, zielt nach Aussagen von Hassabis aber auf sehr reale Anwendungen. So sollen entsprechende Systeme bei medizinischen Operationen zum Einsatz kommen. Und natürlich liegt es nahe, das Maschinenlernen auf Maschinen und Roboter in der Industrie selbst anzuwenden. Google hat 2013 und 2014 insgesamt 17 Mrd. US Dollar für Firmenkäufe investiert. Allein acht Mal ging es dabei um Robotikfirmen, unter anderem wurde der Militärroboter-Hersteller Boston Dynamics übernommen.

Wenn Demis Hassabis sich vor der Übernahme seiner Firma von Google zusichern ließ, dass Software und Algorithmen von DeepMind nicht für Rüstungszwecke oder geheimdienstliche Aufgaben zum Einsatz kämen, dann zeigt das vor allem, wo er selbst die Gefahren sah. Ob die Zusicherung von Google in irgendeiner vertraglichen Form wasserdicht gemacht werden konnte, ist nicht bekannt.

Die Software lernt mit den Methoden der Künstlichen Intelligenz das Lernen. KI kann genutzt werden, um einen Roboter, der sich auf zwei oder vier Beinen bewegt wie Mensch oder Hund, lernen zu lassen, beispielsweise einen Gegenstand aufzunehmen, irgendwohin zu bringen und an einem bestimmten Ort abzulegen. Es gibt Videos von Boston Dynamics, auf denen zu sehen ist, wie ein Mensch den Roboter tritt oder mit roher Gewalt umwirft. Der Roboter steht wieder auf, nimmt das Teil, das er transportieren sollte, und führt seinen Auftrag weiter aus. Er ist also schon in die Lage versetzt worden, eine Reihe von Widerständen, die ihn bei seinem Auftrag unvorhergesehen behindern, zu überwinden.

Google DeepMind arbeitet nach eigenen Angaben auch mit dem Future of Humanity Institute an der Universität Oxford an der Entwicklung von Möglichkeiten, autonom agierende Maschinen grundsätzlich wieder ausschalten zu können. Diese Möglichkeit wird Unterbrechbarkeit genannt. Denn warum sollte es nicht möglich sein, dass eine lernende Maschine erkennt, dass sie zum Ausführen ihres Auftrags mindestens eingeschaltet sein muss? Warum sollte es nicht auch möglich sein, ihr beizubringen, wie sie verhindern kann, ausgeschaltet zu werden?

Das ist eine durchaus beängstigende Zukunftsmusik, und der Mensch wird dafür sorgen müssen, dass solche Entwicklungen die richtige Richtung nehmen. Vorläufig allerdings muss an dieser Stelle gesagt werden: Es wird wohl weiterhin etliche Jahre oder nochmals Jahrzehnte dauern, bis Roboter in der Lage sind, durch eigenes Lernen und autonomes Handeln menschliches Arbeiten zu ersetzen. Das Trainieren von Robotern durch Maschinenlernen ist derzeit noch viel zu teuer und aufwendig, um wirtschaftlich so erfolgreich eingesetzt zu werden wie das gewohnte Programmieren von Robotern auf genau die Handgriffe, die sie tun sollen. Bis Maschinen mit anderen Robotern oder Menschen so kommunizieren können wie Menschen, das wird erst recht noch einige Zeit brauchen.

Dennoch: Ende 2014 äußerte der britische Physiker und Astrophysiker Prof. Stephen Hawking – seit 1985 durch eine unheilbare Muskelerkrankung sprachunfähig und mit Hilfe künstlicher Intelligenz in der Lage, über seine Augenbewegungen Worte zu formulieren – die in der Fachwelt sehr ernst aufgenommene Befürchtung, dass die Entwicklung künstlicher Intelligenz dazu führen könnte, dass sie dem Menschen gleich komme oder diesen sogar überrunde. „Da der Mensch durch langsame biologische Evolution beschränkt ist, könnte er nicht konkurrieren und würde verdrängt werden", so Hawking in einem Interview der Financial Times. Es stehen also keine übertriebenen Bedenken hinter dem Rat, die Möglichkeiten der KI in jeder Richtung ernst zu nehmen.

Es ist übrigens nicht nur der Konzern Google, der derzeit so viel Interesse an Künstlicher Intelligenz zeigt. Am 25. März 2016 veröffentlichte die New York Times einen Artikel mit der Überschrift: „Der Wettlauf um die Kontrolle Künstlicher Intelligenz und um die Zukunft der Technik hat begonnen" [4]. Die Autoren sahen im Spiel von Alpha-Go eher ein Statement von Google gegenüber seinen Konkurrenten als gegenüber dem Go-Weltmeister. Und die Konkurrenz wurde mit Berufung auf die Technologieanalysten von International Data Corporation (IDC) auch benannt: Der Markt von Anwendungen mit Maschinenlernen werde, so IDC, bis 2020 auf 40 Mrd. US Dollar wachsen, und 60 %

dieser Anwendungen werde auf Plattformen von Amazon, Google, IBM und Microsoft laufen.

Derzeit ist demnach ein Kampf entbrannt, in dem es darum geht, wer diesen neuerlichen Plattform-Wettstreit für sich entscheiden kann. Dabei werden keineswegs nur die Großen als potenzielle Sieger gesehen. Es gibt eine Vielzahl von kleinen Start-ups, die nicht davor zurückschrecken, es mit den Großen aufzunehmen. In dem Artikel wurde eine Professorin der Universität Stanford erwähnt, die von Angeboten an einen Doktoranden noch vor seinem Examen berichtete. Er habe eine Million Dollar pro Jahr geboten bekommen. Aber es war nicht nur ein einziges Unternehmen, sondern gleich vier, die sich um ihn rissen. Die größeren davon hätte der Umworbene als künftige Arbeitgeber am schlechtesten bewertet, und zwar sowohl in Hinsicht darauf, wie aufregend er die in Aussicht gestellten Tätigkeiten einschätzte, als auch hinsichtlich des Gehalts.

Die Großen jedenfalls investieren viel Geld, um ihre Position zu festigen. IBM hat mit dem System Watson begonnen, ein weltweites Geschäft aufzubauen, von dem sich der ehemals reine Rechnerhersteller und heutige Systemintegrator viel verspricht. Mit 500 großen und kleinen Partnern verfolge man, so wurde David Kenny von der Watson Division in der New York Times zitiert, langfristig das Ziel, „Hunderte Millionen von Menschen zu haben, die Watson als Selbstbedienungs-KI nutzen". Einer der größeren Partner, so war kurz darauf in der SZ [5] zu lesen, ist SAP. Der ERP-Anbieter, dessen Geschäft durch das Cloud-Angebot von Salesforce angegriffen wird, will seine Echtzeit-Datenbank SAP HANA durch die analytischen Fähigkeiten von IBM Watson erweitern.

Microsoft hat 2015 die eigene Cloud-Plattform Azure um Maschinenlernfähigkeiten ergänzt und bietet derzeit 18 entsprechende Dienste an. Amazon ist ebenfalls seit 2015 mit ähnlichen Ansätzen dabei, seine Web Services auszubauen.

Auf der Basis Künstlicher Intelligenz scheinen die Karten nochmals neu gemischt zu werden. Nach der PC-Plattform und der Internet-Plattform nun also eine KI-Plattform? Jedenfalls zeigt die Entwicklung der KI in den letzten Jahren, dass sie reif ist für den breiten Einsatz auch in der Industrie. In Verbindung mit anderen Technologien, die derzeit ebenfalls einen entsprechenden Reifegrad erreicht haben, dürfte sie auch im Rahmen von Industrie 4.0 eine wachsende Rolle spielen.

3.2 Big Data

Es ist schwer möglich, über Industrie 4.0 zu sprechen, ohne auf das Schlagwort Big Data zu stoßen. Mit der Vernetzung von Abermilliarden von Geräten fällt natürlich eine Unmenge an Daten an, zusätzlich zu den schon ohne diese Entwicklung generierten Daten. Sucht man nach verlässlichen Zahlen dafür, wie viele Daten denn nachweislich pro Jahr oder pro Tag erzeugt, gespeichert oder analysiert werden, dann findet man alles Erdenkliche, nur keinen Nachweis, der einer Überprüfung standhält. Es sind einfach schon längst zu viele Daten, und die Entwicklung der Informatik und der Computerhardware ist viel zu schnell, um noch einen Gesamtüberblick bekommen zu können.

Einer im Internet kursierenden Angabe von IBM zufolge produzieren wir derzeit weltweit täglich 2,5 Trillionen Byte Daten. Eine Trillion ist eine 1 mit 18 Nullen. Das mag so sein. Die fortschreitende Digitalisierung bringt eine unvorstellbare Flut von Daten mit sich, die sich stündlich schneller vermehrt. Aber der Begriff Big Data meint nicht nur die pure Menge an Daten. Es gibt vielmehr drei Kriterien, die erfüllt sein müssen, damit der Einsatz von Spezialsoftwarelösungen für Big Data angebracht scheint. Diese Kriterien werden mit den drei „V" benannt, die im Englischen für Menge, Tempo und Varianz stehen: Volume, Velocity und Variety.

Das Volumen, die schiere Menge, ist also eines der drei, und selbstverständlich stimmt für Industrie 4.0 und das Internet der Dinge: Je mehr digitale Komponenten in Geräte eingebaut werden, die theoretisch Daten über das Internet liefern können, desto größer wird die Menge verfügbarer Informationen, desto schneller wächst ihre Masse, desto vielfältiger werden die Datenarten, die nur genutzt werden können, wenn aus dem Digitalen eine konkrete Information gewonnen wird.

Auch das zweite Kriterium, die Geschwindigkeit, in der Daten erzeugt oder gesammelt werden, trifft ins Schwarze. Ob Bewegungsdaten von mobilen Produkten oder Messdaten von Produktionsanlagen im laufenden Betrieb in Echtzeit – das Datenvolumen, das über vernetzte Geräte pro Nanosekunde in die Welt kommt, ist von keinem Menschen mit herkömmlichen Mitteln zu überblicken oder auszuwerten.

Die Vielfältigkeit und Verschiedenartigkeit der Daten ist ebenfalls ein Kriterium, das auf beliebige über das Internet verbundene Geräte zutrifft. Etwa aus einem Auto können zu jedem Zeitpunkt so viele unterschiedliche Daten aus dem Betrieb des Fahrzeugs, aus dem Navigationssystem, aus dem angeschlossenen Mobiltelefon und anderen Teilsystemen erfasst werden, dass mit gutem Grund von besonderer Varianz zu sprechen ist.

Keine Frage also, dass für Daten aus Produkten im Internet der Dinge die Kriterien für den Einsatz von Big Data Lösungen prinzipiell erfüllt sind. Dennoch ist hier eine genauere Untersuchung im Einzelfall angebracht.

Alle Daten aus industriellen Geräten stammen entweder aus der eingebauten Software oder werden von eingebauten Komponenten erzeugt beziehungsweise gesammelt. Der Hersteller des Geräts weiß dabei meist sehr genau, um welche Daten es sich handelt oder handeln kann. Schließlich wurde die Software von ihm oder seinem Zulieferer programmiert, und in der Regel wird auch jeder Sensor und Aktor von dem Unternehmen stammen, das mit dem Gerät auf den Markt gegangen ist. Also werden die Ingenieure, Designer und Softwarespezialisten des Produzenten wissen, welche Art von Daten sie in welchen Mengen aus welcher Quelle zu erwarten haben.

Es existiert deshalb ein deutlicher Unterschied zwischen den Daten aus industriellen Geräten und etwa persönlichen oder personenbezogenen Daten, wie sie im elektronischen Handel und in der Internet-Werbung Gegenstand von Geschäften sind. Industrielle Daten haben meist einen klaren, bekannten Bezug zueinander und zum Gerät und seiner Nutzung. Im Konsumbereich muss ein sinnvoller Bezug erst hergestellt werden. Die Tatsache, dass Personen, die nach einem bestimmten Produkt suchen, auch nach bestimmten anderen gesucht haben, ist ein solcher Bezug, der für den Anbieter einer Suchmaschine die

Möglichkeit bietet, den Produktanbietern Werbefläche zu bieten. Solche nichtkorrelierte Daten miteinander in einen für die Werbekunden nützlichen Zusammenhang zu bringen, ist ohne Big Data Lösungen nicht möglich.

Für die Auswertung der Daten ihrer Maschinen und Roboter hingegen hat die Industrie schon in den vergangenen Jahrzehnten gelernt, immer bessere Programme zu schreiben, die immer schneller die wichtigen Analysen liefern. Weil bekannt ist, welche Werte wann von welchem Gerät oder welcher darin verbauten Komponente geliefert werden sollten – denn dies sind schließlich die Solldaten aus dem Engineering –, können sich entsprechende, inzwischen sehr fortgeschrittene industrielle Analyseprogramme den Werten zuwenden, die nicht bekannt sind, den Ausreißern, den Fehlfunktionen, den besonderen, nicht erwarteten Daten. Aus diesem Grund kann es trotz der großen Menge, Varianz und Geschwindigkeit des Datenflusses sein, dass die bisher eingesetzte Software auch dann ausreicht, wenn das Gerät nun mit dem Internet verknüpft wird und auch noch über integrierte Dienstleistungen verfügt.

Noch ein weiterer Aspekt muss geprüft werden, um zu entscheiden, ob und für welche Daten eine Big Data Lösung das richtige Mittel ist: Bevor die vom Gerät stammenden oder gesammelten Daten analysiert werden, sind sie in einem ersten Schritt zu sortieren und gründlich und sinnvoll zu filtern. So wie der Mensch nur einen winzigen Bruchteil der Informationen, die in jedem Moment auf sein Gehirn einströmen, überhaupt aufnimmt und verarbeitet, so sind auch die Daten, die nun von beliebigen Geräten geliefert werden können, in ihrer übergroßen Masse überflüssig und wertlos. Es kommt auf den Zweck an, der mit ihnen erfüllt werden soll, auf den Zusammenhang und die Relevanz zum Geschäftsmodell, das dahinter steht. Darüber hinaus wäre das Internet auch gar nicht in der Lage, alle theoretisch möglichen Datenübertragungen aus allen vernetzten Geräten zu leisten. Es muss also auch deshalb schon im oder unmittelbar am Gerät massiv gefiltert werden, was überhaupt übermittelt werden soll. Erst für die gefilterte und auf die wertvollen und relevanten Daten reduzierte Informationsflut muss schließlich geprüft werden, welches die beste Methode und das richtige Tool für die Analyse ist.

Kurz gesagt: Man sollte nicht mit Kanonen aus dem Umfeld von Big Data auf Datenspatzen schießen, wenn möglicherweise auch eine vorhandene Software aus dem eigenen Haus genügt. Auf der anderen Seite ist offensichtlich, dass mit dem Internet der Dinge neue und möglicherweise wirtschaftlich sinnvolle Einsatzmöglichkeiten von Big Data Lösungen nun auch in der Industrie zu erwägen sind. Neben den Informatikern, die sich um die Entwicklung eingebetteter Software kümmern, werden künftig unter Umständen auch Spezialisten benötigt, die sich mit Big Data auskennen. In der Informatik haben sich seit Ende der Neunzigerjahre ganz neue Studiengänge herausgebildet, die Data Science vermitteln. Ursprünglich war Data Science in den Sechzigerjahren ein Begriff, der als Synonym für Informatik genutzt wurde. Heute steht er für die Wissenschaft der statistischen Analyse großer Datenmengen.

Deutschland ist auf diesem Feld übrigens keineswegs ein weißer Fleck auf dem Globus. Es gibt ein sehr herausragendes Beispiel: 2001 begannen studentische Hilfskräfte am Lehrstuhl für Künstliche Intelligenz der TU Dortmund mit der Entwicklung einer Open-

Source Entwicklungsumgebung für maschinelles Lernen und Data Mining, womit das Tiefbohren und Bergen wichtiger Schätze in unendlichen Datenbergen gemeint ist. 2007 wurde daraus ein Start-up namens RapidMiner, das die gleichnamige Software zum kostenlosen Download anbot. Heute beschäftigt die Firma an Standorten in Dortmund, Boston (USA), London (UK) und Budapest (HU) mehr als 100 Mitarbeiter. Denn die herunterzuladende Software ist nur das Tool, aber der richtige Einsatz verlangt das Know-how von Spezialisten. Eingesetzt wird das System inzwischen von Industrieriesen wie Lufthansa, Cisco, Ebay oder dem Marktforschungsinstitut GfK. Insgesamt über 600 Kunden weltweit, 35.000 aktive Implementierungen mit über 250.000 Benutzern, 40.000 Downloads pro Monat – die Zahlen erklären, warum RapidMiner seit Jahren von internationalen Analysten als weltweit führend eingestuft wird. Immer mehr Kunden kommen aus der Industrie und suchen nach Möglichkeiten, über diese Lösung aus ihren teils unerforschten Datenbergen Nutzen stiftende Informationen zu ziehen. Die TU Dortmund bietet an ihrer Statistikfakultät einen Masterstudiengang Datenwissenschaft.

3.3 Die Cloud

Die Digitalisierung ist ein sehr anschauliches Beispiel dafür, dass der technische Fortschritt oft – wenn nicht immer – Probleme der Menschheit löst, während er ihr gleichzeitig gewissermaßen im Tausch neue beschert. Der Computer hat von Anfang an dabei geholfen, große Probleme klein zu machen, große, vorher schier unlösbar scheinende Aufgaben, von der Mathematik bis zur Automatisierung, im Handstreich zu erledigen. Er ist von seinen ersten Exemplaren an ein wichtiges Element des Fortschritts, mit dem die Menschheit viele früher naturgegebene Gefahren und Katastrophen in den Griff zu bekommen begonnen hat. Wir wissen heute nicht nur immer genauer, wie das Wetter wird, und können dementsprechend beispielsweise Saat und Erntezeitpunkt optimieren oder auch nur einen Ausflug passender planen; wir beginnen auch im Vorfeld zu wissen, wann wo ein Erdbeben oder Tsunami droht. Gleichzeitig verstärkt der Computer den Wettbewerb, erhöht das Tempo der Entwicklung und des täglichen Lebens und zwingt die Menschen mehr und mehr, sich seinen Möglichkeiten anzupassen.

Die ersten Computer waren nicht nur riesengroß, sie waren auch so teuer, dass nur die größten Konzerne sie sich leisten konnten. Die kleineren Unternehmen mussten auf externe Rechenzentren ausweichen oder auf die Nutzung verzichten. Dann kamen die Rechner mittlerer Größe mit verschiedenen Ausführungen des Betriebssystems Unix, die beispielsweise in den Engineering-Bereichen jeweils für mehrere Arbeitsplätze eingesetzt werden konnten. CAD, CAM, all die Systeme, die in den letzten 40 Jahren die Industrie erobert haben, liefen zuerst auf Unix-Betriebssystemen unterschiedlicher Hersteller. Mitte der Achtzigerjahre brachte Microsoft mit DOS und später Windows das Betriebssystem für den PC heraus. Die Unix-Systemhersteller, von Apollo über Digital Equipment bis Silicon Graphics, Sun Microsystems und Siemens Nixdorf, die in ihrer Hochphase

Zehntausende von Mitarbeitern beschäftigt hatten, verschwanden bald wieder, mehr oder weniger ohne heute noch sichtbare Spuren zu hinterlassen, vom Markt.

Alle Welt, von der Privatperson bis zum Großkonzern, begann den PC zu nutzen. Alle wichtigen Softwaresysteme waren nun für den PC verfügbar. Damit war in der Industrie ein wichtiges Problem gelöst: Der enorm hohe Kostenblock von Computern und Software schrumpfte so weit, dass bald auf jedem Schreibtisch – nicht nur des kleinsten Unternehmens, sondern auch jeder Privatperson – ein PC stand, und beinahe jede Aufgabe im Unternehmen digital gelöst oder bearbeitet werden konnte.

Aber es kam ein großes Problem hinzu, dass bis heute nicht gelöst, dessen Lösung aber nun technologisch möglich ist: Denn die Vielzahl der Hard- und Software in den Unternehmen und die umfangreichen bis riesigen IT-Infrastrukturen und das Personal zu ihrer Pflege und ihrem Management verursachten neue Kosten ungeahnten Ausmaßes. Heute ist es für viele Unternehmen kaum möglich, mit den vielen neuen Versionen ihrer unzähligen Systeme Schritt zu halten. Von den Schnittstellen zwischen den Systemen gar nicht zu sprechen. Und weder Hardware noch Software entsprechen in der Regel dem, was an jedem einzelnen Platz und im ganzen Unternehmen benötigt wird. Es ist manchmal zu wenig, meistens aber viel zu viel. Die Nutzer verwenden in der Regel nur einen Bruchteil der Softwarefunktionalität und ebenso der zur Verfügung gestellten Leistung. Wenn es aber einmal zu wenig ist, weil für eine bestimmte Aufgabe sehr viel Rechnerleistung oder eine besondere Software gebraucht wird, dann ist eine kurzfristige Lösung kaum möglich.

Nun kam der nächste Schritt der Computerentwicklung, und was den Leser nicht mehr verwundert: Dieser Schritt brachte die Digitalisierung und Virtualisierung des Computers selbst. Denn nichts anderes ist die Cloud.

Der erste Cloud-Service kam von Amazon. Ihr Kerngeschäft, der Internethandel, ist die größte E-Commerce Plattform der Welt mit Millionen Kunden und Transaktionen pro Tag. Um über eine hochskalierbare und hochverfügbare IT-Infrastruktur zu verfügen und seinen Kunden jederzeit einen zuverlässigen Service zu bieten, entwickelte Amazon die Cloud-Technologie für den eigenen Bedarf. Die Amazon Web Services (AWS) stellten allerdings von Anfang an einen Service dar, der sich vor allem an Unternehmen richtete.

Hochskalierbar und hochverfügbar bedeutet: Statt im Unternehmen die maximal nötige Rechenkapazität zu installieren, wird von externen Rechnern genau das genutzt, was gerade nötig ist. Und es steht jederzeit eine theoretisch grenzenlose Kapazität zur Verfügung. Der Nutzer hat über seinen normalen Bildschirm Zugriff auf Rechner, die er nicht kennt, von denen er nicht weiß, wo sie stehen, und vor allem: um die er sich nicht kümmern muss. Dieses Konzept funktioniert für Hardware ebenso wie für Speicherplatz und Software. Denn die Cloud gibt es technisch gesehen in drei Service-Varianten.

Die erste ist die eben beschriebene. In der offiziellen Terminologie heißt sie Infrastructure as a Service (IaaS). Der Kunde mietet einen virtuellen Server und nutzt ihn je nach Bedarf. Er kann also Kapazitäten hinzufügen oder entfernen, wie es seinen jeweiligen Anforderungen entspricht.

Das zweite Modell heißt Platform as a Service (Paas). Der Kunde ist beispielsweise Anbieter einer Softwareanwendung, der die fertige Plattform für Entwicklung, Test und auch als Laufzeitumgebung nutzt. Die Plattform ist noch etwas virtueller als die Infrastruktur, in der dem Kunden ja immerhin noch so etwas wie ein virtueller Server unterschiedlicher Leistungsstärke zugeordnet wird. Bei der Plattform ist dem Kunden völlig unbekannt, auf welchen Serverstrukturen welche Teile seiner Anwendungen jeweils laufen, welche Teile etwa für Test und Kompilierung, und welche für die fertige Anwendung selbst genutzt werden.

Das dritte Modell heißt Software as a Service (SaaS). Hier nutzt der Kunde eine Software über sein Endgerät. Beispielsweise die ERP-Software von Salesforce funktioniert nach diesem Prinzip, aber auch jede Art von Web-App, die über ein beliebiges Gerät gestartet wird, das mit dem Internet verbunden ist. Fast jede App auf jedem Smartphone basiert auf diesem Prinzip.

Die drei Modelle bauen aufeinander auf. Die internetbasierte Software braucht eine Plattform, die sie im Netz funktionieren lässt, und die Plattform braucht eine Infrastruktur von Servern, die ihren Ansprüchen genügt.

Organisatorisch wird zusätzlich unterschieden zwischen Public und Private Cloud. Während die Public Cloud sich an jeden Endnutzer im Internet wendet, ist der Benutzerkreis der Private Cloud klar definiert. Etwa die Mitarbeiter eines Unternehmens, oder zusätzlich Geschäftspartner, oder zusätzlich Kunden. Der Betreiber einer Private Cloud schottet diese gegenüber dem übrigen Internet ab. Die Regelung des Zugriffs durch einen definierten Kreis ist dabei völlig unabhängig vom Ort, an dem die Cloud-Services betrieben werden.

Nun ist leicht zu verstehen, dass die Cloud mit Industrie 4.0 und dem Internet der Dinge sehr viel zu tun hat. Wer die Daten von Maschinen, Anlagen oder anderen Produkten über das Internet analysieren und nutzen möchte, der kann bei der Implementierung einer darauf basierenden Dienstleistung nicht wissen, wie viele seiner Kunden solche Dienste in Anspruch nehmen werden. Er ist in einer ähnlichen Situation wie die Anbieter von Konsumgütern oder Dienstleistungen für Endverbraucher. Er benötigt eine hochskalierbare und hochverfügbare Plattform. Nur die wenigsten Großkonzerne werden eine solche Plattform für ihre Kunden und Partner selbst aufbauen. Es ist naheliegend, dass sich eine Reihe von Anbietern – wie im Kapitel über die Künstliche Intelligenz beschrieben – herauskristallisieren, für die das Cloud-Angebot zum Kerngeschäft gehört.

Welche dieser Plattformen in der Industrie zu den bevorzugten gehören, wird sich in den kommenden Jahren zeigen. Es könnte sein, dass die Industrieunternehmen, die im Internet der Dinge mit ihren Produkten aktiv werden und entsprechende Apps anbieten wollen, sich dann entweder für eine oder zwei dieser Plattformen entscheiden oder alle von ihren Kunden bevorzugten bedienen müssen. Es wird wohl ähnlich sein wie heute bei Apps für Smartphones: Ein Hersteller entwickelt entweder eine App mehr oder weniger exklusiv für die Plattform des einen oder anderen der Smartphone-Anbieter und bleibt für die Benutzer anderer Geräte nicht erreichbar. Oder er muss den Aufwand auf sich nehmen und seine App in allen wichtigen mobilen Betriebssystemen lauffähig machen und halten.

Klar ist gegenwärtig nur: Ohne Cloud-Technologie wird das Internet der Dinge nicht funktionieren. Die Industrie muss sich damit auseinandersetzen. Den Verantwortlichen in deutschen Unternehmen wird manchmal unterstellt, sie seien prinzipiell gegen die Cloud. Tatsächlich ist die Angst vor dem Abgeben der Kontrolle über Firmen-Know-how und Betriebswissen, wie es ja auf jeden Fall in Apps zur Auswertung von industriellen Daten steckt, hierzulande möglicherweise größer als anderswo. Die Antwort kann aber nur heißen, dass durch geeignete Maßnahmen und die Wahl der zuverlässigsten Plattformen für genau die Sicherheit gesorgt wird, die der Cloud auch in der Industrie zum Durchbruch verhilft. Dann kann IoT aus Deutschland ein Exportschlager werden. Gelingt dies nicht, wird die deutsche Industrie im Internet der Dinge keine führende Rolle übernehmen.

Literatur

1. Plaisted, D.A., & Zhu, Y. (1999). *The Efficiency of Theorem Proving Strategies – A Comparative and Asymptotic Analysis*. Wiesbaden: Springer Vieweg. e-Book
2. Expert systems and intelligent computer aided instruction, Educational Technology Publications, New Jersey 07632, 1991, ISBN 0-87778-224-5
3. Nauck, D., Klawonn, F., & Kruse, R. (1996). Neuronale Netze und Fuzzy Systeme – Grundlagen des Konnektionismus, Neuronaler Fuzzy Systeme und der Kopplung mit wissensbasierten Methoden. Wiesbaden: Springer. (978-3-528-15265-9, 978-3-663-10898-6 (eBook))
4. The Race Is On to Control Artificial Intelligence, and Tech's Future, John Markoff and Steve Lohr, New York Times, March 25, 2016
5. Schneller in die Wolke, Helmut Martin-Jung, Süddeutsche Zeitung, Wirtschaft, 7. April 2016

Die Initiative in Deutschland

4

Ulrich Sendler

Zusammenfassung

Knappe fünf Jahre sind für eine Initiative wie Industrie 4.0, in der zahlreiche Industrie-unternehmen, Forschungseinrichtungen, Verbände und die Bundesregierung mitwirken, keine lange Zeit. Noch dazu, wenn man bedenkt, dass es sich bei allen Beteiligten um Vertreter von Unternehmen, Organisationen und Institutionen handelt, die im Alltag oft in heftigem Wettbewerb stehen. Allein das Zusammenwirken der drei Industrie-verbände BITKOM, VDMA und ZVEI war die erste derart gemeinsam begründete Aktivität in ihrer gesamten bisherigen Existenz. Umso erstaunlicher ist, was in dieser kurzen Zeitspanne bereits an Ergebnissen vorliegt. Gleichzeitig geht es aber an manchen Stellen – für eine Initiative dieser Bedeutung und in einer Umgebung von der Geschwindigkeit des Internets – viel zu langsam. Dieses Kapitel beschreibt die Entwicklung der Initiative und wirft einen Blick auf die Zusammenarbeit, die Struktur der Plattform und ihre zentralen Arbeitsfelder, ihre Übergabe an die Bundesregierung und erste konkrete Resultate, einschließlich internationaler Aktivitäten.

4.1 Von der Verbandsplattform zur Regierungsplattform

Es waren die Industrievertreter im Arbeitskreis Industrie 4.0 von acatech und Forschungs-union, die ihre Verbände gemeinsam im Boot haben wollten. Bei einem Vorhaben, das schließlich sowohl industrieübergreifend als auch disziplinübergreifend angelegt war, schien es sinnvoll, zumindest die wichtigsten Verbände von Anfang an hinzuzuziehen.

Der BITKOM vertritt 1500 Mitglieder, vor allem aus der IT- und Telekommunikati-onsindustrie. Digitale Wirtschaft nennt sie der BITKOM. Der VDMA (Verband Deutscher

U. Sendler (✉)
München, Deutschland
E-Mail: ulrich.sendler@ulrichsendler.de

© Springer-Verlag Berlin Heidelberg 2016   53
U. Sendler (Hrsg.), *Industrie 4.0 grenzenlos*, Xpert.press, DOI 10.1007/978-3-662-48278-0_4

Maschinen- und Anlagenbau) ist mit über 3100 Mitgliedern von vorwiegend mittelständischen Unternehmen der Investitionsgüterindustrie der größte Industrieverband in Europa. Der ZVEI (Zentralverband Elektrotechnik- und Elektronikindustrie e. V.) hat 1600 Mitglieder, die in 22 Fachverbänden organisiert sind, darunter die Fachverbände Automation und Consumer Electronics.

Die Plattform Industrie 4.0 wurde von diesen drei Verbänden zur Hannover Messe 2013 vorgestellt. Zu dem Zeitpunkt hatte sie bereits eine eigene, gemeinsame Homepage freigeschaltet. Die Struktur der Plattform umfasste im Wesentlichen einen Lenkungskreis, dem Vertreter von Mitgliedsunternehmen, der Trägerverbände, der Sprecher des wissenschaftlichen Beirats und Leiter der Arbeitsgruppen angehörten. Der Lenkungskreis bekam die Aufgabe, Arbeitsgruppen einzurichten und in Zusammenarbeit mit den Leitern der Arbeitsgruppen die Plattform zu steuern. Der Vorstandskreis setzte sich aus Vorständen von Mitgliedsunternehmen zusammen und sollte Anregungen für die strategische Ausrichtung der Plattform geben. Der Wissenschaftliche Beirat bestand aus Professorinnen und Professoren von für Industrie 4.0 relevanten Fachdisziplinen.

Als das ausführende und kommunizierende Organ der Plattform wurde eine Geschäftsstelle geschaffen, der einige Festangestellte der drei Verbände angehörten. Leiter der Geschäftsstelle wurde Rainer Glatz, Geschäftsführer der Fachverbände Software und Elektrische Automation des VDMA und Leiter der Abteilung Informatik im VDMA.

Auf Basis der Definition von Industrie 4.0 durch die Plattform (siehe Abschn. 2.1) und entsprechend den Umsetzungsempfehlungen von acatech und Forschungsunion wurden in der zweiten Jahreshälfte 2013 Arbeitsgruppen ins Leben gerufen. Angedacht waren die Themen Standardisierung, Arbeitsgestaltung und -organisation, Sicherheit sowie Forschung und rechtliche Rahmenbedingungen. Schon bald nach der Konstituierung der Plattform konnten die Themen konkretisiert und die Arbeitsgruppen gebildet werden.

Die Arbeitsgruppe 1 (AG 1), Strategie und Framework, wurde ausschließlich von Lenkungskreismitgliedern gebildet und widmete sich dem Gesamtkonzept, dem Arbeitsplan, den Zielen und Prinzipien der Plattform: Welche Ziele will sie bis wann, wie und mit welchen Schritten erreichen?

Übersicht
Als wichtige Ziele wurden identifiziert

- jährlich zusätzlicher geldwerter Nutzen (etwa Steigerung Effizienz oder Umsatz) für die Wirtschaft,
- evolutionäre Umsetzung durch schrittweise Nachrüstung der bestehenden Infrastruktur,
- Zusammenführen von Know-how und Setzen von Standards, Entwicklung gemeinsamer Qualitätsstandards für das Gütesiegel I40,
- Zusammenarbeit nur vorwettbewerblich, strenge Beachtung der kartellrechtlichen Bestimmungen.

Die inzwischen vorliegende Umsetzungsstrategie der Plattform erläutert die Ziele im Einzelnen unter dem Titel „Übergreifende Darstellung Industrie 4.0".

Der Themenkomplex Referenzarchitektur, Standardisierung und Normung wurde das umfangreiche Aufgabengebiet der AG 2. Hier ging es um verschiedene Referenzarchitekturen, Details der Schnittstellen, Objekt- und Dienstleistungsbeschreibungen, Datenmodelle und Kommunikationsstandards, aber auch um den Anstoß und die Koordinierung von Normungsaktivitäten. Aus dieser Arbeitsgruppe und den diversen Unterausschüssen, die um sie herum gebildet, und den Gremien anderer Organisationen, die hinzugezogen wurden, liegen schon sehr weit gehende Ergebnisse vor.

Auch die AG 3, Forschung und Innovation, konnte bereits wichtige Resultate erzielen. Aus dieser Arbeitsgruppe ging in enger Zusammenarbeit mit dem Wissenschaftlichen Beirat und im Dialog mit den Bundesministerien für Bildung und Forschung (BMBF) sowie für Wirtschaft und Energie (BMWi) eine Forschungs- und Innovations-Roadmap hervor. Sie beinhaltet die aus Sicht der Plattform für die Umsetzung von Industrie 4.0 erforderlichen Innovations- und Forschungsaktivitäten.

Die AG 4 schließlich nahm sich des Themenfeldes der Sicherheit vernetzter Systeme an. Ihr Ziel war in erster Linie die generische Darstellung der IT-Sicherheitsaspekte für die Prozesse und Wertschöpfungsketten beziehungsweise Wertschöpfungsnetzwerke in Industrie 4.0. Die Ergebnisse sollten einfließen in die Referenzarchitekturen, aber sie sollten auch Testverfahren zur Überprüfung der Sicherheit liefern.

Für die anderen Themen wurden zunächst keine eigenen Arbeitsgruppen gebildet. Rechtliche Rahmenbedingungen sollten über die Mitarbeit im BDI/BDA-Arbeitskreis Zukunft der Arbeit, und zwar in der Arbeitsgruppe Legal Foresighting, was wohl so viel heißen soll wie Vorausschau auf die Gesetzgebung, verfolgt werden. Auch das Themenfeld Mensch und Arbeit war in der AG Zukunft der Arbeit des BDI/BDA angesiedelt.

Für das Thema neuer Geschäftsmodelle gab es ebenfalls keine eigene AG. Einerseits, weil dieses Thema wettbewerbsrelevant ist und damit aus den strategischen Themen von Industrie 4.0 herausfällt. Andererseits ergaben die Diskussionen, dass es eher in das parallel von der Bundesregierung – wiederum auf Anregung von acatech – gestartete Zukunftsprojekt „Smart Service Welt – Internetbasierte Dienste für die Wirtschaft" gehört.

Es folgten zwei Jahre intensiver Arbeit, und im April 2015 wurde während der Hannover Messe die Übernahme der Plattform Industrie 4.0 durch die Bundesregierung offiziell verkündet. Zur gleichen Zeit waren auch die Ergebnisse von Arbeitsgruppen und anderer Beteiligter verfügbar. Auf einer Pressekonferenz wurde die Umsetzungsstrategie Industrie 4.0 als Ergebnisbericht der Plattform verteilt [1].

Zur neuen Plattform Industrie 4.0 heißt es nun auf der Seite des BMWi:

Je mehr sich die Wirtschaft digitalisiert und vernetzt, desto mehr Schnittstellen ergeben sich – in Entwicklung, Produktion und Vertrieb, national und global. Das erfordert Kooperation und Beteiligung zahlreicher Akteure. Eine koordinierte Gestaltung des digitalen Strukturwandels ist Leitgedanke der neuen Plattform Industrie 4.0.

Die bisherige Verbände-Plattform wurde unter der Leitung von Bundeswirtschaftsminister Gabriel (BMWi) und Bundesforschungsministerin Wanka (BMBF) erweitert – in der breiten

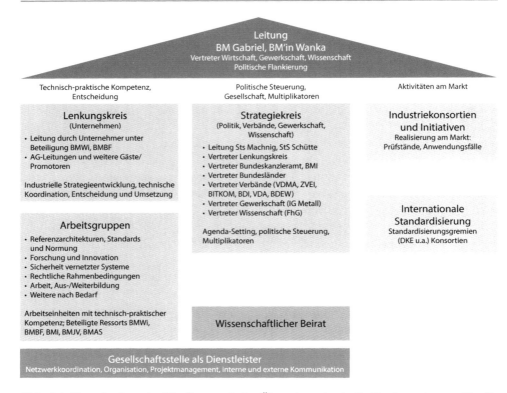

Abb. 4.1 Neue Struktur der Plattform nach der Übernahme durch die Bundesregierung. (Quelle BMWi)

Allianz beteiligen sich neben der Politik Vertreter von Verbänden (VDMA, ZVEI, BITKOM, BDI, VDA, BDEW) und Gewerkschaften (IG Metall) sowie der Wissenschaft (Fraunhofer Gesellschaft) [2].

Abb. 4.1 zeigt die neue Struktur der erweiterten Plattform. Mit dem Bundesverband der Deutschen Industrie e. V. (BDI), dem Verband der Automobilindustrie e. V. (VDA) und dem Bundesverband der Energie- und Wasserwirtschaft e. V. (BDEW) sind drei große Industrieverbände hinzugekommen; mit der IG Metall die größte Einzelgewerkschaft des DGB und nebenbei die größte Gewerkschaft einer einzelnen Industrie weltweit; mit der Fraunhofer Gesellschaft eine der großen Forschungsgesellschaften. In der neuen Plattform Industrie 4.0 ist die deutsche Fertigungs- und Prozessindustrie einschließlich ihrer Mitarbeiter und einschließlich Forschung und Entwicklung ziemlich umfassend vertreten.

Mit der Erweiterung sind auch die Themen rechtliche Rahmenbedingungen sowie Arbeit und Aus- und Weiterbildung zu Themen der nunmehr fünf Arbeitsgruppen geworden. Gerade beim letzten Thema ist es von besonderer Bedeutung, dass auch das BMBF zum Leitungsgremium gehört. Denn ohne eine Veränderung in den schulischen und univer-

Abb. 4.2 Vorstellung der neuen Plattform Industrie 4.0 in Hannover im April 2015. (Sendler)

sitären Ausbildungsplänen wird der nächste Schritt der Digitalisierung, der die gesamte Industrie und Wirtschaft erfasst, nicht funktionieren. Und auch wenn dies nach geltendem Recht Ländersache ist, muss doch in einer Angelegenheit von so zentraler Bedeutung eine Initiative vom Bundesministerium ausgehen. Die heute den jungen Menschen vermittelten Denkmuster sind veraltet. E-Learning ist in den Schulen eine absolute Rarität. Zu starr sind die Fakultäten nach wie vor auf einzelne Fachdisziplinen ausgerichtet. Zu früh müssen sich Schüler und Studenten für eine Spezialisierung entscheiden. Für die Änderungen, die auf Länderebene beschlossen und angegangen werden müssen, kann der Standort Deutschland aber nicht darauf warten, bis alle Landesregierungen die Brisanz der Herausforderung erkannt haben.

Was vor zwanzig Jahren gut war, ist in der Zukunft zu wenig, weil zu schmal ausgerichtet. Industrie 4.0 benötigt eine große und rasch weiter wachsende Zahl von Fachkräften, die in der Lage sind, das Zusammenwirken der Fachbereiche zu verstehen und zu steuern und multidisziplinäre Projekte zu leiten. Insgesamt wird sich der arbeitende Teil unserer Gesellschaft mit zunehmender Digitalisierung der Wirtschaft sehr stark wandeln müssen, wenn wir nicht riskieren wollen, dass diese Entwicklung mit einem wieder stärker werdenden Anteil an Arbeitslosen einhergeht.

Bei der Vorstellung der neuen Plattform in Hannover waren neben dem Bundeswirtschaftsminister und der Bundesforschungsministerin auch Vorstandsvertreter von Festo, SAP und Siemens sowie der IG Metall auf dem Podium (Abb. 4.2). Aber neben den hier bereits erläuterten Neuerungen in der Zusammensetzung der Plattform und ihren erweiterten Zielsetzungen hatten die Sprecher noch nicht viel Neues zu berichten. Vor allem fehlte es an konkreten Schritten für die nächste Zeit.

Ein bitterer Kommentar vom Technologieexperten der Frankfurter Allgemeinen Zeitung, Georg Giersberg, folgte am nächsten Tag unter der Überschrift „Die vertane 4.0-Chance". Darin heißt es:

Ein Vorstandssprecher der Plattform, der die Einrichtung einer Internetadresse und die Erstellung mehrerer Arbeitspapiere als Erfolgsbeleg bisheriger Arbeit verkauft, und ein Wirtschaftsminister, der über die Wurzeln des deutschen Ausbildungssystems im Ständestaat referiert. Bei 300 Teilnehmern wurden 600 wertvolle Stunden auf dem Weg zur Industrie 4.0 verschenkt [3].

Die Furcht, dass dem Projekt und der Plattform mit der neuen Leitung nicht gerade ein Beschleuniger gegeben wurde, ist nicht ganz von der Hand zu weisen. Die Bundesregierung hat – bei einer Fülle anderer, nicht weniger drängender Themen – eine für den Industriestandort und die deutsche Gesellschaft extrem wichtige Aufgabe übernommen. Sie wird ihr kontinuierlich hohe Priorität einräumen müssen, wenn sie erfolgreich erfüllt werden soll. Es ist mit Sicherheit eines der Projekte, an denen sich die Regierungspolitik in den kommenden Wahlen messen lassen muss. Wobei keineswegs klar ist, wie sich ein Regierungswechsel auf die Arbeit der Plattform auswirken wird.

Allerdings zeigte ein Jahr später, am 26.4.2016, wieder während der Hannover Messe, eine Vorstellung der Ergebnisse des ersten Jahres der neuen Plattform, dass dort eine Reihe von Themen bearbeitet wurden, und dies offensichtlich zur Zufriedenheit aller Beteiligten.

Es ist auch ein Projekt, in dem sich die internationale Zusammenarbeit bewähren muss. Bereits im Oktober 2014 wurde zwischen der Bundesregierung und der chinesischen Regierung ein Aktionsrahmen unter dem Titel „Innovation gemeinsam gestalten" vereinbart. Darin heißt es unter anderem:

> Die Digitalisierung der Industrie („Industrie 4.0") ist für die weitere Entwicklung der deutschen und chinesischen Wirtschaft von großer Bedeutung. Beide Seiten stimmen überein, dass dieser Prozess in erster Linie von den Unternehmen selbst vorangetrieben werden muss. Die Regierungen beider Länder werden die Beteiligung der Unternehmen an diesem Prozess politisch flankieren [4].

Zu solchen politischen Flankierungsmaßnahmen gehören sicherlich auch weitere Regierungskonsultationen und Verträge, wie sie unter anderem mit China seither abgeschlossen wurden. Im Juli 2015 berichtete die FAZ unter der Überschrift „Deutschland setzt Industrie 4.0 auch mit China um":

> Deutschland und China wollen im Bereich moderner digitaler Industrietechnologien enger kooperieren. Wirtschaftsminister Sigmar Gabriel (SPD) und der chinesische Minister für Industrie und Informationstechnologie, Miao Wei, unterzeichneten an diesem Dienstag in Peking eine entsprechende Absichtserklärung über eine Zusammenarbeit beim „Intelligent Manufacturing". [...] Miao Wei sprach von einem „Etappensieg" und einer neuen Phase der industriellen Kooperation zwischen beiden Ländern [5].

An den Gesprächen und Beratungen auf Regierungsebene sind jeweils auch Vertreter der Industrie und Wissenschaft beteiligt. In beiden Ländern werden damit auch Besuche in Unternehmen verknüpft, um den Bezug zur industriellen Praxis zu gewährleisten. Dennoch sind für den Außenstehenden bisher wenig konkrete Maßnahmen auszumachen, die als Beispiele für eine praktische Zusammenarbeit gelten könnten.

4.2   Forschung

Bereits zur Hannover Messe 2014 hatte der Wissenschaftliche Beirat 17 Thesen veröffentlicht, die in den drei Themengruppen Mensch, Technik und Organisation strukturiert waren. Die vier Thesen zum Thema Mensch umfassten mögliche und wünschenswerte Auswirkungen von Industrie 4.0 auf die Menschen als Mitarbeiter in der Industrie. So hieß es in These 1, „vielfältige Möglichkeiten für eine humanorientierte Gestaltung der Arbeitsorganisation werden entstehen, auch im Sinne von Selbstorganisation und Autonomie. Insbesondere eröffnen sich Chancen für eine alterns- und altersgerechte Arbeitsgestaltung." Der größte Block von neun Thesen betraf die Technik. Hier ging es um die technischen Aspekte von Industrie 4.0, wenn etwa in These 9 intelligente Produkte beschrieben wurden als „aktive Informationsträger und über alle Lebenszyklusphasen adressier- und identifizierbar." Die Organisationstrukturen in der Industrie adressierten die letzten vier Thesen. Im Wesentlichen betraf dies neue Formen der Wertschöpfung und Zusammenarbeit.

In einem „Whitepaper FuE Themen" wurde zur gleichen Zeit die für die Umsetzung der Thesen notwendigen Themenfelder benannt und mit einem groben Zeitplan versehen. Dieses Whitepaper ging in einer neuen Fassung vom April 2015 nun in Form des Kapitels 5, Forschung und Innovation, in die Umsetzungsstrategie ein. Es beinhaltet eine Forschungs-Roadmap zur Umsetzung in einem Zeitrahmen von 2015 bis 2035 (siehe Abb. 4.3).

Für diese Roadmap wurden fünf Themenfelder definiert, die sich teilweise durchaus gegenseitig beeinflussen:

- horizontale Integration über Wertschöpfungsnetzwerke,
- Durchgängigkeit des Engineerings über den gesamten Lebenszyklus,
- vertikale Integration und vernetzte Produktionssysteme,
- neue soziale Infrastrukturen der Arbeit,
- kontinuierliche Entwicklung von Querschnittstechnologien.

In der Umsetzungsstrategie finden sich nun in Kap. 5 diese fünf Themenfelder detailliert beschrieben, mit einem Kurzsteckbrief über die jeweiligen Inhalte von Forschung und Innovation, mit einer Erläuterung der erwarteten Ergebnisse und mit den wesentlichen Meilensteinen im Einzelnen.

Betrachtet man den Punkt Durchgängigkeit des Engineerings über den gesamten Lebenszyklus, dann gliedert er sich in „Integration von realer und virtueller Welt" und „Systems Engineering". Es ist einer der Teile der Umsetzungsstrategie, in denen ausdrücklich die Rolle des Engineerings, der Produkt- und Systementwicklung in den Vordergrund gerückt wird, und nicht die Produktion.

Zahlreiche Institute an diversen Universitäten und Forschungseinrichtungen sind inzwischen an der Arbeit. Allein 46 laufende und in der Plattform gelistete Projekte rangieren unter der Rubrik Forschung und Entwicklung. Die wichtigste Aufgabe all dieser

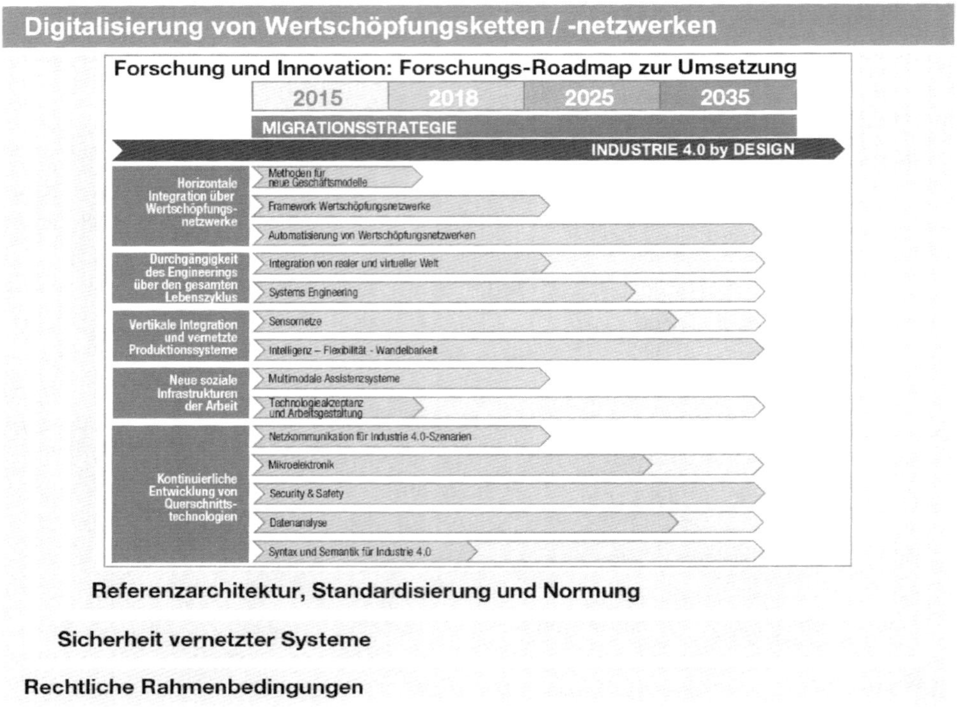

Abb. 4.3 Kernbausteine der Forschungs-Roadmap für Industrie 4.0. (BMWi)

Projekte besteht in der firmenübergreifenden Entwicklung von Methoden und Werkzeugen, mit denen auch mittelständische Unternehmen den Einstieg in ihre Transformation zur digitalen Industrie meistern können. Technologietransfer und Wegbereitung für den Standort Deutschland. Einige herausragende Vertreter solcher Forschung haben ihre Arbeit in eigenen Kapiteln in diesem Buch vorgestellt.

4.3   Referenzarchitektur, Standardisierung, Normung

Das Ziel der Arbeitsgruppe 2 war die Definition einer grundlegenden Referenzarchitektur für Industrie 4.0 und die daraus abzuleitenden Notwendigkeiten für Standardisierung und Normung. Mit Referenzarchitektur war ein Modell gemeint, das die bisherigen Aufgaben und Abläufe von Fertigungsunternehmen um die durch Industrie 4.0 hinzukommenden Aspekte ergänzt. Es sollte möglichst generisch sein, so dass es sich auf jeden beliebigen Fall von Produkt und Branche anwenden lässt.

Das Thema verlangte nach der Expertise von weiteren Institutionen. Die in der Gesellschaft Mess- und Automatisierungstechnik (GMA) von VDI und VDE in den Fachaus-

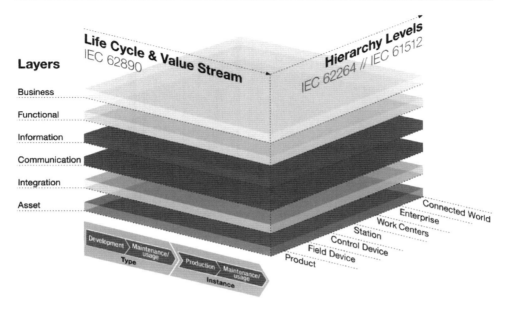

Abb. 4.4 Referenzarchitekturmodell RAMI40. (Umsetzungsstrategie Industrie 4.0 [1])

schüssen „Industrie 4.0" und „Cyber-Physical Systems" arbeitenden Experten boten sich als Partner für die Ausarbeitung der Ansätze an. Parallel wurde im ZVEI das sogenannte Spiegelgremium SG2 gegründet, welches sich ebenfalls inhaltlich in den Verbund eingebracht hat. Auch die DKE (Deutsche Kommission Elektrotechnik) wurde einbezogen, so dass auch die Normung Teil des Verbundes wurde.

Das Ergebnis ist einerseits das Kap. 6 der Umsetzungsstrategie, andererseits wurde es im April 2015 auch als Statusreport von VDI, VDE und ZVEI unter dem Titel „Referenzarchitekturmodell Industrie 4.0 (RAMI40)", manchmal auch kurz RAMI genannt, veröffentlicht [1].

Das dreidimensionale RAMI40 (Abb. 4.4) orientiert sich am Smart Grid Architecture Model (SGAM), das weltweit akzeptiert ist. In der senkrechten Achse werden in Schichten unterschiedliche Sichtweisen, zum Beispiel funktionale Beschreibung oder Kommunikationsverhalten, dargestellt. Die waagerechte Achse spiegelt den Produktlebenszyklus und seine Wertschöpfungsketten. Die dritte Achse der Hierarchie-Ebenen ordnet die Funktionalitäten und Verantwortlichkeiten zwischen Geräten und Geräteklassen innerhalb der Fabrik.

Für die einzelnen Elemente innerhalb der Architektur wurde der Begriff Industrie 4.0-Komponente geprägt. Um sie von anderen Gegenständen und Komponenten zu unterscheiden, wurde auch eine erste Version eines Referenzmodells für die Industrie 4.0-Komponente (Abb. 4.5) definiert, das in den kommenden Jahren noch verfeinert werden soll.

Abb. 4.5 Referenzmodell
Industrie 4.0 Komponente.
(Umsetzungsstrategie Indus-
trie 4.0 [1])

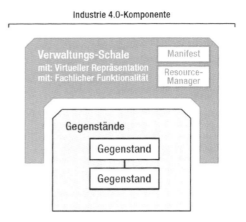

Durch ein geeignetes Referenzmodell, so die in der Arbeitsgruppe diskutierte Anforderung, muss beschrieben werden, wie ein übergeordnetes IT-System einer Komponente
eine sogenannte Verwaltungsschale zur Verfügung stellen kann. Darunter wird eine Kom-
munikationsschnittstelle zwischen den Bausteinen verstanden, die als „digitaler Zwilling"
alle Daten des realen Bausteins enthält.

Zusätzlich zu den Referenzmodellen finden sich Empfehlungen für die Nutzung beziehungsweise Entwicklung von Normen und Standards für Industrie 4.0. Der DKE hat
hierzu eine Normungsroadmap Industrie 4.0 herausgegeben, und in Kap. 6 der Umsetzungsstrategie ist eine offene Liste potenziell für Industrie 4.0 relevanter Normen abge-
druckt. Erfahrungsgemäß wird dieser Schritt der langwierigste sein. Aber die Arbeitsgruppe geht davon aus, dass „für die global agierende und exportorientierte deutsche Industrie
die Festlegung von technischen Anforderungen in global gültigen Normungssystemen von
besonderer Bedeutung" ist.

4.4   Sicherheit vernetzter Systeme

Die zunehmende und umfassende Digitalisierung stellt die Industrie hinsichtlich der Sicherheit vor wachsende Probleme. Im April 2015 erschien eine Broschüre des Kompe-
tenzzentrums Öffentliche IT des Fraunhofer Instituts für Offene Kommunikationssysteme
(FOKUS), in deren Vorwort es heißt:

> Der Begriff Sicherheit steht im Kontext von Infrastrukturen für den Schutz vor Angriffen von
> außen (Security), aber auch für das sichere Funktionieren (Safety) von immer komplexeren
> und voneinander abhängigen Strukturen, auf die wir im täglichen Leben inzwischen angewie-
> sen sind. Durch die anhaltende Durchdringung unserer Gesellschaft mit Informationstechno-
> logie (IT) verschwimmt nicht nur die Grenze zwischen Safety und Security zusehends, sie
> beeinflussen sich auch gegenseitig [6].

Bereits der Einsatz von Standardsoftware in der Fertigung oder in der Steuerung und Überwachung von Maschinen und Anlagen hat die Gefährdungslage dramatisch erhöht, denn damit waren industrielle Prozesse demselben Risiko von Hackerangriffen ausgesetzt wie Büro-PCs. Durch den Einsatz cyber-physischer Systeme und durch die Nutzung mobiler Endgeräte in der Fabrik steigt das Risiko noch um ein Vielfaches. Bereits heute sind Milliarden von Geräten über das Internet vernetzt, also auch miteinander vernetzbar. Eingebettete Software in Geräten, Maschinen und Produkten jeder Art machen die Fernsteuerung mittels mobiler Geräte möglich.

Sicherheit im Sinne von Security ist nicht mehr nur die Frage der Authentifizierung eines Nutzers oder Bedieners mit einem Passwort oder der Installation einer Firewall wie bei der PC-Nutzung. Wenn Geräte softwaretechnisch von anderen Geräten gesteuert werden können, dann müssen sich auch Geräte untereinander authentifizieren können. Andernfalls ist hier unerwünschten Eingriffen in industrielle Prozesse, aber auch in die Nutzung von Produkten durch den Endanwender Tür und Tor geöffnet.

Wie sehr sich Security und Safety mittlerweile überlappen, zeigt sich an derselben Frage: Wenn unsichere Kommunikation zwischen Geräten möglich ist, dann kann die Sicherheit des Betriebs technischer Anlagen und Produkte, also auch die Sicherheit des Menschen vor Unfällen oder anderen Gefahren nicht gewährleistet sein. Es muss also eine sichere Kommunikation stattfinden.

Die Größe der Herausforderung zeigt sich unter anderem daran, dass das siebte und letzte Kapitel der Umsetzungsstrategie Industrie 4.0, das sich mit der Sicherheit vernetzter Systeme beschäftigt, trotz seines Umfangs von gut 20 Seiten keine wirklich konkreten Maßnahmen enthält. Dafür umso mehr Hypothesen, exemplarische Maßnahmen und Empfehlungen, wie auf die ausführlich beschriebenen Bedrohungsszenarien reagiert werden soll. Und das, obwohl es gleich in der Einleitung zu diesem Kapitel heißt:

> Security ist der „Enabler" für Industrie 4.0-Wertschöpfungsnetzwerke. [...] Vertrauen entsteht, wenn die Informationen und Daten sicher und korrekt nachweislich zwischen den tatsächlich berechtigten Partnern ausgetauscht werden können. Das zu gewährleisten ist Aufgabe der Security in der Industrie 4.0. Ohne eine sichergestellte Security in den Office- und Produktionssystemen ist Industrie 4.0 nicht umzusetzen, da kein Vertrauen für die sensiblen Kommunikationsprozesse entstehen kann [7].

Tatsache ist, dass das Thema (Daten-)Sicherheit mit der zunehmenden Digitalisierung nicht kleiner, sondern größer wird. Für viele Fragen, die dadurch aufgeworfen sind, gibt es noch keine Antworten, und vielfach darf bezweifelt werden, ob es die Antworten überhaupt geben kann. Mit der Zunahme der Rolle der Software und der Vernetzung von allem und jedem über das Internet wächst selbst bei größter Umsicht und Vorsicht das Gefahrenpotenzial. Dies zu akzeptieren, ist die eine Herausforderung von Industrie 4.0. Es ist nicht nur unmöglich, die Gesellschaft vollständig vor terroristischen Attacken zu schützen, es ist auch zunehmend unmöglich, Betriebe, Mitarbeiter oder Produktnutzer vor unbeabsichtigtem oder absichtlich herbeigeführtem Versagen technischer Systeme zu schützen.

Dies darf allerdings nicht dazu führen, die Augen vor möglichen Gefahren und Sicherheitslücken zu verschließen und zu hoffen, dass es den eigenen Betrieb und das eigene Produkt oder System nicht trifft. Im Gegenteil. Es ist höchste Zeit, dass die Industrie sich intensiv und mit viel Engagement dieser Frage widmet. Mehr, als sie das in den letzten 30 Jahren der Digitalisierung getan hat.

Lösungen, die von führenden Industrieunternehmen und Forschungseinrichtungen entwickelt werden, reichen von Physical Unclonable Functions (PUF), mit denen Dinge im Internet eindeutig identifiziert werden können, über Sicherheitslösungen für Netzwerke und Anwendungssicherheit bis zur Absicherung von industriellen Kommunikationspunkten.

Methoden zur Schwachstellenanalyse sollen ebenso wie ein permanentes Sicherheitsmonitoring helfen, Angriffe und unerwünschte Aktivitäten schneller zu erkennen, um schneller reagieren zu können. In der Umsetzungsstrategie heißt es:

> Die durchschnittliche Zeit zur Erkennung eines Angriffs beträgt heute mehrere hundert Tage, dabei wird eine zunehmende Anzahl von Angriffen nicht vom betroffenen Unternehmen erkannt [8].

Jedes Unternehmen muss seine eigene Sicherheitsstrategie entwickeln. Der Einsatz technischer und methodischer Lösungen ist dabei nur ein Teil der notwendigen Maßnahmen. Der zweite wichtige Aspekt sind organisatorische Maßnahmen, über die Sicherheitslücken geschlossen oder verkleinert werden können. Hier ist die Ausbildung aller Mitarbeiter entscheidend. Nur wenn sie wissen, was sie wann und wo für die Sicherheit tun können, sind sie in der Lage, ihren Teil beizutragen.

Der dritte Aspekt betrifft die Komplexität der Produkte, Geräte und also auch Maschinen und Anlagen selbst: Ihre Entwicklung kann nicht mehr nur der Umsetzung von Funktionsanforderungen dienen. Sie muss gleichzeitig die Möglichkeit ausschließen (oder wenigstens auszuschließen versuchen), dass andere als die geplanten Funktionen ausgeführt werden können. Wo Software die Steuerung eines Gerätes über mobile Endgeräte erlaubt, muss sie zugleich gegen ungewollte Ansteuerung durch solche Geräte schützen. Wo Software durch automatisches Flashen (Update und Neuprogrammierung im laufenden Betrieb) auf einen neuen Stand gebracht werden kann, muss gleichzeitig sichergestellt werden, dass sie nicht von unberechtigter Stelle auf einen ungewünschten Stand gebracht wird. Und natürlich muss nicht mehr nur das Mechanik-Modell und die Schaltung der Elektronik vor dem Diebstahl geistigen Eigentums gesichert werden, das ja in diesen Elementen liegt. Auch die Software, der Quellcode der Steuerung, muss genauso sicher vor unerwünschtem Zugriff und Veränderung sein.

Das bedeutet, dass Sicherheit nicht nur eine Frage der IT-Security ist. Es ist eine permanente Aufgabe aller an der Entwicklung und Produktion Beteiligten. Die Infrastruktur, die dafür benötigt wird, hat in ihrem Zentrum ein Datenmanagement, das alle technischen Daten über ihren gesamten Lebenszyklus sicher verschlüsselt speichert und den Berechtigten jederzeit in aktueller Form verfügbar macht. PLM wird mit Industrie 4.0 nicht weniger wichtig, sondern wichtiger. Auch für die Sicherheit vernetzter Systeme.

4.5 Projekte in der Praxis

Nach so viel Erläuterung der theoretischen Grundlagen, auf denen die Plattform Industrie 4.0 die Initiative vorantreibt, soll ein kleiner Blick hinter ihre ersten Webseiten einen Eindruck davon vermitteln, wie weit die Praxis gediehen ist, was tatsächlich schon an Beispielprodukten und Beispielprojekten benannt werden kann. Um es vorwegzunehmen: Eine Fabrik oder ein Firmennetzwerk, das in vollem Umfang Industrie 4.0 umgesetzt hat, gibt es fünf Jahre nach dem Start der Initiative nicht. Das war auch nicht zu erwarten. Zu umfassend ist der begonnene Wandel, zu viele Bereiche sind involviert, zu komplex ist der Prozess der Transformation. Aber Projekte, die unter der Flagge von Industrie 4.0 gestartet und zu beträchtlichen Teilen auch schon erfolgreich beendet wurden, gibt es viele.

Neben der Plattform Industrie 4.0, auf die in diesem Zusammenhang noch ausführlicher eingegangen wird, gibt es vor allem zwei weitere Möglichkeiten, sich über bereits erfolgreich abgeschlossene Projekte zu informieren.

1. Die Unternehmensberatung Pierre Audoin Consultants (PAC) hat ein PAC Innovation Register online gestellt, in dem geprüfte und bewertete Firmenprofile, Anbieterdaten und Fallbeispiele zu Industrie 4.0 und dem Internet der Dinge gelistet sind. Nach Angaben von PAC wächst die Ende 2015 knapp 200 Projekte umfassende Datenbank um circa 30 Beispiele pro Monat. Sie werden dann geprüft, kategorisiert und bei Erfüllung der zugrundeliegenden Reifegradkriterien veröffentlicht. Jeder kann sich hier registrieren und eigene Projekte anmelden, die Liste der Projekte ist als Download frei zugänglich [9].
2. Der von der Bundesregierung geförderte Spitzencluster it's OWL (der Name steht für „Intelligente, technische Systeme OstWestfalenLippe") begleitet die Umsetzung von insgesamt 47 Projekten, in denen Industrieunternehmen aus Maschinenbau, Elektro- und Elektronikindustrie sowie Automobilzulieferindustrie gemeinsam mit regionalen Forschungseinrichtungen neue Produkte, Technologien und Anwendungen zur Marktreife bringen. Darüber hinaus wurden bereits 73 sogenannte Transferprojekte gestartet oder abgeschlossen, und hundert weitere sollen bis Ende 2017 beendet werden. Diese Projekte sollen auch kleinen und mittleren Unternehmen die Nutzung moderner Technologien ermöglichen, die dafür keine oder nicht ausreichend eigene Ressourcen haben. Auf der Homepage des Clusters finden sich Steckbriefe und ausführliche Beschreibungen von zahlreichen dieser Projekte [10]. Das Kap. 12 geht ausführlich auf die Arbeit von it's OWL ein.

Einen guten Überblick über die Entwicklung der Praxisprojekte, aber auch der Forschungs- und Entwicklungsaktivitäten, gibt die Plattform Industrie 4.0 auf ihrer Homepage. Unter der Rubrik „In der Praxis" findet sich eine „Landkarte Industrie 4.0" [11], die aktuell 207 laufende Projekte, untergliedert nach Anwendungsbeispielen sowie Test- und Kompetenzzentren, mit ihrer örtlichen Basis auf der Deutschlandkarte zeigt. Darüber kann der Besucher einerseits zu einer Auflistung der Projekte gelangen, über die nicht nur eine

Kurzbeschreibung, sondern auch eine ausführliche Erläuterung jedes einzelnen Projekts verfügbar ist. Darin wiederum finden sich jeweils prägnante Antworten auf die Fragen:

- Welche Herausforderung galt es zu lösen und welcher konkrete Nutzen ergab sich?
- Wie lässt sich der Industrie 4.0-Lösungsansatz beschreiben?
- Was konnte erreicht werden?
- Mit welchen Maßnahmen wurde die Lösung erreicht?
- Was können andere davon lernen?

Andererseits lassen sich Filter setzen, welche Art von Projekten denn gezeigt werden soll. Dies ist recht nützlich, denn die Filter erlauben eine Unterscheidung nach Anwendungsbereichen wie produzierender Industrie oder Logistik, nach Wertschöpfungsbereich wie Produktion und Lieferkette oder Design und Engineering, nach Bundesländern, nach dem Entwicklungsstadium und nach der Unternehmensgröße.

Betrachtet man die Anwendungsfälle, ist die produzierende Industrie wie zu erwarten mit 104 Projekten deutlich am stärksten vertreten. Jeweils 15 Projekte fallen auf Infrastruktur beziehungsweise Logistik, nur eine Handvoll auf Aus- und Weiterbildung (6), Landwirtschaft (6) und Sonstige (4).

Erschreckend ist, dass nur eine verschwindende Zahl von Projekten sich bisher der Aus- und Weiterbildung widmet. Sie verteilen sich auf drei in Bayern sowie jeweils eins in Baden-Württemberg, Hessen und Rheinland-Pfalz. Lediglich die Academy Cube in Rheinland-Pfalz, auf Initiative von SAP 2013 als Weiterbildungs- und Netzwerkplattform im Bereich MINT (Mathematik, Informatik, Naturwissenschaft, Technik) ins Leben gerufen, adressiert dabei den Fachkräftemangel und die identifizierten Qualifizierungslücken durch speziell geförderte Business-Communities. Ein intelligentes Matching-System verbindet Weiterbildungsangebote mit offenen Stellen, was die Chancen der Arbeitsuchenden verbessert. Mehr als 50 Partner aus Industrie, Politik und dem akademischen Bereich unterstützen die Plattform.

Die Projekte konzentrieren sich vor allem auf die drei Bundesländer Baden-Württemberg (38), Nordrhein-Westfalen (30) und Bayern (24). Dabei verdankt sich die hohe Zahl in Nordrhein-Westfalen sicherlich zu einem guten Teil den Aktivitäten des Spitzenclusters it's OWL. Betrachtet man nur die Anwendungsbeispiele der produzierenden Industrie, ist das Ranking fast identisch, die drei ersten Plätze gehen in derselben Reihenfolge an die gleichen Bundesländer.

Der mit Abstand größte Teil der geförderten Arbeit spielt sich im Wertschöpfungsbereich Produktion und Lieferkette ab. 99 Projekte sind hier gelistet, gefolgt von Design und Engineering mit 30, Logistik mit 21, Service mit 20 und Sonstige mit 16. Die aktiven Unternehmen setzen dabei überwiegend und offensichtlich erfolgreich auf schnelle Umsetzung, denn 79 Projekte werden bereits als marktreif beziehungsweise im produktiven Einsatz gemeldet, und weitere 31 befinden sich in der Markteinführung oder Pilotphase. Demgegenüber finden sich jeweils 20 Forschungs- und Entwicklungsprojekte sowie Demonstratoren.

Ein Blick auf die Größenordnung der beteiligten Unternehmen zeigt sehr eindrücklich, vor welcher großen Herausforderung der Standort Deutschland bei Industrie 4.0 steht. Die größte Zahl von Projekten (63) wird von Unternehmen mit mehr als 15.000 Mitarbeitern gestellt, es folgen 59 Projekte von Firmen mit 5000 bis 15.000 Mitarbeitern. Lediglich 37 Projekte entfallen auf die Größenordnung 250 bis 5000 Mitarbeiter, und 59 auf die kleinste Kategorie 1 bis 250 Mitarbeiter. Mehr als die Hälfte der Projekte ist also den Großunternehmen zuzuordnen, während der Mittelstand in Deutschland mit großem Abstand die meisten Unternehmen stellt. Noch deutlicher wird dieses Missverhältnis sichtbar, wenn man die Projekte der Fertigungsindustrie herausfiltert. Hier stehen 66 Projekte von Firmen mit mehr als 5000 Mitarbeitern 44 Projekten von kleineren Unternehmen gegenüber.

Einige Unternehmen erweisen sich als besonders aktiv und sind in einer ganzen Reihe von Projekten führend: Siemens (16), Bosch (14), ABB (10) und Telekom (8). Auffallend ist die Zurückhaltung der Automobilindustrie. Als einziger der großen Hersteller ist Volkswagen mit unter seinem Namen gemeldeten Projekten vertreten, und zwar vier Mal. Dabei liegt der Schwerpunkt eindeutig auf der Optimierung von Produktionsplanung und -steuerung, nicht auf der Innovation der Produkte und Dienstleistungen. Ein Projekt beschäftigt sich mit einem virtuellen Planungstisch, eins mit Intralogistik und virtueller Inbetriebnahme, eins mit der Gestensteuerung in der Planung. Lediglich ein Projekt, M.A.R.S. (Markerloses Augmented Reality System), betrifft die Nutzung moderner Digitaltechnik für die Validierung von Designdaten.

Neben den Anwendungsbeispielen gibt es in der Landkarte 25 Test- und fünf Kompetenzzentren. Die fünf Kompetenzzentren in Berlin-Brandenburg, Hessen, Niedersachsen, Nordrhein-Westfalen und Rheinland-Pfalz sind im letzten Jahr vom BMWi ins Leben gerufen worden, und zwar im Rahmen des Förderschwerpunkts „Mittelstand-Digital – IKT-Anwendungen in der Wirtschaft", der Unternehmen beim effizienten Einsatz von modernen Informations- und Kommunikationstechnologien unterstützen soll. Darin sind bereits 15 Förderprojekte zum Thema eStandards und 15 unter dem Motto „Usability für den Mittelstand". Die fünf Kompetenzzentren in der Industrie 4.0 Landkarte sind ein dritter Themenbereich, der als „Mittelstand 4.0 – Digitale Produktions- und Arbeitsprozesse" aufgesetzt wurde. Ergänzt werden sie 2016 durch ein weiteres Kompetenzzentrum für das Handwerk. Weitere Zentren sind geplant. Und vier sogenannte Mittelstand 4.0-Agenturen sollen ihre Expertise einbringen. Die Zentren sollen also in erster Linie dem Mittelstand helfen, sich für Industrie 4.0 zu rüsten.

Die 20 Testzentren verteilen sich anders als die Anwendungsbeispiele. Mit sechs Testlabors ist Nordrhein-Westfalen an erster Stelle, gefolgt von Baden-Württemberg mit fünf. Aber Bayern rangiert mit einem einzigen an letzter Stelle gleichauf mit Bremen und Brandenburg. Die Testumgebungen sind in der Mehrzahl laborähnliche Einrichtungen von Universitäten und Forschungseinrichtungen. Warum sich keine der bayrischen Universitäten bisher mit eigenen Zentren an den Aktivitäten der Plattform beteiligt, bleibt unerfindlich.

Der Blick auf die Landkarte der Projekte der Plattform Industrie 4.0 ist lehrreich. Es gibt schon eine Menge praktischer Ergebnisse, die Industrie hat in zahlreichen Anstrengungen schon eine Reihe von Produkten, Komponenten, Softwaresystemen und anderem hervorgebracht. Der Markt ist um einige Industrie 4.0 Produkte reicher geworden in den ersten fünf Jahren der Initiative. Mit Siemens, Bosch, ABB und der Telekom sind einige der wichtigsten Player ganz vorne dabei, und das ist gut für den Standort Deutschland.

Der Schwerpunkt der Aktivitäten liegt eindeutig auf der Optimierung und Flexibilisierung der Produktionsplanung und Produktion und passt damit zum leider sehr beschränkten Fokus der gesamten Initiative. Viel zu wenig kümmern sich die Unternehmen um ihre Innovationsfähigkeit bei den Produkten und erst recht bei den damit zu verknüpfenden Dienstleistungsangeboten. Und das ist schlecht für den Standort Deutschland. Wenn die Industrie noch besser und flexibler wird in der Herstellung ihrer Produkte und der dafür nötigen Fabriken und Anlagen, dann ist das für jeden gut, der künftig seine Geschäfte mit diesen Produkten machen will. Nicht unbedingt für die Hersteller selbst. Es könnten findige Dienstleister damit ihre Geschäfte machen, die sich besser auf Software-Apps, die Cloud und das Internet verstehen. Nicht unbedingt am Standort Deutschland.

Die Tatsache, dass der Mittelstand im Vergleich zu seiner Bedeutung für das Land völlig unterrepräsentiert ist, bestätigt die vielen Äußerungen von Politik, Analysten, Forschern und IT-Anbietern, die in den kleineren Unternehmen eher Skepsis, Vorsicht und Unwissen finden, als Begeisterung für Industrie 4.0. Ob dagegen die fünf Kompetenzzentren des Bundeswirtschaftsministeriums und die Mittelstand 4.0-Agenturen einen ausreichenden Hebel liefern, darf mit einem Fragezeichen versehen werden.

4.6   Industrie 4.0 – nicht Fertigung 4.0

Es hat einige Jahre gedauert, bis Industrie 4.0 als deutsche Initiative weltweit wahrgenommen wurde. Inzwischen aber ist sie zum treibenden Faktor der Diskussion über den technologischen Fortschritt in der Industrie geworden. Die Tatsache, dass dabei hierzulande der Schwerpunkt so deutlich auf die Produktion und nicht auf die gesamte Wertschöpfungskette gelegt wird, führt dazu, dass Industrie 4.0 auch international als eine Initiative wahrgenommen wird, bei der es um die Fertigung, um die Fabrikation, um die Automatisierung geht, während andere Länder und deren Industrien sich breiter positionieren und das Internet der Dinge und Dienste für sich reklamieren.

2014 wurde in den USA von fünf Unternehmen das Industrial Internet Consortium (IIC) gegründet, das in weniger als zwei Jahren Ende 2015 ebenso viele Mitglieder melden konnte wie die Plattform Industrie 4.0. Und etliche wichtige Unternehmen sind Mitglieder in beiden Initiativen. Mitte des Jahres 2015 gab es eine erregte Debatte vor allem in diversen Fachmedien, welche dieser beiden Vereinigungen die wichtigere sei, welche in Sachen Standardisierung und Referenzarchitektur die Nase vorn habe. Nicht sonderlich glückliche Äußerungen von führenden Vertretern der beiden Organisationen befeuerten diese Debatte, obwohl sie sie eigentlich versachlichen wollten.

Dann begann eine konstruktive Diskussion, die schließlich zu einem informellen Treffen von Vertretern von I40 und IIC – namentlich von Bosch, Cisco, IIC, Pepperl + Fuchs, SAP, Siemens, Steinbeis Institut und ThingsWise – in Zürich führte. Am 3. März 2016 gaben dann die Repräsentanten des BMWi und beider Gruppen in einer gemeinsamen Pressekonferenz in Berlin ihre künftige Zusammenarbeit bekannt. Ein Zusammenspiel der beiden Architekturmodelle RAMI40 (Referenzarchitekturmodell für Industrie 4.0) und IIRA (Industrial Internet Referenzarchitektur) soll eine künftige Interoperabilität erleichtern. Beide wollen generell bei der Standardisierung kooperieren und gemeinsame Testumgebungen nutzen. Dafür wurde eine gemeinsame Roadmap entworfen.

Die Pressemeldung dazu auf der Homepage der Plattform Industrie 4.0 geht etwas mehr ins Detail. Darin findet sich zum Beispiel die Erklärung von Stan Schneider, Geschäftsführer von Real-Time Innovations (RTI) und Mitglied des IIC Steering Committee:

> Der Plattform Industrie 4.0-Ansatz mit seiner starken Verankerung in der industriellen Fertigung ergänzt sich sehr gut mit dem Ansatz des IIC, der seinen Fokus stärker auf IoT-Anwendungen für den Bereich der Gesundheitswirtschaft, Transport, Energie und Smart Cities legt [12].

Am Beispiel des Automobils wird beschrieben, wo die Grenze verläuft: Für das Auto und seine Herstellung ist RAMI40 gut, für alles, was mit dem Auto im Internet der Dinge passiert, ist IIRA besser geeignet. Die Techniker haben sich in ihren gemeinsamen Gesprächen darüber verständigt, dass sie ihre Aktivitäten als sich gegenseitig ergänzend betrachten. In Zukunft soll die informelle Gruppe sich weiter um die Annäherung bemühen.

Es könnte sein, dass damit – aus Sicht des Standorts Deutschland – ein Schritt in die falsche Richtung gemacht wurde. Fertigungsindustrie ist eben nicht gleich Fertigung, und manufacturing industry nicht identisch mit manufacturing. Für die Unternehmen in Deutschland und ihre Rolle im Internet der Dinge ist entscheidend, ob sie die Digitalisierung umfassend betrachten und eben das IoT mitdenken, ihre Produkte dafür entwickeln und ihre eigenen Geschäftsmodelle dafür ebenso. Ansonsten werden die Plattform Industrie 4.0 und die deutschen Unternehmen zum Anhängsel der Protagonisten des Internets der Dinge aus den USA. Zu einem Anhängsel, das sich eben um den Spezialbereich der Herstellung kümmert.

Auf der Hannover Messe 2016 gab es ein weiteres Treffen mit einer anderen Initiative, der Alliance Industrie Du Futur, die zuvor auch schon als die „französische Industrie 4.0" angekündigt wurde. Dabei wurde ein gemeinsamer Aktionsplan dieser beiden Initiativen an Bundesminister Sigmar Gabriel und den französischen Wirtschaftsminister Emmanuel Macron übergeben. Darin wird unter anderem bis Ende 2016 die erste Fassung eines Aktionsplans für die internationale Standardisierung in Anlehnung an RAMI40 angekündigt. Besonders wichtig sei es, den Unternehmen in beiden Ländern Informationen über konkrete Anwendungsbeispiele zur Verfügung zu stellen – „vorrangig aktuelle Beispiele von Fertigungsprozessen sowie Pilot- und Forschungsprojekten." Auch in dieser Kommunikation geht es „vorrangig" um die „Fertigungsprozesse".

Mit China gibt es zahlreiche Konsultationen auf verschiedenen Ebenen, an denen verschiedene Bundesministerien und Vertreter der Plattform Industrie 4.0 beteiligt sind. Bislang scheint aber hier das gegenseitige Signalisieren grundsätzlicher Kooperationsbereitschaft im Vordergrund zu stehen. Auf deutscher Seite, so berichten Teilnehmer an solchen Konsultationen, ist teilweise die Furcht groß, dass diese Kooperation in der Praxis zu einem ungewollten Know-how-Abfluss führt.

Literatur

1. Umsetzungsstrategie Industrie 4.0 – Ergebnisbericht der Plattform Industrie 4.0, Herausgeberkreis BITKOM, VDMA, ZVEI
2. http://www.bmwi.de/DE/Themen/Industrie/industrie-4-0.html, Zugegriffen: 12. Mai 2016
3. Die Vertane 4.0-Chance, Frankfurter Allgemeine Zeitung, Georg Giersberg, 15. Apr. 2015
4. http://www.bundesregierung.de/Content/DE/Pressemitteilungen/BPA/2014/10/2014-10-10-aktionsrahmen-dt-chin-konsultationen.html, Zugegriffen: 12. Mai 2016
5. Deutschland setzt Industrie 4.0 auch mit China um, Frankfurter Allgemeine Zeitung, 14. Juli 2015
6. S²: Safety und Security aus dem Blickwinkel der öffentlichen IT, Kompetenzzentrum Öffentliche IT, Fraunhofer-Institut für Offene Kommunikationssysteme FOKUS, April 2015
7. Umsetzungsstrategie Industrie 4.0 – Ergebnisbericht der Plattform Industrie 4.0, Herausgeberkreis BITKOM, VDMA, ZVEI, S. 71 ff.
8. Umsetzungsstrategie Industrie 4.0 – Ergebnisbericht der Plattform Industrie 4.0, Herausgeberkreis BITKOM, VDMA, ZVEI, S. 74
9. https://www.pac-online.com/innovation-register-profiles-and-use-cases, Zugegriffen: 12. Mai 2016
10. http://www.its-owl.de/projekte/, Zugegriffen: 12. Mai 2016
11. http://www.plattform-i40.de/I40/Navigation/DE/In-der-Praxis/Karte/karte.html,   Zugegriffen: 12. Mai 2016
12. https://www.plattform-i40.de/I40/Redaktion/DE/Pressemitteilungen/2016/2016-03-02-kooperation-iic.html, Zugegriffen: 12. Mai 2016

USA

5

Ulrich Sendler

Zusammenfassung

Die Geschichte der Industrialisierung ist keine weltweit harmonisch verlaufene Geschichte. Die Aufholjagd der USA gegenüber den europäischen Vorreitern führte schnell zur Position als Wirtschaftsmacht Nr. 1. Aber schon einige Jahrzehnte später brachte der nächste Technologietreiber, der Computer, eine beginnende Trennung der globalen Industrie in Hardware und Software. Die US-Industrie hat es vermocht, in der folgenden Digitalisierung tonangebend zu sein. Jetzt deutet sich an, dass mit der Digitalisierung der Fertigungs- und Anlagenindustrie erneut eine Entscheidung ansteht: Wer wird das Geschäft mit den Industriedaten beherrschen? Wird das Industrial Internet Consortium helfen? Jetzt könnte sich das vorübergehende Aufgeben von Positionen in den Hardware-Industrien durch die USA als Schwäche erweisen. Auch deshalb ist dort eine Re-Industrialisierung in Gang gesetzt worden. Aber auch die lange Konzentration auf die Hardware hierzulande könnte sich jetzt rächen gegenüber einer wiedererstarkenden US-Industrie, die sich auf ihre Vorherrschaft im Digitalen stützt.

5.1 Der Nachkömmling setzt sich an die Spitze

Die US-amerikanische Industrie hat die internationale Arena mit einer deutlichen Verspätung gegenüber England, Frankreich und Deutschland betreten. Die USA waren gerade im Entstehen begriffen und noch keineswegs mit der Eroberung aller Teile des Landes von den Indianern fertig, als James Watt im vereinigten Königreich 1769 die Dampfmaschine zum Kern der industriellen Revolution machte. 1765 lehnten neun der britischen Kolonien erstmals ab, weiterhin Steuern an England zu zahlen. 1773 überfielen amerika-

U. Sendler (✉)
München, Deutschland
E-Mail: ulrich.sendler@ulrichsendler.de

© Springer-Verlag Berlin Heidelberg 2016   71
U. Sendler (Hrsg.), *Industrie 4.0 grenzenlos*, Xpert.press, DOI 10.1007/978-3-662-48278-0_5

nische Patrioten in der Boston Tea Party britische Schiffe und vernichteten deren Ladung. 1776 wurde die Unabhängigkeitserklärung vom amerikanischen Kongress verabschiedet, im selben Jahr begann ein Krieg zwischen der Kolonialmacht und den Kolonien, der erst 1783 mit der Anerkennung der USA durch England endete. Zu diesem Zeitpunkt hatten auch Frankreich und Deutschland die Dampfmaschine gebaut und waren bereits mitten in der Entwicklung der Industriegesellschaft.

Und während die Kernländer Europas ihre Industrien ausbauten und gleichzeitig die darauf basierende neue Stärke in die Eroberung weiterer Kolonien auf allen Kontinenten umsetzten, waren die USA mit der Vollendung ihrer Konstituierung als Nation beschäftigt. Die kontinuierliche Vergrößerung des staatlichen Territoriums von Nordost nach Südwest führte mehrfach zum Krieg mit Mexiko. Der Kampf um die amerikanische Verfassung war im 19. Jahrhundert geprägt durch den Kampf um die Sklaverei, den die von Agrarwirtschaft und Baumwollanbau lebenden Südstaaten nach dem vier Jahre währenden Bürgerkrieg 1865 verloren. Noch mehr als zehn Jahre aber dauerte die militärische und politische Rekonstruktion der neuen Nation.

Erst jetzt konnten sich die USA voll auf die Industrialisierung konzentrieren. 1869 wurde die erste transkontinentale Eisenbahnverbindung zwischen Atlantik und Pazifik eröffnet, weitere entstanden zu Beginn der 1880er-Jahre. Enorme Vorkommen und gute Zugänglichkeit von Eisenerz, Kohle und zahlreichen anderen Bodenschätzen begünstigten die rasante Aufholjagd, die nun begann. Ende des 19. und Anfang des 20. Jahrhunderts erreichte die europäische Einwanderung in die USA einen Höhepunkt, die daraufhin im Immigration Act von 1924 beschränkt wurde. Die Gesamtbevölkerung der USA stieg im Zeitraum von 1870 bis 1920 von 38,5 auf 106 Mio. Früh meldeten US-Erfinder innovative Produkte zum Patent an. Vom Beginn der Industrialisierung an spielte die amerikanische Einstellung eine große Rolle, der zufolge jeder seines Glückes Schmied ist. In nur vier Jahrzehnten überholte die US-Industrie ihre europäische Konkurrenz. Am Ende des ersten Weltkriegs waren die USA die stärkste Wirtschaftsmacht der Welt.

Das war auch der Zeitpunkt, der allgemein als Start der zweiten industriellen Revolution definiert wird. Und es waren unter anderem Ford und die US-amerikanische Autoindustrie, die hier den Ton angaben. Elektrizität, Öl als Energiequelle, Fließbandfertigung und Massenproduktion waren der Kern einer Entwicklung, die Massenwaren zu einem Preis herstellen ließ, den sich eben auch Massen von Menschen leisten konnten. Gleichzeitig setzte sich der Taylorismus durch. Frederick Winslow Taylor formulierte Methoden einer Organisation von Arbeitsabläufen, die sich auf Arbeitsstudien stützten und erstmals ein wissenschaftlich fundiertes Management von industrieller Arbeit erlaubten [1]. Die Arbeitsteilung und mit ihr die Spezialisierung von Fachkräften auf bestimmte Tätigkeiten und Arbeitsbereiche war geboren und veränderte von den USA aus die Industrie in der ganzen Welt.

Automobil, Flugzeug, Eisenbahn, Maschinerie – bis nach der Mitte des letzten Jahrhunderts und deutlich nach dem für die USA siegreichen Ende des zweiten Weltkriegs waren Produkte aus den USA und die Methoden zu ihrer Entwicklung und Herstellung Taktgeber für die globale Industrie. Gleichzeitig prägte der American Way of Life, was unter Wohlstand zu verstehen sei, untermauert durch die Filme aus Hollywood, begleitet von Musik des Jazz und Rock & Roll.

Der nächste technologische Schub kam in den Fünfziger- und Sechzigerjahren durch die Erfindung des Computers in Gang. In der Folge wurden die programmierbare Mikroelektronik, die Miniaturisierung integrierter, elektronischer Schaltkreise und der Siegeszug der Software zu einer Technologie, die die Welt erneut grundlegend veränderte. Die deutsche Industrie war nach dem Krieg nicht zuletzt dank Marshallplan und vielfältiger Hilfe durch die USA wieder erstarkt und erfreute sich des berühmten Wirtschaftswunders. Sie nutzte Computer und speicherprogrammierbare Steuerung für eine rasante Automatisierung der Produktion und des Betriebs von Anlagen aller Art. Heute wird dies vor allem hierzulande als der Start für die dritte industrielle Revolution bezeichnet. Tatsächlich gelang es der deutschen Industrie in den folgenden Jahrzehnten, in einer Reihe von Industriezweigen weltweite Marktführerschaft zu erringen, während sie andere Branchen mehr oder weniger vollständig aufgab und an Industrien anderer Länder verlor.

Aber der Computer selbst wurde ebenfalls weiter entwickelt. Software, ursprünglich ein integraler Bestandteil der Rechner, verselbständigte sich. Die Hardware wurde kleiner und kleiner, während ihre Leistungsfähigkeit sowohl hinsichtlich Rechengeschwindigkeit als auch Speicherkapazität ein scheinbar ungebremstes Wachstum erfuhr. Die Computerindustrie gehörte aber nicht zu den Branchen, in denen der Standort Deutschland eine Führungsposition erringen konnte. Im Gegenteil. Selbst einzelne Bereiche dieser Industrie, die – wie der Computer selbst – in Deutschland ihren Ursprung hatten, verschwanden im Laufe der zweiten Hälfte des letzten Jahrhunderts. Und auf dieses Gebiet, auf diese Hightech-Industrie, setzten die USA.

Nach der Mitte des letzten Jahrhunderts hat die Entwicklung der Industrialisierung mindestens zwei unterschiedliche Bahnen genommen. Mindestens, weil sich auch aus der weiteren Trennung in Hardware und Software nochmals eine Weggabelung für die Hightech-Industrie ergeben hat. Denn auch hinsichtlich der Computer- und Peripheriegeräteproduktion gingen die US-Hersteller dazu über, dies auszulagern. Was letztlich zur heutigen Vorherrschaft der asiatischen Produzenten auf diesem Gebiet geführt hat. Aber die erste Aufspaltung der Industrie fand statt, als der Computer und die Mikroelektronik verfügbar waren. Die einen – zuletzt mit einer weltweiten Führungsposition Deutschlands – nutzten die Computertechnologie vor allem, um qualitativ hochwertige, mechatronische Produkte unterschiedlichster Art zu entwickeln und zu fertigen. Die anderen – bis heute mit einer weltweiten Führungsposition der USA – konzentrierten sich auf die Weiterentwicklung der Hochtechnologie selbst. Diesen Split zwischen zwei grundsätzlich unterschiedlichen Industrieentwicklungen zeigt die Grafik in Abb. 5.1. Spätestens um 1970, als die Computertechnologie so weit war, dass sie für die speicherprogrammierbare Steuerung in der Automation eingesetzt werden konnte, spätestens da trennten sich die Wege.

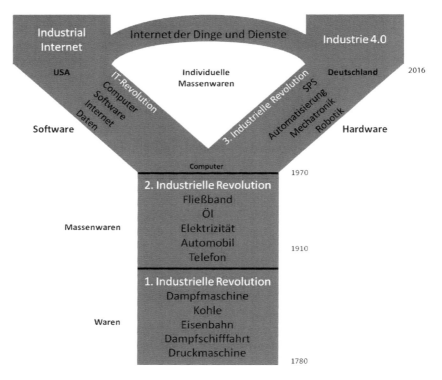

Abb. 5.1 Mit dem Auftreten der Computertechnologie spaltet sich die Entwicklung der Industrie in Hardware und Software. (© Ulrich Sendler, 2016)

5.2   Das Land, in dem die Software wächst

An zwei Beispielen lässt sich die an anderer Stelle bereits erläuterte Entwicklung – von Hardware über Software und Internet zu den Daten – sehr gut veranschaulichen. Und zugleich wird verständlich, warum die USA so lange unangefochten die Digitalisierung in der Welt anführten. Wenn auch nicht auf allen Feldern.

Das eine Beispiel ist IBM. Herman Hollerith gründete 1896 die Tabulating Machine Company, die ihr Geschäft mit Maschinen zur Erfassung und Auswertung von Daten machte, die über Lochkarten eingegeben wurden. 1910 gründete er mit der DEHOMAG, der Deutschen Hollerith-Maschinen Gesellschaft, eine deutsche Niederlassung. 1924 wurde das Unternehmen in „International Business Machines Corporation", kurz IBM, umbenannt, denn die Produktpalette bestand aus Maschinen wie Lochern, Prüfern, Sortierern und Mischern für Lochkarten und anderen Büromaschinen. Übrigens wurden sie normalerweise von den Kunden gemietet.

Das zweite Beispiel ist Hewlett Packard. William Hewlett und David Packard, beide Absolventen der Stanford University in Kalifornien, gründeten 1939 das Unternehmen, dessen erstes Produkt ein Tonfrequenzgenerator war. Einer der ersten Kunden waren die Walt Disney Studios. Geräte unterschiedlichster Art für die Messtechnik, später auch Medizintechnik, waren zunächst die Umsatzträger, bevor aus HP ein internationaler Computerkonzern wurde.

IBM begann bereits in den Fünfzigerjahren mit der Produktion von Computern. Der erste transistorbetriebene und speicherprogrammierbare IBM-Rechner kam 1960 auf den Markt. HP begann in den Siebzigerjahren mit der Herstellung von Tischrechnern und in den Achtzigerjahren mit der von PCs.

Die Garage, in der Hewlett und Packard ihre ersten Erfindungen zusammenbauten, gilt als das erste Gebäude des späteren Silicon Valley. Der eigentliche Start des Silicon Valley war 1951 die Einrichtung des Stanford Industrial Parks, eines Forschungs- und Industriegebiets neben der Stanford University unweit von San Francisco an der amerikanischen Westküste. Ehemalige Mitarbeiter von Elektronikfirmen und Absolventen der Universitäten gründeten kleine Unternehmen und entwickelten neue Ideen und Produkte. Mit der Verbreitung der Computertechnik ab den Sechzigerjahren waren es zunehmend Unternehmen der Hochtechnologie.

In derselben Zeit also, in der die deutsche Industrie auf computergestützte Automation setzte, entwickelte sich in den USA eine eigene Hightech-Branche, die bald der alten Industrie den Rang ablaufen sollte. In den Fünfzigerjahren arbeitete noch jeder vierte Amerikaner im verarbeitenden Gewerbe. Heute nicht einmal jeder zehnte. Allein zwischen 1989 und 2009 gingen fast sechs Millionen Industriejobs verloren. Der Anteil des verarbeitenden Gewerbes am Bruttoinlandsprodukt liegt mit knapp 12 % nur noch bei der Hälfte des Anteils in Deutschland. Dafür hat sich die USA allerdings eine Position im Bereich der Digitalisierung erobert, die noch mehr erstaunt als der Einbruch im Bereich der alten Industrien. 80 % des Softwareumsatzes weltweit wird von Unternehmen erwirtschaftet, die ihren Hauptsitz in den USA haben [2]. In der Süddeutschen Zeitung heißt es:

> Für diese neue beste aller Welten ist vielleicht kein Land so gut aufgestellt wie die USA. Der Gründergeist ihrer Bürger, ihre Bereitschaft, mit Traditionen zu brechen, ihre Computer-Begeisterung verschafft ihnen einen Startvorteil [2].

In der Tat: Nach den Großrechnern kamen die Tisch- und Taschenrechner, die PCs und Unix-Rechner, und dann erfanden die USA das Internet. Während die kleinen, handlichen Mobiltelefone der ersten Generation mit vorübergehend großen Namen wie Nokia und Sony-Ericsson eher in Europa und Asien ihre Basis hatten, begann in den Neunzigerjahren auf der Grundlage des Internets ein neuer Vorstoß der Erfinder aus dem Silicon Valley: Mit iPod, iPhone und iPad definierte Apple einen neuartigen Umgang mit Unterhaltungselektronik und Kommunikation. Und einmal definiert, kamen mit Google, Amazon, Facebook und vielen weiteren Firmen Anbieter, die für diesen neuen Umgang gar nicht mehr auf Hardware setzten, sondern nur noch auf das Internet und die darüber verfügbaren Daten.

Das Geschäft mit Daten war in den ersten zwanzig Jahren ein Geschäft ausschließlich mit Konsumentendaten. Die Anbieter stellten kostenlos oder sehr günstig Apps zur Erleichterung und zur angenehmeren und bequemeren Gestaltung des täglichen Lebens zur Verfügung, die es bisher nicht gegeben hatte. Dafür fragten die Benutzer der mobilen, mit dem Internet verbundenen Endgeräte nicht nach, was mit ihren Nutzungsdaten geschah. Das aus Millionen Nutzerdaten gefilterte und sortierte Wissen wurde zur Basis für unterschiedliche Arten von Geschäften, die die neuen, schnell wachsenden Konzerne mit den Konsumgüterherstellern entwickelten. Das Hauptgeschäft bestand im Angebot von Werbefläche im Internet, für die immer mehr Unternehmen immer mehr Geld zu zahlen bereit waren und sind.

Coca Cola wurde schon 2013 an der Spitze der Liste teuerster Unternehmen von Apple abgelöst, jetzt macht Google beziehungsweise die neue Konzernholding Alphabet Apple diesen Platz streitig. Auf Konsumgut (Getränk) folgten Computer (Smartphone und Tablet), und auf Hard- und Software folgt das pure Geschäft mit Daten (Suchmaschine als Werbefläche). Für einige Jahrzehnte war das Geschäft mit Software und Daten groß genug, um in den USA den Verlust der Führung in der alten Industrie des Maschinen- und Anlagenbaus mehr als auszugleichen.

Mit dem neuen Standard für Internetadressen IPv6 ist es jetzt möglich geworden, das Geschäft mit Daten nochmals um Dimensionen zu erweitern. Wenn jedes Produkt mit einer eigenen Internetadresse versehen werden kann, können auch Daten von Geräten zum Gegenstand von Geschäftsmodellen werden, denn über alle Arten von Geräten lassen sich neuartige Dienstleistungen erdenken und anbieten. Es ist eine andere Art von Geschäft, denn es geht in der Hauptsache um Daten von Produkten und Investitionsgütern, die nur in Sonderfällen Konsumentendaten beinhalten. Aber wer wäre mehr prädestiniert als die Erfinder der Software- und Datengeschäfte in den USA, um diese neue Art des Geschäfts zu definieren?

Microsoft entwarf das Geschäft mit der Software und überrundete Pioniere der Computerzeit wie HP und IBM. Apple überrundete Microsoft mit mobilen Geräten und dem Geschäft im Internet. Google überrundet Apple mit dem reinen Datengeschäft. Es sind immer wieder neue Unternehmensgründer, findige Startups, mutige Neudenker, die seit über hundert Jahren die führende Stellung der US-Wirtschaft neu begründet haben. HP und IBM kämpfen darum, in der neuen Zeit ihren neuen Platz als Beratungs- und IT-Anbieter zu finden und zu behaupten. Aber für die Runde, die jetzt kommt, sind vielleicht der große Name und die neue Marke noch gar nicht bekannt.

5.3 Das Industrial Internet Consortium

Am 27. März 2014 gaben AT&T, Cisco, GE, IBM und Intel in Boston bekannt, dass sie das Industrial Internet Consortium gebildet haben, um, wie es in der Überschrift der ersten Presseerklärung hieß, „die Integration der physischen und digitalen Welten zu verbessern". In der Unterüberschrift wurde der „zuverlässigere Zugriff auf Big Data" als weiteres Ziel genannt, um das Geschäft damit zu fördern.

Ein Telekommunikationskonzern, ein führendes Unternehmen der Vernetzung, ein Elektronik- und Transportunternehmen und zwei IT-Größen also waren die Initiatoren. US-Wirtschaftsminister Penny Pritzker wurde in der Presseerklärung so zitiert:

> Die Verwaltung freut sich auf die Zusammenarbeit mit öffentlich-privaten Kooperationen wie dem neuen IIC, um innovative Produkte und Systeme des Industrial Internets in neue Arbeitsplätze in intelligenter Fertigung, im Gesundheitswesen, in Transport und anderen Bereichen zu verwandeln [3].

Die Bereitstellung von jährlich 100 Mio. US$ für Forschung und Entwicklung im Umfeld cyber-physischer Systeme durch die US-amerikanische Bundesregierung wurde ebenfalls als Teil der Unterstützung durch die Politik angeführt. Aber anders als in Deutschland übernahm die Politik nicht die Führung der Initiative. Sie bleibt auch weiterhin außen vor.

Die fünf Gründungsmitglieder haben sich je einen ständigen Sitz im Lenkungskreis gesichert, der um sechs weitere Mitglieder ergänzt wurde: zwei sogenannte fördernde Mitgliedsunternehmen, die jeweils für vier Jahre gewählt werden, derzeit bis 2019 SAP und Schneider Elektrik; zwei Mitglieder aus der Großindustrie und ein Mitglied aus der kleinen und mittelständischen Industrie, die jeweils für ein Jahr gewählt werden; schließlich ein Mitglied aus Non-Profit-Organisationen beziehungsweise aus Wissenschaft und Forschung, das ebenfalls jährlich gewählt wird.

Die Führung der laufenden Geschäfte des Konsortiums wurde an die Object Management Group (OMG) übertragen, deren Vorsitzender und CEO Richard Soley nun auch geschäftsführender Direktor des IIC ist. Er leitet auch die Arbeit des Lenkungskreises, dem er als nicht gewähltes zwölftes Mitglied angehört.

Die OMG ist ein 1989 gegründetes Konsortium, das sich mit der Entwicklung von Standards für die herstellerunabhängige, systemübergreifende, objektorientierte Programmierung beschäftigt. Zur Gründung umfasste die OMG IBM, Apple, Sun und elf weitere Unternehmen. Mittlerweile hat die OMG über 800 Mitglieder und entwickelt international anerkannte Standards. So auch vor einigen Jahren das vor allem von der deutschen Automobilindustrie geforderte Requirements Interchange Format (ReqIF). Der OMG-Hauptsitz befindet sich in Needham, Massachusetts [4].

Zumindest unter IT-Fachleuten bekannt sind die Common Object Request Broker Architecture (CORBA), die das Erstellen von verteilten Anwendungen in heterogenen Umgebungen vereinfacht, sowie die Unified Modeling Language (UML), welche die Modellierung und Dokumentation von objektorientierten Systemen in einer normierten Syntax erlaubt.

Damit hat sich das IIC eine ausgesprochen kompetente und international anerkannte Organisation zur Lenkung der Aktivitäten ausgesucht. Kein Wunder, dass die internationale Ausdehnung des Konsortiums nicht lange auf sich warten ließ.

Bei der Wahl des Lenkungskreises im September 2014 hatte das IIC 68 Mitglieder, bei der nächsten Wahl Anfang September 2015 schon über 200 aus 26 Ländern. Zahlreiche

Abb. 5.2 Industrial Internet
Reference Architecture (IIRA).
(IIC)

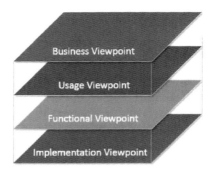

Unternehmen, die bei Industrie 4.0 aktiv sind, haben sich auch dem IIC angeschlossen, beispielsweise die Firmen ABB, Bosch, SAP und Siemens.

Wie bei der Plattform Industrie 4.0 wird die Arbeit des Konsortiums in Arbeitsgruppen organisiert. Und auch das IIC hat inzwischen eine Referenzarchitektur, die Industrial Internet Reference Architecture (IIRA). Obwohl sie ein wenig an die Referenzarchitektur von Industrie 4.0 erinnert, ist sie doch viel allgemeiner gehalten (vergleiche Abb. 5.2) Sie wurde im Juni 2015 veröffentlicht und kann über die Homepage des Konsortiums heruntergeladen werden [5].

Die IIRA wirkt weniger detailliert technisch als die deutsche. Die im Zusammenhang damit veröffentlichten Illustrationen erinnern stärker an Softwarearchitekturen und Flussdiagramme. Gleichzeitig veröffentlichte das IIC die erste Version eines Industrial Internet Vocabulary. Darin werden Begriffe und Definitionen so erklärt und mit ihren jeweiligen Quellen benannt, wie sie in allen Dokumenten des IIC genutzt werden.

Die Hauptarbeit des Konsortiums betrifft die sogenannten Testbeds, also Testumgebungen, für die eine eigene Arbeitsgruppe eingerichtet wurde. Diese Testumgebungen – so die sinngemäße Übersetzung ihrer Beschreibung auf der IIC-Homepage – sollen Orte sein, an denen Innovationen und Chancen des Industrial Internet, neue Technologien und Anwendungen, neue Produkte und Dienstleistungen, initiiert, durchdacht und auf ihre Brauchbarkeit für den Markt hin auf Herz und Nieren geprüft werden.

Sechs solcher Testumgebungen (von bisher acht geplanten) sind bisher öffentlich freigegeben. An einem Beispiel soll erläutert werden, was sie sind und wie sie funktionieren: Anlageneffizienz. Die Testumgebung hat ein Leitungsmitglied, in diesem Fall Infosys, und unterstützende Mitglieder, hier Bosch, GE, IBM, Intel und PTC. Diese Testumgebung zielt auf die Marktsegmente High Tech, industrielle Fertigung, diskrete und Prozessindustrie, Automotive, Flugzeugbau und andere Segmente mit hochwertigen fixen und bewegten Anlagen. Es werden die Herausforderungen beschrieben, für die neue Lösungen gesucht werden. In diesem Fall ist es beispielsweise so, dass nur bei 15 % aller Betreiber systematische Maßnahmen zur Sicherstellung optimaler Effizienz implementiert sind. Als Ziel, das erreicht werden soll, wird das effiziente und exakte Sammeln der Geräteinformationen in Echtzeit und ihre Analyse für die richtigen Entscheidungen genannt. Schließlich wird an einem konkreten Beispiel die „Testumgebung in Aktion" vorgestellt und beschrieben, in diesem Fall am Beispiel eines Flugzeugfahrwerks [6].

Das Industrial Internet Consortium ist eineinhalb Jahre nach seiner Gründung bereits relativ weit in der Implementierung sehr pragmatischer Ansätze, die das Entwickeln neuer Produkte und Services erleichtern und unterstützen. Das Vorgehen scheint eher an die Entwicklungsmethodik der IT- und Internet-Konzerne in den USA angelehnt zu sein. Vor allem aber ist die Vermarktung der Ideen – wie von einer US-amerikanischen Initiative nicht anders zu erwarten – sehr wirkungsvoll und professionell. Auf der Homepage des IIC findet man sofort, was man sucht, und die richtigen Ansprechpartner dazu natürlich auch.

5.4 Wer gewinnt den Kampf um die Industriedaten?

Bei der Hannover Messe 2016 waren die USA das Partnerland. Die Frankfurter Allgemeine Zeitung brachte kurz vor Messebeginn ein Verlagsspezial mit der Überschrift „Produktion der Zukunft" und dem Untertitel „Amerika gibt den Takt vor".

US-Präsident Barack Obama eröffnete gemeinsam mit Bundeskanzlerin Angela Merkel die Messe. Verpackt in eine Umgarnung seiner Gastgeberin mit viel Lob hob er die Stärke der US-Wirtschaft und ihrer Industrie hervor. Die Kanzlerin antwortete lächelnd: „Wir sind gewappnet. Wir lieben den Wettbewerb. Aber wir gewinnen auch gerne."

Mit 465 Ausstellern waren die USA ungefähr fünf Mal so stark vertreten wie im Durchschnitt der letzten Jahre, in allen Hallen, und natürlich auch in der Automation und in den IT-Hallen der Digital Factory.

Nur schwer zu erkennen ist, was eigentlich der Gegenstand des Wettkampfs ist. Natürlich hat die Fertigungsindustrie einschließlich des Maschinen- und Anlagenbaus in den USA über ein halbes Jahrhundert abgebaut. Auch mit einer Spritze von Hundert Millionen Dollar jährlich lässt sich das nicht einfach ungeschehen machen. Der Vorsprung der deutschen Industrie in der Entwicklung, Produktionsplanung und Fertigung ist enorm und schwer einzuholen. Aber ebenso groß und ebenso schwer einzuholen ist der Vorsprung der US-Hightech-Industrie, der Internet- und Datenkonzerne.

Ein neues Spiel ist eröffnet, und dafür werden nun die Karten gemischt. Das Wahlrecht in den USA ist ein reines Mehrheitswahlrecht. Das Prinzip „the winner takes it all", die klare Unterscheidung zwischen Gewinner und Verlierer, ist dort weit verbreitet und keineswegs auf den Politikbetrieb beschränkt. Es scheint ganz natürlich zu sein, dass ein Land, das mit dem Internet- und Datengeschäft über Jahrzehnte die Digitalisierung der Welt betrieben hat, nun auch das Geschäft mit den industriellen Internetdaten macht. Dabei wird übersehen, dass die Industrie in den USA durch die volle Konzentration auf das Internet bei weitem nicht den Grad der Digitalisierung hat, den wir in Deutschland für normal halten. Die USA ist Weltmarktführer in Sachen Digitalisierung. Aber die meisten Produkte des täglichen Lebens sind weit von einer modernen Produktwelt für das Internet der Dinge entfernt: schlechte Mechanik, schwache Mechatronik. Selbst die Infrastruktur für die Nutzung des Internet ist in weiten Teilen der USA miserabel und kaum besser als in Deutschland. Hier wie dort gibt es riesige Landesteile, wo ein unproblematischer Zugriff auf Breitbandnetze mit schnellem Datenfluss nicht selbstverständlich ist. Hier wie dort scheint es kaum möglich, innerhalb kurzer Zeit bessere Bedingungen herzustellen. Und solange während einer Bahnfahrt der größte Teil der Strecke kein Internetanschluss besteht, solange kann von einem Internet der Dinge als Massenmarkt kaum geredet werden.

Aber auch viele Verantwortliche in der deutschen Industrie denken, niemand könne ihnen auf absehbare Zeit den Erfolg ihrer Produkte auf dem Weltmarkt streitig machen. Das ist genauso falsch. Denn die Digitalisierung ihrer Unternehmen basiert auf Insellösungen und ist nicht durchgängig, schon gar nicht vernetzt und internetbasiert. Vor allem aber bieten die neuen Möglichkeiten der Vernetzung ihrer Produkte offene Flanken, über die ideenreiche Softwarespezialisten eindringen können. Und diese Flanken sind unsichtbar.

Aufzüge, ob für Personen oder Lasten gedacht und im Einsatz, haben eine lange Lebensdauer. In dieser Zeit müssen sie regelmäßig gewartet werden. Trotzdem kommt es immer wieder zu Ausfällen von Teilen der Systeme, die – je nach dem Zweck ihres Einsatzes – unterschiedlich ins Gewicht fallen können. Viele Störungen deuten sich lange im Vorfeld an. Das Fahrgeräusch des Aufzugs ändert sich. Die Türen öffnen oder schließen nicht wie gewohnt, und auch das kann mit auffälligen Geräuschen einhergehen. Anzeigeelemente und elektrische Komponenten weisen Auffälligkeiten auf. All das sind Symptome, die durch äußere Beobachtung oder eben durch Messungen und Sensoren entdeckt werden können. Dazu müssen weder die Produktdaten des Herstellers bekannt, noch entsprechende Messgeräte im Aufzug integriert sein. Ein kleines, smartes Gerät an der Außenwand des Aufzugs genügt.

Fast alle Daten, die mit der Nutzung eines Gerätes zu tun haben, können solche Einfallstore sein, durch die dritte Dienstleistungsanbieter unter Umständen mit günstigen Angeboten zwischen den Hersteller und seine Kunden treten und ihm das Geschäft von Wartung und Service abnehmen, die Beziehung zu seinem Kunden massiv stören und unterminieren.

Schwieriger ist es für Drittanbieter, ein Geschäft mit den Original-Produktdaten des Herstellers zu entwickeln. Die sind ja nicht ohne weiteres abgreifbar, sondern gehören dem Produzenten, der sie zusätzlich schützen kann. Umgekehrt ist die Verknüpfung der Originaldaten aus dem Engineering, aus Simulation und Test, ein starker Pluspunkt für den Hersteller, denn er kann darüber ganz andere Dienste bieten als jeder andere. Weil er weiß, welche Daten Sollwerte sind und welche auf Fehlfunktionen schließen lassen, kann der Aufzugshersteller schon aus solchen Daten einen Störfall frühzeitig vorhersehen, er muss gar nicht warten, bis merkwürdige Geräusche oder andere Auffälligkeiten feststellbar sind. Allerdings muss der Hersteller dafür eine durchgängige Datenkette haben, die ihm jederzeit Zugriff auf die Engineering-Daten und ihre Verknüpfung mit den Daten aus dem Betrieb gestattet.

Es ist also ein regelrechtes Minenfeld, das jetzt betreten wird. Weder sind alle Daten bekannt und im Zugriff, die theoretisch Basis für Dienstleistungen sein können, noch sind alle Dienstleistungen bekannt, die sich durch die Nutzung von Produktdaten ergeben könnten. Sich in diesem Feld zurechtzufinden, verlangt neben der Kenntnis von Produkt, Engineering und Produktion viele Ideen und die Bereitschaft zum Vorstoß in unbekannte Gebiete.

Die USA haben sich als guter Standort für das Geschäft mit Software, Internet und Daten erwiesen. Sie haben der deutschen Industrie an dieser Stelle der industriellen Weiterentwicklung Einiges voraus. Einige wichtige Unterschiede im Herangehen an neue Geschäfte sind augenfällig:

- Der erste von zehn Grundsätzen, die Google für das eigene Unternehmenshandeln auf seiner Homepage listet, ist überschrieben „Der Nutzer steht an erster Stelle, alles Weitere folgt von selbst" [7]. Die bekannteste Werbung eines deutschen Automobilherstellers ist die von Audi, die in deutscher Sprache auch in US-Zeitungen gedruckt wird: „Vorsprung durch Technik". Kann man den Unterschied zwischen den Herangehensweisen der Software- und der Hardwareweltmeister besser auf den Punkt bringen?
- Während Kreativität und die Bereitschaft, etwas auszuprobieren und auch wieder fallen zu lassen, falls es nicht gut genug ist, zur Kerncharakteristik eines Startups aus dem Silicon Valley gehören, zeichnet sich der Ingenieur, der wichtigste Mitarbeiter in der Industrie, hierzulande nach wie vor dadurch aus, dass er sehr gründlich ist und manchmal so lange an einem Detail herum tüftelt, bis die Konkurrenz ein etwas schlechteres Modell erfolgreich im Markt positioniert hat.
- Das besagte Startup in Kalifornien ist selbst ein Gegenstück zum deutschen Familienbetrieb der Abertausenden von mittelständischen Industriebetrieben. Ein vergleichbares Finanzierungsnetzwerk wie jenes, das am laufenden Band neue Startups in den USA produziert, aus denen immer wieder Firmen wie Google und Facebook hervorgehen, gibt es bei uns nicht.

Es wird in den kommenden Jahren spannend sein, den Wettbewerb zwischen diesen so unterschiedlichen Industrienationen auf dem neuen Feld zu beobachten. Niemand kann derzeit vorhersagen, wer ihn gewinnt.

Literatur

1. Taylor, F. W. (2006). *The principles of scientific management*. New York: Cosimo. Nachdruck der Ausgabe: London: Harper & Brothers, 1911
2. Die Maschinen sind zurück, Süddeutsche Zeitung, Thema der Woche, 23./24. April 2016
3. http://www.iiconsortium.org/press-room/03-27-14.htm, Zugegriffen: 12. Mai 2016
4. http://www.omg.org/gettingstarted/gettingstartedindex.htm, Zugegriffen: 12. Mai 2016
5. http://www.iiconsortium.org/IIRA.htm, Zugegriffen: 12. Mai 2016
6. http://www.iiconsortium.org/asset-efficiency.htm, Zugegriffen: 12. Mai 2016
7. https://www.google.com/intl/de_de/about/company/philosophy/, Zugegriffen: 12. Mai 2016

Wiederaufstieg Chinas

Ulrich Sendler

Zusammenfassung

Seit Ende der Siebzigerjahre ist China zunehmend zu einem Industrieland geworden. Mit Made in China 2025 ist jetzt das Ziel formuliert, Industrienation Nummer 1 zu werden. Und obwohl Zweifel daran berechtigt sind, zeigt ein Blick in einzelne Bereiche, dass dieses Ziel keineswegs unerreichbar ist. Eine deutsch-chinesische Zusammenarbeit bietet große Chancen für beide Seiten.

6.1 Made in China 2025

Als 1911 die mehr als zweitausendjährige Geschichte des chinesischen Kaiserreichs mit der Ausrufung der Republik China durch die nationale Revolution des Sun Yat-Sen beendet wurde, war in der westlichen Welt bereits die zweite industrielle Revolution gestartet. China aber hatte praktisch keine Industrie, sondern war ein fast reiner Agrarstaat. Nach Kriegen und Bürgerkriegen errang die Nation mit der Gründung der Volksrepublik China 1949 wieder ihre volle Souveränität.

Die vergangenen Jahrzehnte waren in China von einem rasanten Aufholen in der Industrialisierung geprägt. Aus Dörfern wurden Millionenstädte, aus einem Agrarstaat eine Industrienation. Unter den 13 Städten, die im Internet als größte Millionenstädte der Welt mit mehr als zehn Millionen Einwohnern gelistet sind, stellt die Volksrepublik China mit Peking (20 Mio.), Shanghai (19,2 Mio.), Guangzhou (11,1 Mio.) und Shenzhen (10,6 Mio.) allein vier. Hunderte Millionen Menschen fanden Arbeit, eine Mittelklasse begann sich zu entwickeln. Doch seit einigen Jahren ist klar, dass diese Entwicklung nun einen Einschnitt erfährt. Die Lohnkosten steigen, das Wachstum verlangsamt sich, Chi-

U. Sendler (✉)
München, Deutschland
E-Mail: ulrich.sendler@ulrichsendler.de

© Springer-Verlag Berlin Heidelberg 2016
U. Sendler (Hrsg.), *Industrie 4.0 grenzenlos*, Xpert.press, DOI 10.1007/978-3-662-48278-0_6

na hört auf, der scheinbar ungebremste Motor eines weltweiten Wirtschaftswachstums zu sein.

Am 19. Mai 2015 wurde unter dem Titel „Made in China 2025" ein erster nationaler Zehnjahresplan zur Umwandlung Chinas vorgestellt, dem zwei weitere folgen sollen, „in order to transform China into a leading manufacturing power by the year 2049", wie es in der offiziellen Verlautbarung dazu hieß [1]. Zum hundertsten Jahrestag der Gründung der Volksrepublik will China als erste Industrienation der Welt rangieren. Zweieinhalb Jahre wurde mit Unterstützung von 150 Experten aus Wissenschaft und Wirtschaft an der Ausarbeitung dieses Plans gearbeitet. Auch der 2016 gestartete neue Fünfjahresplan der Gesamtwirtschaft steht unter dem Vorzeichen der radikalen Modernisierung der Industrie. Die Initiative Industrie 4.0 wird dabei von chinesischer Seite als Vorbild und Ideengeber betrachtet (vgl. Abschn. 7.3). Die folgenden Erläuterungen werden im Kap. 7, das Xinhuanet für dieses Buch beigesteuert hat, durch sehr viel ausführlichere und konkretere Darstellungen ergänzt.

> **Übersicht**
> Made in China 2025 identifiziert neun Aufgaben, die mit Priorität angegangen werden sollen:
>
> - Verbesserung der Innovation,
> - Integration von Informationstechnologie und Wirtschaft,
> - Stärkung der industriellen Basis,
> - Förderung chinesischer Marken in der Welt,
> - umweltfreundliche Fertigung,
> - Förderung von Durchbrüchen in 10 wichtigen Industriesektoren,
> - Umstrukturierung des verarbeitenden Gewerbes (von Masse zu Klasse),
> - Förderung serviceorientierter Produzenten und Dienstleister,
> - Internationalisierung der Produktion.

Mit den genannten zehn wichtigen Industriesektoren werden zentrale Branchen der Fertigungsindustrie und der Hightech- und Elektroindustrie erfasst.

> **Übersicht**
> Die zehn Sektoren sind:
>
> - neue Informationstechnologien,
> - (C)NC-Maschinen und Robotik,
> - Luft- und Raumfahrttechnologie,

- Seefahrt-Technologie und Hightech-Schiffe,
- Bahntechnik,
- Umweltfreundliche Fahrzeuge,
- Antriebsaggregate,
- neue Werkstoffe,
- Biomedizin und medizinische Geräte,
- landwirtschaftliche Maschinen.

Der verabschiedete Plan sieht massive finanzielle Unterstützung vor, über deren Umfang keine Zahlen bekanntgegeben wurden. Zunächst wird sich Made in China 2025 auf fünf große Projekte konzentrieren. Dabei wurden etwa der Aufbau eines Innovationszentrums für die Fertigungsindustrie, eine Stärkung der Industriebasis und die Förderung umweltfreundlicher Produktion genannt. Bis 2020 sollen weitere 14, bis 2025 insgesamt 40 Innovationszentren zur Verfügung stehen.

In der Veröffentlichung wurde angekündigt, dass sich der Plan in erster Linie auf den Markt stützen soll, aber von der Regierung unterstützend begleitet wird. Bis 2020 wird angestrebt, dass 40 % aller Komponenten und allen Materials neuer Produkte aus China stammen, bis 2025 70 %. Das Recht geistigen Eigentums soll insbesondere für kleine und mittlere Unternehmen stärker geschützt werden. Geistiges Eigentum soll stärker für Geschäftsstrategien genutzt werden können, und Firmen sollen die Erlaubnis erhalten, selbst ihre eigenen Technologiestandards zu definieren, und ihre Position in internationalen Standardisierungsgremien soll gestärkt werden.

Die Initiative wird als Schlüssel gesehen, um das Wirtschaftswachstum „auf einem mittleren bis hohen Niveau zu halten und Chinas Industrie die globale Wertschöpfungskette weiter nach oben klettern zu lassen", wie es in der Veröffentlichung des Staatsrats heißt. Ministerpräsident Li wird zitiert mit der Aussage, „dass das Land seine Anstrengungen verdoppeln müsse, um China von einem Hersteller großer Mengen in einen Hersteller großer Qualität zu verwandeln" [2].

In den USA erschien am 1. Juni 2015 beim Zentrum für internationale und strategische Studien (CSIS) ein Artikel zu „Made in China 2025". Das CSIS ist eine unabhängige Denkfabrik in Washington mit dem Fokus auf der Außenpolitik der Vereinigten Staaten. Scott Kennedy, der Autor, lieferte darin eine Bewertung der chinesischen und der deutschen Initiative. Demnach hole sich „Made in China 2025" die Inspiration unmittelbar von Deutschlands Industrie 4.0. Scott Kennedy vergleicht dann die chinesische Initiative und schreibt:

Die chinesische Anstrengung ist viel breiter angelegt, weil die Effizienz und Qualität der chinesischen Hersteller höchst ungleich ist, und vielfältige Herausforderungen in kürzester Zeit überwunden werden müssen [3].

Aber weder die Regierung noch die Industrie Chinas versuchen, Industrie 4.0 schlicht zu kopieren. Wie aus dem Kap. 7 deutlich wird, sucht China vielmehr nach einem eigenen Weg, der interessante Komponenten aus allen Ansätzen aufgreift, die bei den derzeit führenden Industrienationen gesehen werden. Aber klar wird auch, dass in der deutschen Initiative ein mehr als passender Ansatz gesehen wird. Oder wie es in Abschn. 7.3.2 heißt: „Allerdings verfügt Deutschlands Fertigungsindustrie über ein starkes technologisches Fundament und kann daher direkt die Industrie 4.0 implementieren. China hingegen muss die Industrie 2.0, 3.0 sowie 4.0 zugleich stemmen und zusätzlich auch noch die Restrukturierung seiner traditionellen Industrien realisieren. Hinzu kommt, dass Chinas Wirtschaft auch bei der sprunghaften Entwicklung im High-End-Bereich mithalten muss. Diese Aufgaben sind noch komplizierter und schwieriger als Deutschlands Umsetzung der ‚Industrie 4.0‘. Schlussendlich aber werden China und Deutschland sich bei der Industrie 4.0 treffen."

6.2 Chinas Startposition

Es ist schwer zu beurteilen, wo die Industrie in China insgesamt steht. Manche Beobachter sagen, sie sei auf dem Weg von Industrie 2.0 (also Massenfertigung am Fließband) zu Industrie 3.0 (also computergesteuerte Automatisierung). In Wahrheit scheint die Entwicklung aber sehr viel variantenreicher zu verlaufen, als dass diese vereinfachende Einschätzung zutreffen könnte.

Sehr große Teile der Industrie, soweit sie in der jüngsten Vergangenheit massenhafte Billigproduktion betrieben haben, sind noch nicht einmal auf dem Niveau von Industrie 2.0, wenn sie nicht sogar noch in vorindustrieller Manufaktur stecken. Tausende Ungelernter hämmern und schrauben an Einzelarbeitsplätzen in hohem Tempo Produkte zusammen. Das ist nicht die Form elektrisch betriebener Massenfertigung am Fließband, die vor hundert Jahren in der westlichen Welt mit Industrie 2.0 einzog.

Andere Teile haben sehr rasch viel Know-how von westlichen Partnern wie von westlicher Konkurrenz übernommen. In der Robotertechnik, im Bau von Hochgeschwindigkeitszügen, in der Luft- und Raumfahrt braucht China sich nicht zu verstecken. Hier sind Firmen unterwegs, die vielen Unternehmen in den USA oder Deutschland bereits voraus sind. Aber dieser Teil der Industrie ist nicht beispielhaft für die Masse der Unternehmen, sondern stellt noch die Ausnahmen dar. Ausnahmen allerdings, die zeigen, wie schnell die Entwicklung gehen kann. Und zwischen diesen beiden Extremen ist alles anzutreffen. Vom mit unserem Stand der Technik vergleichbaren Unternehmen bis hin zu Startups in E-Commerce und Internet-Dienstleistung, die mit den Großen aus dem Silicon Valley konkurrieren.

Betrachten wir zum Beispiel die Elektroindustrie. Sie umfasst – nach der Definition des ZVEI – die Anbieter von Bauelementen, Informations- und Kommunikationstechnik, Automation, Hausgeräten, Energietechnik, Unterhaltungselektronik, Licht, Elektromedizin und anderem. Diese Industrie war 2013 mit 3,703 Bio. € nach der Chemieindustrie

Anteil globale Elektroproduktion

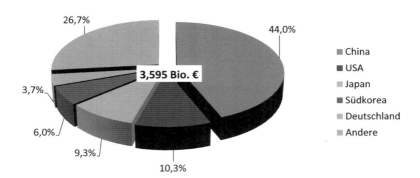

Abb. 6.1 Mit großem Abstand ist China führender Elektroproduzent in der Welt. (Quelle: Elektroindustrie weltweit – Branchenstruktur und Entwicklung, ZVEI, 2014)

(3,841 Bio. €) weltweit die zweitstärkste, mit deutlichem Abstand gefolgt von der Automobilindustrie (2,831 Bio. €) und dem Maschinenbau (2,225 Bio. €). Global beschäftigte sie 2013 mehr als 24 Mio. Menschen – 14,5 Mio. davon allein in China. Innerhalb von zehn Jahren hatte sich die Zahl der chinesischen Elektroindustriearbeiter verdreifacht. Noch eindrucksvoller ist das Bild, wenn man die größten Elektromärkte der Welt in ihrer Entwicklung vergleicht. 1995 war der chinesische Elektromarkt noch lediglich halb so groß wie der deutsche. Zur Jahrtausendwende belegte China hinter den USA und Japan Rang 3. Aber 2013 war der Markt Chinas mit 1,293 Bio. € 2,4 mal so groß wie der in den USA (540 Mrd. €), und insgesamt größer als die vier nächstgroßen Märkte USA, Japan, Südkorea und Deutschland zusammengenommen.

Auch bezüglich der globalen Elektroproduktion ist China mit großem Abstand führend, wie Abb. 6.1 zeigt. Ein ähnliches Bild ergeben die Weltmarktanteile. Der Elektro-Weltmarktanteil Chinas war 2013 auf 34,9 % geklettert, die USA lagen mit 14,6 % weit abgeschlagen auf dem zweiten Platz. Zehn Jahre zuvor war das Verhältnis noch umgekehrt: USA 23,9 %, China 13 %. Deutschland spielt hier mit 2,9 % nur noch eine kleine Rolle und ist inzwischen noch hinter Südkorea gerutscht. 2011 wird als Zeitpunkt gesehen, zu dem die sogenannten Schwellen- und Entwicklungsländer, zu denen China zählt, bezüglich ihrer Anteile am Welt-Elektromarkt gleichzogen. 2013 hatten sie schon 53 % erreicht [4].

Es wäre ein Fehler zu glauben, dass Firmen wie Foxconn, Auftragshersteller – unter anderem für Apple, Dell, Hewlett-Packard, Microsoft, Nintendo und Sony – mit 1,3 Mio. Mitarbeitern 2015, davon der allergrößte Teil in Festlandchina, obwohl die Zentrale in Taiwan ist – dass solche Riesenunternehmen den Hauptanteil an dieser Entwicklung hätten. Es sind gerade auch Unternehmen wie Haier (70.000 Mitarbeiter) und Huawei (170.000 Mitarbeiter), die ihrer weltweiten Konkurrenz derzeit den Rang ablaufen. Mit Prozessen der Wertschöpfung, wie sie ihre Konkurrenten gerne hätten. Und mit Produkten, die näher an den Visionen von Industrie 4.0 sind, als die meisten hierzulande. Haier basiert seit 1984 auf einer Technologiepartnerschaft mit Liebherr und bietet Haushaltsgeräte. Als Weltmarktführer für Haushaltsgroßgeräte machte das Unternehmen 2011 einen Umsatz von 24,2 Mrd. US$. Für den Einsatz von IT für eine durchgängige digitale Wertschöpfungskette ist Haier ein wichtiger Referenzkunde von Siemens PLM. Huawei ist ein Telekommunikationsausrüster mit Sitz im chinesischen Shenzhen, der 2015 einen Gewinn von 5 Mrd. € und einen Umsatz von mehr als 56 Mrd. € gemacht hat. Bei mehr als 100 Mio. Smartphones pro Jahr sind die Schwerpunkte Entwicklung und Herstellung von Geräten der Kommunikationstechnik wie Mobilfunk, aber auch optische Netzwerke und Endgeräte.

Ein weiteres Beispiel ist die Automobilindustrie. Dabei spielt die soeben dargestellte Stärke der Elektroindustrie eine große Rolle, denn es ist gerade die Kombination von Elektro- und Hightech-Industrie mit der Fahrzeugbranche, die hier genutzt wird. In einer Studie von MERICS Mercator Institute for China Studies, dem China Monitor Nr. 31 vom März 2016 wird das Augenmerk auf eine grundlegende Veränderung der Entwicklung in China gelenkt:

> Die Digitalisierung des Automobilsektors verläuft in China vollkommen anders als in Europa oder in den USA. Nicht Google oder Apple geben den Ton an, sondern innovative und einflussreiche chinesische Konzerne. Diese drängen mit hohem Tempo und völlig neuen Geschäftsmodellen in den chinesischen Automobilsektor und verändern das Marktumfeld [5].

Insbesondere die jungen Unternehmen der Internet-Branche, so die Studie weiter, übertragen ihre dynamische Arbeitsweise auf den Automobilsektor. Ihre Stärken sind kurze Produktzyklen und die rasche Erschließung neuer Geschäftsfelder. Dabei hilft das große Interesse chinesischer Autokäufer an digitalen Anwendungen: Auf die Frage, ob für den besseren Zugang zu Apps, Daten und Medien das Auto eines anderen Herstellers gewählt würde, antworten in Deutschland nur 20 % der Autokäufer mit Ja. In China sind es 60 % [6].

Autos könnten in China schneller vernetzt sein als in Europa, und schon bald könnte China dann auch international den Takt angeben und die USA überholen, warnt der China Monitor. Lediglich eine schwere Wirtschaftskrise könnte diesen Trend verlangsamen.

Das Schlagwort lautet „Internet der Autos". Es zielt neben dem autonomen Fahren auf die Einbettung der Fahrzeuge in eine digitale Infrastruktur einschließlich der Kommunikation zwischen

- Auto und Fahrer (beziehungsweise Smartphone des Fahrers),
- Auto und Auto,
- Auto und intelligenter Verkehrsinfrastruktur,
- Auto und Internet,
- Auto und Mobilfunknetz,

- Auto und Satelliten (Satelliten-Navigation),
- Auto und Online-Services für Auto-nahe Dienste.

Das chinesische Industrieministerium (MIIT) erarbeitet gegenwärtig im Rahmen des 13. Fünfjahresplans eine Strategie für die Förderung des Internets der Autos. Gemeinsam mit der Industrie soll mit chinesischer Infrastruktur ein eigenes digitales Ökosystem für das Auto geschaffen werden. Die Regierung will chinesische Standards in die Welt tragen. Das betrifft Hard- und Softwaresysteme für intelligente Verkehrssysteme ebenso wie Satellitennavigation und Telekommunikations-Infrastruktur. Und je mehr Schnittstellen das Auto durch Vernetzung mit dieser chinesischen Infrastruktur bekommt, desto mehr werden sich die technischen Rahmenbedingungen auf dem chinesischen Markt von denen in den USA und Europa unterscheiden [5].

Hier entwickelt sich eine besondere Herausforderung für die Automobilhersteller in Deutschland, Japan und den USA. Nicht nur steigt die Dringlichkeit, die Autos mit Internet-Diensten auszurüsten und ihre Vernetzung voranzutreiben. Es kommt hinzu, dass das gerade im Aufbau befindliche Ökosystem sehr unterschiedlich von denen in der westlichen Welt sein wird. Wer in den kommenden Jahrzehnten auf dem chinesischen Markt erfolgreich Fahrzeuge anbieten will, der muss dieses Ökosystem des Internets der Autos bedienen können.

Vor diesem Hintergrund ist es erstaunlich, wie wenig im Einzelfall die Zusammenhänge zwischen verschiedenen Aspekten der wirtschaftlichen Entwicklung Chinas berücksichtigt werden. Die Süddeutsche Zeitung veröffentlichte am 13. Mai 2016 einen Leitkommentar im Wirtschaftsteil unter der Überschrift „Peking bläst und bläst", in dem es heißt:

> 4,7 Billionen Yuan. Umgerechnet 632 Milliarden Euro. Diese Summe will Chinas Führung in den kommenden drei Jahren in das Verkehrsnetz des Landes investieren, für noch mehr Hochgeschwindigkeitsstrecken, Flughäfen, Autobahnen. [...] Das Problem der Führung in Peking sind die eigenen Garantien. Mindestens um 6,5 Prozent soll die Wirtschaft jährlich wachsen – egal wie. Die Investitionsbillionen mögen kurzfristig helfen, dieses Ziel zu erreichen. In Wahrheit aber sind sie ein Eingeständnis des Scheiterns [7].

Ein Gutteil dieser enormen Investition geht genau in den Bereich der Infrastruktur, die Voraussetzung für das Internet der Autos sein wird. Alles andere als ein Luftballon, der in absehbarer Zeit platzt.

Dennoch ist richtig: In der Breite ist die chinesische Fertigungsindustrie nur begrenzt automatisiert und von einer digitalen Wertschöpfungskette weit entfernt. Laut China Monitor vom März 2015 unter dem Titel „Industrie 4.0: Deutsche Technologie für Chinas industrielle Aufholjagd?" nutzen etwa 60 % der Unternehmen Industriesoftware wie Enterprise Resource Planning (ERP), Manufacturing Execution Systems (MES) oder Product Lifecycle Management (PLM). In China kämen derzeit etwa 14 Industrieroboter auf 10.000 Industriearbeiter. Im Vergleich dazu seien es in Deutschland 282. Und dennoch kommt die Studie zu dem Schluss:

Laut einer unveröffentlichten Studie der Chinesischen Akademie für Ingenieurswissenschaft könnte China bis 2045 mit den USA, Deutschland und Japan als fortschrittlicher Industrieproduzent gleichziehen. Digitalisierung ist für China das passende Sprungbrett. Nach chinesischen Schätzungen könnte Industrie 4.0 Chinas Produktivität um 25 bis 30 Prozent steigern und unvorhergesehene Produktionsausfälle um 60 Prozent reduzieren [8].

Seit 2005 haben sich demnach die Investitionen der produzierenden Industrie in IT verdoppelt. Mittlerweile ist China der weltweit größte Absatzmarkt für Industrieroboter. Bereits 2017 werden voraussichtlich die meisten Industrieroboter dort eingesetzt. Die Absatzmärkte für Funkchips (Radio Frequency Identification (RFID)), Sensoren und eingebettete Softwaresysteme boomen.

Die begonnene deutsch-chinesische Kooperation auf Regierungsebene und auf vielen Ebenen der Forschung und der Industrie könnten für beide Seiten großen Gewinn bringen. In der breiten Masse finden sich unzählige Unternehmen, die ihre digitale Transformation fast wie auf der grünen Wiese planen können. Ohne die Altlasten einer über die letzten Jahrzehnte gewachsenen IT-Insellandschaft wie etwa in Deutschland, die schwer zu integrieren ist. Dafür wären Technologien und Werkzeuge aus Deutschland sicher gut geeignet. China hätte Beispiele, die in die Breite getragen werden könnten. Und die Technologieanbieter hätten Vorzeigeprojekte, aus denen die teildigitalisierten Unternehmen im eigenen Land sehen würden, was am Ende der Vision von Industrie 4.0 steht.

Literatur

1. http://www.chinadaily.com.cn/bizchina/2015-05/19/content_20760528.htm, Zugegriffen: 12. Mai 2016
2. http://german.china.org.cn/business/txt/2015-03/31/content_35203958.htm, Zugegriffen: 12. Mai 2016
3. http://csis.org/publication/made-china-2025, Zugegriffen: 12. Mai 2016
4. http://www.zvei.org/Verband/Publikationen/Seiten/Elektroindustrie-weltweit.aspx, Zugegriffen: 12. Mai 2016
5. http://www.merics.org/merics-analysen/analysechina-monitor/merics-china-monitor-no-31.html, Zugegriffen: 12. Mai 2016
6. Competing for the connected customer – perspectives on the opportunities created by car connectivity and automation, McKinsey&Company, Advanced Industries, September 2015, S. 17
7. „Peking bläst und bläst", Süddeutsche Zeitung, 13. Mai 2016, S. 17
8. http://www.merics.org/fileadmin/templates/download/china-monitor/China_Monitor_No_23.pdf, Zugegriffen: 12. Mai 2016

„Made in China 2025" und „Industrie 4.0" – Gemeinsam in Bewegung

7

Tian Shubin und Pan Zhi

7.1 Überblick

Am 29. Oktober 2015 erhielt Chinas staatliche Nachrichtenagentur Xinhua die offizielle Erlaubnis, das Kommuniqué der fünften Plenartagung des XVIII. Zentralkomitees der Kommunistischen Partei Chinas zu veröffentlichen. Über Xinhuas Onlineplattform Xinhuanet (www.new.cn), ein Medienportal größter Einflusskraft und Reichweite in China und darüber hinaus, rückte das Kommuniqué zunehmend ins Augenmerk der internationalen Öffentlichkeit. Gleichzeitig wird das Papier als programmatisches Dokument zur Analyse, Erklärung und Bewertung der chinesischen Entwicklung herangezogen.

Eine der wichtigsten Forderungen, die in dem Kommuniqué formuliert sind, lautet: Zur Verwirklichung der Entwicklungsziele in der Periode des 13. Fünfjahresplans gilt es für China, alle schwierigen Entwicklungsherausforderungen beherzt anzupacken und seine Überlegenheit bei der eigenen Entwicklung auf ein noch festeres und tiefer verwurzeltes Fundament zu stellen. Auch gelte es, so heißt es weiter, sich die Konzepte einer innovativen, koordinierten, grünen und durch Öffnung nach außen sowie gemeinsames Gewinnen geprägten Entwicklung zu eigen zu machen. Die chinesische Regierung kündigte zudem an, die Herausbildung eines neuen Industriesystems in Angriff zu nehmen. Es gelte, beschleunigt eine starke heimische Fertigungsindustrie aufzubauen, die Initiative „Made in China 2025" zu realisieren und die industriellen Grundlagen des Landes gezielt zu stärken. In Zukunft müsse eine Reihe strategischer Industrien herausgebildet werden und es gelte, die Entwicklung des modernen Dienstleistungssektors zu forcieren.

Übersetzer: Xu Bei, Pan Zhi, et al.

T. Shubin (✉) · P. Zhi
Xinhuanet
Beijing, China
E-Mail: panzhi@xinhuaeurope.com

© Springer-Verlag Berlin Heidelberg 2016   91
U. Sendler (Hrsg.), *Industrie 4.0 grenzenlos*, Xpert.press, DOI 10.1007/978-3-662-48278-0_7

Die Initiative „Made in China 2025", die bereits 2015 erstmals offiziell vorgestellt worden war, steht unter dem Schirm des Konzeptes der „fünf Entwicklungen" der chinesischen Regierung. „Made in China 2025" ist dabei ein auf zehn Jahre angelegtes Aktionsprogramm, über das die Strategie des „Aufbaus eines Landes mit starker Fertigungsindustrie" letztlich umgesetzt werden soll. In dem umfangreichen Aktionsprogramm sind diesbezüglich vielfältige Inhalte und konkrete Ziele zusammengefasst.

Chinas Regierung hat die Schlüsselrolle der modernen Industrie für die weitere Entwicklung eindeutig erkannt, was auch im Einleitungskapitel des Aktionsprogramms „Made in China 2025" deutlich wird. Dort heißt es: „Die Fertigungsindustrie bildet einen Grundpfeiler der Volkswirtschaft. Sie dient nicht nur als Fundament für den Aufbau des Staates, sondern ist auch ein zentrales Instrument zur Herausbildung einer florierenden Wirtschaft sowie eine Grundvoraussetzung zur Stärkung des Staates. [...] Eine international konkurrenzfähige Fertigungsindustrie aufzubauen, ist für China der einzige Weg, sein umfassendes Potential zu erhöhen, die allgemeine Sicherheit des Landes zu gewährleisten und so einen innerhalb der Weltgemeinschaft einflussreichen Staat aufzubauen." Damit steht außer Frage, dass „Made in China 2025" bei der Verwirklichung des Zieles der chinesischen Regierung, das Land in großartiger Weise als Nation wiederaufleben zu lassen, eine zentrale Rolle zukommt.

Auf der anderen Seite des Globus stellte die deutsche Bundesregierung im April 2013 auf der Hannover Messe offiziell ihre Strategie „Industrie 4.0" vor. Dieses Zukunftsprojekt zielt darauf ab, die deutsche Industrie möglichst gut für die Zukunft der Produktion aufzustellen. Zudem verspricht sich die Bundesregierung durch das Projekt, Antworten auf eine ganze Reihe aktueller globaler Entwicklungsfragen zu finden. Hierzu zählen etwa die Verknappung natürlicher Ressourcen und Rohstoffe, das steigende Durchschnittsalter der Beschäftigten oder der Flächenverbrauch in urbanen Ballungsräumen, in denen die räumliche Trennung von Wohn- und Gewerbegebieten zunehmend auf praktische Grenzen stößt.

Obwohl die beiden jüngst von China und Deutschland vorgebrachten Strategien unterschiedliche Namen tragen und sich auch inhaltlich nicht hundertprozentig decken, spiegeln sie doch den Ehrgeiz beider Staaten, eine Vorreiterrolle in der globalen Entwicklung einzunehmen, indem sie ihre Fertigungsindustrie in großem Umfang weiterentwickeln und so ihre allgemeine Wirtschaftskraft erhöhen. „Made in China 2025" und „Industrie 4.0" haben also viele gemeinsame Anknüpfungspunkte.

Dass „Made in China 2025" und die deutsche Initiative „Industrie 4.0" so viele potentielle Schnittstellen aufweisen, ist letztlich kein Zufall, sondern nur logische Konsequenz der derzeitigen Entwicklung. Auf der Grundlage einer Reihe guter Ergebnisse, die während des Deutschlandbesuches des chinesischen Staatspräsidenten Xi Jinping im März 2014 erzielt werden konnten, leiteten Chinas Ministerpräsident Li Keqiang und Bundeskanzlerin Angela Merkel im Oktober 2014 die gemeinsamen Regierungskonsultationen beider Länder, die bereits in die dritte Runde gingen. Dabei stellten sie den neuen Aktionsrahmen „Innovation gemeinsam gestalten!" für die deutsch-chinesische Zusammenarbeit vor. In diesem Aktionsrahmen bringen China und Deutschland vier gemein-

Abb. 7.1 Hochgeschwindigkeitszüge in China, 2015. (Xinhua)

same Standpunkte zum Ausdruck. Aus globaler Perspektive betrachtet, sehen sich alle Länder der Welt angesichts einer neuen Runde der industriellen Revolution nicht nur vielen Chancen, sondern auch zahlreichen Herausforderungen gegenübergestellt. Die Karten bei der Aufteilung der internationalen Industrien werden dabei neu gemischt. Vor diesem Hintergrund erscheint es sowohl für China als Vertreter der Schwellenländer als auch für Deutschland als traditionelle, starke Industrienation nur sinnvoll, nach gemeinsamen Entwicklungsmöglichkeiten zu suchen.

Dabei lässt sich nicht leugnen, dass im Zuge der deutschen und chinesischen Entwicklung auch eine gewisse Konkurrenz besteht. Die Bundesrepublik mit ihrer Vorreiterrolle in der globalen Industrie dient China seit langem als Vorbild. Allerdings lässt sich auch nicht abstreiten, dass die Volksrepublik, die seit Einführung der Reform und Öffnung ein rasantes Wachstum vorgelegt hat, heute nicht nur einen riesigen Markt bietet, von dessen Potential traditionelle Wirtschaftsgroßmächte wie Deutschland seit langem träumen, sondern auch zu einem ernstzunehmenden Mitbewerber im hart geführten internationalen Wettbewerb gereift ist, wie sich etwa bei den chinesischen Hochgeschwindigkeitszügen (Abb. 7.1) zeigt. China hofft sicherlich, während der Umsetzung seiner Strategien zu einem indirekten Überholmanöver gegenüber seinen globalen Mitstreitern anzusetzen.

Gleichzeitig wird sich Deutschland mehr und mehr der Existenz der globalen Konkurrenz bewusst. In den Umsetzungsempfehlungen für das Zukunftsprojekt „Industrie 4.0", die im September 2013 veröffentlicht wurden, heißt es: „Gleichzeitig wächst der globale Wettbewerbsdruck in der Produktionstechnik ständig. Nicht nur Konkurrenten aus Asien setzen die heimische Industrie unter Druck, auch die USA wirken ihrer eigenen De-Industrialisierung mit Förderprogrammen zum advanced manufacturing entgegen."

Allerdings ist diese Konkurrenzsituation keinesfalls mit der eines Fußballspiels vergleichbar, bei dem es um Sieg oder Niederlage geht. Sie kann stattdessen als eine Art
Staffellauf betrachtet werden, in dem China und Deutschland einander ermutigen und das
gleiche Ziel anstreben. Beide Länder starten von einer jeweils eigenen Pole Position aus
und scheinen von daher wie geschaffen für eine zukünftige Kooperation.

Oder um es mit den Worten Xi Jinpings in einem Gastbeitrag, den er während seines Deutschlandbesuchs im März 2014 für die Frankfurter Allgemeine Zeitung unter dem
Titel „Gut für China, Europa und die Welt" schrieb, zu sagen: „Da China und Deutschland die bedeutendsten Volkswirtschaften Asiens beziehungsweise Europas sind, wird ihr
verstärktes Zusammenwachsen die Verbindung von zwei starken Kräften bedeuten, die
Verbindung der Wachstumspole Asiens und Europas. Dies wird in hohem Maß die For-
mierung eines großen asiatisch-europäischen Marktes fördern, es wird das Wachstum auf
dem gesamten eurasischen Kontinent mitziehen und weitreichende Auswirkungen auf die
Konstellationen von Wirtschaft und Handel in der ganzen Welt haben."

7.2 Von „groß" zu „stark": China auf dem Weg zu einer starken Fertigungsindustrie

7.2.1 In „drei Schritten" zu einem Land mit starker Fertigungsindustrie

Am 8. Mai 2010 veröffentlichte der Staatsrat das von Ministerpräsident Li Keqiang unter-
zeichnete Programm „Made in China 2025". Dabei handelt es sich um einen Aktionsplan,
der darauf abzielt, China zu einem Land mit starker Fertigungsindustrie aufzubauen.

Im „Global Manufacturing Competitiveness Index" der amerikanischen Beratungsfirma Deloitte aus dem Jahr 2010 erreichte China den weltweit ersten Platz. Laut Statistiken
des Chinesischen Ministeriums für Industrie und Informatisierung (MIIT) machte Chinas
Fertigungsindustrie noch im Jahr 1990 gerade einmal 2,7 % der globalen Fertigungsindustrie aus (vgl. Abb. 7.2). Die Volksrepublik landete damit weltweit auf Platz 9. Bis zum
Jahr 2000 war dieser Anteil dann bereits auf sechs Prozent gewachsen, womit China auf
den vierten Platz vorrückte. Und der Trend sollte anhalten: 2007 erreichte China 13,2 %
und damit Platz 2. 2010 wurde die Volksrepublik schließlich mit einem Anteil von 19,8 %

Abb. 7.2 Entwicklung der
MVA (Value Added in Ma-
nufacturing) Chinas, Japans,
Deutschlands und der USA
von 2001 bis 2012. (MIIT)

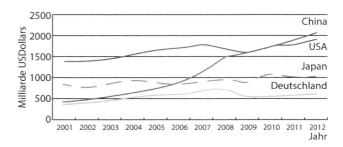

die weltweit führende Fertigungsnation. Seit Mitte des 19. Jahrhunderts sicherte sich China damit erstmals seit 150 Jahren wieder den Titel der weltweit führenden Großmacht im Bereich der Fertigungsindustrie.

In ihrer rund 150-jährigen Entwicklung ist Chinas Fertigungsindustrie zwar auf einen beträchtlichen Umfang angewachsen, dennoch gilt sie im weltweiten Vergleich bisher keineswegs als starker Industriezweig. Der große Abstand, der noch immer besteht, wird insbesondere deutlich, wenn man Chinas Fertigungsbranche mit den Fertigungsindustrien moderner Industrienationen wie etwa der Bundesrepublik vergleicht. Dies zeigt sich unter anderem an der bisher noch schwachen selbstständigen Innovationskraft Chinas. Auch in Sachen Energieeffizienz bei der Ressourcennutzung hinkt China noch immer hinterher. Zudem ist die Industriestruktur nicht rationell und der Anwendungsgrad der Informationstechnik weiterhin niedrig. Auch in Sachen wirtschaftlicher Effizienz hat die Volksrepublik noch immer Aufholbedarf.

Für China wird die Aufgabe, die heimische Industriestruktur zu transformieren, das industrielle Niveau zu heben und so eine sprunghafte Entwicklung zu erreichen, zu einer dringlichen und schwierigen Herausforderung. Mittlerweile ist Chinas Fertigungsindustrie jedoch in eine Phase getreten, in der sie durchaus das Potential besitzt, die historische Wende hin von einer Industrie mit großem Produktionsvolumen zu einer Industrie mit starker Leistungsfähigkeit zu schaffen.

Der Meinung vieler Experten zufolge hat Chinas Fertigungsindustrie in den mehr als 30 Jahren seit Einführung der Reform und Öffnung drei Entwicklungsphasen durchlaufen: Die erste Phase, die sich vor allem durch den Einsatz aktiver Arbeitskraft auszeichnete, begann in den 1980er-Jahren. Die zweite Phase wurde in den 1990er-Jahren eingeläutet. Sie zeichnete sich vor allem durch die Modernisierung der Anlagenfertigung aus. Die dritte Phase, die zur Jahrtausendwende begann und bis heute andauert, ist durch innovative Produkte sowie die Anwendung von Informatik gekennzeichnet.

Im Zuge der gesellschaftlichen Fortschritte sind in den vergangenen Jahren die Vorteile der chinesischen Wirtschaft, die lange durch niedrige Preise bei Materialien und Arbeitskraft punkten konnte, kontinuierlich dahingeschmolzen. Im Gegenteil vergrößert sich heute pausenlos insbesondere der Druck, der aus den wachsenden Anforderungen im Bereich des Umweltschutzes hervorgeht. Gleichzeitig sind enorme Veränderungen auf der Nachfrageseite des Marktes zu beobachten. All dies führt dazu, dass das arbeits-, ressourcen- und energieintensive Entwicklungsmodell, das China bisher praktizierte, nicht mehr aufrechterhalten werden kann. Gleichzeitig arbeiten die entwickelten Länder derzeit an einer Reindustrialisierungsstrategie, um die eigene Fertigungsindustrie wiederzubeleben und den Bau umfangreicher Anlagen mit vergleichsweise hohem technologischen Niveau ins eigne Land zu verlagern. Währenddessen übernehmen andere Länder mit mittleren und niedrigen Einkommen mit ihren Vorteilen in Bezug auf Naturressourcen und Arbeitskräfte die Aufgaben der arbeitsintensiven Fertigungsbranche. China steht also von zwei Seiten unter Druck und sieht sich ernsthaften Herausforderungen gegenüber.

Am 5. März 2015 stellte Chinas Ministerpräsident Li Keqiang während der Tagungen des Nationalen Volkskongresses (NVK) und des Landeskomitees der Politischen Konsultativkonferenz des Chinesischen Volkes (PKKCV) in seinem Tätigkeitsbericht den Plan zur Initiative „Made in China 2025" offiziell vor. Er sagte: „Wir sollten den Plan ‚Made in China 2025' aktiv in die Tat umsetzen, an Innovation als Triebkraft, einer intelligenten Umwandlung, der Stärkung der industriellen Grundlagen und der grünen Entwicklung festhalten und China so beschleunigt von einem Land mit einer großen Fertigungsindustrie in ein Land mit starker Fertigungsindustrie umwandeln."

Anschließend meinte Miao Wei, Minister für Industrie und Informationstechnologie, in einem Interview, dass die Durchführung der Initiative „Made in China 2025" der erste Schritt sei, die Fertigungsindustrie von einer Industrie mit großem Produktionsvolumen zu einer Industrie mit starker Leistungsfähigkeit umzuwandeln. Denn obwohl China ein Industrieland mit großem Produktionsvolumen sei, sei es kein Industrieland mit starker Leistungsfähigkeit. „In China mangelt es an Schlüsselunternehmen mit Konkurrenzfähigkeit auf dem internationalen Markt. Im Bereich der selbstständigen Herstellung von einigen wichtigen technischen Anlagen ist es dringend geboten, einen entscheidenden Durchbruch zu schaffen. Einige wichtige Produkte haben auf dem internationalen Markt noch keine herausragende Stellung erobert. Wir sind noch kein Land, dessen Fertigungsindustrie eine hohe Leistungsfähigkeit aufweist."

In der Tat hat China geplant, sich innerhalb von drei Jahrzehnten von „groß" in „stark" zu verwandeln. Die Initiative „Made in China 2025" dient nur als erstes Aktionsprogramm und Wegweiser für die Zukunft. Dem gemeinsamen Routineplan zufolge soll China bis 2025 in die Liste der Industrieländer mit starker Leistungsfähigkeit aufsteigen. In den darauf folgenden zehn Jahren soll Chinas Fertigungsindustrie mit dem Niveau derjenigen Industrieländer gleichziehen, die sich im mittleren Feld der Länder mit den leistungsfähigsten Industrien bewegen. In einem dritten Schritt, nämlich bis zum 100. Gründungstag der Volksrepublik China (1. Oktober 2049), wird Chinas Position als ein Industrieland mit starker Leistungsfähigkeit noch mehr gefestigt sein. Das Land wird dann in der vordersten Reihe der Industrieländer mit hoher Leistungsfähigkeit stehen.

7.2.2 Kerninhalte der Initiative „Made in China 2025"

Die Initiative „Made in China 2025" will in drei Schritten das Ziel von „groß" zu „stark" erreichen. Die Integration von Informationstechnik und Industrialisierung soll dazu beitragen, den Sprung von einer Industrie mit großem Produktionsvolumen zu einer Industrie mit hoher Leistungsfähigkeit zu vollziehen. Dabei werden die folgenden vier Punkte als Prinzipien festgelegt:

- Bei der Initiative „Made in China 2025" soll der Markt die führende Rolle übernehmen, während die Regierung nur die Anleitung übernimmt.
- Auf der Gegenwart fußend den Blick auf die Zukunft richten.
- Umfassendes Vorantreiben und schwerpunktmäßig Durchbrüche erzielen.
- Selbständige Entwicklung und Kooperationen sowie Win-Win-Situationen schaffen.

Angesichts der Behebung von fünf gravierenden Unzulänglichkeiten wurden fünf wichtige Richtlinien vorgelegt:

- die Strategie der innovationsgetragenen Entwicklung,
- Vorrang der Qualität vor der Quantität,
- grüne Entwicklung,
- strukturelle Optimierung,
- Talentförderung als zentrales Anliegen.

Deswegen wurden fünf wichtige Projekte in folgenden zehn Schlüsselbereichen festgelegt: Informations- und Telekommunikationstechnik der neuen Generation, hochwertige und digital gesteuerte Werkzeugmaschinen und Roboter, Anlagen für Luft- und Raumfahrt, Anlagen für maritime Projekte und hoch technisierte Schiffe, moderne Anlagen für den Schienenverkehr sowie Energieeinsparung und durch neue Energien angetriebene Kraftfahrzeuge, Elektrizitätsanlagen, Landmaschinen, neue Werkstoffe, Biopharmazie sowie leistungsstarke medizinische Geräte und Instrumente.

Im März 2015 fand eine Sondersitzung zur Präsentation der Initiative „Made in China 2025" statt. Auf der Sitzung stellte Su Bo, stellvertretender Minister für Industrie und Informationstechnologie, die fünf bedeutenden Projekte vor:

Erstens sollen die Projekte für den Aufbau des Innovationszentrums der Fertigungsindustrie landesweit durchgeführt werden. Nach der marktorientierten Reform wurden viele staatliche Forschungsinstitute in Unternehmen umgewandelt, wobei die entsprechenden Forschungsprojekte zurückgefahren und die Innovationstätigkeit abgeschwächt wurden. Für die Grundlagenforschung und Projekte der Industrialisierung soll eine Reihe staatlicher Zentren zur koordinierten Innovation von Produktion, Lehre, Forschung und Anwendung aufgebaut werden. Die Zentren zur Innovation sollen in Anlehnung an die 45 staatlichen Zentren zur Innovation in den USA geschaffen werden. Das heißt, dass die Zentren mit Unterstützung von Unternehmen, Hochschulen und Forschungsakademien und -instituten aufgebaut werden sollen. Sie werden in Form einer Allianz von Industrieunternehmen die Kernaufgabe im Aufbau des Industrielandes mit starker Leistungsfähigkeit tragen, sich an der Nachfrage des Marktes orientieren und Ergebnisse stufenweise erzielen.

Zweitens gilt es, Projekte der intelligenten Fertigungsindustrie zu realisieren. Im Mittelpunkt der neuen Runde der technischen Revolution steht die intelligente Fertigungsindustrie. Außerdem gilt die intelligente Fertigungsindustrie als Hauptrichtung für Technologien wie die informationstechnikgestützte Vernetzung, die Digitalisierung und die künstliche Intelligenz. Die intelligente Fertigungsindustrie kann dazu beitragen, den Standard der Digitalisierung und der künstlichen Intelligenz zu heben.

Drittens soll das Projekt der Verstärkung der industriellen Grundlage realisiert werden. Eine der Hauptursachen für den Rückstand der Fertigungsindustrie ist darin zu finden, dass sich Entwicklung und Produktion von wichtigen Einzel- und Ersatzteilen, die technologischen Verfahren sowie die Materialqualität nicht fortentwickelt haben. Auf einer

Sitzung des Staatsrates haben führende Persönlichkeiten besonders über die grundlegenden technischen Verfahren gesprochen. Es gilt als dringlich, das Projekt der Verstärkung der industriellen Grundlage durchzuführen.

Viertens gilt es, die Projekte zur grünen Entwicklung zu realisieren. Umweltschäden und Knappheit an Ressourcen begrenzen Chinas Wirtschaftsentwicklung. Seitdem Chinas Fertigungsindustrie die größte in der Welt geworden ist, sind Qualität und Effizienz des Wirtschaftswachstums zu vordringlichen Aufgaben geworden. Es gilt, Naturressourcen sparsam zu nutzen und die Umwelt zu schützen. Im Bereich der grünen Entwicklung stellen sich sehr viele wichtige Aufgaben, denn der Energieverbrauch der Industrie beträgt bereits 73 % des Energieverbrauchs des ganzen Landes. Im Bereich der Energieeinsparung und Emissionsreduzierung verfügt China noch über ein großes, bislang weithin unausgeschöpftes Potenzial. Deswegen ist es wichtig, die Projekte zur grünen Entwicklung durchzuführen.

Fünftens ist Innovation bei Produktionsanlagen auf hohem Niveau ein wichtiges Unterfangen. Darin enthalten sind manche Projekte, die bereits gestartet wurden, etwa im Bereich der Nukleartechnik, des Internets, der Produktion hochwertiger und digital gesteuerter Werkzeugmaschinen und der Herstellung von Großraumflugzeugen. China benötigt noch eine ganze Reihe neuer Sonderprojekte, um das Niveau der gesamten Fertigungsindustrie im Bereich Anlagenbau zu erhöhen.

7.2.3 Innovation als Triebkraft für „Made in China 2025"

Im Vergleich zu den Namen der industriellen Entwicklungspläne und der strategischen Dokumente in früheren Zeiten ist der Name „Made in China 2025" für sich schon eine kleine Innovation: diese staatliche Strategie wurde in Anlehnung an das von der deutschen Bundesregierung ausgegebene Schlagwort „Industrie 4.0" benannt. Und Innovation ist genau die Triebkraft von „Made in China 2025"!

Es ist allgemein bekannt, dass die Fertigungsindustrie die Hauptkampfzone im Ringen um Innovation ist, also der Bereich, wo Innovation am intensivsten und lebhaftesten ausgefochten wird. Die technische Innovation im Bereich der chinesischen Industrie hat unterschiedliche Phasen erlebt, die sich vielleicht so bezeichnen lassen: Innovation durch Imitation, Innovation durch Integration und Innovation nach Übernahme und Aneignung. Als Frucht einer langjährigen Sammlung von Erfahrungen gehen Chinas Innovationsfaktoren mittlerweile der Welt voran; das Gefälle des Niveaus in Sachen Innovation, das lange Zeit zwischen China und den entwickelten Ländern herrschte, hat sich allmählich verkleinert; die gesamte Innovationskraft erhöht sich laufend; die Art und Weise der Innovation hat den Weg von der Nachahmung zur Führungsrolle zurückgelegt. Im Jahr 2014 betrugen die Ausgaben für Wissenschaft und Forschung in China 1,3312 Billionen Yuan. Das entspricht 2,09 % des BIP des Jahres 2014 und dem 2,88-fachen der Ausgaben im Jahr 2008, deren Gesamtbetrag bei 461,6 Mrd. Yuan lag. Weltweit belegen die Ausgaben Chinas in diesem Bereich den dritten Platz. Damit ist China führend unter den Schwellenländern.

Abb. 7.3 China startete 2014 erfolgreich einen Satelliten. (Xinhua)

In den letzten Jahren spielt Innovation als Entwicklungstriebkraft für Chinas Unternehmen eine immer wichtigere Rolle; Ausgaben der Unternehmen für Forschung und Entwicklung haben sich schnell erhöht, wodurch sich die Innovationsfähigkeit erheblich verstärkt hat (vergl. Abb. 7.3). In den Bereichen bemannter Raumflug, Erkundung des Mondes, bemanntem Tiefseetauchen, Entwicklung und Bau von Regionalverkehrsflugzeugen, der Gewinnung und Nutzung von Flüssigerdgas (LNG) und beim Hochgeschwindigkeitsverkehr sind Durchbrüche erzielt worden. Bei der Transformatorentechnik im Bereich der Ultrahochspannung, beim Bau von Anlagen zur hocheffizienten Herstellung von Ethen, einem wichtigen Ausgangsstoff für die Chemie- und Kunststoffindustrie, bei Windkraftanlagen und Supercomputern marschiert China bereits mit an der Weltspitze.

In Anbetracht der Tatsache, dass China die größte Produktionsstätte von mehr als 220 unter den 500 Hauptindustrieprodukten der Welt ist, ist das Gefälle bei der Gesamtqualität der Fertigungsindustrie sowie der Wettbewerbsfähigkeit zwischen China und den entwickelten Industrienationen noch immer sehr groß. Die auffälligsten Probleme sind: Mangelnde Fähigkeit zu selbständiger Innovation; Kerntechnik wird von anderen Ländern beherrscht und beschränkt; Ergebnisse wissenschaftlicher Forschung können die Industrieproduktion nicht ausreichend unterstützen. Alle diese Probleme schränken die Entwicklung der chinesischen Industrie ein. Die Fähigkeit zur Innovation ist im Technikbereich weiterhin schwach entwickelt und die Anzahl der patentrechtlich geschützten Produkte zu gering; das Abhängigkeitsniveau in der Kerntechnologie ist zu hoch;

die Hochleistungsanlagen, wichtigen Ersatzteile, Komponenten und Materialien müssen meistens aus dem Ausland beschafft werden. Das Abhängigkeitsniveau der chinesischen Fertigungsindustrie liegt deutlich höher als 50 %. CNC-Steuerungssysteme der höchsten Qualitätsstufe werden zu 95 % importiert, 80 % der integrierten Schaltkreise und fast alle erstklassigen Hydraulikkomponenten, Dichtungen und Motoren werden aus dem Ausland eingeführt. Nach wie vor bewegt sich Chinas Industrie aufgrund der internationalen Arbeitsteilung vor allem im Bereich „Herstellung – Bearbeitung – Montage". Dabei kommt moderne Technik nur wenig zum Einsatz und die Wertschöpfung ist gering. Die Wettbewerbsfähigkeit der chinesischen Industrie in den Bereichen Forschung und Entwicklung, Design, vertragsgebundene Übernahme von Projekten, Marketing und Kundendienst ist nicht hinreichend. Die Produktion des Apple-Handys iPhone 6 in China kann als typisches Beispiel herangezogen werden: Vom Erlös jedes verkauften Exemplars bleiben weniger als fünf Euro in China, das sind weniger als 5 % des Reingewinns.

Innovation als Triebkraft ist eine der Richtlinien für den Aufbau eines starken industriellen Produktionslandes durch „Made in China 2025", die Erhöhung der Innovationsfähigkeit in der Fertigungsindustrie ist dabei die Hauptaufgabe. Im Projekt „Made in China 2025" werden eindeutige Forderungen erhoben: Dringend zu verbessern ist das Innovationssystem der Fertigungsindustrie, wobei unter Orientierung am Markt die Unternehmen als Hauptträger fungieren. Es ist eine Wettbewerbsumgebung zu schaffen, in der Produktion, Lernen, Forschung und Anwendung vereinigt sind; die Innovationskette soll um die Fertigungskette angeordnet sein und die Ressourcenallokationskette um die Innovationskette; Forschung und Entwicklung der komplexen Kerntechnik ist zu unterstreichen; die Umsetzung von Ergebnissen aus Forschung und Entwicklung in marktfähige Produkte ist zu fördern; die Innovationsfähigkeit in industriellen Kernbereichen ist zu erhöhen.

Chinas Fertigungsindustrie hat sich in den vergangenen dreißig Jahren rasch entwickelt. Die Grundlagen dafür bildeten günstige Produktionsfaktoren und ein günstiges Investitionsklima. In Zukunft aber soll die chinesische Fertigungsindustrie durch Innovation getragen sein.

7.3 Verschiedene Initiativen, gleiche Zielsetzung: Vergleich von „Made in China 2025" mit „Industrie 4.0"

7.3.1 „Made in China 2025" und „Industrie 4.0" – Wie geschaffen füreinander!

„Made in Germany" ist nicht nur in China, sondern in der ganzen Welt ein Synonym für gute Qualität. Als Deutschland das Konzept der „Industrie 4.0" präsentierte, wurde das Schlagwort, das nach modernster Technologie und deutschen Industrieprodukten von bester Qualität klingt, sofort in China populär.

Bevor das Programm „Industrie 4.0" lanciert wurde, war es fast zehn Jahre lang in Fachkreisen von Wissenschaft, Wirtschaft und Regierung diskutiert worden. Die Vorbereitungen für die Initiative „Made in China 2025" dauerten ebenfalls viele Jahre. Obwohl es heute schwierig festzustellen ist, welche von beiden Initiativen zuerst das Licht der Welt erblickte, gewann „Industrie 4.0" sofort die Gunst der Chinesen. Nicht nur in den Chefetagen von Politik und Wirtschaft, auch im Management und in der Belegschaft von Unternehmen genießt das neue Konzept aus Deutschland hohes Ansehen.

Führende politische Persönlichkeiten aus China und Deutschland hegen seit langem den Wunsch, die strategische Partnerschaft und die zahlreichen Kooperationen zwischen beiden Ländern weiter zu vertiefen. Im Wirtschaftsbereich sind beide Länder bereits eng miteinander verzahnt, seit Jahrzehnten arbeiten Unternehmen beider Länder zusammen. All dies hat dazu beigetragen, dass die Fertigungsindustrien beider Länder gemeinsam in Bewegung geraten sind. Für viele Chinesen begann die Vorliebe für „deutsche Qualitätsarbeit", als 1984 als erstes deutsches Auto der VW-Santana auf den Straßen Chinas erschien. Heute sind in chinesischen Städten die neuesten Modelle von BMW, Mercedes und Audi ein alltäglicher Anblick. Im Haushalt chinesischer Mittelständler kann man immer mehr Elektro-Geräte von Siemens und Bosch sehen, in ihren Küchen findet man Produkte von WMF und ZWILLING. Hinzu kommt, dass Produkte der deutschen Pharmaindustrie wie zum Beispiel Merck Serono und Bayer die Gesundheit vieler Chinesen schützen oder wiederherstellen.

Am 28. März 2014 sagte Chinas Staatspräsident Xi Jinping in seiner Rede vor der Körber-Stiftung: „Ich glaube, mit einem aufrichtigen Hand-in-Hand-Gehen von ‚Made in Germany' und ‚Made in China' können wir nicht nur qualitativ hochwertige Produkte produzieren, sondern sogar zur Steigerung des Glücks und zur Bildung von Idealen der Menschen in unseren beiden Ländern beitragen."

Im Oktober 2014 wurde der Aktionsrahmen für die deutsch-chinesische Zusammenarbeit: „Innovation gemeinsam gestalten!" während des Staatsbesuches von Chinas Ministerpräsident Li Keqiang präsentiert. Über die Zusammenarbeit im Rahmen der Initiative „Industrie 4.0" heißt es dort:

- Die Digitalisierung der Industrie („Industrie 4.0") ist für die weitere Entwicklung der deutschen und chinesischen Wirtschaft von großer Bedeutung.
- Beide Länder werden einen Dialog mit dem Ziel des Informationsaustausches zur Industrie 4.0 einrichten.
- Beide Länder werden in Normungsfragen eng zusammenarbeiten.
- In den Bereichen Mobiles Internet, Internet der Dinge, Cloud Computing und Big Data werden beide Länder die Zusammenarbeit intensivieren.

Nur ein Jahr später waren sich Chinas Ministerpräsident Li Keqiang und Bundeskanzlerin Angela Merkel auf einer Pressekonferenz in Beijing einig:

- China wird die Verbindung zwischen „Made in China 2025" und „Industrie 4.0" vorantreiben. Mit dem Hand-in-Hand-Gehen von „Made in China" und „Made in Germany" wird die Zusammenarbeit zwischen den neuen Industrien von strategischer Bedeutung weiter ausgebaut.

- Deutschland wird die Kooperation von „Made in China 2025" und „Industrie 4.0" fördern.

Betrachtet man vergleichbare Ansätze in anderen Ländern, so ist das deutsche Modell offensichtlich geeigneter für China, denn hier ist die Fertigungsindustrie groß, in Deutschland hingegen stark. In globaler Perspektive liegt Deutschlands Stärke in der herstellenden Industrie, während der amerikanische Vorteil ganz klar in der Hi-Tech Industrie zu finden ist. Mit anderen Worten: beim Projekt „Industrie 4.0" spielt die Fertigungsindustrie die Hauptrolle. Mit der zunehmenden Verbreitung des Internets der Dinge wird der Standard der Fertigungsindustrie erhöht. Vor allem in den USA wird das Internet eine immer wichtigere Rolle spielen und die Fertigungsindustrie nachhaltig beeinflussen. Der 2012 von der US-Regierung in Angriff genommene „National Strategic Plan for Advanced Manufacturing" nennt einen Kernpunkt: Innovation. Durch die Informationstechnologie wird die industrielle Struktur vollkommen neu definiert und werden den traditionellen Industrien wichtige Impulse gegeben.

Das amerikanische Bottom-up-Modell, bei dem eine Runderneuerung der Fertigungsindustrie quasi von unten her, ausgehend von Prozessoren, Computersystemen, Software, dem Internet und anderen Informationskomponenten bis hin zur Auswertung von Big-Data erfolgt, unterscheidet sich, was den gedanklichen Ansatz betrifft, grundlegend vom deutschen Modell der „Industrie 4.0". Diese stellt gewissermaßen ein Top-down-Modell dar, das die bestehende Fertigungsindustrie über Instrumente wie neue Informationstechnologien von oben her umzukrempeln plant.

Deswegen sind „Made in China 2025" und „Industrie 4.0" wie füreinander geschaffen!

7.3.2 „Made in China 2025" nicht direkt vergleichbar mit Deutschlands „Industrie 4.0"

Das Ziel der Initiative „Made in China 2025" ist, dass China bis 2025 zu den Ländern mit starker Fertigungsindustrie gehören wird. Aus dieser Perspektive kann „Made in China 2025" keineswegs einfach ein Abklatsch von „Deutschlands Industrie 4.0" im chinesischen Stil sein.

Chinas Minister für Industrie und Informationstechnologie Miao Wei hat zu diesem Thema eine kurze Erklärung abgegeben: Bezüglich der Förderung der tiefgehenden Integration von Industrialisierung und Informationstechnologie stehe „Made in China 2025" ganz mit „Deutschlands Industrie 4.0" in Einklang. Jedoch befinde sich die deutsche Industrie im Großen und Ganzen in der Entwicklungsphase von Industrie 3.0 zur Industrie 4.0, während unsere Industrieunternehmen noch die Lektionen der Industrie 2.0 bzw. Industrie 3.0 nachholen müssten, bevor sie sich zur Industrie 4.0 entwickeln könnten, sagte Miao. „Wir sollten Chinas Situation und die Realitäten chinesischer Industrieunter-

Abb. 7.4 Eine Roboterfabrik in China, 2015. (Xinhua)

nehmen beachten, dann können wir einen guten Entwicklungsweg wählen und uns besser, schneller und gesünder entwickeln."

Mit anderen Worten: Bei der Durchführung von „Made in China 2025" werde man sowohl auf eine sprunghafte, wie auch auf eine graduelle Entwicklung von Chinas Fertigungsindustrie Wert legen müssen. Vor dem Hintergrund der raschen wissenschaftlichen und technologischen Entwicklung sind die Initiativen beider Länder wichtige strategische Maßnahmen zugunsten der Fertigungsindustrie. Allerdings verfügt Deutschlands Fertigungsindustrie über ein starkes technologisches Fundament und kann daher direkt die Industrie 4.0 implementieren. China hingegen muss die Industrie 2.0, 3.0 sowie 4.0 zugleich stemmen und zusätzlich auch noch die Restrukturierung seiner traditionellen Industrien realisieren. Hinzu kommt, dass Chinas Wirtschaft auch bei der sprunghaften Entwicklung im High-End-Bereich mithalten muss. Diese Aufgaben sind noch komplizierter und schwieriger als Deutschlands Umsetzung der „Industrie 4.0". Schlussendlich aber werden China und Deutschland sich bei der Industrie 4.0 treffen.

Zwischen den Strategien beider Länder gibt es zahlreiche Ähnlichkeiten. Ein viel betonter Schwerpunkt von „Made in China 2025" ist die „Intelligente Fertigung", die auch einer der Kerninhalte der „Industrie 4.0" ist. Davon ausgehend will China cyber-physische Systeme (CPS) als Grundlage für Intelligente Fertigung implementieren, was auch eines der Kernkonzepte Deutschlands ist. Deutschland sieht etwa acht bis zehn Jahre für die

Realisierung der Industrie 4.0 vor, China will seine Strategie mit demselben Zeitaufwand umsetzen.

Außerdem legen sowohl Chinas als auch Deutschlands Strategie großen Wert auf die Rolle des Internets bei der Modernisierung und Restrukturierung der Fertigungsindustrie. Hinsichtlich des Aufschwungs der industriellen Transformation weltweit und der Herausforderung durch neue Technologien ist die tiefgehende Integration von Industrialisierung und Informatisierung ein neuer Höhepunkt für die Fertigungsindustrie – eine neue industrielle Revolution, der sich alle Länder der Welt stellen müssen. Das ist auch einer der immer wieder betonten Inhalte von „Made in China 2025".

Chinas Ministerpräsident Li Keqiang weist darauf hin, „dass, kurz gesagt, der Schwerpunkt für den Durchbruch von ‚Made in China 2025' auf die Integration der ‚Internet Plus'-Initiative gelegt werden sollte, um die Förderung der Neugeburt der chinesischen Industrie – direkt nach ihrer Feuerprobe – zu beschleunigen." Dem entspricht das „Internet der Dinge", dem in der deutschen Strategie eine wichtige Rolle zugeschrieben wird.

Wie schon zuvor erwähnt, lautet das wesentliche Ziel von „Made in China 2025", dass sich Chinas Fertigungsindustrie von einer Industrie mit großem Produktionsvolumen zu einer Industrie mit starker Leistungsfähigkeit entwickelt, während das wesentliche Ziel von Deutschlands „Industrie 4.0" vielleicht mit dem Motto „von einer starken zu einer noch stärkeren Industrie" beschrieben werden könnte. Die unterschiedlichen Ausgangspunkte der Fertigungsindustrien beider Länder bestimmen die unterschiedlichen Details ihrer jeweiligen Strategie. Da jedoch beide Strategien das gleiche Ziel haben, gibt es zwischen den beiden auch viele Ähnlichkeiten.

7.3.3 Die grüne Entwicklung ist eine der Hauptstoßrichtungen von „Made in China 2025"

Die hohe Geschwindigkeit der Entwicklung der chinesischen Wirtschaft in den letzten 30 Jahren hat auch viele Probleme hervorgebracht, deren größtes vielleicht die Umweltverschmutzung ist. Jedoch wurde in die fünf Richtlinien von „Made in China 2025" auch die „grüne Entwicklung" aufgenommen – ein klares Zeichen der Entschlossenheit Chinas, Umwelt und Entwicklung bei der Umwandlung des Landes von einem großen zu einem starken Fertigungsland zu koordinieren.

Chinas Ministerpräsident Li Keqiang hatte am 5. März 2015, also während der Tagungen des NVK und PKKCV, bei der Vorlage des Arbeitsberichts der Regierung gesagt: „Die Fertigungsindustrie ist eine unserer stärksten Industrien. Wir sollten den Plan ‚Made in China 2025' umsetzen, an der Innovation als Triebkraft der wissensbasierten Transformation und der grünen Entwicklung festhalten und unser Land von einem Land mit einer großen Fertigungsindustrie in ein Land mit einer starken Fertigungsindustrie umwandeln." Dies war das erste Mal, dass von der Strategie „Made in China 2025" die Rede war. Die Betonung der grünen Entwicklung in dem Arbeitsbericht zeigt, wie wichtig dieses Thema der chinesischen Regierung ist.

Abb. 7.5 Neue-Energie-Fahrzeuge in China, 2016. (Xinhua)

Die Nachhaltigkeit spielt eine bedeutende Rolle für die Entwicklung der chinesischen Industrie. Die von der Industrie benötigte Energie macht einen Anteil von über 70 % am Energieverbrauch des gesamten Landes aus, was bedeutet, dass es ein großes Potential bezüglich der Energieeinsparung und einen riesigen Spielraum zur Erhöhung der Ressourceneffizienz gibt. Die grüne Entwicklung in „Made in China 2025" ist kein Lippenbekenntnis zum Umweltschutz, sondern ein Konzept mit klar definierten Zielen. In diesem strategischen Dokument werden vier Standards festgelegt: Energieverbrauch, Emission von Kohlendioxid sowie Wassernutzung pro produzierter Einheit sollen, verglichen mit 2015, bis 2025 jeweils um 34, 40 und 41 % sinken, während die Recyclingrate fester Industrieabfälle 79 % erreichen soll.

Zurzeit kommt es bei der Entwicklung der chinesischen Fertigungsindustrie zu dynamischen Veränderungen in den Bereichen Ressourcen und Energie, Umwelt sowie Faktorkosten. China verfügt nicht über genügend Ressourcen für seine riesige Bevölkerung, die Süßwasser-, Ackerflächen- und Waldressourcen pro Kopf machen nur 28, 40 und 25 % des Durchschnittsniveaus weltweit aus. Der Umfang der abbaufähigen Reserven wichtiger Mineralien liegt auch beim Erdöl (7,7 %), Eisenerz (17 %) und Kupfer (17 %) deutlich unter dem weltweiten Durchschnitt. Auch die Umweltbelastungen treten nach einer langen Zeit des Raubbaus immer deutlicher zutage. Derzeit können etwa 70 % der Städte in China den neuen Standard für Umwelt- und Luftqualität nicht erreichen. Etwa 600 Mio. Bewohner in 17 Provinzen (inklusive autonomer Gebiete und regierungsunmittelbarer Städte) leiden unter Smog, und auch die Wasser- und Bodenverschmutzung wird von Tag zu Tag sichtbarer. Es kommt immer wieder zu größeren Umweltereignissen.

„Made in China 2025" soll das hinsichtlich Investitionen, Energiebedarf und Umweltbelastung äußerst ressourcenintensive Entwicklungsmodell der chinesischen Fertigungsindustrie in eine nachhaltige, „grüne" Fertigung umwandeln (vergl. Abb. 7.5).

Gao Yunhu, der Direktor der Abteilung für Energieeinsparung und -effizienz des Ministeriums für Industrie und Informationstechnologie, hat zu diesem Thema detaillierte Aussagen gemacht. Seiner Meinung nach erfordere die „Grüne Entwicklung" der Fertigungsindustrie eine intelligente Brücke zwischen der gegenwärtigen Situation und einer wünschenswerten Zukunft. Die konkreten Maßnahmen lauten: erstens soll man die traditionelle Fertigungsindustrie, wie die Stahl-, Buntmetall-, Baumaterial-, Chemie-, Papier-, Textil- und Stofffarbenindustrie nachhaltiger gestalten. Die Ausstattung der Produktion mit fortschrittlicher Energiespartechnik sowie Technologien zur Emissionsreduzierung sei eine dringende Aufgabe, um den Energieverbrauch und die Emissionen in der traditionellen Fertigungsindustrie zu reduzieren. Zweitens müsse eine saubere Produktion vor allem in Schwerpunktindustrien sowie bei räumlicher Nähe wichtiger Wasserscheiden garantiert sein. Durch die Anwendung der Technologien und Verfahren einer sauberen Produktion könnten Emissionen direkt am Ort ihrer Entstehung vermieden werden. Drittens müsse man die nachhaltige Entwicklung in der fortschrittlichen Fertigungsindustrie sowie in den strategischen aufstrebenden Industrien vorantreiben. Dabei sollte man von Anfang an viel Wert auf die nachhaltige Entwicklung legen und den alten Weg, also Regulierung nach der Verschmutzung, unbedingt vermeiden.

7.4 Gemeinsam die Zukunft gewinnen: die zahlreichen Glanzpunkte der chinesisch-deutschen Zusammenarbeit

7.4.1 Kooperationsmodell zur Unternehmensförderung: Unternehmen als Triebkräfte, Regierung als Koordinator

Chinas Staatspräsident Xi Jinping hat während seines Deutschlandbesuchs im März 2014 in der Frankfurter Allgemeinen Zeitung (FAZ) einen Gastartikel veröffentlicht und darin ausgeführt: „In den vergangenen Jahren stand die chinesisch-deutsche Zusammenarbeit stets an der Spitze der chinesisch-europäischen Zusammenarbeit. Vom täglichen Warenverkehr zwischen China und Europa im Wert von 1,5 Mrd. Dollar wird knapp ein Drittel zwischen China und Deutschland ausgetauscht. Jede Woche verkehren über 70 Flüge zwischen gut zehn Städten der beiden Länder. Von drei direkten Güterzug-Verbindungen zwischen China und Europa enden zwei in Deutschland, in Duisburg und in Hamburg. Und jedes Jahr reisen mehr als eine Million Touristen von Deutschland nach China und umgekehrt. Beide Länder sind nicht nur füreinander die größten Handelspartner in ihrer jeweiligen Region geworden, sie wurden auch die wichtigsten Zielgebiete für Investitionen und Unternehmensgründungen. Derzeit haben sich über 8200 deutsche Firmen in China niedergelassen, und mehr als 2000 chinesische Unternehmen haben in Deutschland Fuß gefasst."

Die regen Kontakte zwischen der deutschen und der chinesischen Regierung haben günstige Bedingungen für die Zusammenarbeit der Unternehmen in beiden Staaten auf verschiedenen Ebenen geschaffen, so dass auch ein neuer Spielraum für die wirtschaftliche Zusammenarbeit zwischen China und Deutschland erschlossen wurde.

In dem im Oktober 2014 während des Deutschland-Besuches des Ministerpräsidenten Li Keqiang bekanntgegebenen „Aktionsrahmen für die deutsch-chinesische Zusammenarbeit" heißt es unmissverständlich: „Die Digitalisierung der Industrie (‚Industrie 4.0') ist für die weitere Entwicklung der deutschen und chinesischen Wirtschaft von großer Bedeutung. Beide Seiten stimmen überein, dass dieser Prozess in erster Linie von den Unternehmen selbst vorangetrieben werden muss. Die Regierungen beider Länder werden die Beteiligung der Unternehmen an diesem Prozess politisch flankieren."

Zwar sollte die konkrete Zusammenarbeit von den Unternehmen selbst betrieben werden, aber offenbar scheinen die Flankierungsmaßnahmen beider Regierungen schneller, aktiver und wirksamer zu sein. Auf mehreren Ebenen wurden schon konkrete Ergebnisse erzielt, um die Zusammenarbeit zwischen den Unternehmen beider Staaten voranzutreiben.

Im März 2015 wurden während des Besuches des Vize-Ministerpräsidenten Ma Kai in Deutschland zwischen beiden Regierungen bezüglich der Verstärkung der Zusammenarbeit im Bereich „Industrie 4.0" in sechs Bereichen Übereinkünfte erreicht: erstens soll ein Mechanismus der Zusammenarbeit aufgebaut werden. Zwischen der deutschen und der chinesischen Regierung soll ein Dialogmechanismus für „Industrie 4.0" geschaffen werden, um so den Aktionsrahmen für die deutsch-chinesische Zusammenarbeit in die Praxis umzusetzen. Zweitens sollen Grundlagenforschung und zukunftsorientierte Forschungen zusammen durchgeführt werden. Ein weiterer, wichtiger Punkt von „Industrie 4.0" ist die Festlegung der Standards. Einige neue Standards sollen als Frucht der Zusammenarbeit formuliert werden. Viertens soll die Zusammenarbeit im Bereich des industriellen Designs verstärkt werden. Fünftens soll die Zusammenarbeit in den Bereichen Intelligente Fertigung und Pilotprojekte verstärkt werden. Sechstens will man Ausbildung und Zusammenarbeit mittels eines Talentaustausches tatkräftig unterstützen.

Im August 2015 hat das Zentrum für Talentaustausch des Ministeriums für Industrie und Informationstechnologie in Beijing die Veranstaltung „Erläuterung von Deutschlands ‚Industrie 4.0'-Strategie" organisiert. Einige Experten aus Deutschland, darunter Prof. Dr. Ing. Reiner Anderl, Vorstandvorsitzender des „Wissenschaftlichen Beirates Industrie 4.0" der deutschen Regierung und Mitglied der Deutschen Akademie der Technikwissenschaften, wurden nach China zu ausführlichen Erläuterungen über „Industrie 4.0" eingeladen. Mit dabei waren die Leiter der zuständigen chinesischen Regierungsabteilungen, Vertreter der chinesischen Industrie und des Finanzbereichs, Führungskräfte aus Unternehmen, Medienvertreter und Repräsentanten aus Forschung und Erziehung. Ziel der Veranstaltung

Abb. 7.6 Eine moderne Fabrik in China, 2016. (Xinhua)

war es, die Entwicklung, Durchführungsstrategie und den Aktionsplan von „Deutschlands Industrie 4.0" allgemein bekannt zu machen, um ein gutes Vorbild und vernünftige Referenzen für „Made in China 2025" und die Förderung der Transformation und Modernisierung von Unternehmen zu bieten (Abb. 7.6).

Im März 2016 sagte Shi Mingde, Chinas Botschafter in Deutschland, kurz vor der Chinareise des deutschen Bundespräsidenten Joachim Gauck, dass „China und Deutschland schon eine Arbeitsgruppe gegründet und einen vorläufigen Konsens darüber erreicht [haben], die chinesisch-deutsche Plattform für Innovationszusammenarbeit in der Provinz Sichuan sowie einen Industriepark für High-End-Fertigung in der Stadt Shenyang aufzubauen."

Innerhalb von nur zwei Jahren (seit 2014) hat die Zusammenarbeit zwischen China und Deutschland beim Thema Industrie 4.0 schon erste sichtbare Ergebnisse hervorgebracht.

7.4.2 Sichuans große Ambitionen: „Zukunftssicher dank intelligenter Fertigung"

Unter der Rubrik „Sichuan" war auf Xinhuanet (www.xinhuanet.com.cn) im April 2015 folgende kleine Geschichte zu lesen: „Der 20-jährige Auszubildende Yang Jinqiao untersucht blinzelnd einen Riss auf einer Zündkerze. Er misst manuell nach, ob der Riss länger als 0,5 Millimeter ist und die Zündkerze damit nicht mehr der Norm entspricht.

Drei Meter hinter ihm winkt der 68-jährige Joschka Fischer, ehemaliger Vizekanzler und Außenminister Deutschlands, lächelnd der Menschenmenge zu. Yang Jinqiao sieht Joschka Fischer an und fühlt sich plötzlich alt – nicht etwa, weil Fischer so jung wirkt, sondern weil der Anblick des Deutschen ihm plötzlich ins Gedächtnis ruft, wie alt das von ihm gelernte Verfahren schon ist. Im Lichte modernster Technologie wird es nutzlos, selbst wenn er den Riss noch so geschickt mit den Augen prüfen kann." Denn bei einer Diskussion über die Integration von „Made in China 2025" und der deutschen „Industrie 4.0" im Sichuan Institute of Industrial Technology hatte der Azubi Yang Jinqiao gerade erfahren, dass ein Roboter mit sieben Armen angeblich eine Null-Fehler-Fertigung schaffen kann. Wenn aber ein Roboter keine Fehler macht, was für einen Sinn hat dann seine Fähigkeit, einen Riss von 0,5 mm genau messen zu können? Dieser Gedanke versetzte Yang Jinqiao in Sorge.

Die Sorge dieses Azubis ist in Wirklichkeit die Panik der rückständigen Produktionskapazitäten vor der modernen Industriefertigung, zugleich aber auch die Panik der Arbeitskräfte vor der Modernisierung der Industriefertigung. In der Stadt Deyang hat man ein Mittel gegen die Angst gefunden: Man arbeitet mit deutschen Organisationen zusammen und übernimmt die Errungenschaften der „Industrie 4.0". Gleichzeitig werden Azubis und Studenten dazu ermutigt, die sowohl von China als auch Deutschland anerkannten Techniker-Zertifikate zu erwerben.

Sichuan liegt im südwestlichen Hinterland Chinas und gilt als eine in wirtschaftlich-industrieller Hinsicht wichtige Provinz. Die Hauptstadt Chengdu wurde 1993 vom Staatsrat als Zentrum für Wissenschaft und Technik, Handel und Finanzen sowie als Knotenpunkt für Verkehr und Kommunikation in Chinas Südwesten anerkannt. Sichuan verfügt über 132 Arten von Bodenschätzen, deren Reserven in der Provinz nachgewiesen wurden. Somit sind 70 % aller in China vorkommenden Arten von Bodenschätzen auch in Sichuan zu finden. Aufgrund ihres Reichtums an natürlichen Ressourcen wird Sichuan daher auch als „Lagerhaus der Natur" bezeichnet, zugleich ist die Provinz auch ein bedeutender Industriestandort.

Die Provinz Sichuan hat rund um die „Chinesisch-deutsche Kooperationsplattform für innovative Industrie" in den Städten Chengdu, Deyang und Mianyang Programme für die chinesisch-deutsche Zusammenarbeit gestartet und das Kooperationsmodell „Plattform + Industriepark" sowie „Regierung + Agentur + Unternehmen" ins Leben gerufen. Dieses Modell stützt sich auf den gemeinsam formulierten Kooperationsmechanismus und Standard und treibt die umfassende Integration von „Made in China 2025" und „Industrie 4.0" voran.

Nehmen wir als Beispiel die Stadt Deyang, die nicht weit von Chengdu entfernt liegt. Als wichtiger Standort für die Fertigung von Hi-Tech Werkzeugen und Anlagen und einer der drei Standorte für den Bau von Kraftwerken werden in Deyang über 45 % der großen Walzstahlanlagen Chinas produziert. Deyang ist auch der größte Produktionsstandort für Gussstahl und verfügt über die weltweit größte Produktion von Kraftwerken und den landesweit größten Export von Erdbohrmaschinen. Insgesamt 60 % der in ganz China produzierten Komponenten von Atomkraftwerken, 40 % der Wasserkraftaggregate, 30 %

der Kohlekraftaggregate, 50 % der großen Walzstahlanlagen und 20 % der großen Guss-
und Schmiedestücke für Schiffe werden in Deyang hergestellt.

Im April 2016 versammelten sich über 300 bekannte Persönlichkeiten, Unternehmer-
Eliten und Experten aus Politik-, Geschäfts- und Wissenschaftskreisen in Deyang und
nahmen an der Konferenz „Innovatives Deyang – ‚Made in China 2025' trifft ‚Deutsche
Industrie 4.0'" teil. Sie befassten sich mit Themen wie den Inhalten und dem Mechanismus der effektiven Integration von „Made in China 2025" und „Industrie 4.0" und
entwickelten gemeinsam viele wirksame Rezepte für die Transformation der Fertigung
Deyangs in eine intelligente, grüne und dienstleistungsorientierte Industrie.

Die nicht weit von Deyang entfernt liegende Stadt Mianyang spielt bei der diesbezügli-
chen Zusammenarbeit auch eine wichtige Rolle. Als wichtiger Standort für wissenschaftliche Forschung in der Rüstungsindustrie und als Produktionsstätte der Elektroindustrie ist
Mianyang eine vom Staat anerkannte „Wissenschafts- und Technikstadt" und seit langer
Zeit ein Vorbild für die innovationsgetriebene Entwicklung. Mianyang verfügt über 18
große Forschungsinstitute, einschließlich der repräsentativen „China Academy of Engineering Physics", ein Rückgrat von 50 großen und mittelständischen Unternehmen wie der
Changhong-Gruppe, der Jezetek (Sichuan Jiuzhou Electric Group Co., Ltd.) und 14 Hochschulen, deren wichtigster Vertreter die Southwest University of Science and Technology
ist. Mit all diesen Ressourcen in Wissenschaft und Technik sowie einer soliden industriellen Basis bemüht sich Mianyang, die Modernisierung und Umwandlung der Fertigung zu
beschleunigen. In den letzten Jahren hat Mianyang schon einige fortschrittliche führende Fertigungsindustrien in den Bereichen Elektrokommunikation, Automobil, einschließlich Automobilbauteile und -zubehör, Biopharmazie, neue Werkstoffe und neue Energien
aufgebaut. Aufgrund der China (Mianyang) International Advanced Manufacturing Conference hat Mianyang einige erstklassige internationale Forschungsorganisationen und
Unternehmen – wie beispielsweise die Fraunhofer-Gesellschaft, Siemens und SAP – an-
gezogen und steht im Fokus der chinesisch-deutschen Zusammenarbeit.

7.4.3 Deutsch-chinesischer Industriepark für Maschinen- und Anlagenbau wird zum neuen Motor für die Wiederbelebung Nordostchinas

Als ein anderes wichtiges Kooperationsprojekt zwischen China und Deutschland strebt
der „Deutsch-chinesische Industriepark für Maschinen- und Anlagenbau" mit aller Macht
auf und wird sein Bestes tun, ein neuer Glanzpunkt und Motor für die Wiederbelebung
Nordostchinas zu werden.

Anfang August 2014 hatte der Staatsrat in einem Dokument erstmals den Aufbau eines
solchen Industrieparks in Aussicht gestellt. Am 23. Dezember 2015 wurde der Plan vom
Staatsrat gebilligt. Dies ist die erste strategische Plattform, die die Zusammenarbeit in der
High-End-Fertigungsindustrie für Maschinen- und Anlagenbau thematisiert, und zugleich

auch ein wichtiges Medium zur strategischen Integration von „Made in China 2025" und „Industrie 4.0".

Die Stadt Shenyang in Nordostchina ist ein wichtiger Standort für staatliche Betriebe mit Maschinen- und Anlagenbau als dominierende Industriezweige. Ihre industrielle Grundlage ist gefestigt, das industrielle System vollständig entwickelt, die dominierenden Industrien wie Maschinen- und Anlagenbau, Automobil und dessen Bauteile, Elektro-Informationstechnik sowie Luft- und Raumfahrt sind im In- und Ausland konkurrenzfähig.

Shenyang hat ein gutes Fundament für die Zusammenarbeit mit entwickelten Ländern – besonders mit Deutschland. 2014 betrug das Gesamtvolumen der Ein- und Ausfuhren zwischen der Stadt und Deutschland 4,5 Mrd. Euro und belegte damit den ersten Platz im Außenhandel zwischen Shenyang und 179 anderen Staaten bzw. Regionen. Ende 2014 waren 132 deutsche Unternehmen in Shenyang ansässig, acht internationale Top-500-Unternehmen aus Deutschland haben hier nacheinander in 14 Projekte investiert. Die erfolgreiche Zusammenarbeit mit BMW ist schon zu einem Vorbild für die chinesisch-deutsche Kooperation geworden.

Der Industriepark liegt im Tiexi-Bezirk der Stadt Shenyang, einem Industriebezirk mit Maschinen- und Anlagenbau als dominierender Industrie. Tiexi verfügt über eine gute Grundlage für die Öffnung nach sowie die Zusammenarbeit mit Deutschland. 2012 wurde Tiexi vom chinesischen Handelsministerium und dem deutschen Bundesministerium für Wirtschaft und Technologie zusammen als „Standort für die Zusammenarbeit der chinesischen und deutschen Unternehmen" ausgezeichnet. 2014 wurde der Bezirk Mitglied des Deutsch-Chinesischen Beratenden Wirtschaftsausschusses (DCBWA). Im Bezirk haben sich rund 30 deutsche Automobil-, Maschinenbau-, Elektro- und Einzelhandelsunternehmen wie BMW, ZF Friedrichshafen AG, SEW, BASF, Heraeus und Metro angesiedelt.

Bereits kurz nach der Inbetriebnahme des Industrieparks wurden beträchtliche Errungenschaften erzielt. Bislang haben sich schon 35 deutsche beziehungsweise europäische und amerikanische Unternehmen im Park angesiedelt. Deutsche Investitionen wie das Zentrum für Anwendung, Forschung und Entwicklung von KUKA Robotern aus Deutschland, Neugart Planetary Gearboxes (Shenyang), Bahnsteigtüren von Pintsch Bamag, Bauteile und Zubehör für Eisenbahnwagen von Schaltbau GmbH, das Feuerbekämpfungssystem von J. Wagner GmbH aus Deutschland, elektronisch kontrollierte Signalsysteme von Siemens und die Produktion von Schneidwerkzeugen für CNC-Maschinen der EWS Weigele GmbH & Co. KG wurden entweder bereits gestartet oder befinden sich nach Vertragsunterzeichnung in der Aufbauphase. Das Zentrum für das chinesisch-deutsche Bündnis der Industrie 4.0 sowie das Innovationszentrum für chinesische und deutsche Unternehmen hat seinen Hauptsitz in diesem Industriepark.

Bemerkenswert ist vor allem das Grundprinzip des Industrieparks, wonach „der Markt die führende, die Regierung eine anleitende Rolle spielt": die Unternehmen als Motor der wirtschaftlichen Entwicklung sollen hier voll zur Geltung gebracht werden. Die Anlagenbauer beider Staaten werden sich im Park zu einem beispielhaften Kooperationsmodell versammeln können. Gleichzeitig sollen die öffentlichen Dienstleistungen besser zur Geltung gebracht werden, um eine lockere und förderliche politische Umgebung für die

Entwicklung der Unternehmen zu schaffen. Dies entspricht der strategischen Zusammenarbeit der beiden Staaten unter dem Motto: „Unternehmen treiben die Entwicklung voran, die Regierungen flankieren die Maßnahmen politisch". Der Industriepark lehnt das alte Muster der von der Regierung dominierten Entwicklung und Geschäftsführung ab und zieht eine Lehre aus den Erfahrungen des Aufbaus von Industrieparks im In- und Ausland. Entwicklung und Aufbau des Parks sollen sich am Markt orientieren. Durch die Zulassung von Kapitalgesellschaften im Rahmen des PPP-Modells (Public-private-Partnership, Öffentlich-private Partnerschaft) werden Infrastrukturaufbau, Anwerbung von Unternehmen und Investitionen und umfassender Verwaltungsservice vorangetrieben, damit so ein völlig neues Entwicklungsmodell erprobt werden kann.

Der Industriepark soll dabei helfen, die jeweiligen Vorteile von chinesischer Fertigung und deutscher Technik zu kombinieren, um so einen internationalen, intelligenten und nachhaltigen Anlagenfertigungspark von hohem Rang aufzubauen. „Über 3000 ‚Hidden Champions' aus aller Welt (davon allein 1300 Unternehmen in Deutschland) und 200 Zulieferer von BMW sind potentielle Partner für unsere Akquise von Investitionen", sagte Li Baojun, der Leiter des Deutsch-Chinesischen Industrieparks für Maschinen- und Anlagenbau. „Wir sollten die Erfahrungen der Industriestandorte München und Stuttgart übernehmen und hohen Wert auf die Output-Effektivität pro Flächeneinheit legen, damit die Anlagenfertigung mit hohem technologischem Niveau die Transformation und Modernisierung der Fertigungsindustrie führen und anleiten kann."

In nächsten zehn Jahren wird der Deutsch-Chinesische Industriepark für Maschinen- und Anlagenbau fünf Industriebranchengruppen wie die intelligente Fertigung, High-End-Anlagen, Automobilfertigung, industrielle Dienstleistungen und strategische aufstrebende Industrien schwerpunktmäßig entwickeln und einen neuen Motor für die Wiederbelebung Nordostchinas schaffen.

„Made in China 2025" trifft „Deutschlands Industrie 4.0" – dabei handelt es sich um eine weitblickende strategische Zusammenarbeit zwischen beiden Staaten und einen langen Prozess, bei dem die Industrien beider Staaten voneinander lernen, sich gegenseitig inspirieren und gemeinsam vorwärts marschieren können. Diese Zusammenarbeit hat bereits positive Ergebnisse und beträchtliche Errungenschaften hervorgebracht und kann in Zukunft den Menschen und der Wirtschaft beider Staaten und sogar der ganzen Welt mehr Glück und Wohlfahrt bringen.

7.5 „Internet Plus": Ein weiterer Schlüsselbegriff für das Verständnis von „Made in China 2025"

7.5.1 Der Aktionsplan „Internet Plus" fokussiert nicht nur die Fertigungsindustrie

Als Ministerpräsident Li Keqiang am 5. März 2015 während der Tagungen des Nationalen Volkskongresses (NVK) und des Landeskomitees der Politischen Konsultativkonferenz

Abb. 7.7 Internet Plus. (Xinhua)

des Chinesischen Volkes (PKKCV) in seinem Tätigkeitsbericht den Plan zur Initiative
„Made in China 2025" erstmals vorstellte, erwähnte er auch erstmals gleichzeitig den
Aktionsplan „Internet Plus" (Abb. 7.7). Li Keqiang sagte: „Wir müssen den Aktionsplan
‚Internet Plus' ausarbeiten, um die Verschmelzung des Mobilen Internets, des Cloud-Computing, der Big Data, des Internets der Dinge u. a. mit der modernen Fertigungsindustrie
voranzutreiben. Damit wird die gesunde Entwicklung des E-Commerce, des Industriellen Internets und der Internetfinanzen gefördert, und die Internet-Unternehmen auf dem
internationalen Markt zur Ausdehnung angeleitet."

Anfang 2016 machte Li Keqiang besonders darauf aufmerksam, dass der Schwerpunkt
der Durchbrüche bei der „Made in China 2025" hauptsächlich in der integrierten Entwicklung des „Internet Plus" liegen sollte, damit die chinesische Fertigungsindustrie sich noch
schneller wie ein „Phönix aus der Asche erheben könne." Daher sei „Internet Plus" zwei-
fellos ein weiterer, äußerst bedeutender Schlüsselbegriff für das Verständnis der „Made in
China 2025".

Im Juli 2015 gab der chinesische Staatsrat eine Weisung zur aktiven Förderung des
„Internet Plus"-Aktionsplans[1] heraus. Diese Weisung brachte hervor, dass beim „Internet
Plus" die Resultate der Innovation des Internets und die wirtschaftlichen und gesellschaftlichen Bereiche tiefgründig miteinander verbunden werden sollen, um technische Fortschritte, die Erhöhung der Effizienz und organisatorische Veränderungen zu fördern, die
Innovation der Realwirtschaft und Produktionskraft zu erhöhen und eine noch umfang-
reichere Gestaltung des Internets zur Infrastruktur und der entscheidenden innovativen
Faktoren der neuen Form der wirtschaftlichen und gesellschaftlichen Entwicklung zu erzielen.

Die Umsetzung von „Internet Plus" ist selbstverständlich ein äußerst bedeutender Bestandteil der Fertigungsindustrie. Allerdings reicht der Anwendungsbereich des „Internet

---

[1] Die Weisung zur aktiven Forcierung des „Internet Plus"-Aktionsplans wurde am 4. Juli 2015 auf
der Webseite www.news.cn veröffentlicht.

Plus" offensichtlich noch weiter hinaus. Im Aktionsplan „Internet Plus" werden insgesamt elf Schwerpunktmaßnahmen hervorgebracht, einschließlich: „Internet Plus – Existenz-gründung und Innovation", „Internet Plus – Kooperative Fertigung", „Internet Plus – Moderne Landwirtschaft", „Internet Plus – Intelligente Energie", „Internet Plus – Inklusives Finanzwesen" „Internet Plus – Vorteilhafte Dienstleistungen für die Bevölkerung", „Internet Plus – Hocheffiziente Logistik", „Internet Plus – E-Commerce", „Internet Plus – Komfortabler Transport", „Internet Plus – Grüne Ökologie" und „Internet Plus – Künstliche Intelligenz".

Zusammenfassend kann man sagen, dass sich der Plan „Made in China 2025" auf der vertikalen Ebene auf die Fertigungsindustrie konzentriert, um eine Blaupause zur Entwicklung und Verwirklichung der Integration der Informatisierung und Industrialisierung zu entwerfen. In diesem Sinn entnimmt das „Internet Plus" das Internet als das Hauptcharakteristikum von der Entwicklung der Informatisierung. Durch den Aktionsplan „Internet Plus" ist auf der horizontalen Ebene die großartige Entwicklung in mehr Bereichen einschließlich der Fertigungsindustrie, der Industrie im umfangreichen Sinne, der Landwirtschaft, dem Handel, dem Finanzwesen und dem Dienstleistungssektor zu realisieren.

Gleichzeitig lässt sich die Verwirklichung der Ziele vom Aktionsplan „Internet Plus" in allen Bereichen zweifelsohne von den Ergebnissen der Fertigungsindustrie, die im Rahmen der „Made in China 2025" erzielt wurden, unterstützt werden. Das „Internet Plus" und die „Made in China 2025" treiben einander an, unterstützen sich und wirken zusammen.

7.5.2   „Kleine Internetstädte": Ein Beispiel für Makro-Anwendungen von „Internet Plus"

Um die tiefgreifende Verbindung des „Internet Plus" mit anderen Industrien zu verwirklichen, bot Xinhuanet in den letzten Jahren eine Dienstleistung an, die „1000 Kleine Internetstädte-Aktionsplan" genannt wird. Diese Dienstleistung ist ein Makro-Beispiel für die direkte Anwendung des „Internet Plus". Dabei ist man nicht nur auf die mittelgroßen und kleinen Städte angewiesen, die sich gemäß des Plans der „Made in China 2025" in den jeweiligen Fertigungsindustrien entwickeln, sondern auch auf die Verschmelzung von Informatisierung, Staatsangelegenheiten, Volkswohlfahrt und Infrastruktur. Auf diese Weise wird durch das Internet die Leistung durch integrierte und koordinierte Entwicklung in allen Bereichen einer Region gefördert.

Im Juni 2015 erläuterte Xinhuanet auf dem „2015 China Internet Plus Innovation Conference Hebei Summit" offiziell das neue Konzept „Kleine Internetstädte" und initiierte mit Hilfe angesehener staatlicher Organe und führender Unternehmen in diesem Bereich den „1000 Kleine Internetstädte-Aktionsplan".

Die „Kleinen Internetstädte" unterstreichen die Kooperation mit lokalen Regierungen. Auf den Ebenen Projektpositionierung, Toplevel-Design, Einführung von Ressourcen und

Steigerung der Kompetenzen wird die Koordination und Kommunikation mit den lokalen Regierungen intensiviert. Für den deutlichen Entwicklungsbedarf der Kleinstädte wird der Wegbereiter der Entwicklungsstrategien der zukünftigen Kleinstädte festgelegt und es wird ein vollständig marktorientierter Betriebsmodus eingeführt. Danach werden relevante Ressourcen, die für den Aufbau der Gemeinde erforderlich sind, eingeführt, wie Politik, Finanzmittel, Boden, qualifiziertes Personal und andere Ressourcen. Dadurch werden die Informatisierung der öffentlichen Verwaltung und öffentlichen Dienstleistungen sowie die qualitativen Veränderungen und die sprunghaften Entwicklungen nach der Zusammenführung der Industrien verwirklicht. Außerdem werden die tiefgreifende Verschmelzung von Informationsindustrien und traditionellen Industrien und die Umstrukturierung und Steigerung der regionalen Wirtschaft gefördert. Bisher haben fast 300 Einheiten auf Gemeinde- oder höheren Verwaltungsebenen den Aufbau der „Kleinen Internetstädte" beantragt. Des Weiteren werden schrittweise Pilotversuche ausgeführt.

Um die gemeinsame Vernetzung und die gemeinsame Teilhabe an Informationen zu verwirklichen, werden die vier Bereiche bei der Errichtung der „Kleinen Internetstädte" vereinheitlicht, namentlich: einheitliche Infrastruktur, einheitliche Datenplattformen, einheitliche Anwendungsplattformen und einheitliche Portale. Alle „Kleinen Internetstädte" werden jedoch entsprechend ihrer eigenen, besonderen Eigenschaften aufgebaut. Beispielsweise entwickelte sich die Stadt Tangshan in der Provinz Hebei, die seit langem als Provinz der chinesischen Eisen- und Stahlindustrie gilt, zu einer „Internet-Kleinstadt für die Eisen- und Stahlindustrie". Die bereits umgesetzten Pläne entsprechen den Charakteristiken der lokalen, industriellen Organisationen. Basierend auf der aktuellen Entwicklung der Eisen- und Stahlindustrie in Tangshan, werden fortschrittliche Technologien und modernes Management eingeführt, um die innovative Verschmelzung der Eisen- und Stahlindustrie mit dem Internet zu verwirklichen und die Transformation und Aufrüstung zu erreichen.

Ausgehend von der Gesamtheit, verkörpern die „Kleinen Internetstädte", als Internetplattformen für umfangreiche Anwendungen des Lösungsplans „Internet Plus", den grundlegenden Träger der neuartigen Urbanisierung. Sie dienen auch als typische Anwendungen für „Intelligente Städte" und das „Internet der Dinge". Die Vernetzung und vollständige Integration von Industrie, Landwirtschaft, Verwaltungsdiensten und der Sicherheit und Bildung mit dem Internet wird verwirklicht, indem Lösungsentwürfe von „Internet Plus" umfangreich in unterschiedlichen Bereichsmodulen, wie Städten, Gemeinden, Dörfern, Siedlungsgemeinschaften, Straßen, Entwicklungszonen und Schulen angewendet werden. Dadurch werden die Kompetenzen der öffentlichen Verwaltung, die Kompetenzen für Verwaltungsdienstleistungen, die Dynamik der Wirtschaftsentwicklung und der Lebensstandard der Bevölkerung verbessert. Außerdem werden dadurch auch Existenzgründungen und Innovationen durch die Volksmassen tatkräftig unterstützt.

7.5.3 „Rückverfolgung China": Ein Beispiel für Mikro-Anwendungen von „Internet Plus"

In den letzten Jahren gab es in China häufig Schwierigkeiten bei der Lebensmittelsicherheit sowie der Produktion und dem Verkauf von gefälschten Waren, was enorme Verluste und Schäden bei Unternehmen und Verbrauchern verursachte. Durch den Aktionsplan „Internet Plus", in Verbindung mit den konkreten Anforderungen an die Lebensmittelherstellungsindustrie im Rahmen der „Made in China 2025", entwickelte Xinhuanet die offene Plattform zur Teilung von Lebensmitteln und zur Rückverfolgung von Informationen über Nahrungsmittel und Waren, die Dienstleistung „Rückverfolgung China". Sie wurde zu einem Beispiel für Mikro-Anwendungen von „Internet Plus".

Die Dienstleistung „Rückverfolgung China" nutzt Informationstechnologien, wie das Internet, das Internet der Dinge, Cloud-Computing und Big Data etc., um Informationen in allen Bereichen der Fertigungsprozesse, des Vertriebs und des Verkaufs zu verbreiten und zu nutzen. Dadurch wird die Rückverfolgung aller Prozesse von Beginn bis Ende des Systems und der gegenseitige Informationsaustausch und -zugriff gestärkt und die Reichweite des Rückverfolgungssystems ununterbrochen ausgeweitet. Die gesamte Verarbeitungskette von landwirtschaftlichen Erzeugnissen von der „Ackerfläche bis zum Esstisch" kann damit zurückverfolgt und die „Sicherheit der verzehrten Nahrungsmittel" garantiert werden.

Derzeit werden auf der Plattform „Rückverfolgung China" Etiketten mit QR-Codes genutzt. Die auf der Plattform angebotenen Informationen verbinden alle Teilprozesse, wie die Warenproduktion, Inspektion und Quarantäne sowie Überwachung und Verbrauch. Es werden bereits kundenspezifische Lösungen, einschließlich des Anbaus landwirtschaftlicher Produkte und Tierhaltung als erstem Schritt, der Lebensmittelverarbeitung, die darauf folgt, und der Rückverfolgung des gesamten Prozesses des Vertriebs der Waren durch nationale Industrien als letztem Schritt, angeboten. Andere individualisierte Lösungen beinhalten die Entwicklung von Lösungsprogrammen, wie der Rückverfolgung des Anbaus, der Überwachung und der Qualitätssicherung von landwirtschaftlichen Produkten, der Rückverfolgung bis hin zur Tierhaltung, Schlachtung und Verarbeitung, der Rückverfolgung der Lebensmittelverarbeitung und -sicherheit sowie der Vermarktung, der Rückverfolgung von Wareninformationen und des Transports innerhalb der Kühlkette sowie der Errichtung einer Plattform für regionalen, elektronischen Geschäftsverkehr und den Aufbau regionaler Informatisierung und Qualitätskontrollen sowie weitere multidimensionale, kundenspezifische Lösungen.

Ausgehend von der Regierungsebene entwickelt die Plattform „Rückverfolgung China" auf Basis des Angebots von Informationen zur Rückverfolgung eine Art ökologischer Interaktion zwischen Regierung, Produzenten und Verbrauchern. Durch alle auf der „Rückverfolgung China" Cloud Plattform gelagerten Daten werden präzise statistische Analysen angeboten. Innerhalb der Lieferkette wird die Kombination und die Freilegung großangelegter Produktion, der Austausch von Daten und Ressourcen, der Aufbau einer gesunden Produktion, der Vertrieb, die Vermarktung und der Direkteinkauf gestärkt.

Abb. 7.8 Die offizielle
Einführung der Plattform
„Rückverfolgung China" durch
Xinhuanet 2015. (Xinhua)

Das Projekt „Rückverfolgung China" übernahm die staatliche Überwachung der Lebensmittelsicherheit und des Schutzes vor Produktfälschungen durch eine starke Hand. Dadurch wird es von vielen staatlichen Organisationen bevorzugt für die Informatisierung der Überwachungsdienste ausgewählt. Durch die strenge Kontrolle aller Warenprozesse auf der Plattform entsteht ein guter, geschlossener Kreislauf, bei dem das Zirkulationssystem besonderer lokaler namhafter Produkte von der Entwicklung bis zur Produktion protokolliert wird, Informationen eingeholt werden können, der Weg der Produkte verfolgt und ihre Qualität zurückverfolgt werden kann und die Produkte zurückgerufen werden können. Dadurch wird die Verbreitung des „Internet Plus" im ganzen Land noch besser vorangetrieben.

Nachdem die Plattform „Rückverfolgung China" in Betrieb genommen wurde (Abb. 7.8), erfreute sie sich großer Akzeptanz. Xinhuanet hat bereits mit vielen Regierungsbehörden zusammengearbeitet, um eine nationale Informations- und Überwachungsplattform für Mais-Saatgut in Gansu, eine Plattform für E-Commerce im ländlichen Hebei und ein integriertes Informationsdienstleistungssystem, das vor allem für hervorragende landwirtschaftliche Produkte genutzt wird, aufzubauen.

Außerdem bietet das Projekt „Rückverfolgung China" Unternehmen noch umfassendere Dienstleistungen im Bereich Qualitätskontrolle an, um Verbrauchern wahrheitsgemäße, transparente Informationen zur Rückverfolgung von Produkten zu bieten. Die Verbraucher können durch Smartphones und andere Geräte unverzüglich Informationen zur Rückverfolgung anhand der Etiketten auf den Produkten anfordern. Damit wird das Problem des Erhalts asymmetrischer Informationen gelöst, und alle Arten von Sicherheitsrisiken können realistisch und effektiv verringert werden.

Durch Zusammenarbeit mit den verantwortlichen Regierungsbehörden bemüht sich die Plattform „Rückverfolgung China" die Funktionsweise des Marktes und das Angebot und die Nachfrage nach Produkten zu überwachen, die Vertriebsordnung zu reorganisieren und zu standardisieren und den modernen Vertrieb zu entwickeln. Dadurch wird schrittweise ein offeneres, wettbewerbsfähigeres und ordentlicheres modernes Marktsystem aufgebaut

und perfektioniert, um eine stabile Gesamtqualität der Produkte für die gesamte Gesellschaft zu garantieren und eine neue Umgebung für den Konsum der gesamten Gesellschaft
aufzubauen.

Nach wie vor sind Industrie 4.0, das Internet der Dinge und Dienste, Industrial Internet und wie die Begriffe sonst noch lauten, vor allem ein Thema für die Forschung. Auch wenn es inzwischen erste praktische Pilotprojekte und sogar schon eine Reihe von produktiven Anwendungen in der Praxis gibt, ändert dies nichts daran, dass wir nicht vom Stand der Technik reden, nicht von dem, was in der Mehrzahl der Betriebe anzutreffen ist, sondern von der Zukunft.

Mit Forschung ist hier alles gemeint: Grundlagenforschung, angewandte Forschung wissenschaftlicher Institute in enger Verbindung mit Industrieunternehmen, und natürlich die Forschung innerhalb der Industrieunternehmen selbst, teils in Kooperativen, teils betriebsspezifisch. Es ist auch die vernetzte Forschung verschiedener Fachdisziplinen gemeint, die ja im Zusammenhang mit der Digitalisierung der Industrie und ihrer Produkte immer wichtiger wird.

Die folgenden drei Kapitel stammen aus drei Forschungseinrichtungen, die ihre Forschungsprojekte in enger Kooperation mit der Industrie betreiben. Teilweise sind dabei auch andere Fachdisziplinen wie Soziologie oder Psychologie involviert, aber im Kern handelt es sich um methodische und technologische Forschung rund um Engineering, Produktionsplanung, Produktion und Betrieb. Die drei Beiträge sind in der alphabetischen Reihenfolge der Namen der Lehrstuhlinhaber eingebunden.

Das Kapitel von Prof. Dr.-Ing. Reiner Anderl, Oleg Anokhin und Alexander Arndt vom Fachgebiet Datenverarbeitung in der Konstruktion (DiK) an der Technischen Universität Darmstadt beschreibt die Effiziente Fabrik 4.0. Es handelt sich dabei um eine Musterfabrik, die mit Demonstratoren und praktisch umsetzbaren Lösungen insbesondere mittelständischen Unternehmen helfen soll, ihren eigenen Weg zur Einführung von Industrie 4.0 zu finden. Der Beitrag stellt Anwendungsszenarien vor, in denen Bauteile und Betriebsmittel als Informationsträger wirken, wo es um die papierlose Qualitätssicherung, das digitale Wertstromabbild oder das digitale Zustands- und Energiemonitoring geht, und präsentiert werden am praktischen Beispiel auch Werkerassistenzsysteme, wie sie künftig den Mitarbeitern in der Industrie helfen, ihre zunehmend anspruchsvollen Aufgaben wahrzunehmen.

Prof. Dr.-Ing. Martin Eigner vom Lehrstuhl für Virtuelle Produktentwicklung (VPE) an der Technischen Universität Kaiserslautern stellt in seinem Kapitel das Industrial Internet in den Vordergrund, und die Entwicklung von Engineering-Prozessen und IT-Lösungen, die dafür benötigt werden. Sein Fokus liegt auf der Berücksichtigung des gesamten Produkt-Lebenszyklus. Für das vernetzte Engineering von morgen, so Martin Eigner, sind neue Konstruktionsmethoden und Entwicklungsprozesse gefragt. Und auch auf Seiten der Informationstechnik und ihres Einsatzes in den industriellen Wertschöpfungsprozessen sind dafür neue Lösungen erforderlich.

Prof. Dr.-Ing. Rainer Stark, Thomas Damerau und Kai Lindow, Produktionstechnisches Zentrum (PTZ) in Berlin, stellen das Konzept der Informationsfabrik vor. Es ist eine integrierte Betriebsumgebung für informationsgetriebene Entwicklung und Produktion, die über Analyse, Steuerung und Veränderung technischer Systeme und Prozesse zu deren zunehmender Autonomie führt. Projekte zur Virtuellen Inbetriebnahme mit Smart Hybrid Prototyping, zu Cloudbasierten Steuerungen und der Metamorphose in Richtung einer intelligenten und vernetzten Fabrik werden vorgestellt und eingeordnet.

Die drei Beispiele sind beileibe nicht die einzigen Aktivitäten in der deutschen Forschungslandschaft. Aber sie werfen doch ein gutes und erhellendes Licht auf das, woran hierzulande im Rahmen von Industrie 4.0 geforscht wird.

Effiziente Fabrik 4.0 Darmstadt – Industrie 4.0 Implementierung für die mittelständige Industrie

Reiner Anderl, Oleg Anokhin und Alexander Arndt

Zusammenfassung

Industrie 4.0 ist für Unternehmen der produzierenden Industrie zu einem bedeutenden Erfolgsfaktor geworden. Zu einer zunehmenden Verbreitung sind Musterfabriken als Demonstratoren ein wichtiger Beitrag. Genau hier setzt die Effiziente Fabrik 4.0 der Technischen Universität Darmstadt an und zeigt umsetzbare Lösungen für die Einführung von Industrie 4.0 in die industrielle Praxis auf. Damit leistet sie einen wertvollen Beitrag zur Steigerung der Wettbewerbsfähigkeit der Fertigungsindustrie.

8.1 Einleitung

Industrie 4.0 ist 2010 als Zukunftsprojekt aus der High-Tech Strategie der Deutschen Bundesregierung entstanden. Das Ergebnis dieses Zukunftsprojektes wurde in der Studie „Umsetzungsempfehlungen für das Zukunftsprojekt Industrie 4.0" [1, 2]. veröffentlicht und führte zur Gründung der Plattform Industrie 4.0, die von 2013 bis 2015 unter dem Dach der Industrieverbände BITKOM, VDMA und ZVEI tätig war. Durch die sogenannte Verbändeplattform wurden die grundlegenden Definitionen, Ziele und Ansätze für Industrie 4.0 entwickelt. Im Jahr 2015 wurde die Verbändeplattform Industrie 4.0 in die heutige Plattform Industrie 4.0 überführt, die seither den Weg für Industrie 4.0 zur Umsetzung in den Unternehmen vorbereitet.

R. Anderl (✉)
Technische Universität Darmstadt
Darmstadt, Deutschland
E-Mail: anderl@dik.tu-darmstadt.de

O. Anokhin · A. Arndt
Darmstadt, Deutschland

© Springer-Verlag Berlin Heidelberg 2016   121
U. Sendler (Hrsg.), *Industrie 4.0 grenzenlos*, Xpert.press, DOI 10.1007/978-3-662-48278-0_8

Industrie 4.0 steht für die 4. Industrielle Revolution, eine neue Stufe der Organisation und Steuerung der durchgängigen Wertschöpfungskette über den gesamten Lebenslauf von Produkten [1, 2]. Im Fokus liegt dabei die Erhöhung der Flexibilität der Produktion basierend auf individualisierten Kundenwünschen. Die Grundlage bildet die Verfügbarkeit aller erforderlichen Informationen in Echtzeit, um den Wertschöpfungsstrom optimal zu steuern. Voraussetzung dafür sind vernetzte und kommunikationsfähige Systeme. Dieser Ansatz führt dazu, dass Produktionsmittel, Werkstücke und auch Mitarbeiter in der Produktion in die Vernetzung und auch in die Kommunikation eingebunden werden. Prägend sind dabei die sogenannte vertikale und die horizontale Integration von IT-Systemen. Die horizontale Integration steht dabei für die Integration von IT-Systemen für die unterschiedlichen Prozessschritte der Produktion und Unternehmensplanung, zwischen denen ein Material-, Energie- und Informationsfluss verläuft, sowohl unternehmensintern aber auch über Unternehmensgrenzen hinweg [3]. Die vertikale Integration beschreibt die Integration von IT-Systemen auf den unterschiedlichen Hierarchieebenen zu einer durchgängigen Lösung. Der dadurch entstehende Dualismus von Informations- und Materialfluss über unterschiedliche Hierarchieebenen und über die differenten Prozessschritte der Produktion und Unternehmensplanung fordert neue Konzepte, die der horizontalen und vertikalen Integration von IT-Systemen gerecht werden. Diese Konzepte sind durch sogenannte Cyber-Physische Systeme (CPS) [4] bekannt geworden und beinhalten, dass zu jedem realen Objekt und zu jedem realen Prozess in der Produktion, wie auch in den der Produktion nachfolgenden Lebensphasen, ein individuelles digitales Abbild existiert.

Vor diesem Hintergrund wird Industrie 4.0 durch folgende technische Grundlagen geprägt [5, 6]:

Identifikation, Lokalisierung und Adressierung von realen Objekten. Objekte können in diesem Zusammenhang Betriebsmittel, Prozesse oder auch Bauteile (Werkstücke) sein.

- Identifikation bedeutet die eindeutige Benennung und Identifizierbarkeit von Objekten über Identifikationstechnologien wie Barcode, QR-Code (Quick-Response Code), RFID (Radio Frequency Identification) oder aber auch über eine Internet Protokoll Adresse (IP-Adresse).
- Lokalisierung erlaubt das Bestimmen des Ortes eines Objektes. Dies kann über die GPS-Technik (Global Positioning System) oder aber auch über lokale Positionsbestimmungstechniken, wie sie in einer Fabrikhalle erforderlich sind, erfolgen.
- Adressierung zielt darauf ab, reale Objekte über eine eindeutige Adresse mit Vernetzungs- und Kommunikationsfähigkeit auszustatten. Die wichtigste Technologie ist dafür die Internettechnologie und führt dazu, dass die Adressierung über eine Internet Protokolladresse erfolgt. Mit Hilfe der Adressierung über eine Internetadresse werden reale Objekte kommunikationsfähig und können über sogenannte Web-Services sowohl Daten senden wie auch über Steuerungsdienste Steuerungsfunktionen ausführen.

Internettechnologien stellen überaus leistungsfähige Funktionalitäten zur Vernetzung und zur Kommunikation zur Verfügung. Die Grundlage dafür bietet das Internetprotokoll Version 6 (IPv6), das über eine Adressierung mit einem Adressraum von 2**128 Adressen verfügt. Dies sind in das Dezimalsystem umgerechnet, 3,4*10**38 individuelle Adressen.

Die Verfügbarkeit der IPv6-Adressierung stellt eine grundlegende Voraussetzung dar, um das sogenannte Internet der Dinge (Internet of Things, kurz IoT) zu realisieren. Dies bedeutet, dass alle realen Objekte, die mit einer IPv6 Adresse ausgestattet wurden, vernetzbar und kommunikationsfähig sind.

Das Internet der Dinge ist eng mit dem Internet der Dienste und dem Internet der Daten verknüpft. Internet-basierte Dienste stellen die Kommunikation sicher. Derzeit werden dazu hauptsächlich zwei Konzepte verfolgt [7, 8]. Dies ist zum einen das Konzept Simple Object Access Protocol (kurz SOAP) und zum anderen der Ansatz Representational State Transfer (kurz REST). Das SOAP Konzept basiert darauf, dass XML (Extensible Mark-Up Language) als Format für Anfragen und für Antworten benutzt wird. Der Ansatz REST formuliert Anfragen mit Hilfe des URI (Unified Ressource Identifier), kodiert über das Hyper Text Transfer Protocol (http) und erlaubt Antworten in beliebigem Format meist als HTML-Dokument (Hyper Text Mark-Up Language).

Darüber hinaus liefert das Internet der Daten (Internet of Data, kurz IoD) Konzepte, um große Datenmengen in kurzer Zeit von Sensoren eines realen Objektes an einen Server zu senden, dort zu analysieren und aus den gewonnenen Informationen Steuerungsfunktionen auszulösen.

Bauteile und Betriebsmittel sind Informationsträger [9–11]. Dies bedeutet, dass gerade die Werkstücke, Baugruppen und Komponenten bis hin zum gesamten hergestellten Produkt individuell eindeutig identifizierbar sein müssen und Informationen tragen. Je nach Anforderung können Bauteile und Betriebsmittel mit einer Identifikation, einer Lokalisierung und/oder einer Adressierung ausgestattet werden. Durch die Adressierung werden auch die Vernetzung und die Kommunikation mit dem Bauteil und mit den Betriebsmitteln möglich. Die Informationen repräsentieren das Bauteil selbst und beschreiben unter anderem seine Herstellungsgeschichte. Ebenso werden Betriebsmittel, also Fertigungsmittel (z. B. Werkzeugmaschinen, Werkzeuge, Vorrichtungen), Prüfmittel, Montagemittel und auch Transportmittel als Informationsträger verstanden. Auch sie sind eindeutig identifizierbar und tragen Informationen, die beschreiben, welche Arbeiten sie zu welchem Zeitpunkt ausgeführt haben.

Durch das Verständnis, dass Bauteile und Betriebsmittel Informationsträger sind, entsteht ein Informationsnetzwerk, das die Produktion umfassend beschreibt. Damit kann nachvollzogen werden, wie die Produktion in der Vergangenheit durchgeführt wurde (Semantic Product Memory [9, 10]) wie der Zustand aktuell ist und wie die zukünftigen Produktionsschritte zu erwarten sind.

Konzepte für eine neue Sicherheitskultur ermöglichen ein hohes Maß an Widerstandsfähigkeit gegen Störeinflüsse auf die Produktion [12]. Die Sicherheitskultur umfasst hauptsächlich vier Bereiche. Dazu zählen die IT-Sicherheit, die Zuverlässigkeit und Robustheit, die Privatheit und der Wissensschutz.

Die Maßnahmen zur Gewährleistung der IT-Sicherheit umfassen umfangreiche und ausgereifte Methoden wie Firewall, Virenschutz, Restriktive Konfiguration, Datensicherung, Account-, Passwort- und Pinkonzepte, Verschlüsselung von Datenströmen, Digitale Signatur, Enterprise Rights Management und andere mehr. Die Zuverlässigkeit und Robustheit dient der Absicherung der ständigen Betriebsbereitschaft der vernetzten Systeme sowie Sicherstellung der Verfügbarkeit des Gesamtsystems auch beim Ausfall einzelner Teilsysteme. Privatheit sichert die autorisierte und akzeptierte Verwendung personenspezifischer Daten. Wissensschutz sichert ebenfalls die autorisierte Nutzung von Daten und bietet umfangreiche Schutzmechanismen gegen unbefugten Zugriff.

Darüber hinaus enthält die neue Sicherheitskultur auch Bewusstseinsbildung bei Mitarbeitern und Führungspersonal für den hohen Stellenwert der Sicherheit von Industrie 4.0 Produktionsumgebungen.

8.2 Effiziente Fabrik 4.0 Darmstadt

Im globalen Wettbewerb werden Unternehmen, vor allem kleine und mittelständische Unternehmen, am Wirtschaftsstandort Deutschland mit zahlreichen Veränderungen durch die Einführung von Industrie 4.0 konfrontiert. Durch neue Technologien und Organisationsformen entstehen für Unternehmen umfassende Möglichkeiten und Chancen, die Effizienz in der Produktion zu steigern. Um insbesondere kleine und mittelständische Unternehmen an die neuen Technologien heranzuführen und diese erlebbar zu machen, wurde das Projekt Effiziente Fabrik 4.0 an der Technischen Universität Darmstadt ins Leben gerufen (siehe auch www.effiziente-fabrik.tu-darmstadt.de). Investitionen dieses Unternehmens wurden von der Europäischen Union aus dem Europäischen Fonds für regionale Entwicklung, vom Land Hessen und der Wirtschafts- und Infrastrukturbank Hessen (WIBank) gefördert.

Ziel der Effizienten Fabrik 4.0 ist das Analysieren, Entwickeln und Implementieren von Informations- und Kommunikationstechnologien (IKT) sowie deren Kombination mit vorhandenen Produktionstechnologien für den Aufbau einer effizienten Lernfabrik. In der Effizienten Fabrik 4.0 werden Anwender- und Ausrüsterunternehmen sowie Arbeitnehmer- und Unternehmensverbänden die Möglichkeiten und Potenziale, welche sich durch die Lösungsansätze von Industrie 4.0 ergeben, anschaulich aufgezeigt. Die Besonderheit liegt darin, dass kein neues Produktionsumfeld erschaffen, sondern auf der bereits bestehenden Prozesslernfabrik „Center für industrielle Produktion (CiP)" an der TU Darmstadt aufgesetzt wird (siehe auch www.prozesslernfabrik.de). Die Prozesslernfabrik CiP bildet die Produktion eines kleinen mittelständischen Unternehmens mit den typischen Prozessen der Metallbearbeitung sowie der Montage und Prüfung des Endprodukts ab. Das betrachtete Produkt ist ein Pneumatikzylinder, der in industriellen Anwendungen häufig zum Einsatz kommt. Die Produktion dieses Zylinders besteht aus einer Eigenfertigung sowie Zukaufteilen. So wird interessierten Unternehmen realitätsnah in einem Produktionsumfeld aufgezeigt, welche Möglichkeiten bestehen. Hierdurch wird dem Anwender

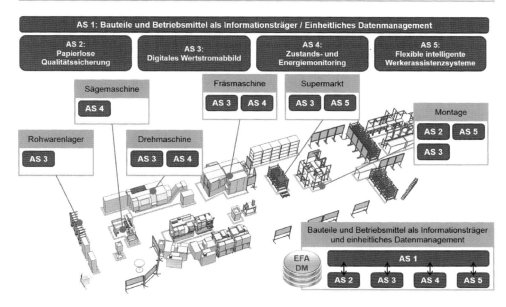

Abb. 8.1 Zusammenfassende Darstellung der Anwendungsszenarien (AS) der Effizienten Fabrik 4.0. (Quelle: Effiziente Fabrik 4.0)

veranschaulicht, welche Schritte er hin zur fortschrittlichen und ressourceneffizienten Produktion mithilfe von Industrie 4.0-Lösungsansätzen bei einer bereits bestehenden Produktionslandschaft gehen kann.

Im Projekt Effiziente Fabrik 4.0 wurden aufbauend auf einer durchgeführten Studie, siehe [13, 14], verschiedene Implementierungskonzepte entwickelt. Diese Industrie 4.0-Anwendungsszenarien wurden hard- und softwareseitig in die Effiziente Fabrik 4.0 integriert. Diese Szenarien stellen im Rahmen des Projektes die Anknüpfungspunkte dar, um Effizienzsteigerungen in bestehende Produktionssysteme durch die Integration von Informations- und Kommunikationstechnologien erzielen zu können. Insgesamt wurden die folgenden fünf zentralen Anwendungsszenarien in der Effizienten Fabrik 4.0 entwickelt und implementiert:

- Bauteile und Betriebsmittel als Informationsträger,
- papierlose Qualitätssicherung,
- digitales Wertstromabbild,
- Zustands- und Energiemonitoring,
- flexible, intelligente Werkerassistenzsysteme [14].

Abb. 8.1 zeigt eine Übersicht dieser fünf Anwendungsszenarien (AS) zugeordnet zu den einzelnen Stationen in der Effizienten Fabrik 4.0, die Szenarien werden nachstehend näher erläutert.

Aufbauend auf den implementierten Anwendungsszenarien findet ein projektbegleitender Wissenstransfer in der Effizienten Fabrik 4.0 statt. Dieser Transfer bietet eine Plattform, um Erkenntnisse aus dem Projekt interessierten Verbänden und Unternehmen zu präsentieren und zu vermitteln. Zum anderen werden die zuvor erarbeiteten Implementierungskonzepte und umgesetzten Lösungen didaktisch aufbereitet und zur Durchführung von Workshops verwendet. Diese sind auf Anforderungen der Interaktion von Mitarbeitern mit den integrierten Industrie 4.0-Lösungsansätzen im neu geschaffenen soziotechnischen System zugeschnitten und bilden ebenfalls eine inhaltliche Grundlage für das Mittelstand 4.0-Kompetenzzentrum in Darmstadt (siehe auch www.mit40.de).

8.2.1 Anwendungsszenario 1: Bauteile und Betriebsmittel sind Informationsträger

Für die Realisierung einer effizienten und zukunftsorientierten Produktion im Sinne von Industrie 4.0 sind die Erfassung und die Verarbeitung der Daten, die während der Wertschöpfung anfallen, von entscheidender Bedeutung. In der Fabrik der Zukunft werden solche Aufgaben ohne Medienbrüche, digital und im optimalen Fall vollautomatisiert durchgeführt. Dazu ist neben der Technologie zur Datenerfassung und ihrer Integration in die Produktion auch die Kommunikation zwischen allen Objekten und Akteuren notwendig.

Bereits im April 2014 wurden vom wissenschaftlichen Beirat der Plattform Industrie 4.0 Thesen verabschiedet, die in die Umsetzungsstrategie Industrie 4.0 aufgenommen wurden [2]. Eine dieser Thesen zielt auf zukünftige Produkte und besagt, dass diese intelligent sein und als aktive Informationsträger fungieren werden, um sowohl eine Identifizierbarkeit als auch eine Adressierbarkeit über ihren gesamten Produktlebenszyklus gewährleisten zu können. Um einen effizienten Einsatz solcher CPS in der Produktion zu ermöglichen, muss eine eindeutige Zuordnung zwischen dem realen Objekt und den zugehörigen virtuellen Daten geschaffen werden und somit die Identifikation des Objekts erfolgen. Die eindeutige und maschinenlesbare Kennzeichnung realer Bauteile und Produkte ist daher ein wichtiger Aspekt für die Industrie, da hier andere Anforderungen an die Systeme zu stellen sind als im Consumer-Bereich.

Sind nun alle Instanzen der Produktion identifizierbar, können erfasste Daten mit ihnen verknüpft werden. Insbesondere die Kopplung unterschiedlicher Informationen in Echtzeit mit realen Objekten ermöglicht es, Bauteile als Informationsträger einzusetzen und macht damit heutige textuelle Begleitdokumente überflüssig [3]. Es zeigt sich, dass die alleinige Betrachtung von Bauteilen in diesem Kontext aufgrund der Diversität der Produkte und Branchen dem Anspruch von Industrie 4.0 nicht gerecht werden kann. Viele Betriebe, insbesondere im Mittelstand, sind nicht mit der Entwicklung des Produkts vertraut, das sie herstellen. Die strukturelle Integration einer Kennzeichnung in das Bauteil, die für die Produktion notwendig wäre, kann somit nicht von ihnen verantwortet werden. Daher werden auch Betriebsmittel in das Konzept mit einbezogen. Dadurch kann die in-

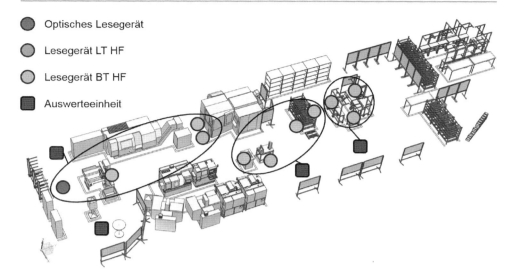

● Optisches Lesegerät

◔ Lesegerät LT HF

◯ Lesegerät BT HF

■ Auswerteeinheit

Abb. 8.2 Übersicht der Identifikationsgeräte in der Effizienten Fabrik 4.0. (Quelle: Effiziente Fabrik 4.0)

dividuelle Datenkopplung auf ein mit dem Bauteil gekoppeltes Betriebsmittel wie einen Ladungsträger übertragen werden. Diese Vorgehensweise eignet sich auch für die Nachverfolgbarkeit von Produkten, deren individuelle Informationen nicht von Bedeutung sind, sondern zu Losen, Chargen oder Paketen zusammengefasst werden.

Diese Überlegungen sind bei der Implementierung des Systems in die Effiziente Fabrik 4.0 eingeflossen. Sowohl die Technologien zur Kennzeichnung der Objekte als auch die Prozessschritte, bei denen diese zum Einsatz kommen, wurden so definiert, dass eine möglichst hohe Kosteneffizienz beim Einsatz des Gesamtsystems realisiert werden kann. Während das Rohmaterial mit Aufklebern mit Barcode markiert wird und mit optischen Lesegeräten identifiziert werden kann, kommt für die Ladungsträger und Bauteile RFID zum Einsatz. Die Verteilung der verschiedenen Lesegeräte in der Effizienten Fabrik 4.0 ist in Abb. 8.2 zu sehen.

Das übergeordnete Ziel bei der Umsetzung dieses Anwendungsszenarios in der Effizienten Fabrik 4.0 ist die unmittelbare Kopplung von Prozessinformationen mit der entsprechenden physischen Komponente, die durch diese Informationen näher beschrieben wird. Dadurch ist es möglich, auf eine effiziente und zukunftsorientierte Weise Daten, die bei der Wertschöpfung anfallen, zu erfassen und zu verarbeiten. Weiterhin ermöglicht dieses Konzept auch die bauteil- oder betriebsmittelgebundene Weitergabe und Bereitstellung von Daten für unterschiedliche Prozessschritte in der Produktion und stellt somit die Grundlage für zahlreiche weitere Anwendungsszenarien dar, die von diesem Datenfluss profitieren können.

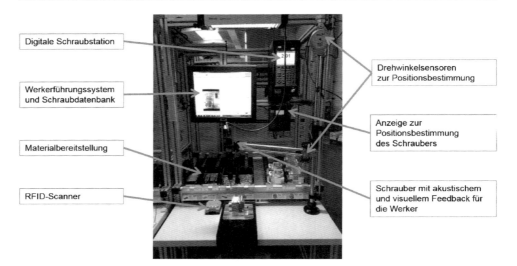

Abb. 8.3 Montagearbeitsplatz mit Schraubstation und RFID-Scanner. (Quelle: Effiziente Fabrik 4.0)

Langfristig könnte durch die Nutzung der Bauteile- und Betriebsmittel als Informationsträger auch die Kopplung zeitlich und räumlich getrennter Produktionsprozesse ohne eine zentrale Steuerung realisiert werden. Dieser Aspekt ermöglicht neben der Verbesserung der Effizienz im eigenen Produktionsumfeld auch enormes Potential zur Datenverarbeitung über den gesamten Produktlebenszyklus und eine neue Stufe der Zusammenarbeit zwischen Unternehmen entlang der Wertschöpfungskette.

8.2.2   Anwendungsszenario 2: Papierlose Qualitätssicherung

Durch die Digitalisierung von Daten- und Informationsflüssen in der Produktion können wie bereits beschrieben zahlreiche Prozesse effizienter gestaltet werden. In diesem Anwendungsszenario werden in der Effizienten Fabrik 4.0 die Einsatzmöglichkeiten von Industrie 4.0 Konzepten für die automatisierte Qualitätssicherung in der manuellen Montage demonstriert. Dabei werden die zu montierenden Bauteile als Informationsträger eingesetzt, um die verwendeten Werkzeuge mit notwendigen Angaben zu versorgen. Die konkrete Umsetzung erfolgt an einem Montagearbeitsplatz, an dem eine elektronische Schraubstation zu Einsatz kommt (s. Abb. 8.3).

Wird ein Bauteil auf dem Arbeitsplatz platziert, können die für Arbeitsplatz und Mitarbeiter spezifischen Varianteninformationen unmittelbar per RFID ausgelesen werden. Auf der einen Seite werden dem ausführenden Mitarbeiter Informationen für die weiteren Bearbeitungsschritte angezeigt, auf der anderen Seite wird der Schraubstation mitgeteilt, welche Programme zu starten sind.

Durch die eindeutige Kennzeichnung des Bauteils kann das spezifische Schraubpro-
gramm aufgerufen und dem Mitarbeiter visualisiert werden, welche Montageschritte nun
durchzuführen sind. Bereits durch diese Vorgehensweise kann ein entscheidender Beitrag
zur Qualitätssicherung geleistet werden, denn es wird immer das passende Schraubpro-
gramm für das Bauteil aufgerufen. Somit können keine Fehler bei der manuellen Einstellung der Schraubparameter entstehen.

Das Assistenzsystem führt dabei den Mitarbeiter mithilfe von Abbildungen Schritt für
Schritt durch die Montage. Um die Qualität weiter zu steigern wurde durch die Integration
von weiteren Sensoren in die Befestigung des Montagewerkzeugs eine genaue Erfassung
von dessen Position ermöglicht. Somit ist eine fehlerhafte Verschraubung unmöglich, da
das Schraubwerkzeug nur bei korrekter Position von dem System freigegeben wird.

Ein weiterer entscheidender Vorteil dieses Anwendungsszenarios gegenüber konventionellen Methoden, wird durch den bidirektionalen Datenfluss zwischen dem Leitsystem
und der Montagestation ermöglicht. Neben der Steuerung des Montageprozesses durch In-
formationsbereitstellung ist durch die Erfassung von Sensordaten auch die automatisierte,
papierlose Dokumentation der Montage möglich. Sowohl die Positionen des Werkzeugs
bei den einzelnen Schraubvorgängen, als auch das Drehmoment und der Drehwinkel-
verlauf jeder Verschraubung werden digital erfasst, gespeichert und mit dem jeweiligen
Produkt über die RFID-Kennung verknüpft. Somit kann vollautomatisiert die Protokollie-
rung aller Schraubvorgänge für das jeweilige Produkt realisiert werden.

8.2.3   Anwendungsszenario 3: Digitales Wertstromabbild

Resultierend aus der Vernetzung der Bauteile und Betriebsmittel liegt eine breite Daten-
basis für die Produktion vor, um ein digitales Abbild der beteiligten Prozessschritte und
des beschreibenden Wertstroms zu erzeugen. Dabei unterscheiden sich die Einsatzgebiete
eines digitalen Wertstromabbildes in erster Linie nicht von denen eines analogen Wertstromabbildes. Es dient vor Allem der Schaffung von Transparenz des Gesamtprozesses,
um effiziente Entscheidungen zu unterstützen und Optimierungspotentiale zu erkennen.
Zentraler Bestandteil des digitalen Wertstromabbildes ist entgegen dem analogen Wertstromabbild die vertikale Integration der gewonnen Echtzeit-Informationen in übergeordnete Systeme des Unternehmens. Erst durch eine Aufbereitung der erfassten Daten zu
vollwertigen Informationen wird die Transparenz der Prozesse erhöht und die Grundlage
für effiziente Entscheidungen geschaffen. Eine hohe Transparenz wird nicht nur durch die
Abbildung aktueller Prozesswerte erreicht, sondern vielmehr durch die Berechnung und
Bereitstellung von übergeordneten Kennzahlen, die für den Betrachter relevante Aspekte
der Prozesse abbilden und somit einen entscheidenden Input für die Entscheidungsfindung darstellen. Dabei kann die automatisierte Erfassung und Verarbeitung der Daten in
Echtzeit entscheidend ihre Qualität im Hinblick auf Aktualität, Nachvollziehbarkeit, Kon-
sistenz, Eindeutigkeit und Vergleichbarkeit verbessern [15].

Abb. 8.4 Zustände unterschiedlicher Produktionsprozesse der Effizienten Fabrik 4.0. (Quelle: Effiziente Fabrik 4.0)

Bei der Umsetzung des Anwendungsszenarios in der Effizienten Fabrik 4.0 wurden insbesondere folgende Kennzahlen und Bereiche einbezogen:

• Durchlaufzeit,
• Zykluszeit,
• Rüstzeit,
• Liegezeit,
• Bestand,
• Overall Equipment Effectiveness (OEE),
• Qualität,
• Termintreue,
• Produktivität,
• Sicherheit.

Die aktuellen Werte dieser Kennzahlen können mithilfe der Bauteile und Betriebsmittel als Informationsträger und der Maschinendatenerfassung durch ein Prozessleitsystem bereitgestellt und in Echtzeit berechnet werden. Durch einen Vergleich mit zuvor festgelegten Zielwerten dieser Kennzahlen kann eine aktuelle Bewertung und Visualisierung des Zustands in der Produktion realisiert werden. In Abb. 8.4 ist die Visualisierung der Produktion in dem verwendeten Leitsystem der Effizienten Fabrik 4.0 zu sehen.

Diese bietet einen groben Überblick der gesamten Produktion. So können auf einen Blick die Maschinenzustände erfasst werden. Je nach der Rolle des Operators können die angezeigten Informationen in ihrem Detaillierungsgrad variieren. Um eine Reizüberflutung zu vermeiden, wurde die Visualisierung in mehreren Ebenen aufgebaut. Die dargestellte Ansicht bildet die oberste Ebene des Gesamtprozesses. Über die Schaltfläche „Detailinformationen" kann der Benutzer auf weitere Ebenen der Visualisierung gelangen, um genauere Informationen zu den prozessspezifischen Kennzahlen zu erhalten.

8.2.4   Anwendungsszenario 4: Zustands- und Energiemonitoring

Einen erfolgsentscheidenden Faktor hinsichtlich der Leistungsfähigkeit von Unternehmen stellt die Güte des Informationsaustausches dar. Um Informationen zur richtigen Zeit an der richtigen Stelle zur Verfügung zu stellen, bedarf es im Rahmen von Industrie 4.0 neuer Wege. Die klassische Automatisierungspyramide stellt ein hierarchisches Kommunikationssystem dar. Dies bedeutet, dass ein Informationsaustausch innerhalb einer Ebene oder zwischen den Ebenen erfolgen kann. Industrie 4.0-Lösungsansätze lösen diese herkömmlichen Hierarchien auf, da eine horizontale sowie vertikale Integration von IT-Systemen in Produktionssystemen erfolgen werden. Dies führt zu einer Kommunikation zwischen beliebigen Endpunkten in der gesamten Wertschöpfungskette. Durch diese essentiellen Verwandlungen in der Produktion ergeben sich diverse neue Möglichkeiten und Chancen für die Zustandserfassung. Sensorik und Aktorik enthalten zukünftig durch den Einzug von Industrie 4.0 selbst Rechnerleistung und eine Internetschnittstelle, sodass eine aktive Kommunikation im gesamten Netzwerk erfolgen kann. In der Effizienten Fabrik 4.0 werden diese Möglichkeiten des Zustands- sowie Energiemonitorings von Maschinen, Produkten und auch Prozessen umgesetzt und veranschaulicht. Durch das Betrachten dieser drei Ebenen entsteht ein ganzheitliches Bild über die Güte des Bearbeitungsprozesses, siehe auch Abb. 8.5.

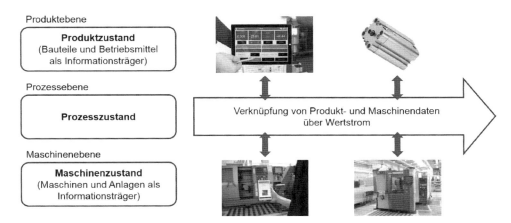

Abb. 8.5 Die drei Ebenen des Zustands- und Energiemonitoring in der Effizienten Fabrik 4.0. (Quelle: Effiziente Fabrik 4.0)

Die Produktebene dient zur Kontrolle und Abbildung eines echtzeitfähigen Produktzustandes. So wird die Produktqualität über den gesamten Produktionsprozess hinweg gewährleistet. Basis bilden hier die Bauteile und Betriebsmittel als Informationsträger. Auftretende Fehler im Entstehungsprozess werden schnell lokalisiert und können verhindert werden. Die Möglichkeiten der Digitalisierung erlauben beispielsweise integrierte Qualitätskontrollen, Weiterleitung von Fehlermeldungen in Echtzeit sowie deren rollenspezifische Visualisierung für den jeweiligen Operator. Primäres Ziel der Maschinenebene – hier sind die Maschinen und Anlagen die Informationsträger – ist die Verhinderung von Maschinen-, Personen- und Umweltschäden durch den Anlagenbetrieb. Dies führt zu einer Vermeidung von ungeplanten Ausfallzeiten, und Verschleiß von Werkzeugen wird rechtzeitig erkannt. Darüber hinaus bildet die Maschinenüberwachung die Basis für eine zustandsabhängige Instandhaltung, was letztlich zur Reduzierung von Kosten und Stillständen führt. Das Abgreifen des Energieverbrauches während der Bauteilbearbeitung sorgt dafür, dass jedem einzelnen Bauteil seine Energieverbrauchsdaten während dessen Produktion zugeschrieben werden. Die erfassten Daten aus der Produkt- und Maschinenebene bilden den Input für die Anreicherung der Prozessdaten auf Prozessebene. Ziel der Prozesskontrolle ist es, den aktuellen Zustand des Prozesses, also den Prozessfortschritt und den physischen Ort der Bauteile, abzubilden. Die Vereinigung von Produktzustandsdaten und Maschinenzustandsdaten führt zu einer ganzheitlichen wertstromorientierten Prozessbetrachtung. Beispielsweise kann ein erhöhter Energieverbrauch einer Fräsmaschine (Maschinenzustand) bei einer spezifischen Produktvariante (Produktzustand) zum Analyseergebnis führen, dass der Fräser oder das Werkzeug verschlissen sind (Prozesszustand).

In der Effizienten Fabrik 4.0 sind verschiedene Applikationen implementiert, um Daten aus den Ebenen (Produkt, Maschine und Prozess) zu generieren. Beispielsweise werden externe Komponenten in Form von Sensoren an den Maschinen angebracht oder direkt die Informationen aus den Steuerungseinheiten der Maschine gewonnen. Die hier verwendeten unterschiedlichen Kommunikationstechnologien zeigen Unternehmen zum einen verschiedene Wege des Datenabgriffs auf, zum anderen werden die wesentlichen Funktionen des Zustands- und Energiemonitorings zur Verfügung gestellt. Zusammengefasst ermöglicht die Implementierung in der Effizienten Fabrik 4.0 folgende Funktionalitäten mit dem dadurch verbundenen Nutzen:

- integrierte Qualitätskontrolle mit Prozesssicherung,
- Echtzeitvisualisierung von Produktqualitätsindikatoren,
- aktiver Prozesseingriff auch über Unternehmensgrenze hinweg,
- Echtzeitabbild des Maschinen- und Prozesszustands (Feststellung Maschinenstörung, Bearbeitungsprogramm an-/ausschalten, Füllstand Kühlschmierstoff analysieren, Energieverbrauch anzeigen, etc.),
- Wissen über Bauteillokation, -zustand und -historie,
- Energieverbrauch und Qualitätsnachweis pro Bauteil,
- Verknüpfung von Produkt- und Prozessqualität zur Erkennung von Korrelationen.

8.2.5 Anwendungsszenario 5: Flexible, intelligente Werkerassistenzsysteme

In einer Vielzahl von Bereichen in der Produktion existiert bereits ein hohes Maß an digitalen Informationen. Zu diesen gehören beispielsweise Prozesse, Produkte oder Betriebsmittel. Der Mensch wird jedoch noch nicht umfassend betrachtet. Folgendermaßen ist auch bei der Entwicklung intelligenter Assistenzsysteme der Mitarbeiter als Teil dieses Gesamtsystems bisher überwiegend unbeachtet geblieben. Die erfolgreich in der Praxis eingesetzten Assistenzsysteme agieren zwar situations-, aber nicht nutzerbezogen und nehmen auch keine Daten über den Mitarbeiter auf. Lösungsansätze, welche einen stärkeren Fokus auf den Mitarbeiter legen und auch spezifische Informationen über den Mitarbeiter abspeichern, finden kaum Einsatz. Ein wichtiger Grund dafür ist die noch relativ offene Gesetzeslage, die in Bezug auf die Mitarbeiterdatenerhebung vorliegt. Im Rahmen der Effizienten Fabrik 4.0 wurde daher ein Assistenzsystem entwickelt, welches als zentrales Ziel hat, den Beschäftigten mit Hilfe eines sozio-technischen Gestaltungsansatzes die Lösungsansätze von Industrie 4.0 zur Verfügung zu stellen und die dadurch erzielbaren Vorteile näher zu bringen. Zu den hier erzielbaren Vorteilen und Chancen gehören:

- die Flexibilisierung der Arbeit,
- die Informatisierung der Arbeitswelt,
- die Kompetenzentwicklung der Mitarbeiter,
- die Assistenz der Mitarbeiter.

Aufbauend auf Anforderungen an ein Assistenzsystem in der Montage, an ein zu entwickelndes Mitarbeiterdatenmodell und an die Güte der Montageinformationen wurde ein Konzept für ein flexibles intelligentes Assistenzsystem entwickelt. Schematisch ist das entwickelte Assistenzsystem in Abb. 8.6 zu sehen.

Abb. 8.6 Schematischer Aufbau Assistenzsystem. (Quelle: Effiziente Fabrik 4.0)

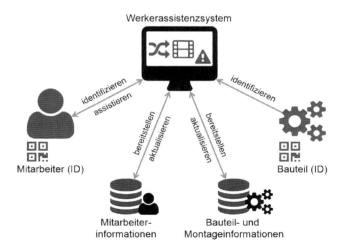

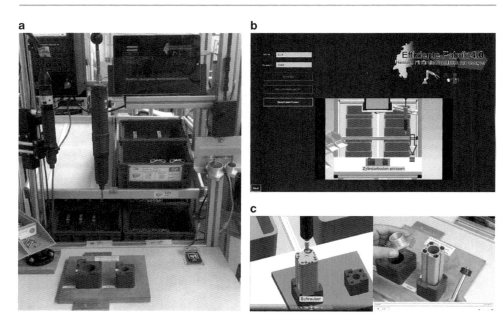

Abb. 8.7 Implementierung flexibler, intelligenter Werkerassistenzsysteme in der Effizienten Fabrik 4.0. **a** physischer Aufbau, **b** Benutzungsoberfläche, **c** Montageinformationen (*links*: virtuelle – *rechts*: reale Videos). (Quelle: Effiziente Fabrik 4.0)

Jeder Mitarbeiter besitzt eine eindeutige Identifikation (ID), hier wurde sich für die Kombination von Benutzername und Passwort entschieden. Es sind natürlich weitere Möglichkeiten, beispielsweise Anmeldung mittels QR-Code oder RFID-Chip, denkbar. Die Mitarbeiterinformationen werden basierend auf der der Mitarbeiter-ID dem Assistenzsystem bereitgestellt. Die Entwicklung des Mitarbeiterdatenmodells stellt aufgrund der aktiven Mitarbeit der IG Metall und verschiedener Betriebsräte einen primären Bestandteil des Anwendungsszenarios dar. Stehen dem Werkerassistenzsystem die Mitarbeiterinformationen zur Verfügung, kann der Mitarbeiter im nächsten Arbeitsschritt das zu montierende Bauteil am Arbeitsplatz anmelden. Das Bauteil als Informationsträger besitzt eine eindeutige Kennzeichnung, welche mittels RFID ausgelesen wird, um dann die spezifischen Montageinformationen bereitzustellen. Nun ist das Assistenzsystem in der Lage, basierend auf den Bauteil- und Montageinformationen sowie dem Qualifikationsstand des Mitarbeiters diesem bedarfsgerecht zu assistieren.

Abb. 8.7 zeigt die Implementierung des Anwendungsszenarios in der Effizienten Fabrik 4.0. Das linke Foto veranschaulicht den realen Aufbau des Assistenzsystems, der Aufbau umfasst den Arbeitsplatz selbst und ein Tablet zur Mitarbeiterkommunikation. Wenn sich der Mitarbeiter im System anmeldet, wird ihm die Benutzungsoberfläche angezeigt (siehe Abb. 8.7b). Ihm wird nun visualisiert, wo er das zu montierende Bauteil einlesen muss. Danach beginnt die Montageassistenz. Je nach Anwendungsfall, ob es sich um kleine oder große Montagelosgrößen handelt, können die Informationen virtuell, basierend auf 3D CAD Daten oder mittels realer Videoaufnahmen, erzeugt und angezeigt werden (siehe Unterschiede der Montageinformationen in Abb. 8.7c).

Die intelligente Verknüpfung von Mitarbeiterinformationen und Assistenzsystem ermöglicht das bedarfsgerechte Bereitstellen von Montageinformationen, egal ob virtuell oder real. Bedarfsgerecht bedeutet in diesem Fall, dass jedem Mitarbeiter basierend auf seinen hinterlegten Informationen die gewünschte und vom System priorisierte Assistenz zur Verfügung gestellt wird. Für die Implementierung ist es wichtig, den Mitarbeiter in den Mittelpunkt zu stellen. So sollte er über Taktzeiten und Informationsarten selbst entscheiden.

Die Einführung des Anwendungsszenarios „flexible, intelligente Werkerassistenzsysteme" führt dazu, dass eine personenbezogene Montageassistenz, basierend auf Bauteilen und Betriebsmitteln als Informationsträgern, erfolgt. Dies unterstützt und fördert in der Montage Themen wie Job-Rotation, also den flexiblen Einsatz von Mitarbeitern und das Lernen während der Montage selbst (Learning on the job).

Literatur

1. Kagermann, H., Lukas, W.-D., & Wahlster, W. (2011). Industrie 4.0: Mit dem Internet der Dinge auf dem Weg zur 4. industriellen Revolution. In: VDI NR. 13 VOM 01.04.2011 SEITE 2. https://www.wiso-net.de/document/VDIN__476866
2. Kagermann, H., Wahlster, W., & Helbig, J. (2013). *Recommendations for implementing the strategic initiative INDUSTRIE 4.0. Securing the future of German manufacturing industry*
3. Plattform Industrie 4.0: Umsetzungsstrategie Industrie 4.0, (2015)
4. Lee, E. A. (2010). *CPS Foundations*. Design Automation Conference (ACM). (S. 737–742).
5. Anderl, R. (2014). *Industrie 4.0 – Advanced Engineering of Smart Products and Smart Production*. Technological Innovations in the Product Development, 19th International Seminar on High Technology, Piracicaba, Brazil.
6. Anderl, R. (2015). Industrie 4.0 – Technological approaches, use cases, and implementation. *Automatisierungstechnik, 63*(10), 753–765.
7. Picard A., Anderl R., & Schützer K. (2013). *Controlling Smart Production Processes Using RESTful Web Services and Federative Factory Data Management*. 14th Asia Pacific Industrial Engineering and Management System, December 3–6, 2013.
8. Steinmetz, C., Christ, A., & Anderl, R. (2014). Data Management based on Internet Technology using RESTful Web Services Conference: 10th International Workshop on Integrated Design Engineering. IDE Workshop 2014, At Magdeburg.
9. Wahlster, W. (2013). The Semantic Product Memory: An Interactive Black Box for Smart Objects. In W. Wahlster (Hrsg.), *SemProM. Foundations of semantic product memories for the internet of things* (S. 3–21). Berlin: Springer.
10. Wahlster, W. (2013). The Semantic Product Memory: An Interactive Black Box for Smart Objects. In W. Wahlster (Hrsg.), *SemProM. Foundations of semantic product memories for the internet of things* (S. 3–21). Berlin: Springer.
11. Anderl, R., Strang, D., Picard, A., & Christ, A. (2014). Integriertes Bauteildatenmodell für Industrie 4.0. Informationsträger für cyber-physische Produktionssysteme. *Zeitschrift für wirtschaftlichen Fabrikbetrieb (ZWF), 109*(1–2), 64–69.

12. Grimm, M., Anderl, R., & Wang, Y. (2014). *Conceptual Approach for Multi-Disciplinary Cyber Physical Systems Design and Engineering.* Proceedings of the 10th International Symposium on Tools and Methods of Competitive Engineering, Budapest, Hungary. (S. 61–72).
13. Anderl, R., Abele, E., Metternich, J., Arndt, A., & Wank, A. (2015). *Industrie 4.0 – Potentiale, Nutzen und Good-Practice-Beispiele für die hessische Industrie.* Bamberg: Meisenbach Verlag.
14. Abele, E., Anderl, R., Metternich, J., Wank, A., Anokhin, O., Arndt, A., Meudt, T., & Sauer, M. (2015). Effiziente Fabrik 4.0 – Einzug von Industrie 4.0 in bestehende Produktionssysteme. *ZWF – Zeitschrift für wirtschaftlichen Fabrikbetrieb, 2015*(03), 150–153.
15. Neubig, N. (2015). Besser managen mit Kennzahlen. *Mosbach QZ, 59*(9), 34–36.

Das Industrial Internet

Engineering Prozesse und IT-Lösungen

Martin Eigner

Zusammenfassung

Das Engineering unterliegt derzeit einem massiven Wandel. Smarte Systeme und Technologien, Cybertronische Produkte, Big Data und Cloud Computing im Kontext des Internet der Dinge und Dienste sowie Industrie 4.0. Die Medien überschlagen sich mit Meldungen über die neue, die vierte industrielle Revolution (In USA spricht man von der dritten industriellen Revolution, The ECONOMIST April 2012). Der amerikanische Ansatz des „Industrial Internet" beschreibt diese (R)evolution jedoch weitaus besser als der eingeschränkte und stark deutsch geprägte Begriff Industrie 4.0. Industrial Internet berücksichtigt den gesamten Produktlebenszyklus und adressiert sowohl Konsum- und Investitionsgüter als auch Dienstleistungen. Dieser Beitrag beleuchtet das zukunftsträchtige Trendthema und bietet fundierte Einblicke in die vernetzte Engineering-Welt von morgen, auf Ihre Konstruktionsmethoden und -prozesse sowie auf die IT-Lösungen.

9.1 Einleitung

Das Internet der Dinge – Kevin Ashton verwendete erstmals 1999 den Begriff „Internet of Things" (IoT) – geht von Internet-basierenden vernetzten physischen Objekten (*things*) aus. Bis 2020 werden auf Basis des Internetprotokolls V6 rund 37 Mrd. Dinge (i. d. R. Produkte/Systeme mit implizierter Kommunikationsfähigkeit) mit dem Internet verbunden sein. Diese nennt man auch Cyberphysische bzw. Cybertronische Produkte oder Systeme. Darauf aufbauend werden neue, oftmals disruptive dienstleistungsorientierte Geschäfts-

M. Eigner (✉)
Technische Universität Kaiserslautern
Kaiserslautern, Deutschland
E-Mail: eigner@mv.uni-kl.de

© Springer-Verlag Berlin Heidelberg 2016
U. Sendler (Hrsg.), *Industrie 4.0 grenzenlos*, Xpert.press, DOI 10.1007/978-3-662-48278-0_9

modelle für die jeweiligen Anwendungen, z. B. Smart Products, Smart Factory, Smart Energy, Smart Mobility, Smart Farming und Smart Buildings, entwickelt. Dienstleistungen innerhalb neuer Gesamtsysteme werden zum zentralen Erfolgsfaktor ($\rightarrow$ Internet of Service IoS). Der wertmäßige Anteil an Elektronik und Software wird bei dieser Art von Produkten und eingebetteten Dienstleistungen ständig steigen. Nach Aussagen von konservativen Schätzungen werden in diesem Marktsegment voraussichtlich 500 Mrd. USD bis zum Jahr 2020 weltweit investiert[1]. Optimistische Vorhersagen für 2030 über die Wertschöpfung dieses Bereiches sprechen von bis zu 15 Billionen USD weltweit, entsprechende Investitionsanstrengungen von Seiten der Politik und der Industrie vorausgesetzt. In Deutschland liegt das Potenzial der kumulativen BIP-Steigerung bis 2030 bei immerhin 700 Mrd. US-Dollar[2].

Die aufgeführten Zielrichtungen wurden durch Vorarbeiten der Industrieverbände, der Forschungsunion und der acatech in die Zukunftsprojekte *Industrie 4.0* und *internetbasierte Dienstleistungen für die Wirtschaft* des BMBF und des BMWI aufgenommen. Diese Aktivitäten sind grundsätzlich zu begrüßen, schöpfen aber durch die starke Fokussierung auf die Produktionsautomatisierung die eigentlichen Potentiale nur unzureichend aus. Der amerikanische Ansatz des *Industrial Internet* (www.industrialinternetconsortium. org/) deckt das Spektrum der Möglichkeiten weitaus besser ab als der eingeschränkte und stark deutsch geprägte Begriff Industrie 4.0 und vierte industrielle Revolution. Industrial Internet betrifft einerseits den gesamten Produktlebenszyklus von der Produktentwicklung, der Prozessplanung, der Produktion bis zum Service, sowie andererseits Konsum-, Investitionsgüter und Dienstleistungen. Die eigentliche Revolution ist die Entwicklung, Produktion und Vermarktung innovativer vernetzter Produkte, Produktionssysteme und Dienstleistungen auf der Basis neuer Internet-basierender Technologien sowie ständiger Miniaturisierung und Kostenreduktion der elektronischen Komponenten. Ein typisches Beispiel ist eine Kontaktlinse mit integriertem Chip, Sensor und Antenne, die den Zuckergehalt misst und über das Internet oder auch BTLE (Bluetooth low energy) an die implantierte Insulinpumpe übergibt. Diese Revolution müsste dann allerdings zuallererst in den Gehirnen aller am Produktlebenszyklus Beteiligten stattfinden. Dabei kann nur totales Um- und Querdenken zum Erfolg führen. Wir müssen uns die Fragen stellen: Sind unsere anerkannten und wichtigen Erfolge in der Optimierung und Systematisierung des Produktentstehungsprozesses (PEP), insbesondere im Bereich von Varianten- und Anpassungskonstruktionen sowie der darauf aufbauenden Prozessautomatisierung heute noch alleinig ausreichend für die Innovationskraft unserer Wirtschaft, sind unsere hierarchischen Organisationsformen adäquat für kreative Produkte, Produktionssysteme und Dienstleistungen oder brauchen wir kleine und dynamische Innovationszellen? Sind unsere Engineering Prozesse und IT-Lösungen genügend agil und interdisziplinär, und sind unsere vertikalen Disziplinen-orientierten betrieblichen sowie akademischen Ausbildungskonzepte vorbereitet für die Zukunft?

---

[1] Industrial Internet Insights Report, GE and Accenture, 2015.
[2] Deutsche Bank Research, 05/2014 und Market Foresights, Future Management Group AG, 02/2015.

9.2   Anforderungen an einen modernen Produktentwicklungsprozess

Neben der weltweiten Vernetzung von Entwicklung, Produktion sowie Verkauf wird insbesondere der originäre Funktions- und damit Komplexitätsumfang der entstehenden Produkte[3] weiter rapide ansteigen. Schon heute sind technische Produkte zunehmend multidisziplinäre Systeme, die von mehreren Ingenieurdisziplinen entwickelt werden. Virtualisierung, Integration und Interdisziplinarität zwischen den Bereichen Mechanik, Elektrik/Elektronik, Software und Dienstleistung sowie die übergreifende Zusammenarbeit zwischen den einzelnen Phasen des Produktlebenszyklus werden zur Grundlage eines modernen Entwicklungsprozesses. Die zunehmende Integration von Informations- und Kommunikationstechnologien in die Produkte und die Verknüpfung mit Dienstleistungen bewirkt einen Paradigmenwechsel. Man spricht von Smart Engineering [1] und meint neue Methoden, Prozesse und IT-Toolketten, z. B. System Lifecycle Management [2], für den Produktentstehungsprozess (PEP). Die sogenannte Revolution bezieht sich darauf, in der Entwicklung, Produktion und Vermarktung innovativer, den Kernelementen des Industrial Internet entsprechender sowie ganzheitlich vernetzter Produkte-, Produktionssysteme und Dienstleistungen auf der Basis neuer internetbasierter Technologien zu erzielen [3]. Der PEP unterliegt aber nicht nur auf Grund von Industrial Internet gravierender Änderungen. Abb. 9.1 stellt die Megatrends für den PEP im Zusammenhang dar. Problematisch ist die vielfache Vernetzung und Abhängigkeit der einzelnen Trends untereinander. Diese

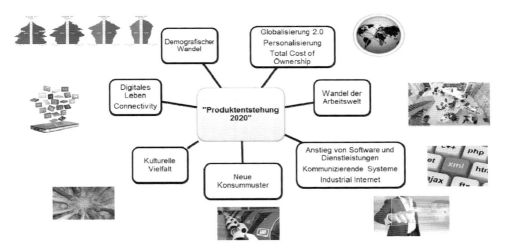

Abb. 9.1 Megatrends für den Produktentstehungsprozess (PEP). (Eigner)

---

[3] Im weiteren wird nur noch von Produkten gesprochen, da der Verfasser der Meinung ist, dass Produktionssysteme auch Produkte sind.

Trends sinnvoll aufzunehmen und umzusetzen und Gewährleistung der gesellschaftlichen Akzeptanz ist die Herausforderung der nächsten Jahre.

Eine derart ganzheitlich vernetzte Systementwicklung erfordert das Überdenken heutiger, im Engineering bekannter Entwicklungsmethoden, beispielsweise für Konstruktion, Prozesse, IT-Lösungen und Organisationsformen [4, 5]. Elektronik, Software und Dienstleistungen stellen einen immer stärkeren Anteil an Produkten dar. Konstruktions- und Entwurfsmethoden aller Disziplinen – also Mechanikkonstruktion, Elektrokonstruktion und Elektronikentwicklung sowie Softwareentwicklung – müssen auf den Prüfstand gestellt, ihre Tauglichkeit bzgl. dem modernen Ansatz des Industrial Internet überprüft, sowie letztlich in einen gemeinsamen integrierten und interdisziplinären Methoden- und Prozessansatz überführt werden. Nach Einschätzung befragter Unternehmen werden IT und Automatisierungstechnik vor allem in Bezug auf die Wettbewerbsfähigkeit weiter an Bedeutung gewinnen [2, 6–8]. Die Einflüsse resultieren aus veränderten Marktbedingungen und Konsummustern, aus neuen Anforderungen an „smarte" Produkte bzw. -Systeme und aus der Kundensicht [9]. Zusätzlich resultiert ein Anstieg der Systemkomplexität zum einen aus einer weitaus stärkeren Globalisierung und Personalisierung der Produkte durch Derivaten- und Variantenvielfalt und zum anderen aus der ständigen Zunahme elektronischer Komponenten und der zugehörigen „Embedded Software". Heute ist lediglich ein Prozent der physischen Welt vernetzt. Mit dem Internetprotokoll IPv6 stehen zukünftig 430 Sextillionen Internetadressen zur Verfügung (430 mit 36 Nullen). Bis 2020 werden so rund 37 Mrd. „Dinge" und Dienste mit dem Internet verbunden sein (→ Digitales Leben, Connectivity).

9.3   Industrial Internet

Das Industrial Internet führt zu vernetzten und miteinander kommunizierenden Systemen und darauf aufbauenden Dienstleistungen [6]. Durch gegenseitige Vernetzung und Beeinflussung wird der Funktionsumfang aktuell mechatronischer Systeme signifikant erweitert. Kommunizieren diese miteinander, wird von „Cyber-Physical Systems (CPS)" bzw. „Cybertronischen Systemen (CTS)" gesprochen [2, 10]. CTS gehen im Unterschied CPS stärker aus der Engineeringsicht hervor und stellen eine Weiterentwicklung mechatronischer Systeme in Richtung Intelligenz und Kommunikationsfähigkeit dar. Sie können in offenen Netzen mit anderen Produktsystemen kommunizieren und kooperieren, und vernetzen sich so zu „intelligenten", teils autonomen, sich selbst anpassenden Systemen. Jedoch fehlt es derzeit noch an Methoden, Prozessen und integrierten IT-Werkzeugen zur Entwicklung und Verwaltung der Informationen solcher Systeme. Aufbauend auf der modellbasierten Entwicklung wird derzeit an Vorgehen zur disziplinübergreifenden und integrierten Entwicklung von CTS geforscht, welche sowohl Produkte als auch Produktionssysteme beinhalten [2, 10, 11]. Um die System- und Prozessqualität für produzierende Unternehmen zu verbessern, können beispielsweise serviceorientierte, skalierbare (Cloud-) Plattformkonzepte zur prädiktiven Qualitätsdatenanalyse dazu beitragen, intelligente, an-

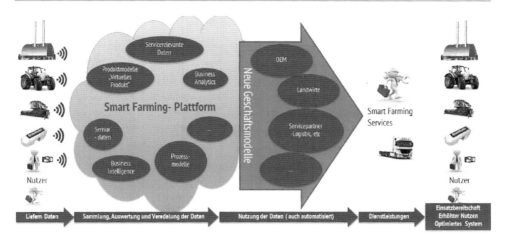

Abb. 9.2 Full Service Konzept am Beispiel Smart Farming. (Eigner)

wendungsspezifische Feedbackloops im Qualitätsmanagement zu schaffen. Software wird in Zukunft eine Vielzahl von neuen Funktionen ermöglichen und die Funktionskomplexität der Produkte weiter erhöhen, andererseits aber auch durch eine Verschiebung der Varianz von Hardware zu Software, die Entwicklungs- und Fertigungskomplexität teilweise reduzieren. Aus einer zentralen Produktionssteuerung wird ein dezentraler, sich selbst organisierender Prozess [10, 12], die Folge: autonome smarte Maschinen.

Full-Service Konzepte (vgl. Abb. 9.2) können heutzutage in voller Breite nur unzureichend umgesetzt werden, da sie eine hohe Unsicherheit und ein hohes Risiko in sich bergen. Grund dafür sind fehlende Informationen und Transparenz über das Gesamtsystem während dem Betrieb bzw. im Einsatz beim Kunden (z. B. Verschleiß von Bauteilen). Durch die Nutzung und intelligente Auswertung von Felddaten, inklusive der Ableitung und Nutzung definierter Zustandsinformationen, kommunikationsfähiger Produktsysteme können diese Unsicherheiten beseitigt und das Risiko besser abgeschätzt werden. Darüber hinaus entstehen neue Möglichkeiten für die Individualisierung von Serviceprodukten bei Investitionsgütern. Ebenso wird das Erstellen und Anbieten von kunden- bzw. maschinenspezifischen Full-Service Konzepten zur Absicherung höchster Verfügbarkeit, zur verbesserten Einsatzplanung, zur genaueren Ermittlung des Ersatzteilpotenzials sowie zum automatisierten Anstoßen von Serviceprozessen ermöglicht [11].

Entscheidend für die Ausgestaltung des Industrial Internet mit dem Internet der Dinge und Dienste sind explizit Technologien mit Sensorik und Aktuatorik sowie eingebetteter Intelligenz. Nur so ist es für Produkte möglich die Umgebung wahr zu nehmen und mit dieser zu interagieren. Auch die drahtlose Kommunikation wie der Breitband-Mobilfunk oder RFID (Radio-Frequency Identification) ist von Bedeutung. Folglich wird die semantische Beschreibung von Diensten und Fähigkeiten wichtig, welche eine Interaktion von Produktkomponenten und Maschinen auf intelligente Art und Weise gewährleisten. Mit

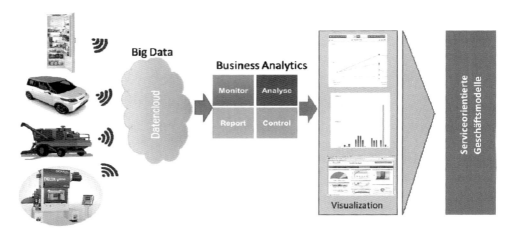

Abb. 9.3 Grundsätzlicher Aufbau von Service-orientierten Geschäftsmodellen. (Eigner)

„Smart Produce" bzw. „Plug and Produce" wird es ermöglicht, dass Maschinen ihr Umfeld automatisch erkennen und sich mit anderen Maschinen vernetzen bzw. interagieren können. Dadurch kann der Austausch von Informationen über bspw. Aufträge, Auslastung und optimale Fertigungsparameter gelingen. Als zentrales Element gilt es dabei spezifische (auch cloudbasierte) Backbone Konzepte aufzubauen, die auf administrativer Ebene helfen, die Informationskomplexität eines Produktsystems (Stichwort: Big Data) über den gesamten Lebenszyklus beherrschbar zu halten. Abb. 9.3 zeigt ein typisches Beispiel wie sowohl Konsumgüter als auch Investitionsgüter, basierend auf einer aktiven Sensor/Aktuator Einbindung und einer intelligenten Datenaufbereitung (→ Business Analytics) die Grundlage von Service-orientierten Geschäftsmodellen bilden.

Zusammenfassend eröffnen Smarte Systeme eine neue Ära von Produktinnovationen sowie Geschäftsmodellveränderungen mit hoher sozial-gesellschaftlicher, ökonomischer und ökologischer Bedeutung. Sie basieren auf der zunehmenden Intelligenz moderner kommunikationsfähiger Komponenten durch internetfähige und kostengünstige Sensorik bzw. Aktuatorik und neuer Konnektivität, die das Internet ermöglicht. Schlüsseltechnologien dieser Ebene sind Sensor-/Aktuatortechnologie, intelligente Hardware, Kommunikationstechnologie und eingebettete Systeme. Darauf baut eine Internet-fähige System- und Serviceplattform auf, die Aggregierung, Fusion, intelligente Auswertung, optimierte Steuerung bzw. Regelung und eine grafische Visualisierung ermöglicht. Grundlage dieser Ebene bilden Softwaretechnologie (Business Analytics, Cloud Computing, Big Data, Security, Safety, kontextsensitive Systeme, etc.) und systemtheoretische bzw. mathematische Modellierung, Analyse- und Simulationsverfahren. Die darüber liegende Ebene entwickelt neue dienstleistungsorientierte Geschäftsmodelle und Betriebsoptimierungen (Internet of Services) sowie die Vernetzung der beteiligten Partner und Komponenten/Systeme (Business Intelligence). Die genannten Ebenen bauen auf neuen, gemeinsamen und in-

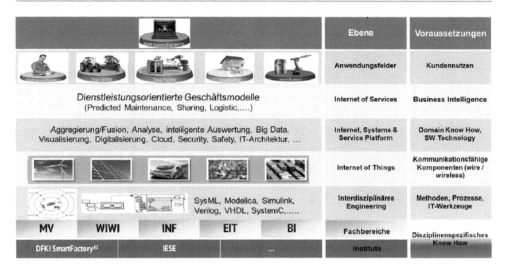

Abb. 9.4 Referenzmodell Center for Smart Systems Engineering der TU Kaiserslautern. (TU Kaiserslautern)

terdisziplinären Engineering Methoden, Prozessen und IT-Werkzeugen auf. Die Ebenen werden nach oben zunehmend anwendungsorientiert und zielen mit ihren Services auf die jeweiligen Anwendungsfelder ab, z. B. Smart Farming, Smart Energy, Smart Products, Smart Factory und Smart Buildings. Die fünf Ebenen und die Anwendungsfelder bilden eine komplexe Kompetenzmatrix und das Referenzmodell (vgl. Abb. 9.4), von 17 Wissenschaftlern der Universität Kaiserslautern, die sich zu einer Initiative Center for Smart Engineering zusammengeschlossen haben. Nur in dieser Breite der Kompetenzen aus fünf Fachbereichen (Maschinenbau/Verfahrenstechnik, Wirtschaftswissenschaften, Informatik, Elektrotechnik und Bauingenieurwesen) lassen sich die Herausforderungen des Industrial Internets lösen.

9.4 Von PLM zu SysLM

Die Komplexität innerhalb einer Produktlebenszyklus Management Strategie (engl.: Product Lifecycle Management (PLM)) hat derzeit bereits einen sehr hohen Level erreicht und der vorgestellte Anstieg der Komplexität von Produktsystemen und deren Entwicklung wird sich weiter beschleunigen [8, 13–15]. Um diese Komplexität zu bewältigen und die Erfüllung neuer Anforderungen sicherzustellen, muss zu jeder Zeit deren Rückverfolgbarkeit über den gesamten Lebenszyklus in Form einer geschlossenen Prozesskette sichergestellt werden. Aktuell beschränkt sich die Rückverfolgbarkeit innerhalb gängiger PLM Lösungen häufig nur auf die Verknüpfung von Produktanforderungen und den Elementen der Stückliste (E-BOM) [16]. System Lifecycle Management (SysLM) [8] wird

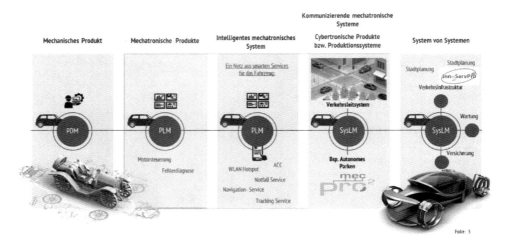

Abb. 9.5 System Lifecycle Management als Schlüsselkonzept zur detaillierten Beschreibung komplexer, smarter Produktsysteme im Kontext des Industrial Internet. (Nach Eigner [6]; Eigner et al. [12]; Eigner und Geissen [17]; © Lehrstuhl für Virtuelle Projektentwicklung (VPE), 2016)

hierzu als nächste Stufe von PLM ausgebaut und als Schlüsselkonzept zur transparenten Beschreibung komplexer, smarter Produkte im Kontext des Industrial Internet vorgeschlagen (Abb. 9.5; [17]). Zwei vom BMBF geförderte Forschungsprojekte ($\rightarrow$ mecPro^2 und InnoServPro) unterstützten diese Arbeiten.

System Lifecycle Management stellt keine smarten Produkt- und Produktionssystem bereit, kann aber auf administrativer Ebene dazu beitragen kann, die richtigen Informationen zur richtigen Zeit im richtigen Kontext zur Verfügung zu stellen, um so die Konstruktionsprozesse zu unterstützen [18]. System Lifecycle Management (SysLM) ist das allgemeine Informationsmanagement, welches Product Lifecycle Management (PLM) um eine explizite Betrachtung der frühen ($\rightarrow$ upstream) und der späten ($\rightarrow$ downstream) Phasen der Entwicklung unter Beachtung aller Disziplinen, einschließlich Dienstleistungen, erweitert. Das Konzept basiert auf der direkten bzw. auch indirekten Integration unterschiedlicher Autorensysteme entlang des gesamten Lebenszyklus eines Produktes bzw. eines Systems. System Lifecycle Management Lösungen sind als technisch-administrativer Backbone verantwortlich für die Produkt- bzw. Systemmodelle und die Engineering-Prozesse, insbesondere Datenaustausch entlang der Zulieferkette, das Freigabe- und Änderungsmanagement sowie das Konfigurationsmanagement.

Aus den genannten Punkten ergeben sich eine Reihe von Anforderungen an SysLM-Lösungen, die für die Unterstützung eines Industrial Internet geeigneten Produktentstehungsprozess erweitert werden müssen.

9.5   Anforderungen an SysLM-Lösungen

9.5.1   Interdisziplinarität

Diese basiert darauf, die Engineering Tätigkeiten über den gesamten *Produktlebenszyklus*, das heißt von der frühen Phase der Anforderungsaufnahme, Produktentwicklung, Produktionsplanung und Produktion, operativer Betrieb mit Service und Ersatzteilversorgung bis hin zum Recycling, über alle *Disziplinen* ($\rightarrow$ Mechanik, Elektrik/Elektronik, Software und Dienstleistungen) und über die Bereichsgrenzen eines Unternehmens hinaus organisatorisch und systemtechnisch zu unterstützen (Abb. 9.6).

Wesentlich für die SysLM Lösung ist eine sinnvolle Einbindung der verschiedenen Autorensysteme entlang des Produktlebenszyklus und der verschiedenen Disziplinen. Darunter fallen insbesondere die frühe konzeptionelle Phase des PEP (s. Abschn. 9.5.5) sowie die CAD und CAE Anwendungen für die mechanische, elektrische und elektronische Konstruktion sowie für die Softwareentwicklung ($\rightarrow$ CASE). Dabei ist insbesondere die Verschiedenheit der Entwicklungsprozesse von Mechanik, Elektronik und Software zu beachten. Die Integration wird aber nicht am Ende des PEP aufhören sondern der Trend geht eindeutig in die Richtung auch die nachfolgenden Bereiche des Produktlebenszyklus in SysLM-Lösungen zu integrieren. Dazu gehören die Bereiche Produktionsplanung und Serviceunterstützung (s. Abschn. 9.5.6).

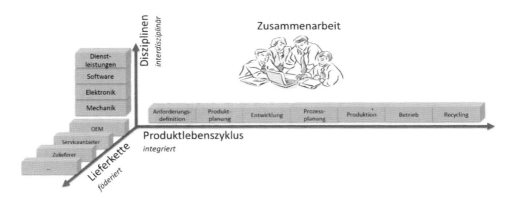

Abb. 9.6 Interdisziplinärer, integrierter und föderierter Produktlebenszyklus. (Eigner et al. [16])

Übersicht

Was bedeutet Interdisziplinarität für SysLM:

- Abdeckung des gesamten Produktlebenszyklus durch Bereitstellung von Integrationsschnittstellen für alle Phasen.
- Abdeckung insbesondere der frühen Entwicklungsphase durch disziplinübergreifenden Entwicklungsmethoden (Model Based Systems Engineering MBSE).
- Abdeckung der Produktionsplanung und Produktion um mit Hilfe durchgehender Produktmodelle darauf aufbauende Produktions- und Fabrikplanung zu ermöglichen.
- Einbindung aller Disziplinen durch Bereitstellung der geeigneten CA-Schnittstellen für Mechanik, Elektrik/Elektronik und Softwareentwicklung.
- Einbindung in die Vier-Ebenen Architektur des VDA um eine Infrastruktur für die IT-Integration umzusetzen.
- Offene Schnittstellen und Verwendung von Standards (OSLC, ReqIF, AP233, AP242, SysML, ...).

9.5.2 Digitalisierung

Die heutige Entwicklung komplexer technischer Produkte und Produktionssysteme umfasst das Zusammenspiel verschiedenen Disziplinen der Mechanik- und Elektronikkonstruktion sowie der Softwareentwicklung entlang des Produktlebenszyklus und über die Zuliefererkette (vgl. Abschn. 9.5.1). Die Digitalisierung, d. h. die vollständige Beschreibung eines Produktes in digitalen Modellen, stellt einen geeigneten Ansatz dar, um diese Disziplinen schon in frühen Entwicklungsphasen zusammenzubringen. Eine Untermenge dieses Konzepts stellt das modellbasierte Systems Engineering (MBSE) dar (s. Abschn. 9.5.4). Dabei arbeiten Ingenieure und Konstrukteure schon in den frühen konzeptionellen Phasen der Produktentwicklung durchgängig mit digitalen Modellen. Diese Durchgängigkeit der digitalen Modelle entlang des Produktlebenszyklus und teilweise über die Disziplinen (Abb. 9.7) gestattet die Vernetzung aller Entwicklungsergebnisse. Die konzeptionelle Produktbeschreibung besteht im Wesentlichen aus Funktions-, Logik- und Verhaltenselementen, die entweder hierarchische oder netzwerkartige Strukturen bilden. Auf diese Weise kann eine Brücke zwischen Anforderungen und der detaillierte Konstruktion auf der SysLM Ebene gebildet werden. Genauso kann auch der Systembruch zwischen Entwicklung/Konstruktion und Produktionsplanung und Produktion überwunden werden. Voraussetzung dafür ist eine stärkere Einbindung von Funktionen der Digitalen Fabrik und der Manufacturing Execution Systeme ($\rightarrow$ MES). ERP Systeme übernehmen in diesem Szenario eher eine ausführende Rolle (vgl. Abschn. 9.5.8).

Abb. 9.7 Zunehmende Digitalisierung des Produktentwicklungsprozesses. (Quelle: SIEMENS Digital Factory Division)

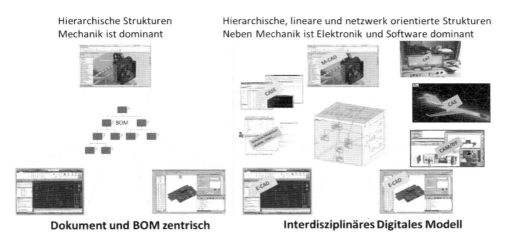

Abb. 9.8 Von der an Dokumenten und Stücklisten orientierten zur modellbasierten Digitalen Beschreibung. (Nach Pfenning et al. [19])

Waren in den 80iger Jahren die Produktbeschreibungen noch auf Dokumenten konzentriert, haben sich – auch auf Grund verstärkter CAD Einführung in Mechanik und Elektronik – stücklistenorientierte hierarchische Modellierungen (→ BOM = Bill of Material) parallel zur geometrischen Beschreibung durchgesetzt. Diese reichen heute bei zunehmender Bedeutung der Mechatronik und Cybertronik nicht aus, sondern müssen um lineare (Software) und netzwerkartige Strukturierungsmethoden (MBSE) ergänzt werden (Abb. 9.8).

Die Hardware – sowohl Mechanik als auch Elektrik/Elektronik wird auf der obersten Verwaltungsebene über hierarchische Stücklisten beschrieben. In der Elektrik/Elektronik werden von den CAD-Systemen netzwerkartige Schema- und Layout-Pläne erzeugt, die aber auf der TDM (Team Data Management) Ebene bereits zu hierarchischen Stücklisten

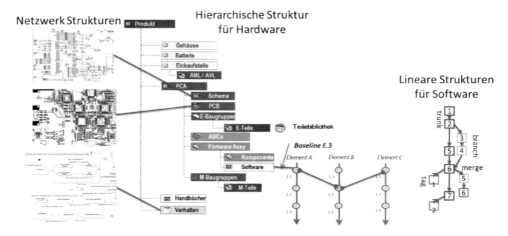

Abb. 9.9 Einbindung MCAD, ECAD, SW (Case) in einen SysLM Backbone in Form eines interdisziplinären digitalen Produktmodells, das aus hierarchischen, netzwerkartigen und linearen Strukturen besteht. (Eigner)

umformatiert werden. Allerdings erfolgt auf dieser Ebene in jedem Fall eine Instanzierung, da die Bestückungspositionen mit verwaltet werden (→ s. Abschn. 9.5.3). In der Softwareentwicklung existieren parallele Stränge (→ Trunks), Aufspaltungen (→ Branch) und Vereinigungen (→ Merge). Eine Konfiguration wird bei der Softwareentwicklung durch Verknüpfung der physischen Files, die durch Revision und Version gekennzeichnet sind, realisiert (→ Baseline). Abb. 9.9 stellt diese Zusammenhänge in der Phase der konkreten Produktentwicklung als digitales SysLM Modell dar. Dabei sind zwei Dinge zu beachten: einerseits die Konzeption und Umsetzung Disziplinen-übergreifender Freigabe-, Änderungs- und Konfigurationsprozesse und zum anderen die Einbindung in eine betriebliche Systemarchitektur nach dem Vier-Ebenen-Konzept des VDA's (vgl. Abschn. 9.5.8).

Übersicht

Was bedeutet Digitalisierung für SysLM:

- Abdeckung des gesamten Produktlebenszyklus durch Bereitstellung von digitalen Modelle für jede einzelne Phase
- Abdeckung sowohl interdisziplinärer als auch in späteren Phasen disziplinabhängiger Modelle
- Abdeckung insbesondere der frühen Entwicklungsphase durch disziplinübergreifenden Entwicklungsmethoden (Model Based Systems Engineering MBSE)
- Abdeckung der Produktionsplanung, Produktion und After Sales/Service

- Existenz von Integrationsschnittstellen für alle Phasen
- Offene Schnittstellen und Verwendung von Standards (OSLC, ReqIF, AP233, AP242, SysML, ...)

9.5.3 Instanziierung

Die Instanziierung des digitalen Modells ist aus mehreren Gründen wesentlich. Bei komplexen Produkten und Systemen, zum Beispiel im Anlagen-, Schiff- und Flugzeugbau, müssen mehrfach verbaute Komponenten rückverfolgbar und einzeln identifizierbar sein. Die Komponenten von einem speziellen Typ, z. B. Pumpe 4711 D, sind in einer Fregatte an mehreren Positionen eventuell auch mit verschiedenen anderen Parametern, z. B. Wartungsangaben, verbaut. Die verschiedenen Instanzen werden durch eine Seriennummer, die neben der Sachnummer und der Revision/Version die Instanz eindeutig identifiziert. Wichtige Bauteile unterliegen einer stückmäßigen Verfolgung. Jedes Teil erhält deshalb neben einer Sachnummer eine Seriennummer, mit deren Hilfe eine lückenlose Dokumentation des einzelnen Teiles möglich wird Die kontextspezifische Identifizierung aller Pumpen eines Schiffs geschieht durch Zuordnung der jeweiligen Instanzen (Sachnummer, Revision/Version, Seriennummer) zur Seriennummer der Schiffs. Diesen Zusammenhang stellt Abb. 9.10 dar.

Die Instanziierung durch Seriennummern ist in den meisten Fällen ausreichend, allerdings nur dann, wenn der Verbauungsort nicht von Interesse ist. Bei in Großserien gefertigten Produkten wird wenn überhaupt nur eine Seriennummer auf der obersten Ebene vergeben. In der Elektronik ist eine Instanziierung durch Positions-Indikatoren üblich,

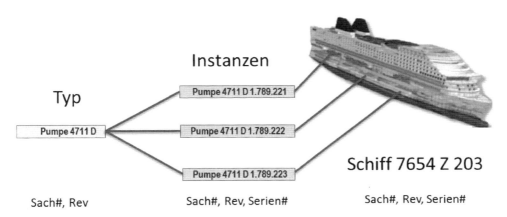

Abb. 9.10 Zusammenhang zwischen Typ und Instanz sowie Differenzierung durch Seriennummern. (Eigner)

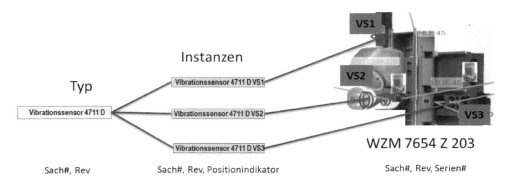

Abb. 9.11 Zusammenhang zwischen Typ und Instanz sowie Differenzierung durch Positionsindikatoren. (Eigner)

da die Position der jeweiligen Komponente für den Montageprozess relevant ist. So ist es sowohl in der Schema-, in der Layout Zeichnung als auch in der Stückliste üblich, eine wertmäßig identische Komponente durch Positionsindikatoren zusätzlich zu identifizieren (z. B. ein Kondensator mit derselben Kapazität hat eine Identnummer, eine Revision/Version, eine Benennung und die Verbauungsorte C1, C2, C3, . . .).

Durch das Industrial Internet sind nun neue Anforderungen vor allem aus der Definition Serviceorientierter Geschäftsmodelle aufgekommen, die eine Instanziierung mit Kontextzusammenhang zum Verbauungsort und zum Produkt erfordern. Die von Sensoren gelieferten Werte können nur in diesem Kontextzusammenhang interpretiert werden (Abb. 9.11). Damit ist eine eindeutige Zuordnung zu einer IP Adresse und der Kontextzusammenhang zwischen einzelnen Sensoren und der Werkzeugmaschine ist ebenfalls gewährleistet.

Übersicht

Was bedeutet Instanziierung für SysLM:

- Das digitale Systemmodell muss anwendungsspezifische Typ- und Instanzen-Konzepte besitzen.
- Typische Möglichkeiten sind Seriennummern und/oder Positionsindikatoren.
- Eine weitere Attributierung oder Verlinkung mit Datensätzen muss möglich sein, z. B. für Wartungs- und Betriebsinformationen.
- Eindeutige Zuordnung von Produkt, Komponente, Sensor und IP Adresse. Nur durch diesen Kontextzusammenhang ist eine eindeutige Zuordnung, Identifizierung und Auswertung der Sensorwerte möglich.

9.5.4 Collaboration

Disziplinen-übergreifende Produktentwicklung führt zwangsläufig zu zunehmender Globalisierung innerhalb der Wertschöpfungskette sowohl innerhalb der OEM's als auch zwischen OEM's und ihren Zulieferern und damit zu komplexeren, vernetzten Arbeitsorganisationen und Prozessen (vgl. Abb. 9.12) Das bedeutet, dass sich die Produktdaten und die typischen Engineering-Prozesses über die gesamte Zulieferkette verteilen. Die Anforderung bereichsübergreifender Kommunikation zwischen allen Beteiligten über verschiedene Kulturräume und Zeitzonen gewinnt immer mehr an Bedeutung. Außerdem muss die Internet-basierende Einbindung von Kunden und Zulieferern in Form einer Engineering Collaboration Plattform Teil einer SysLM-Lösung sein.

Die Wikipedia-Definition von „Collaborate" definiert die Zusammenarbeit als „ein rekursives Verfahren, bei dem zwei oder mehr Personen oder Organisationseinheiten in einer Arbeitsphase des PEP in Richtung eines gemeinsamen Zieles zusammenarbeiten." Auf der Ebene SysLM erleichtert die Kommunikation zwischen den Stakeholdern des PEP die Zusammenarbeit. Mit einem gemeinsamen Vault können alle Konstrukteure an den gleichen Konstruktionsobjekten arbeiten. Zugriffslogiken stellen sicher, dass die richtigen Mitarbeiter die Informationen zur richtigen Zeit, am richtigen Ort und in der ihnen zulässigen Untermenge sehen und eventuell auch bearbeiten können. SysLM bietet zahlreiche Werkzeuge, mit denen Unternehmen intern und extern zusammenarbeiten können. Teilweise werden vereinfache Kommunikationsmechanismen aus dem Bereich Social Media angeboten.

Übersicht
Was bedeutet Collaboration für SysLM:

- Bereitstellung einer virtuellen Konstruktions- und Informationsaustauschplattform.
- Bereitstellung geeigneter Visualisierungsmethoden auf der Basis von Lightweight Formaten (JT, TIFF, PDF, . . .).
- Lösung der Zugriffsproblematik und damit garantierter Schutz des „intellectual property" verschiedener am PDP beteiligter Organisationen und Personen.
- Gemeinsames Vault-System um einen gemeinsamen Datenzugriff zu erlauben.
- Kommunikationsaufbau ähnlich Social Media Systeme.

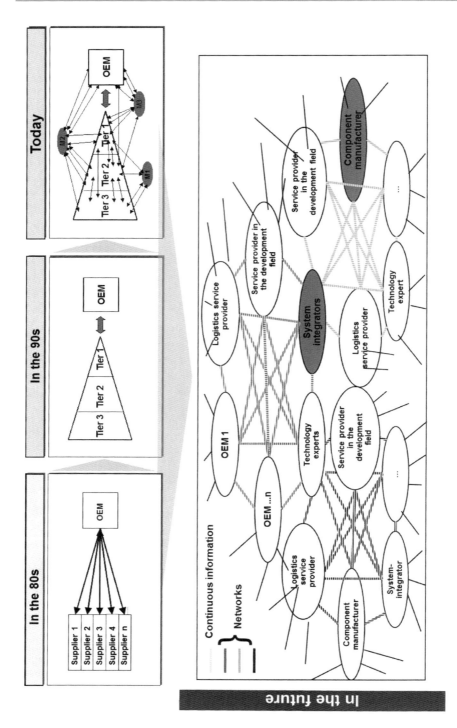

Abb. 9.12 Zulieferer-Kette im Automobilbau. (Quelle: Dr. Göschel, Magna)

9.5.5 Integration frühe Phase des Produktlebenszyklus (→ upstream Prozess)

Industrial Internet kompatible Produkte und die dazugehörigen Engineering-Prozesse verlangen einerseits eine zunehmend stärkere Betonung der frühen Phasen des PEP zusammen mit der notwendigen Interdisziplinarität ergibt sich mit dem Model Based Systems Engineering (MBSE) eine neuer Ansatz in der Produktentwicklung, der für die Entwicklung komplexer mechatronischer und cybertronischer Produkte optimale Voraussetzungen bietet. Daraus ergeben sich neue Modellelemente die einerseits administriert und andererseits den Engineering-Prozessen unterliegen. Dazu gehören z. B. Anforderungen, Funktionen, Verhalten und logische Systemblöcke. Das Problem der Integration der Komponenten während des Entwicklungsprozesses kann durch die Verwendung solcher Modellierungssprachen möglichst früh in Angriff genommen werden, indem die Korrelationen zwischen Systemanforderungen, Funktionen, Verhalten und Struktur definiert werden. Die durchgängige, modellbasierte Entwicklung ist in der virtuellen Produktentwicklung von zentraler Bedeutung und ist somit auch eine wesentliche Herausforderung an die Optimierung des PEP für mechatronische und insbesondere für cybertronische Produkte beziehungsweise Systeme. Die Methoden des modellbasierten Systems Engineering können dazu beitragen, ein multidisziplinäres Produkt in einer abstrakten Weise zu beschreiben. Die VDI 2206 definiert einen systematischen Ansatz für die Entwicklung mechatronischer Systeme. Der Fokus liegt hier auf dem linken Flügel des „V" und erweitert es mit den Werkzeugen des modellbasierten Systems Engineering. In dem vom BMBF geförderten Forschungsprojekt mecPro[2] wurden die Ansätze der Software Plattform für Embedded Systems (→ SPES) mit den Konstruktionsmethoden der Mechanik (VDI 2221) vereinigt (Abb. 9.13). Daraus entstand ein erweitertes V-Modell [20].

Es können drei Ebenen der digitalen Modellierung identifiziert werden (Abb. 9.14):

- **Modellbildung und Spezifikation:**
  Ein System wird durch qualitative Modelle beschrieben. Diese beinhalten Anforderung-, Funktions-, Verhaltens- oder logische Systemstrukturen. Die Modelle sind beschreibend und können nicht simuliert werden. Als Autorenwerkzeuge dienen beispielsweise graphische Editoren für Beschreibungssprachen wie SysML.
- **Modellbildung und erste Simulation und Validierung:**
  Auf dieser Ebene werden meist quantitative, simulierbare Modelle erstellt, etwa multiphysikalische Simulationsmodelle, die mehrere Disziplinen mit einbeziehen. Als Autorenwerkzeuge dienen Simulationseditoren wie Modelica, Matlab/Simulink oder in der Elektronik VHDL, Verilog oder SystemC.
- **Disziplinspezifische Modellbildung und detaillierte Simulation und Validierung:**
  Auf dieser Ebene werden zum Beispiel Geometrie- oder CAE-Modelle erstellt, die einen sehr disziplinspezifischen Charakter haben. Als Autorenwerkzeuge dienen CAD Systeme oder disziplinspezifische Berechnungs- und Simulationssoftware.

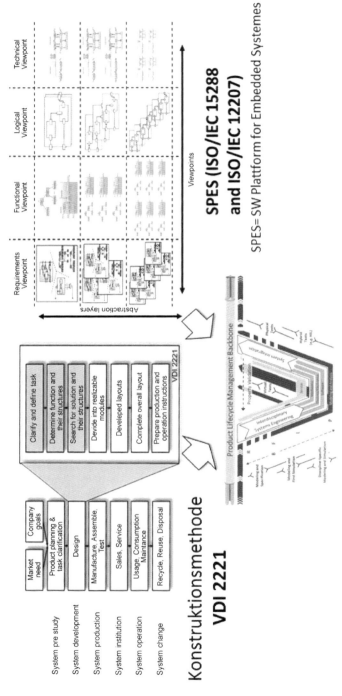

Abb. 9.13 Vereinigung von SPES mit VDI 2221 zu einem erweiterten V-Modell. (mecPro^2 [20]; Gilz und Eigner [21])

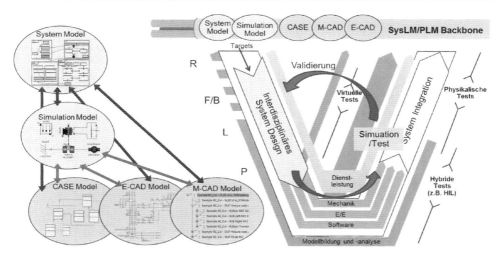

Abb. 9.14 V-Modell für Model Based Systems Engineering mit einem SysLM Backbone. (Eigner)

Basierend auf den ersten Simulationen und der funktionalen Beschreibung beginnt die disziplinspezifische Entwicklung, die die physischen Elemente des Systems, wie Hardware-Teile oder Software-Code (gekennzeichnet mit P in Abb. 9.15), adressiert. Hier setzen in der Regel die CAx Prozesse in der virtuellen Produktentwicklung an. Ab dieser Ebene positionieren sich heutige PLM Lösungen. Die wesentliche Anforderungen an SysLM sind, die neuen Artefakte Anforderungen, Funktion, Verhalten und logische Systemelemente abzubilden und die darauf aufbauenden Engineering-Prozesse (→ Freigabe-, Änderung- und Konfigurationsmanagement) zu unterstützen (Abb. 9.15). Parallel zur SysLM Philosophie haben einige Anbieter, die ursprünglich aus der CASE (Computer Aided Software Engineering) Anwendung kamen, auch durch ihre guten Anforderungsmanagement Systeme und zugekauften MBSE Tools einen neuen Anwendungsbereich definiert: ALM = Application Lifecycle Management (→ IBM und PTC/MKS).

Ähnlich der Einbindung von CAD zu PLM, wurden am VPE[4] an der TU Kaiserslautern die Kommandos eines marktüblichen PLM Systems in die Befehlsstruktur eines SysML Autorensystems und vice versa integriert. Durch die Verknüpfung mit den im ursprünglichen PLM Leistungsumfang enthaltenen konstruktiven Stammdaten und Stücklisten wurde eine durchgehende Integration von Anforderungen, Funktionen, Logischen Blöcken und der Entwicklungsstückliste (E-BOM) erreicht. Diese Integration ist mit relativ niedrigen Arbeitsaufwand durch die modernen SOA basierenden Architektur, die Offenheit der Schnittstellen und der Einfachheit des Customizing durch einen modellbasierten Repository basierenden Ansatz der beteiligten Systeme möglich geworden.

---

[4] VPE Lehrstuhl für Virtuelle Produktentwicklung.

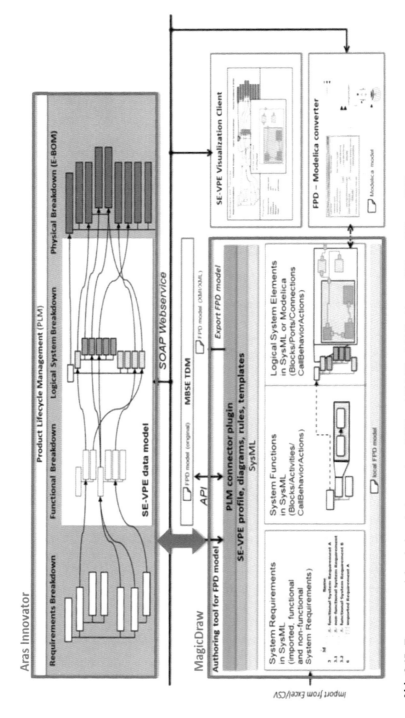

Abb. 9.15 Zusammenspiel zwischen Autorensystem, TDM und PLM/SysLM Backbone. (Gilz und Eigner [21])

Übersicht

Was bedeutet die Einbindung in die frühe Phase für SysLM:

- Bereitstellung eines erweiterten Produktmodells, das Anforderungen, Funktionen, Verhalten und logische Elemente enthält.
- Bereitstellung von Integrationsschnittstellen für SysML und die Simulationssysteme in der frühen Phase (Simulink, Matlab, Modelica, VHDL, Verilog, SystemC, . . .).
- Umsetzen geeigneter Engineering-Prozesse für die neuen Artefakte.
- Leichte Anpassung des SysLM Systems möglichst durch Konfigurieren um neue Objekte und Beziehungen zu integrieren.
- OSLC und ReqIF Fähigkeit der beteiligten Systeme.

9.5.6 Integration späte Phase des Produktlebenszyklus (→ downstream Prozess)

Moderne Ansätze von internetbasierten Dienstleistungen, die auf kommunizierenden Produkten basieren, haben ihren Ursprung häufig in einer Massendatenauswertung in der Produktions- und Betriebsphase. Das bedeutet eine Erweiterung der SysLM Lösungen bis in den Servicebereich. Aktuell haben sich heute für diesen Bereich ebenfalls isolierte und nicht integrierte Service Lifecycle Management Systeme (SLM) etabliert. Sinnvoll wäre eine Erweiterung im Sinne einer SysLM Lösung auf der Basis gemeinsamer Stamm- und Strukturdaten. SysLM bedeutet dann in diesem Sinne nicht nur die Erweiterung in die frühe Phase sondern auch in die späte Phase. Abb. 9.16 zeigt am Beispiel eines mit Internet-fähigen Sensoren und Aktuatoren ausgestattetem Produkt, welche Feedback-Loops relevant sind. Für die Optimierung des PEP ist es interessant, welche Komponenten und Systeme zu qualitativen oder funktionalen Problemen führen. Im Servicebereich kann eine direkte Optimierung des Wartungs- und Ersatzteilversorgungsprozesses erfolgen.

Diese Art von Feedback Loop setzt die in Abschn. 9.5.3 eingeführten Typ und Instanzen Konzepte voraus. Damit sind dann für jede beliebige Komponente Service-orientierte Auswertungen möglich (Abb. 9.17).

Es ist offensichtlich, das mit diesem Datenblatt alle über SysLM verknüpfte Informationen, z. B. 3D Grafik, Stückliste und Wartungsplan angezeigt werden können. Damit kann dem Service ein immer aktueller Überblick über die statischen und dynamischen Informationen über das Produkt und seine relevanten Komponenten gegeben werden.

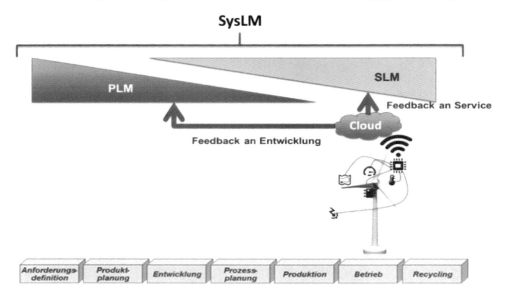

Abb. 9.16 Internet-fähige Produkte können Service-orientierte Informationen an Entwicklung und Service senden. (Eigner)

Abb. 9.17 Beispiel eines Service-orientierten permanent aktuell gehaltenen Reports einer Komponente. (Bildmaterial SAP)

Übersicht

Was bedeutet die Einbindung der späten Phase für SysLM:

- Unterstützung der Integration von Prozessplanungssystemen und Systemen der Digitalen Fabrik.
- Insbesondere Bereitstellung von Funktionen des Service Lifecycle Managements (SLM) bzw. Integration in eine SLM Lösung auf der Basis gemeinsamer Produktdaten.
- Bereitstellung von Lösungen, die die Kommunikation mit Sensoren und Aktuatoren von internetfähigen Produkten ermöglicht.
- Zusätzliche Funktionen wie Cloud Integration, Business Analytics und Data Mining müssen integriert werden.
- Grafische Oberflächen, die die Gesamtzusammenhänge von statischen und Dynamischen Informationen aufzeigen.

9.5.7 Visualisierung

Durch alle bisher aufgeführten Anforderungen an SysLM, wie Interdisziplinarität, Instanziierung, Föderation und Integration über den gesamten Produktlebenszyklus erreicht das digitale Produktmodell einen Grad an Komplexität, der für die tägliche Bearbeitung von Ingenieuren kaum zu bewältigen ist. Akzeptanzproblematiken sind die konsequente Folge. Gerade die typischen Engineeringprozesse wie Freigabe-, Änderungs- und Konfigurationsmanagement bedürfen einer hohen Transparenz, welche Objekte von einem solchen Prozess betroffen sind. Graphen eignen sich sehr gut, komplexe Strukturen zu visualisieren (Abb. 9.18). Das setzt natürlich voraus, dass über Links eine Zuordnung verschiedener Anwendungs- und Verwaltungssysteme realisiert sind (vgl. Abschn. 9.5.8, Abb. 9.21 und 9.22). Die mit den Knoten verknüpften Dokumente müssen über die typischen „Light Weight" Formate dargestellt werden (→ TIFF, PDF, JT, . . .).

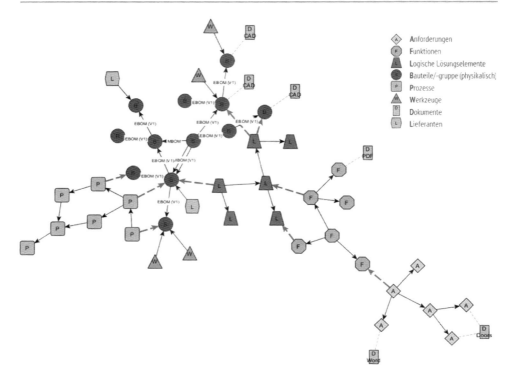

Abb. 9.18 Graphen-basierendes Beispiel eines über den gesamten Produktlebenszyklus verknüpften Produktmodell. (Ernst [22])

Übersicht

Was bedeutet eine einfache und transparente Visualisierung für SysLM:

- Einbindung von Graphen-orientierten Visualisierung-Werkzeugen.
- Offene und dokumentierte Schnittstellen, Datenformate und Standards.
- Möglichst harmonisiertes Änderungs- und Konfigurationsmanagement (Voraussetzung: alle Objektklassen in allen Anwendungssystemen müssen Revision und Version sowie Gültigkeitsbereiche (→ effectivity) erlauben).
- Verbindung von verschiedenen Anwendungssystemen (→ ALM, PLM, SLM, MES, ERP) durch modellbasierte semantische Netzwerke.

9.5.8   Einbettung in eine betriebliche IT Architektur

Ein interdisziplinärer und integrierter PEP, der die Entwicklung Industrial Internet geeigneter Produkte und Produktionssysteme unterstützt, basiert auf einer Vielzahl von Autorensystemen in den verschiedenen Phasen des Produktlebenszyklus sowie in den verschiedenen Disziplinen. Diese müssen über eine geeignete Architektur über eine oder je nach Komplexität über zwei Hierachiestufen in einen gemeinsamen Produkt- und Prozessbackbone eingebunden werden. Gekennzeichnet sind diese Konzepte durch die vier Ebenen, die im Rahmen einer VDA-Arbeitsgruppe festgelegt wurden:

- **Autoren Systeme** (MBSE, MCAD, ECAD, CASE, CAP, CAM, Office) sowie Berechnungs- und Simulationssysteme.
- **Team Data Management** (TDM), eine Verwaltungsebene, die autorensystemnahe Informationen verwaltet und die direkt den Autorensystemen zugeordnet sind. Diese Ebene verwaltet in der Regel die nativen Formate der Autorensysteme. Sind die Autorensysteme einfach strukturiert, kann diese Ebene auch entfallen und man spricht von einer Direktkopplung.
- **SysLM/PLM Backbone**, die zentrale Ebene des PEP, die die interdisziplinäre Produktstruktur mit allen zugehörigen Dokumenten – in der Regel in neutralen Formaten – enthält. Darauf baut das entwicklungstechnische Änderungs- und Konfigurationsmanagement auf. Dies ist die eigentliche SysLM Lösungsebene eventuell ergänzt um ALM und SLM.
- **PPS Backbone**, der bei einer globalen Verteilung meist aus mehreren lokalen Instanzen und häufig verschieden angepassten PPS Systemen besteht. Auf dieser Ebene wird heute der logistische und produktionstechnische Teil des Änderungs- und Konfigurationsmanagements umgesetzt.

Abb. 9.19 und 9.20 stellen zwei beispielhafte Ansätze einer möglichen IT Architektur mit der Zielsetzung eines integrierten Freigabe- und Änderungsmanagements (→ Engineering Release/Change Management ERM/ECM) und ein darauf aufbauendes Konfigurationsmanagement dar. Dabei wurde berücksichtigt, dass sich in den letzten Jahren eine neue IT-Lösungskombination ergeben hat. Die typischen CASE Tool Anbieter haben Ihre Lösungen um Requirements Management (RM) und MBSE Werkzeuge ergänzt und nennen das ALM. ALM ist dann entweder auf der TDM Ebene oder auf der Backbone Ebene umgesetzt. Der weitaus häufigere Fall ist jedoch, dass diese drei Funktionen in den Unternehmen historisch nach der Methode „best in breed" ausgewählt wurden und nun über einen SysLM Backbone integriert werden müssen. Identisch ist die Positionierung von SLM in der späten Produkt Lebenszyklus Phase.

Die TDM-Ebene dient dabei für die Vielzahl an zu integrierende Autorensysteme als Zwischenschicht, die die Autorensystem-nahe Informationen verwaltet, z. B. die nativen RM, MBSE, CA- und CAE-Files. Nur die für die Engineering-Prozesse absolut notwendi-

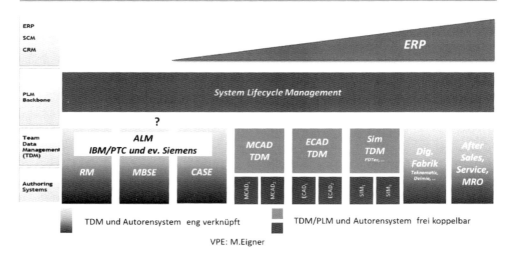

Abb. 9.19 Architektur mit dominanten SysLM System, ALM und SLM auf der TDM Ebene oder RM, MBSE und CASE einzeln integriert. (Eigner)

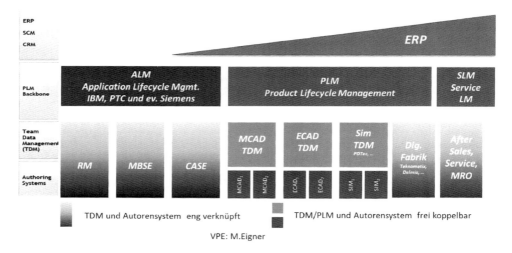

Abb. 9.20 Architektur, ALM, SLM und PLM bilden gemeinsam den SysLM Backbone. (Eigner)

gen Produktdaten erreichen so den PLM-Backbone. Die Visualisierung auf dieser Ebene arbeitet mit neutralen Formaten wie TIFF, JT und PDF.

Das Hauptproblem dieser Architektur, liegt häufig in der Abstimmung von Informationen und Prozessen zwischen der durch SysLM bestimmten Design Chain und der durch PPS bestimmten Supply Chain. Hinzu kommt, dass PPS Systeme nicht die notwendig flexible Gestaltungsmöglichkeiten zur firmenspezifischen Adaption sowohl des Produkt- als auch des Prozessmodells besitzen und somit häufig eine gemeinsame Prozessgestal-

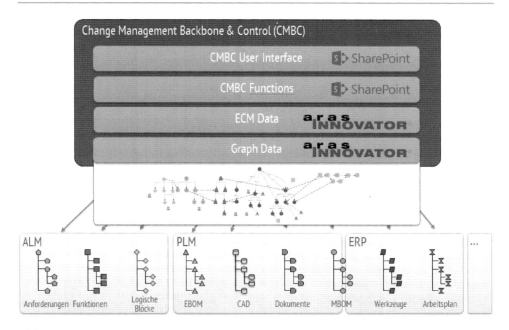

Abb. 9.21 Change Management in SharePoint mit Hilfe eines marktüblichen Repositories. (Eigner)

tung auf dem kleinsten gemeinsamen Nenner und nicht auf dem Optimum basiert. Als Alternativen bieten sich an eine eher evolutionäre Lösung durch Auslagern der Prozesskontrolle in ein übergeordnetes System z. B. auf der Basis von SharePoint (Abb. 9.21). Das Projekt wurde zusammen mit den Firmen ILC und ARAS realisiert. Ohne durchgängige Engineering Prozesse über die Design und Supply Chain bleiben alle Integrationsansätze Stückwerk. Eine eher revolutionäre Lösung wäre die Produktionsplanung mit den Produktionsressourcen ebenfalls an den SysLM Backbone zu koppeln. Das setzt eine leistungsfähige Integration von Digitale Fabrik Systemen und MES voraus. ERP würde in diesem Szenario eher die Rolle eines ausführenden Systems übernehmen. Damit wäre eine Umsetzung aller Engineering Prozesse auf einer gemeinsamen Ebene möglich.

Generell muss bei der Definition der IT-Infrastruktur beachtet werden, dass durch das Internet der Dinge und den damit verbundenen Anschluss vieler Teilsysteme eine immense Datenmenge und Schnittstellenanzahl entstehen kann. SysLM Anbieter sind gefordert, ihre SW-Technologien auf diese Anforderung zu optimieren. Am Lehrstuhl VPE wird an Konzepten gearbeitet, die den SysLM Backbone nicht mehr als monolithisches Gesamtsystem sehen mit einem physischen Datensilo sondern als modellbasiertes Repository, das auf einem semantischen Netzwerk basiert. Die Daten verbleiben in ihren Anwendungslösungen incl. TDM und werden über OSLC[5] verlinkt. Diese Lösung baut auf den Erfahrungen des SharePoint Projektes auf (Abb. 9.22). Es können auch beliebige Mischlö-

---

[5] OSLC = Open Services for Lifecycle Collaboration.

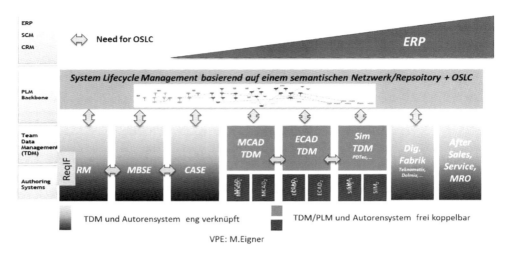

Abb. 9.22 Forschungsvorhaben SysLM auf Basis eines modelbasierenden semantischen Netzwerks und OSLC. (Eigner)

sungen mit persistenter physischer Datenhaltung der Grunddaten und verlinkten Daten in den anderen Anwendungsgebieten umgesetzt werden. Diese Architektur bietet natürlich die optimalen Voraussetzungen für die Visualisierung der Strukturen nach Abb. 9.18.

Übersicht

Was bedeutet die Einbindung in eine offene betriebliche IT-Struktur für SysLM:

- Auswahl eines grundsätzlichen Architekturtyps
- Offene und stabile Schnittstellen
- Offene und dokumentierte Datenformate und Standards
- Möglichst harmonisiertes Änderungs- und Konfigurationsmanagement (Voraussetzung: alle Objektklassen müssen Revision und Version sowie Gültigkeitsbereiche (→ effectivity) erlauben)
- Einfaches Customizing möglichst durch Konfigurieren und nicht durch Programmieren
- Aufwärtskompatibilität des Customizing
- Zukünftig keine monolithischen Silos sondern modellbasierte semantische Netzwerke
- Zielsetzung der Architektur sollte sein, die Engineering Prozesse übergreifend und nicht fragmentiert auf einer Ebene auszuführen

9.5.9 Neue Technologien

Moderne SysLM/PLM Lösungen nutzen heute bereits SOAP und Rest basierte Webservices. Für die Zukunft müssen weitere moderne IT-Technologien genutzt werden:

- modellbasiertes Semantisches Netzwerk (MSN),
- In-Memory-Datenbanken und Grid Computing (IMSBM),
- Cloud Computing,
- Big Data,
- Security/Safety,
- neue Methoden der Interaktion und Präsentation (Usability),
- strikte Umsetzung relevanter Standards.

Die Gedanken zum MSN sind bereits in Abschn. 9.5.8 aufgezeigt. Nur auf der Basis dieser Technologie lassen sich fundamentale Fortschritte zur Reduzierung der Total Cost of Ownership durch reduziertes Customizing und Upgrade Kosten erreichen.

Die Hauptidee des IMDBM Konzeptes besteht darin, den gesamten Datenbestand eines Unternehmens im Hauptspeicher in Form von sog. In-Memory-Datenbank (IMDBM) oder hauptspeicherresistenter Datenbank zu speichern.

Beim Grid-Computing handelt es sich um eine Infrastruktur zur gemeinsamen Nutzung von autonomen Rechenleistungen. Die Vision der Grid-Technologie besteht darin, Rechenleistung aus dem Netzwerk zu beziehen, quasi wie Strom aus der Steckdose (Power Grid, engl. für Stromnetz). Ein umfangreicherer Funktionsumfang und verstärkte Vernetzung von IT-Ressourcen werden im Rahmen von Cloud-Computing angestrebt. Hierbei wird der Anwender nicht mehr selbstständig Rechenleistung oder Applikationen betreiben müssen, sondern kann die IT-Prozesse komplett in einer „Wolke" (→ Cloud) auslagern. Diese Technologie geht einher mit immer günstigeren Angeboten der Dienstleister.

Der zunehmende Einsatz von IT-Lösungen in der Industrie führt zu immer größeren Datenbeständen, die entlang des gesamten Produktlebenszyklus gesammelt werden. Die Herausforderung der Verarbeitung und intelligenter Analyse großer Datenmengen im industriellen Kontext wird oft vereinfacht von „Big Data" gesprochen. Als Big Data werden besonders große Datenmengen bezeichnet. Die Hauptidee besteht darin, unter Einsatz von intelligenten Algorithmen und Verfahren (bspw. des Data Mining, Business Analytics) diese „Datenschätze" intelligent auszuwerten und die Ergebnisse anwendergerecht auch in SysLM zur Verfügung zu stellen. Auch das Betreiben einer SysLM/PLM Lösung in der Cloud wird bereits angeboten.

Laut Kaspersky Lab gab es 2014 etwa 13.000 Vorfälle im Monat, bei denen Computer mit automatischen Prozesskontrollsystemen infiziert werden sollten. Die Daten dieser kritischen Systeme müssen hochverfügbar und absolut sicher sein. Doch mit der zunehmenden Vernetzung von IT und Produktion im Internet der Dinge, Stichwort Industrie 4.0, wachsen auch die Herausforderungen in puncto Security. Für Industrie 4.0 ist die Sicherheit der zugrundeliegenden IT-Systeme absolute Voraussetzung. Safety geht es vor allem

Abb. 9.23 Überblick über relevante Standards für eine Umsetzung des Industrial Internets. (Eigner)

um die physische Sicherheit und den Arbeitsschutz bei der Bedienung einer Maschine oder eines Produktionsprozesses. Für Sicherheit im Sinne von Safety gibt es Normen und Richtlinien mit für den Bau und Betrieb sicherer Systeme, darunter beispielsweise die DIN EN ISO 13849 mit Gestaltungsleitsätzen [23].

Der Bedienkomfort ist wesentlich geprägt durch Handhabung des PLM Systems durch den Anwender (→ Usability). Diese wird von neuen Interaktionsmöglichkeiten zwischen Mensch und Computer profitieren. Die natürlichen Schnittstellen des Menschen mit seiner Umwelt (Sprache, Gestik, Berührung, Sehen, Hören, etc.) wurden jahrzehntelang in der Softwareentwicklung vernachlässigt. Trends wie Bring your own Device (BYOD) und Choose your own Device (CYOD) werden die Bedienung der Geräte wesentlich beeinflussen.

Standards wurden bereits in an mehreren Stellen angesprochen. Sie sind bei der Vielzahl der historisch gewachsenen Altsysteme eine absolute Voraussetzungen für eine Integration. Abb. 9.23 gibt einen Überblick über die für eine Industrial Internet geeignete IT Architektur notwendigen Standards.

9.6 Zusammenfassung

Im Jahre 2030 werden intelligente, über das Internet und andere Dienste vernetzte Systeme alle Industrien erfasst und die herkömmlichen, mechanischen und mechatronischen Produkte abgelöst haben. Die Entwicklungen im diesem Bereich werden mit rasanter Geschwindigkeit sowohl im wissenschaftlichen, als auch im praktischen Umfeld weiter voranschreiten. Welche der Entwicklungstrends sich in der Zukunft durchsetzen und auf breite Akzeptanz bei den Anwendern stoßen werden, wird sich in den nächsten Jahren herausstellen. Bereits jetzt kann jedoch festgehalten werden, dass das Interesse an weiteren Funktionen und Applikationen für künftige SysLM Lösungen ständig wächst und eine effektive Ausgestaltung des Lebenszyklus der Systeme zwingend erforderlich ist. System Lifecycle Management (SysLM) wird hierzu als nächste Stufe von PLM auf- und ausgebaut und als Schlüsselkonzept zur detaillierten Ausgestaltung nach dem Ansatz „Industrial Internet" angesehen. Wir müssen diese einmalige Chance nutzen, lassen Sie uns Um- und Querdenken, lassen Sie uns Barrieren einreißen und lassen Sie uns damit jetzt anfangen . . .

Literatur

Verwendete Literatur

1. Anderl, R., Eigner, M., Sendler, U., & Stark, R. (Hrsg.). (2012). *Smart Engineering – Interdisziplinäre Produktentstehung, acatech DISKUSSION* (1. Aufl.). Berlin, Heidelberg: Springer Vieweg Verlag.
2. Eigner, M., Roubanov, D., & Zafirov, R. (Hrsg.). (2014). *Modellbasierte Virtuelle Produktentwicklung* (1. Aufl.). Berlin, Heidelberg: Springer Verlag,.
3. Eigner, M., Faißt, K.-G., Apostolov, H., & Schäfer, P. (2015). Kurzer Begriff und Nutzen des System Lifecycle Management – im Kontext von Industrial Internet mit Industrie 4.0 und Internet der Dinge und Dienste. *ZWF Zeitschrift für wirtschaftlichen Fabrikbetrieb, 110*(7–8), 475–478.
4. Ehrlernspiel, K., & Meerkamm, H. (2015). Integration versus Spezialisierung – Von der Notwendigkeit einer ganzheitlichen Konstruktionsforschung und Lehre an Universitäten und Hochschulen. *Konstruktion – Zeitschrift für Produktentwicklung und Ingenieur-Werkstoffe, 2015*(6), 3.
5. Eigner, M., Schuh, G., Baessler, E., Stolz, M., Steinhilper, R., Janusz-Renault, G., & Hieber, M. (2009). Management des Produktlebenslaufs. In H. Bullinger, D. Spath, H. Warnecke & E. Westkämper (Hrsg.), *Handbuch Unternehmensorganisation – Strategien, Planung, Umsetzung* (3. Aufl. S. 223–315). Berlin/Heidelberg: Springer.
6. Eigner, M. (2015). Industrie 4.0 – nur Produktionsautomatisierung oder doch mehr? *Konstruktion – Zeitschrift für Produktentwicklung und Ingenieur-Werkstoffe, 2015*(6), 3.
7. Stark, R., Kim, M., Damerau, T., Neumeyer, S., & Vorsatz, T. (2015). Notwendige Voraussetzungen für die Realisierung von Industrie 4.0 – Ein Beitrag aus der Sicht der Industriellen Informationstechnik. *ZWF Zeitschrift für wirtschaftlichen Fabrikbetrieb, 110*(3), 134–141.
8. Sendler, U. (Hrsg.). (2013). *Industrie 4.0 – Beherrschung der industriellen Komplexität mit SysLM* (S. 1–20). Berlin, Heidelberg: Springer Verlag,.
9. Porter, M., & Heppelmann, J. (2014). Wie smarte Produkte den Wettbewerb verändern. *Harvard-Business-Manager – das Wissen der Besten, 36*(12), 34–60.
10. Aurich, J., & Meissner, H. (2014). Entwicklung cybertronischer Produktionssysteme – Vorgehen für einen integrierten Entwicklungsprozess cybertronischer Produkte und Produktionssysteme. *ZWF, 109*(1–2), 70–73.
11. Aurich, J., & Gülsüm, M. (2015). Produkt-Service-Systeme für Werkzeugmaschinenhersteller. *ZWF Zeitschrift für wirtschaftlichen Fabrikbetrieb, 110*(4), 177–181.

12. Eigner, M., Apostolov, H., Dickopf, T., Schäfer, P., & Faißt, K.-G. (2014). System Lifecycle Management – am Beispiel einer nachhaltigen Produktentwicklung nach Methoden des Model-Based Systems Engineering. *ZWF Zeitschrift für wirtschaftlichen Fabrikbetrieb*, *109*(11), 0947–0085.
13. Fischer, J. (2015). Licht ins Dunkle – PLM verstehen heißt Lebenszykluseffekte (er)kennen. *ZWF Zeitschrift für wirtschaftlichen Fabrikbetrieb*, *110*(1–2), 36–39.
14. Terzi, S., Bouras, A., Dutta, D., Garetti, M., & Kiritsis, D. (2010). Product Lifecycle Management – from its History to its New Role. *Int. J. PLM*, *4*(4), 360–389.
15. Eigner, M., von Hauff, M., & Schäfer, P. (2011). Sustainable Product Lifecycle Management. In J. Hesselbach & C. Herrmann (Hrsg.), *Glocalized Solutions for Sustainability in Manufacturing* (S. 501–506). Berlin, Heidelberg: Springer.
16. Eigner, M., & Stelzer, R. (2009). *Product Lifecycle Management – Ein Leitfaden für Product Development und Life Cycle Management* (2. Aufl.). Berlin, Heidelberg: Springer Verlag,.
17. Eigner, M., & Geissen, M. (2015). *System Lifecycle Management – am Beispiel einer nachhaltigen Produktentwicklung*. Smart Engineering – ProSTEP iViP Symposium 2015, Stuttgart, 05.–06. Mai 2015. (S. 48). Böblingen: Kessler Druck.
18. Paredis, C. (2012). *Why Model-Based Systems Engineering? – Benefits and Payoffs*. 4. PLM Future Tagung, Mannheim.
19. Pfenning, M., & Muggeo, C. (2015). Die Rolle von MBSE und PLM im Industrial Internet. In S. Schulze & C. Muggeo (Hrsg.), *Tag des Systems Engineering* (S. 279–287). München: Hanser Verlag.
20. mecPro^2 Projektunterlagen, www.mecpro.de, Zugegriffen: 12. Mai 2016
21. Gilz, T., & Eigner, M. (2013). Ansatz zur integrierten Verwendung von SysML Modellen in PLM zur Beschreibung der funktionalen Produktarchitektur. In M. Maurer & S.-O. Schulze (Hrsg.), *Tag des Systems Engineering* (S. 293–302). München: Carl Hanser Verlag GmbH & Co. KG.
22. Ernst, J. (2016). „Phasen- und System-übergreifendes Werkzeug zu Management technischer Änderungen", Promotion eingereicht am Lehrstuhl VPE, TU Kaiserslautern.
23. Mauerer, J. (2015). „Safety und Security: Sicherheit bei vernetzten Industrieanlagen", Computer Woche, 1. Okt. 2015.

Weiterführende Literatur

24. Eigner, M. (2013). Modellbasierte Virtuelle Produktentwicklung auf einer Plattform für System Lifecycle Management. In U. Sendler (Hrsg.), *Industrie 4.0 – Beherrschung der industriellen Komplexität mit SysLM* (S. 91–110). Berlin, Heidelberg: Springer.
25. Annunziata, M., & Evans, P. (2012). *Industrial Internet – Pushing the Boundaries of Minds and Machines*. Fairfield, Connecticut: GE General Electric.
26. Annunziata, M., & Evans, P. (2013). *Industrial Internet – Eine europäische Perspektive: Neue Horizonte für Minds and Machines*. Fairfield, Connecticut: GE General Electric.
27. Tschöpe, S., Aronska, K., & Nyhuis, P. (2015). Was ist eigentlich Industrie 4.0? – Eine quantitative Datenbankanalyse liefert einen Einblick. *ZWF Zeitschrift für wirtschaftlichen Fabrikbetrie*, *110*(3), 145–149.
28. Weyer, S., & Fischer, S. (2015). Gemeinschaftsprojekt Industrie 4.0 – Fortschritt im Netzwerk. *ZWF Zeitschrift für wirtschaftlichen Fabrikbetrieb*, *110*(1–2), 0947–0085.
29. Bauer, W., Herkommer, O., & Schlund, S. (2015). Die Digitalisierung der Wertschöpfung kommt in deutschen Unternehmen an – Industrie 4.0 wird unsere Arbeit verändern. *ZWF Zeitschrift für wirtschaftlichen Fabrikbetrieb*, *110*(1–2), 68–73.

Industrie 4.0 – Digitale Neugestaltung der Produktentstehung und Produktion am Standort Berlin

Herausforderungen und Lösungsansätze für die digitale Transformation und Innovation

Rainer Stark, Thomas Damerau und Kai Lindow

Zusammenfassung

Ende 2015 konnten bundesweit rund 449 Forschungs- und Umsetzungsprojekte dem Thema Industrie 4.0 zugeordnet werden. Die großen Herausforderungen bestehen nunmehr einerseits darin, entstandene Partiallösungen, neue Erkenntnisse und Resultate in die flächendeckende und standardisierte Anwendung zu überführen, während anderseits „weiße Flecken" identifiziert und konsequent weiter beforscht werden müssen. Das Kapitel stellt innovative Industrie 4.0 Projekte für den realen und digitalen Fabrik- und Produktbetrieb aus dem Produktionstechnischen Zentrum (PTZ) in Berlin vor und bietet eine Forschungslandkarte zur Einordnung eigener Aktivitäten an. Anhand eines Stufenmodells wird verdeutlicht wie die Implementierung und Operationalisierung des künftig notwendigen Informationsmanagements praktisch gelingen kann. Anhand des zukunftsweisenden Konzeptes der **Informationsfabrik** wird verdeutlicht, wie mittels

R. Stark (✉)
Geschäftsfeld Virtuelle Produktentstehung, Fraunhofer-Institut für Produktionsanlagen und Konstruktionstechnik IPK
Berlin, Deutschland
Fakultät V – Verkehrs- und Maschinensysteme, Institut für Werkzeugmaschinen und Fabrikbetrieb (IWF), Fachgebiet Industrielle Informationstechnik, Technische Universität Berlin
Berlin, Deutschland

T. Damerau
Geschäftsfeld Virtuelle Produktentstehung, Fraunhofer-Institut für Produktionsanlagen und Konstruktionstechnik IPK
Berlin, Deutschland

K. Lindow
Fakultät V – Verkehrs- und Maschinensysteme, Institut für Werkzeugmaschinen und Fabrikbetrieb (IWF), Fachgebiet Industrielle Informationstechnik, Technische Universität Berlin
Berlin, Deutschland

© Springer-Verlag Berlin Heidelberg 2016
U. Sendler (Hrsg.), *Industrie 4.0 grenzenlos*, Xpert.press, DOI 10.1007/978-3-662-48278-0_10

des Digitalen Zwillings und Smart Data fortan Effizienz- und Effektivitätsgewinne in der Produktentstehung und Produktion realisiert werden.

10.1 Industrie 4.0 – mehr als smarte Produktion

So vielschichtig wie der Begriff Industrie 4.0 selbst, ist auch die rund um das Thema entstandene Forschungslandschaft. Aktuell befindet sich die Forschungsgemeinde in einem Diffusionsprozess, und so entstehen deutschlandweit tagtäglich neue Erkenntnisse und Ergebnisse innerhalb eines breiten Forschungs- und Anwendungsspektrums. Ende 2015 konnten bundesweit rund 449 Forschungs- und Umsetzungsprojekte [1] dem Thema Industrie 4.0 zugeordnet werden. Die großen Herausforderungen bestehen nunmehr einerseits darin, entstandene Partiallösungen, neue Erkenntnisse und Resultate in die flächendeckende und standardisierte Anwendung zu überführen, während anderseits „weiße Flecken" identifiziert und konsequent weiter beforscht werden müssen. Der interdisziplinäre Charakter der Industrie 4.0 Forschung, aber auch die zugrunde liegende Vision der digitalen Vollvernetzung über alle wertschöpfenden Prozesse hinweg, machen es erforderlich, die entstehenden Inventionen und Innovation zusammenzuführen und zu konsolidieren. Dabei gilt es, Barrieren zwischen den Denkwelten der Stakeholder und in der Kommunikation zu überwinden und ein praktisches Instrumentarium anzubieten, welches eine schnelle thematische Verortung der Einzelaktivitäten ermöglicht, um Querverbindungen und künftige Kooperationen zu identifizieren. Wie dies mit Hilfe einer zweidimensionalen Industrie 4.0-Forschungslandkarte gelingen kann, soll am Beispiel des Produktionstechnischen Zentrums (PTZ) in Berlin gezeigt werden.

Das PTZ, als Doppelinstitut von Fraunhofer-Institut für Produktionsanlagen und Konstruktionstechnik (IPK) und dem Institut für Werkzeugmaschinen und Fabrikbetrieb (IWF) der Technischen Universität Berlin, ist mit seinen über 400 Mitarbeitern der entscheidende Industrie 4.0 Schrittmacher in der Bundeshauptstadt. Durch die enge Kooperation, in einem kontinuierlichen Kreisschluss zwischen Grundlagenforschung und Anwendungsorientiertheit, mit der Industrie, entstehen hier seit 1979 Lösungen im breiten Spektrum von der Fabrik der Zukunft über die Virtuelle Produktentstehung bis hin zur Medizintechnik. Allein vier von aktuell 17 Industrie 4.0 Projekten in der Hauptstadt sind am PTZ beheimatet und einige werden im Folgenden portraitiert.

10.2 Projekte am Produktionstechnischen Zentrum Berlin

Zunächst werden einige ausgewählte Industrie 4.0 Forschungs- und Entwicklungsprojekte, die am Fraunhofer Institut für Produktionsanlagen und Konstruktionstechnik (IPK) und dem Institut für Werkzeugmaschinen und Fabrikbetrieb (IWF) der Technischen Universität Berlin derzeit aktiv durchgeführt werden, mit ihren Industrie 4.0 Kern-Lösungselementen beschrieben und auf einer Forschungslandkarte positioniert.

10.2.1 IWEPRO – Intelligente selbstorganisierende Werkstattproduktion [2]

In der Großserienfertigung wie im Automobilbau werden überwiegend Fertigungslinien eingesetzt, die auf spezifische Bauteile ausgelegt sind. Aufgrund des zunehmenden Variantenreichtums stoßen derartige starre Produktionssysteme jedoch an ihre Grenzen, vor allem hinsichtlich der kontinuierlichen Reaktionsfähigkeit, Auslastung und Liefertreue. Die Industrie sieht in der Werkstattfertigung mit dezentraler Steuerung bis hin zur selbstorganisierenden, produktgesteuerten Fertigung mit einer situativen statt starren Zuordnung von Operationen zu Fertigungsressourcen das Potenzial, die Fertigung insgesamt zu flexibilisieren sowie robuster und reaktionsfähiger gegen ungeplante Ereignisse zu machen. Intelligente, kooperierende Teilsysteme und Komponenten im Sinne Cyber-Physischer Produktionssysteme (CPPS) und die Einbindung des Werkstattpersonals und seines Erfahrungswissens bieten hierfür einen vielversprechenden Lösungsansatz.

Produzierende Unternehmen erwarten dadurch eine Optimierung ihrer Produktionsabläufe insbesondere in Bereichen kleiner Losgrößen und variierender Produkte, die individuelle Durchläufe durch die Fertigung erfordern. Eine intelligente, selbstorganisierende Werkstattproduktion wird höhere Flexibilität bieten, adaptiv den Bearbeitungsverlauf steuern und dynamisch auf ungeplante Ereignisse reagieren.

Ziel ist es, Lösungen zu entwickeln, mit denen es möglich sein wird, dass intelligent vernetzte Produkte, Produktionsmaschinen, Transportsysteme und Fertigungsressourcen untereinander Auftrags- und Fertigungsinformationen austauschen und aufgaben- und situationsorientiert mit den Werkern kooperieren. Eine solche „smarte" Werkstattfertigung ermöglicht eine vorausschauende Bewirtschaftung und zeitgerechte Bereitstellung für die anstehenden Fertigungsaufträge. Im Zentrum stehen die Synchronisation von zentralen und dezentralen Steuerungs- und Überwachungsfunktionen durch die Anbindung der virtuellen Informations- und Kommunikationswelt mit den realen Objekten, die Einbindung der Werkstattmitarbeiter für planende, steuernde und überwachende Aufgaben in einem Cyber-Physischen Produktionssystem und die methodische Unterstützung für die partizipative Gestaltung und Einführung solcher Lösungen. Es ist notwendig, dass die mit diesem System arbeitenden Beschäftigten auf ihre neue Aufgabe, welche hohe Flexibilität erfordert, vorbereitet werden.

Ausgehend von Randbedingungen in einem abgegrenzten Fertigungsbereich wird das Szenario für die zukünftige Werkstattfertigung mit intelligenten, kommunizierenden Komponenten konzipiert und modelliert. Das Zusammenspiel einer dezentralen, verteilten Produktionssteuerung mit den Anlagenkomponenten und das Verhalten des Gesamtsystems werden anhand von Simulationen untersucht. Im Projekt entstehen Werkzeuge zur Modellierung und Simulation, ein adaptives Fertigungsmanagementsystem, eine geeignete Kommunikationsinfrastruktur, eine wissensbasierte, selbstlernende Werkstattsteuerung, autonome, dezentrale Software-Agenten, eine interoperable Werkzeugmaschine sowie intelligente Vorrichtungen. Diese Entwicklungsarbeiten werden von soziologischer Arbeitsforschung begleitet, um Management wie Produktionsmitarbeiter von Anfang an bei der menschengerechten Gestaltung zu beteiligen, sie reibungslos als Akteure in das Fertigungssystem einzubinden und Qualifizierungsperspektiven vorzubereiten.

Dabei wird ein Migrationskonzept mit abgestufter dezentraler Intelligenz und Vernetzung der Teilsysteme erarbeitet. Dies umfasst ganzheitlich Technik, Geschäftsprozess und Qualifizierung in Form eines erweiterbaren Schalenmodells mit Produkten, Maschinen, Werkzeugen, Vorrichtungen und Transportsystemen. Die Erprobung und Validierung der neuen selbstorganisierenden Werkstattfertigung mit Einbindung des Werkstattpersonals erfolgt in einem Anwendungsszenario zur Teilefertigung mit hohem Variantenreichtum im Automobilbau.

Die zu erwartenden Ergebnisse werden sich auch durch andere Systemanbieter und Branchen der Herstellung von variantenreichen hochwertigen Produkten nutzen lassen, zum Beispiel in der metallverarbeitenden Industrie mit ihren Zulieferfirmen, im Maschinenbau, dem Fahrzeugbau oder in der Medizintechnik. Die Lösungen für die selbstorganisierende Werkstattfertigung bieten das Potential für einen breiten Transfer insbesondere in kleine und mittelständische Fertigungsbetriebe.

10.2.2 VIB-SHP – Virtuelle Inbetriebnahme mit Smart Hybrid Prototyping [3]

Virtual Reality (VR) eignet sich hervorragend als ein Medium zur Abstimmung in interdisziplinären Teams. Von ihrer starken visuellen Aussagekraft profitieren alle beteiligten Disziplinen ebenso wie von den Möglichkeiten der Navigation, räumlichen Suche, Arbeitsschrittplanung und Kreativitätsunterstützung. Ökonomische Vorteile wie die Reduzierung von Änderungen durch eine frühe Produktvisualisierung und Produkterprobung, die sich durch den Einsatz von VR in industriellen Entwicklungsprozessen ergeben, sind empirisch belegt.

Für große produzierende Unternehmen gehören auch Werkzeuge und Methoden der digitalen Fabrikplanung zum Stand der Technik. Sie betreiben z. B. die Virtuelle Inbetriebnahme (VIBN), auch in Kombination mit VR-Methoden, um visuell erfassbare Eigenschaften zu überprüfen. Aufgaben- und funktionsorientierte Interaktionen werden dagegen aufgrund fehlender Interaktionstechniken noch nicht mit VR realisiert.

Herausforderungen in der Nutzung dieser virtuellen Techniken liegen in den Datenbrüchen, die sowohl beim Export von CAD-Daten der Fertigungssysteme nach VR als auch bei den VIBN-Werkzeugen auftreten und einen breiten Einsatz dieser virtuellen Techniken bislang behindern. Eine mangelnde Durchgängigkeit besteht beispielsweise auch bei der Weitergabe kinematischer Informationen oder von Metadaten aus PDM-Systemen an die verarbeitenden Systeme der VR und VIBN.

Im Rahmen des Verbundprojekts „Virtuelle Inbetriebnahme mit Smart Hybrid Prototyping – Baukastensysteme für die erlebbare Absicherung von Fertigungssystemen VIB-SHP" wird deshalb ein Baukastensystem entwickelt, mit dessen Hilfe mittelständische Anlagenbauer und Lieferanten schnell und einfach funktionale Prototypen von

Fertigungssystemen mit virtuellen Techniken erstellen können. Diese hybriden Prototypen sollen schon in der Konzeption durch alle am Entwicklungsprozess Beteiligten – Konstrukteure, Werker, Kunden, Manager, Produktions- und Anlagenplaner – funktional erprobt und verbessert werden können, noch bevor sie hergestellt und aufgebaut werden. Auch spätere Nutzer sollen so stärker als bisher in die Entwicklung von Fertigungssystemen und -prozessen einbezogen werden.

Ziel des Verbundprojekts ist es, eine interaktive Entwicklungsumgebung für virtuelle Anlagenprototypen zu entwickeln, in der das Zusammenspiel von Mechanik, Elektrik und Software auch funktional erprobt werden kann und die Entwickler der unterschiedlichen Domänen ein zentrales Modell als Diskussionsgrundlage für Ihre Zusammenarbeit nutzen. Unterstützt wird der Entwicklungsprozess durch den SHP-Baukasten. Er stellt neben den domänenspezifischen Partialmodellen für Automatisierungstechnikkomponenten (mCAD, eCAD, Verhaltensmodelle) auch Partialmodelle für die haptische Interaktion bereit und ermöglicht die Erprobung von Bedienelementen einer Anlage gemeinsam mit dem Kunden und zukünftigen Bedienern schon früh im Entwicklungsprozess. Ein weiterer Anspruch des Projekts ist es, Anforderungen und Einflüsse von Industrie 4.0 im Entwicklungsprozess von Anlagen zu berücksichtigen und steuerungstechnisch abzusichern. Um eine vernetzte Produktion bereits in den frühen Phasen der Entwicklung mitzudenken, werden für eine Absicherung der Anlagensteuerungen bereits früh Verhaltensmodelle der Anlage und der umgebenden Produktions-IT-Systeme genutzt. Darüber hinaus wird eine Methodik entwickelt, um die zunächst virtualisierten Steuerungen in reale Steuerungen zu überführen, die nach ausführlicher Erprobung bedenkenlos mit der realen Anlage verbunden werden können.

10.2.3   pICASSO – Cloudbasierte Steuerungen [4–6]

Im Bereich der Robotik und komplexer Automatisierungssysteme verfügt jede einzelne Maschine über eine eigene abgeschlossene, sogenannte monolithische Steuerung. Die darin vorhandene Rechenleistung wird im Normalbetrieb selten genutzt. Sollen allerdings bspw. aufwendige Algorithmen zur Prozessoptimierung berechnet werden, reicht die Leistungsfähigkeit bisheriger Steuerungen nicht aus. Eine Skalierung, d. h. Anpassung der Rechenleistung an die zu berechnenden Algorithmen, ist heute nicht möglich. Dadurch ist eine Integration von Funktionen für Produktionssysteme mit Cyber-Physischen Systemen nicht realisierbar. Bei Smartphones existieren dazu bereits Lösungen, um bspw. rechenaufwändige Spracherkennungsalgorithmen nicht auf dem Smartphone zu rechnen, sondern in der Cloud.

Das Ziel des Forschungsprojekts pICASSO ist daher die Bereitstellung einer skalierbaren Steuerungsplattform für Cyber-Physische Systeme in industriellen Produktionen. Diese bietet skalierbare Rechenleistung, die abhängig von der Komplexität der Algorithmen automatisch zur Verfügung gestellt wird. Die monolithische Steuerungstechnik wird aufgebrochen und in die Cloud verlagert. Dabei müssen die strengen Anforderungen der

Produktionstechnik, wie Echtzeitfähigkeit, Verfügbarkeit und Sicherheit, weiterhin erfüllt werden können. Zusätzlich verbessern sich Skalierbarkeit und Wandlungsfähigkeit bei gleichzeitiger Kostenreduzierung, etwa durch Einsparung von Teilen der Steuerungshardware.

Für eine cloudbasierte industrielle Steuerungsplattform für Cyber-Physische Systeme wird dazu eine servertaugliche Steuerungsplattform erarbeitet, die hardwareunabhängig Steuerungsfunktionen berechnet. Dazu werden bisherige Steuerungsfunktionen modularisiert und mit Mechanismen des Cloud-Computing, wie z. B. zentraler Datenverarbeitung, erweitert. Für die Anbindung der lokal verbleibenden Aktoren und Sensoren an die Steuerungsplattform werden geeignete Kommunikationsmechanismen analysiert und erweitert. Aufbauend darauf werden Mehrwertdienste zur Effizienzsteigerung der Produktion, wie Simulation und Visualisierung komplexer Produktionsprozesse zur Interaktion mit dem Menschen, untersucht. Die Aspekte der Sicherheit hinsichtlich sensibler Daten und Schutz des Bedienpersonals werden über das gesamte Projekt hin berücksichtigt.

Die Projektergebnisse werden an Robotern und Fertigungsanlagen demonstriert, die über die Cloud gesteuert werden. Die Ergebnisverbreitung erfolgt als Open Source-Projekt. In weiteren Branchen, wie z. B. der Pharmaindustrie, die eine lückenlose Dokumentation der Prozessschritte fordert, kann die Steuerungsplattform ebenfalls genutzt werden. Diese bietet die Grundlage für selbstorganisierte Produktionen mit der Möglichkeit zu neuartigen Geschäftsmodellen (z. B. App-Konzept).

10.2.4 MetamoFAB – Metamorphose zur intelligenten und vernetzten Fabrik [7, 8]

Erfolgreiche Produktionsunternehmen von morgen setzen auf eine effiziente, ergebnisorientierte Kommunikation und Kooperation entlang der gesamten Wertschöpfungskette. Die Einführung cyber-physischer Systeme in die Unternehmen kann dabei die Wandlungsfähigkeit der Produktionsbedingungen steigern und zu einer Erhöhung der Flexibilität in Produktion und Logistik beitragen. Alle prozessbeteiligten Akteure, wie Menschen, Maschinen, Werkstücke und Informationstechnik, müssen dabei mit einbezogen werden. Hierfür ist es notwendig, die Unternehmen durch einen Einführungsprozess auf den Paradigmenwechsel hin zu Industrie 4.0 vorzubereiten. Nur mit einer klaren CPS Umsetzungsstrategie kann sich ein Unternehmen von heute ohne empfindliche Störung des operativen wirtschaftlichen Betriebs zu einem smarten Produktionsunternehmen von morgen entwickeln.

Ziel des Forschungsprojekts MetamoFAB ist es, in bestehenden Betrieben die Metamorphose zu intelligenten und vernetzten Fabriken zu ermöglichen. Gemäß der Vision von CPS können dadurch signifikante Produktivitäts- und Flexibilitätssteigerungen erreicht werden. Die drei Anwendungsfälle „Herstellung von Automatisierungstechnik", „Halbleiterfertigung" und „Fertigung Elektrotechnischer Bauelemente" sowie die Definition entsprechender Anforderungen und Realisierungspfade bilden die Basis für die geplante Metamorphose hin zu einer CPS-Fabrik.

Als ein wesentlicher Lösungsansatz ist die Definition geeigneter Regeln für Entscheidungsprozesse in vernetzten Systemen mit dezentraler Intelligenz geplant. Hierzu wird ein Entscheidungsmodell unter Berücksichtigung aller prozessbeteiligten Akteure in einer vernetzten Fabrikstruktur entwickelt. Daraus werden Regeln für Abstimmungsprozesse mit unterschiedlichen Planungshorizonten und Optimierungszielen, zum Beispiel für den Produktionsplanungsprozess, abgeleitet. Die Qualifizierung der Menschen, die zunehmend die Rolle des flexibel agierenden Problemlösers übernehmen, sowie die Erzeugung der Entscheidungsfähigkeit auf technischer Seite werden unterstützt durch die Entwicklung neuer vernetzter und flexibler Organisationsstrukturen für die CPS-Fabriken der Zukunft. Durch parallele Echtzeitabbildung und Berechnung möglicher Entscheidungsoptionen wird das Verhalten aller entscheidungsfähigen Elemente entsprechend der entwickelten Regeln virtuell abgesichert. Methoden und Werkzeuge zur Planung des Transformationsprozesses werden unter expliziter Berücksichtigung einer schrittweisen Realisierung in realen Anwendungsumgebungen entwickelt.

Gesamtergebnis des Projekts sind Methoden und Werkzeuge für die Planung, Begleitung und Durchführung der Metamorphose bestehender zu intelligenten und vernetzten Fabriken im Sinne des Zukunftsprojekts Industrie 4.0. Die Anwendbarkeit der in MetamoFAB entwickelten Vorgehensweisen und Werkzeuge wird in virtuellen und realen Labordemonstratoren erprobt und nach erfolgreicher Absicherung in den realen Anwendungsumgebungen der Industriepartner demonstriert. Um den Transfer in die Industrie zu gewährleisten, werden Vorgehensweisen und notwendige Qualifizierungsprozesse für die Planung, Begleitung und Durchführung der Transformation zur zukünftigen CPS-Fabrik anwendungs- und branchenübergreifend entwickelt. Sie bieten für deutsche Produktionsunternehmen eine wesentliche Unterstützung, um die Leistungsfähigkeit ihrer bestehenden Fabriken durch den Einsatz von CPS-Systemen zu steigern.

10.2.5 Einordnung der Projekte am Produktionstechnischen Zentrum Berlin

Allein die Kurzportraits von nur vier Forschungsprojekten verdeutlichen, dass Industrie 4.0 ein wesentlich breiteres Spektrum als die smarte Produktion abdecken muss. Dies betrifft sowohl die Adressierung der Lebenszyklusphasen als auch das thematische Spektrum von den Technologien über die rein digitalen, zwischenmenschlichen und Mensch-mit-Maschine Interaktionen bis hin zur strategischen Einbettung und Geschäftsmodellentwicklung. Die Forschungslandkarte Industrie 4.0 (siehe Abb. 10.1) greift diese Unterscheidungsmerkmale auf und ordnet sie in einer 3 × 4 Matrix. Auf der Ordinate werden die Projekte bzw. Aktivitäten nach ihrem Bezug zu den Lebenszyklusphasen Produkt- und Serviceentwicklung, Anlagen- und Fabrikentwicklung, operative Produktion sowie Nutzung und Service im Feld unterschieden. Die Abszisse repräsentiert die inhaltliche

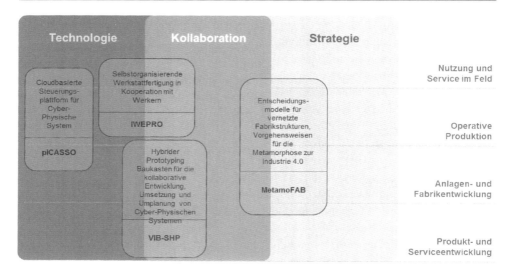

Abb. 10.1 Forschungslandkarte Industrie 4.0, Einordnung ausgewählter Industrie 4.0 – Projekte am Produktionstechnischen Zentrum Berlin. (IPK)

Zuordnung nach den Bereichen Technologie, Kollaboration und Strategie. Abb. 10.1 ordnet die Projekte am PTZ entsprechend ein.

Abb. 10.1 veranschaulicht, wie eine vielschichtige Beforschung der Thematik Industrie 4.0 sowohl in der Horizontalen als auch Vertikalen gelingen kann. Die Projektergebnisse ermöglichen es, entwickelnde und produzierende Unternehmen schrittweise für die Industrie 4.0 zu befähigen. Um die ganzheitliche Einbettung der vorgestellten und weiterer Aktivitäten rund um das Thema der digitalen Transformation zu intensivieren, haben sich die Berliner Fraunhofer Institute FOKUS, IZM, HHI und IPK zum Leistungszentrum Digitale Vernetzung zusammengeschlossen. Künftig werden so in Berlin die Anwendungsbereiche und Trendthemen Mobilität, Stadt der Zukunft, Medizintechnik, Gesundheit, Energie, kritische Infrastrukturen, Produktion und Industrie 4.0 integrierte erforscht. Das gemeinsame Ziel der Institute ist es, Lösungen für die Herausforderungen der digitalen Vernetzung bzgl. Sicherheit, Robustheit, Geschwindigkeit und Güte der Informations- und Kommunikationsnetze sowie der Nutzung der entstehenden Informationen zu bearbeiten. Die Frage, wie Informationen über die gesamte Prozess- und Wertschöpfungskette, von der initialen Produktidee bis zum Recycling hin, gewinnbringend genutzt werden, wird am Fraunhofer IPK unter dem Stichpunkt „Service Engineering" bearbeitet. Denn klar ist, Informationen und deren Interpretation sind der Kristallisationspunkt für digitale Innovationen, neue Dienstleistung und Geschäftsmodelle, ein neues Verständnis der Welt und somit der Wegbereiter für eine völlig neuartige Art und Weise, wie Produktentwicklung gelebt werden wird.

10.3   Die Industrielle Informationstechnik als Taktschläger von Industrie 4.0

Die vierte industrielle Revolution ist maßgeblich durch die zunehmende Digitalisierung und Vernetzung von Produkten in ihrem Produktions- und Nutzungskontext gekennzeichnet. Damit einhergehend werden sich zukünftig Wertschöpfungsketten und Geschäftsmodelle verändern. Das Bewusstsein darüber ist in der Industrie und Forschung bereits angekommen, wie in verschiedenen Studien dargelegt wird (vgl. u. a. pwc: Industrie 4.0 – Chancen und Herausforderungen der vierten industriellen Revolution). Es existiert bei den meisten Unternehmen bereits auf eher strategischer Ebene das Bewusstsein über eine große Veränderung, die in Teilen bereits Einzug gehalten hat, die aber in ihrer Gesamtheit noch bevor steht. Dies bedeutet allerdings nicht automatisch, dass die Unternehmen handlungsfähig sind. Einen wesentlichen Beitrag zur Handlungsfähigkeit leistet die Industrielle Informationstechnik (IIT). Die Industrielle Informationstechnik beschäftigt sich mit der Weiterentwicklung von digitalen Lösungen zur Verbesserung und Erweiterung der Ingenieurstätigkeiten im gesamten Ablauf der virtuellen Produktentstehung, d. h. von der Produktidee über die Produktentwicklung bis hin zur Planung und Anlaufabsicherung der Produktion, sowie während des operativen Fabrikbetriebs und zunehmend auch während des Betreibens von Produkten im Feld. Im Zuge der erweiterten Digitalisierung und Vernetzung muss die Produkt- und Produktionsintelligenz zunehmend erhöht werden. Dies bringt neue Herausforderungen und Potentiale in der Industriellen Informationstechnik mit sich. Zukünftige Themen werden vorranging im Informationsmanagement zwischen intelligenten Produkten und der Produktion gesehen, aber auch zwischen smarten Produkten mit Ihrer Umwelt und Infrastruktur.

Das wesentliche Ziel von Industrie 4.0 im Kontext der Industriellen Informationstechnik liegt in der nahtlosen Integration von realer und virtueller Welt. Wesentliche Elemente der virtuellen Welt sind Simulationen, Planungs- und Erklärungsmodelle (auch: Beschreibungsmodelle), die Industrie 4.0 Ingenieure zukünftig beim Betreiben von Anlagen und Produktionssystemen bzw. von Produkten im Feld verstärkt zur erfolgreichen Steuerung nutzen müssen. Über Erklärungsmodelle wird die reale Welt digital bzw. virtuell abgebildet. Bestehende Situationen, zum Beispiel reale Produktionsprozesse, können virtuell abgebildet und Verbesserungen in den Abläufen herbeigeführt werden, etwa zur Optimierung der Ressourceneffizienz. In Planungsmodellen dagegen wird zunächst eine virtuelle Welt geschaffen, die anschließend realisiert werden soll. Das Ziel der Industriellen Informationstechnik ist es, beide Modelle, Planungs- und Erklärungsmodell, ineinander zu integrieren. Dadurch wird eine Symbiose von realen und digitalen Fabrik- bzw. Produktbetrieb erzeugt. Im Idealfall kann aus der virtuellen Fabrikplanung heraus die reale Fabrik gesteuert werden oder aber aus den Planungsmodellen von integrierten Produkt-Service Systemen die reale Dienstleistungserbringung von Produkten mit Hilfe von IT-Diensten. Im Zuge von Industrie 4.0 soll dies nicht nur in vertikaler sondern auch in horizontaler Richtung integriert werden. Während unter horizontaler Integration die digitale Durchgängigkeit auf Life Cycle und Value Stream Ebene in RAMI verstanden wird, beschreibt

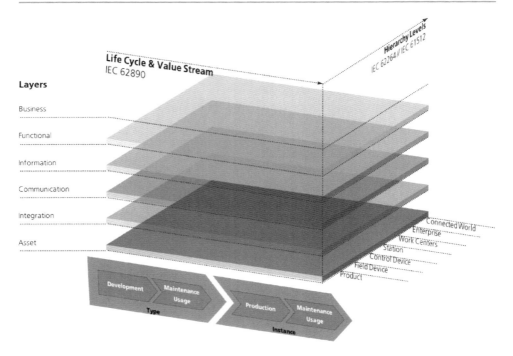

Abb. 10.2 Das Referenzarchitekturmodell RAMI 4.0 der Plattform Industrie 4.0. (www.zvei.org [9]; Plattform Industrie 4.0)

die vertikale Integration die hierarchische Ebene (siehe Abb. 10.2). Es sei angemerkt, dass die am Entwurf der IEC 62890 orientierte Lebenszyklusdarstellung stark vereinfacht ist und in dieser Form nicht der tatsächlichen Komplexität der Lebenszyklen technischer Systeme gerecht wird. Die Unterscheidung nach „Typ" und „Instanz" deutet an, dass ein Produkt zunächst virtuell erschaffen wird (Typ) und nachfolgend in der Fertigung als reales System (Instanz) realisiert wird.

Unter Berücksichtigung der verschiedenen Layer ergibt sich das Problem der Interoperabilität zwischen bisher existierenden Partiallösungen, das es zukünftig zu lösen gilt.

Mithilfe der digitalen/virtuellen Modelle können Simulationen vom vertikalen und/oder horizontalen Wertschöpfungsnetz erstellt werden, um robuste Entscheidungen herbeizuführen (zum Beispiel: über digitale/virtuelle Planungsmodelle werden Entscheidungen bezüglich des Ressourcen- und Informationsflusses in einer aktuellen oder zukünftigen Fabrik getroffen). Wichtig ist es, verschiedene Modelle miteinander zu verknüpfen, um eine robuste Entscheidungsfindung über PPR (Produkt-Prozess-Ressource) herbeizuführen.

Daraus ergeben sich folgende Forschungsthemen für das Informationsmanagement für Industrie 4.0:

- Digitale Durchgängigkeit des Engineerings über die gesamte Wertschöpfungskette: Integration von realer und virtueller Welt
  - Erarbeiten einer anwendungsfähigen datengetriebenen Modellierungstheorie für die vertikale und horizontale Integration
  - Erarbeiten eines allgemein gültigen Meta-Planungs-Modells für die horizontale Integration für Unternehmen
- Digitale Durchgängigkeit des Engineerings über die gesamte Wertschöpfungskette: Systems Engineering
  - Erarbeiten von Methoden und informationstechnischen Werkzeugen für die integrative Entwicklung von mechatronischen Produkten bezogen auf ihr Wirken mit anderen technischen Systemen oder der Umwelt
  - Erarbeiten einer Engineering-Prozesskette für die integrative Entwicklung von Produkt, Prozess und Produktionssystemen
- Industrie 4.0-Plattform mit Referenzarchitekturen und verteilte Dienste-orientierte Architektur
  - Erarbeiten einer Referenzarchitektur für die neuen „digitalen Modellwelten der Zukunft" jenseits der heutigen Partialarchitekturen „PLM", „ERP", „SCM", „Digitale Fabrik/Digital Manufacturing", „Shop Floor IT" und „Service Portale" zum Sicherstellen der Interoperabilität von Software-Produkten und Diensten sowie anderer Lösungen verschiedener Hersteller. In diesem Zusammenhang ist auch die Initiative „Industrial Data Space" [10] zu nennen, die sich zum Ziel gesetzt hat eine Referenzarchitektur für die Zulieferkette vorzusehen.
  - Erarbeiten einer allgemeinen Deployment- und Migrationsstrategie von der heutigen IT-Bebauung im Engineering in die zukünftige neue Systemwelt der „digitalen Arbeitswelten"

Durch die Erforschung der Themen sollen Ingenieure befähigt werden, kooperativ Industrie 4.0 Lösungen zu erdenken, abzusichern und im (laufenden) Betrieb zu adaptieren.

10.4   Informationsfabriken – die neuen digitalen Werkbänke

Die Informationstechnik, als wesentliches Lösungselement der digitalen Transformation, stellt heute Technologien bereit, um in Entwicklung, Produktion und in der Nutzungsphase Daten in einem niemals zuvor dagewesenen Ausmaß zu generieren. So produziert eine moderne CNC Maschine schon heute im Jahr 30 TB an Daten, eine Fabrik generiert jährlich 2EB an Logdaten und auf einem Inlandsflug mit einer Boing 737 fallen 240TB an Daten an. Die Vernetzung aller Lebensbereiche im Internet-of-Everything wird das immense Datenwachstum nochmals beschleunigen. So schätzen Experten, dass sich der globale Datenbestand bis 2020 von 8,6 auf über 40 Zettabyte fast verfünffachen wird [11]. Um diese Datenmengen (Big Data) zu wertschöpfungsrelevanten und für Menschen begreifbaren Informationen verdichten zu können, kommen bereits heute intelligente Smart

Data Algorithmen zum Einsatz. In den dynamischen Systemen der Industrie 4.0 stellt sich jedoch die Frage, wer wann welche Information in welcher Qualität benötigt, und welche Daten in welcher Kombination neue Erkenntnisse liefern können.

Eine bisher nicht hinreichend ganzheitlich adressierte Herausforderung besteht also darin, die Informationslogistik von der Entwicklung bis zum Produktlebenszyklusende vorzudenken und als integralen Bestandteil der Produktentstehung und des operativen Betriebs umzusetzen. Die Fähigkeit Informationsflüsse ökonomisch und technisch optimal zu gestalten, abzusichern und zu steuern ist ein Gradmesser für die erfolgreiche Umsetzung der Vision einer intelligenten Industrie 4.0. Jenseits der existierenden methodischen und technologischen Lücke müssen weitere Faktoren berücksichtig werden. So erschweren die Koexistenz von Standards, die durch die Digitalisierung getriebene geografische Egalität der Leistungserbringung und neue Stakeholder die ganzheitliche Informationslogistikentwicklung. Darüber hinaus muss ein Lösungsansatz auch berücksichtigen, dass jedes Unternehmen einen individuellen Migrationspfad in Richtung Industrie 4.0 beschreitet.

In Anlehnung an den klassischen Fabrikbegriff erforscht und entwickelt das Geschäftsfeld Virtuelle Produktentstehung des Fraunhofer IPK in enger Kooperation mit dem Fachgebiet Industrielle Informationstechnik der TU Berlin die **Informationsfabrik** – ein Zusammenschluss vieler unterschiedlicher „digitaler Werkbänke" deren Erzeugnis der Produktionsfaktor Information ist. Die Informationsfabrik ist eine Plattform, die ein gesamtheitliches IT-Konzept für die Unterstützung der Entwicklung, Produktion und Nutzung von cyberphysikalischen Produkten und Produktionsanlagen im Kontext der intelligenten und selbstorganisierenden Produktionsstätte oder Feldnutzung umsetzt. Unter Nutzung von intelligenten Algorithmen stellt die Informationsfabrik Funktionen zur Verfügung, mit denen Produktentwicklungs-, Produktions- sowie Nutzungszustände visualisiert, analysiert und optimiert werden können. Somit stellt die Informationsfabrik die grundlegende Datenverarbeitungsarchitektur zur Verfügung, die die relevanten Datenquellen vernetzt und es Wissensträgern (Produktwissen der Entwicklungsingenieure, Marktwissen der Unternehmensführung, Datenanalysewissen von Data Scientist oder Dritten) ermöglicht, kooperativ Entscheidungen zu fällen und intelligente Informationslogistik zu gestalten. Die Informationsfabrik versteht sich als Betreiberumgebung für intelligente, vernetzte Produkte und Produktionsanlagen.

Definition Informationsfabrik

Die Informationsfabrik beschreibt den vertikalen und horizontalen Verbund der Gesamtheit aller notwendigen Informationssystemschichten (PLM, ERP, SCM, IoT et cetera) und fachlichen Kompetenzen für die Betreiberplattformen der Zukunft. Entlang der Produktlebenszyklen dient die Informationsfabrik als integrierte Betriebsumgebung für die informationsgetriebene Entwicklung, die Produktion und den Betrieb von Produkten, Produktionsanlagen und Dienstleistungen.

- Die Informationsfabrik führt zu diesem Zweck existierende Daten (unstrukturierte und strukturierte Daten) und Intelligenzen (Steuerungs- und Verhaltenslogiken) technischer Systeme (mechatronisch, cybertronisch) mittels Smart Data Ansätzen zu höherwertigen, wertschöpfenden Informationen zusammen.
- Die Verarbeitung der (smarten) Daten zu Informationen und weiterführenden Entscheidungen (Intelligenzen) erfolgt in der Informationsfabrik sowohl zentral (zum Beispiel mit Hilfe Cloud-basierter Back-End Server Architektur) als auch dezentral an Orten der lokalen Informationsverarbeitung (Fog und Edge Computing).
- Innerhalb der vollvernetzten Industrie 4.0 ermöglicht die Informationsfabrik die Analyse, Steuerung und Veränderung technischer Systeme und flankierender Prozesse im Sinne eines zunehmenden Grades an Autonomie.

Abb. 10.3 zeigt schematisch, wie die informationsbasierte Interaktion der Wertschöpfungsakteure bzw. die Informationslogistik zwischen den Instanzen der Informationsfabrik über eine gesicherte Cloud funktionieren wird. Jenseits der klassischen unternehmensübergreifenden Kollaboration ermöglicht die Informationsfabrik auch neue Formen der Zusammenarbeit durch die Einbindung beliebiger Dritter (zum Beispiel Data Scien-

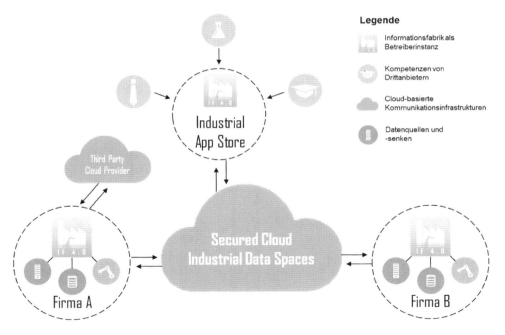

Abb. 10.3 Schematische Darstellung des Einsatzes von Informationsfabriken. (IPK)

tist, Freelancer oder Wissenschaftlern aus komplementären Wissensbereichen) durch das App-Prinzip.

Einzelne Instanzen der Informationsfabrik kommunizieren über eine gesicherte Unternehmens-Cloud und binden Drittanbieter und deren Kompetenzen über Apps in die Wertschöpfung und Informationsverarbeitung ein.

Im Rahmen der Forschung werden exemplarisch zunächst drei Anwendungsfälle am Beispiel der Losgröße 1 Produktionsdemozelle „Smarte Fabrik 4.0" realisiert. Dabei handelt es sich um eine Erprobungs- und Validierungsumgebung für die Informationsfabrik und die Methoden des Digital Twins. Der Anwendungsfall Virtuelle Inbetriebnahme realisiert die Absicherung der Re-Konfiguration der Abläufe innerhalb der Demozelle sowie die Anpassung der Steuerungsprogramme im virtuellen Raum. Bei gleichbleibender Qualität können durch die Parallelisierung der Anlagen- und Steuerungsentwicklung aber auch die raschere Umplanung sowie Kosten- und Zeiteinsparungen realisiert werden. Ein zweiter Anwendungsfall, die prozessbegleitende Simulation, zeigt, welches Potenzial in der Umsetzung des Digital Twins mittels Informationsfabrik steckt. Der Variantenvielfalt wird in der Produktion heute das Batching, also die stapelweise Abarbeitung von gleichartigen Arbeitsaufträgen, entgegengesetzt. Mittels der Informationsfabrik wird jedoch eine reale Produktion von Losgröße 1 möglich. Ausgehend von der Bauteilgeometrie und der Produktdefinition simulieren die Cyber-Physischen-Produktionssysteme ad-hoc die Produktionsabläufe und setzen den optimalen Prozess um. Somit reduzieren sich die Planungsaufwände durch die Verringerung der notwendigen Planungstiefe, Kosten und Zeit werden gespart und so wird die Fertigung der Losgröße 1 wesentlich ökonomischer. Mit dem dritten Anwendungsfall, Business Intelligence, wird die Anwendung von Smart Data adressiert. Mit der Industrie 4.0 verändert sich die Informationslogistik. Während neue Sensoren und Aktuatoren eingeführt werden, wird die Automatisierungspyramide aufgelöst, wodurch die kaskadierte Datenaggregation entfällt. Verteilte Intelligenzen werden vernetzt und neue Datenquellen und -senken müssen bedient werden. Die Abkehr von der altbekannten Informationslogistik macht es erforderlich, Lösungen bereitzustellen, die Anlagenbetreiber befähigen, fundierte Entscheidungen zu treffen und steuernd einzugreifen. Mittels eines web-basierten Informations-Dashboards werden relevante Daten aus den beteiligten Informations- und Kommunikationssystemen zusammengeführt und im Kontext des Produkt- und Domänen-Know-hows zu Informationen verdichtet. Dem Anwender wird dabei ein intuitiver Zugang zu Funktionen wie Data Mining, Data Analytics und Visual Analytics – kurz Smart Data – ermöglicht. Dafür werden Web- und Industriestandards wie OPC UA, Node.js und COAP eingesetzt. Das Informations-Dashboard verbessert die Qualität der Analyse und Entscheidungsfindung und hilft so Kosten und Zeit in der operativen Produktion und dem Engineering zu sparen.

Die Umsetzung der Informationsfabrik, respektive der vorgestellten Anwendungsfälle fußt auf dem Konzept des sog. digitalen Zwillings (engl. digital twin). Das Ziel des digitalen Zwillings ist es, eine Konvergenz zwischen dem realen Produkt in seinem Kontext und dem virtuellen Abbild zu schaffen. Bezogen auf das RAMI 4.0 bedeutet dies, dass zu jedem „Type" nicht nur eine reale sondern auch eine virtuelle, bidirektional gekoppelte

Abb. 10.4 Stufenmodell „Industrie 4.0" für die Implementierung und Operationalisierung des Informationsmanagements auf dem Weg zur Informationsfabrik. (IPK)

„Instance" existieren muss. Die bidirektionale Kopplung sorgt dafür, dass einerseits Änderungen am virtuellen Modell (zum Beispiel softwaretechnische Veränderung des Interaktionsverhaltens eines Roboters mit der Umwelt) vom Produkt übernommen werden und andererseits Daten vom Produkt zurück in das virtuelle Modell und die Prozesse des Produktlebenszyklusmanagements gespeist werden, um bspw. prädiktive Wartungsservices anbieten zu können. Der digitale Zwilling wird zum einen benötigt, um physikalische Vorgänge im virtuellen Raum abzusichern, und zum anderen, um die dynamischen Interaktionen von CPS im realen Einsatz zu steuern beziehungsweise zu koordinieren. Der digitale Zwilling kann als nächste Evolutionsstufe der Entwicklung vom DMU, über FMU und vernetzte FMUs bis zu den virtuellen Prototypen betrachtet werden. Da er über das Internet der Dinge kontinuierlich mit Informationen gespeist wird, bezeichnen wir den digitalen Zwilling als Living Digital Twin.

Das Konzept der Informationsfabrik, des Living Digital Twins und die beschriebenen Anwendungsfälle können zum heutigen Zeitpunkt jedoch nicht ad-hoc in die industrielle Anwendung überführt werden. Dies begründet sich dadurch, dass vor allem aus informationstechnischer Sicht Voraussetzungen wie die Vernetzung von Informationen aus Entwicklung und Planung nur teilweise gegeben sind. Auch liegen Daten in den Domänen Entwicklung, Planung, Arbeitsvorbereitung und Produktion in unterschiedlichen, heterogenen Formaten vor und können somit nicht direkt für die Informationsfabrik genutzt werden. Um der Herausforderung zu begegnen und eine schrittweise Migration vorzusehen, wurde das Stufenmodell „Industrie 4.0" entwickelt (siehe Abb. 10.4).

Beginnend mit der Stufe der „Daten und Informationen", muss eine intelligente, verteilte Betriebs- und Maschinendatenerfassung als Voraussetzung für die produktionsrelevante Aufbereitung enthaltener Informationen und Intelligenzen umgesetzt werden. Darauf aufbauend werden in der zweiten Stufe „Aktivitäten in Entwicklung und Betrieb von Produktionssystemen" informationsgetriebene Änderungen von betrieblichen Abläufen und die

Steuerung von Dienstleistungen etwa im Bereich der prädiktiven Wartung möglich. Darüber hinaus befähigt Stufe 2 die Produktentwicklung, optimale hybride Leistungsbündel zu entwickeln. Sind die dezentralen Aktivitäten definiert und realisiert, kann die „Stufe der Modelle und Simulationen" erreicht werden. Aus dezentralen Dienstleistungen lassen sich so Informationen über die operative Produktion gewinnen und mit intelligenten Modellen der digitalen Fabrik, wie z. B. intelligenten Simulations- oder Optimierungsmodellen von Wartungsplanung oder Produktionssteuerung verknüpfen. In der Stufe sollen auch bekannte oder bereits erfolgreich realisierte Entscheidungsmuster mit einbezogen werden, um die selbstlernende Fabrik zu ermöglichen. Die letzte Stufe, die „Stufe der autonomen Handlungen" soll nicht nur die Planung von Abläufen beeinflussen, sondern die Abläufe selbst verändern und optimieren. Eine eigenständige Re-Konfiguration basierend auf neuen Produkteigenschaften, bestehenden Mustern und Auftragsdurchläufen wird ermöglicht.

Die Informationsfabrik dient der Implementierung der vorgestellten Stufen über den gesamten Lebenszyklus. Sie realisiert die Informationsextraktion und -aggregation und macht das Wissen zur Steuerung von Produktlebenszyklen verfügbar. Die faszinierende Frage ist, in welcher Art und Weise dieses Wissen verfügbar gemacht und eingesetzt wird. Ähnlich wie das Web 2.0 haben Informationsfabriken das Potenzial, Entwicklung, Produktion und Betrieb disruptiv zu verändern. Die zunehmende Konvergenz von Realität und Virtualität, Tendenzen der Demokratisierung der Produktentstehung und -entwicklung (Open Source und Maker-Szene) und die monetäre Bewertung des Informationskapitals (Infonomics) entwickeln ein Moment, welches die Entwicklung des Industriestandorts Deutschland entscheidend mitbeeinflussen kann. Ganz gleich wohin diese Entwicklung führt, wichtig ist es, bereits heute Fähigkeiten zu entwickeln, um auf die immer rasanteren globalen Veränderungen reagieren zu können. Die digitale Werkbank Informationsfabrik versteht sich als Enabler-Innovation, um die im Rahmen der digitalen Transformation anstehende globale Neuverteilung von Wertschöpfungsanteilen informationsbasiert erfolgreich mitzugestalten. Die notwendigen Komponenten, IT-Services und Intelligenzen befinden sich bereits in der Entwicklung und Erprobung.

Literatur

1. Förderkatalog, BMBF: Hightech Strategie, BMWI: Autonomik für Industrie 4.0 (2014).
2. www.projekt-iwepro.de, Zugegriffen: 12. Mai 2016
3. www.ipk.fraunhofer.de, Zugegriffen: 12. Mai 2016
4. www.ipk.fraunhofer.de, Zugegriffen: 12. Mai 2016
5. www.produktionsforschung.de, Zugegriffen: 12. Mai 2016
6. www.projekt-picasso.de, Zugegriffen: 12. Mai 2016
7. www.produktionsforschung.de, Zugegriffen: 12. Mai 2016
8. www.metamofab.de, Zugegriffen: 12. Mai 2016
9. www.zvei.org, Industrie 4.0: Das Referenzarchitekturmodell Industrie 4.0 (RAMI 4.0), Zugegriffen: 12. Mai 2016
10. http://www.fraunhofer.de/de/forschung/fraunhofer-initiativen/industrial-data-space.html, Zugegriffen: 12. Mai 2016
11. IDC (2012). *The Digtal Universe in 2020*

Industrie 4.0 ist eine Initiative, die eine Vision umzusetzen versucht. Deshalb ist viel Theorie in diesem Buch, und so praxisbezogen die Beiträge aus der Forschung in den vorangestellten Kapiteln sind, so wenig sind sie bereits die Realität in der Industriepraxis. Das aber ist das Entscheidende: Wie schnell und wie gut lassen sich die Visionen, die Ideen und Theorien in die industriellen Prozesse, in die Unternehmensorganisation, in die Realität der Fabrik und ihrer Netzwerke umsetzen? Deshalb wäre das Thema Industrie 4.0 unvollständig behandelt, wenn das Buch nicht konkrete Beispiele aus der Praxis beinhaltete. Die folgenden fünf Kapitel sind genau das: konkrete Beispiele aus sehr unterschiedlichen Bereichen und mit sehr unterschiedlichen Positionen zu Industrie 4.0. Unter ihnen sind Großkonzerne, aber auch kleine und mittlere Unternehmen; Firmen aus der diskreten Fertigung, Automation und Prozessindustrie, aber auch aus der IT-Branche; Komponentenhersteller sind ebenso vertreten wie Anbieter von Komplettlösungen und Cloud-Plattformen. Bei diesen fünf Kapiteln folgt die Reihenfolge der alphabetischen Ordnung des ersten Buchstabens des Firmennamens.

Christopher Ganz ist bei ABB Group Service R&D Manager. In seinem Beitrag erläutert er nicht nur, wie sich durch die fortschreitende Digitalisierung Prozesse und Produkte verändern. Er zeigt auch, dass für einen international tätigen Konzern wie ABB Industrie 4.0 nur eine Initiative ist, neben der sich das Unternehmen auch am Industrial Internet Consortium und zahlreichen weiteren Plattformen beteiligt. Vor allem aber unterstreicht er eine besondere Positionierung, die sich 2014 im Firmenmotto „Das Internet der Dinge, Dienste und Menschen" niedergeschlagen hat. Nicht nur neue Technologien, Vernetzung und autonome Entscheidungsfindung intelligent entwickelter Maschinen und Geräte stehen im Mittelpunkt, sondern insbesondere der Mensch, für den die datenbasierten Dienste schließlich entwickelt werden.

Dr. Roman Dumitrescu, bei it's OWL Geschäftsführer Strategie, Forschung und Entwicklung, vertritt nicht ein einzelnes Unternehmen. it's OWL ist der staatlich anerkannte Cluster „Intelligente, technische Systeme OstWestfalenLippe", in dem sich viele vor allem mittelständische Unternehmen der Region zusammengeschlossen haben, um sich ihren Weg in die digitale Zukunft gemeinsam und in enger Kooperation mit verschiedenen Forschungseinrichtungen zu bahnen. Das Kapitel zeigt nicht nur den Ansatz dieses bisher einmaligen Zusammenschlusses, sondern es beschreibt auch anhand mehrerer Praxisbeispiele aus der Arbeit des Clusters, wie gerade diese Organisation zu einer enormen Verbreiterung der Basis für die Ideen von Industrie 4.0 beiträgt.

Dr. Tanja Rückert ist als Executive Vice President verantwortlich für die Produktentwicklung von SAP für das Internet der Dinge und für Industrie 4.0. SAP ist unter den IT-Größen einer der wichtigsten Vertreter mit Hauptsitz in Deutschland. In der Plattform Industrie 4.0 und im IIC ist SAP in führenden Positionen aktiv. Die Angebote von SAP zur IT-Unterstützung des Weges in das Internet der Dinge werden bereits von zahlreichen Unternehmen produktiv genutzt – ob vorausschauende Wartung oder intelligente Logistik. Und die IoT-Plattform von SAP gilt als eine der Referenzarchitekturen für Industrie 4.0.

Anton Sebastian Huber war zum Zeitpunkt der Fertigstellung dieses Buches CEO der Division Digitale Fabrik der Siemens AG. Der Wandel des Automatisierungskonzerns zu einem Unternehmen, das mit einer Digital Enterprise Software Suite eine der weltweit führenden Lösungen für Industriesoftware bietet, ist sehr stark mit seinem Wirken über viele Jahre verbunden. In den letzten Jahren war Siemens nicht nur in der Leitung der Plattform Industrie 4.0 aktiv, sondern hat selbst viel in die Integration der eigenen Softwarelösungen investiert, um eine durchgängige digitale Wertschöpfungskette unterstützen zu können. Und heute ist Siemens Anbieter von MindSphere, einer Industrie-Cloud-Plattform.

Dr. Stefan Michels, Leiter der Standard- und Technologieentwicklung bei Weidmüller, vertritt die Position eines der Vorreiter des bereits vorgestellten Clusters it's OWL. In zahlreichen Projekten gibt das Haus mit eigenen Konzepten und Innovationen ein gutes Beispiel für die große Zahl von mittelständigen Industrieunternehmen, die im Verbund mit den Großen dem Standort Deutschland weltweite Führungspositionen in der Fertigungsindustrie beschert haben. Dieses Kapitel zeigt, dass auch in der nächsten Stufe der industriellen Entwicklung auf diesen Teil der Industrie gesetzt werden muss.

Natürlich gilt wie bei den Beiträgen aus der Forschung: In diesen fünf Kapiteln sind herausragende Beispiele versammelt, die nur stellvertretend für mittlerweile mehrere hundert Projekte stehen. Es ist auch viel von Zufällen abhängig, welche Unternehmen letztlich Zeit und Interesse haben, ihre Position und ihre Strategie öffentlich in einem Buch darzustellen. Umso dankbarer ist der Herausgeber für die vorliegenden Beiträge. Sie beweisen, dass der Zug ins Rollen gekommen ist. Und dass auch schon sichtbar wird, welche Weichen gestellt werden müssen.

Christopher Ganz

Zusammenfassung

ABB (Asea Brown Boveri) ist ein Konzern der Energie- und Automatisierungstechnik mit Hauptsitz in Zürich. 1988 ging er aus dem Zusammenschluss der schwedischen ASEA und der schweizerischen BBC hervor. ABB beschäftigt weltweit rund 140.000 Mitarbeiter in 100 Ländern und besteht aus über 330 konsolidierten Tochtergesellschaften.

Die Angebotspalette umfasst Produkte und Lösungen für die Stromerzeugung, -übertragung und -verteilung, Systeme und Dienstleistungen für Stromversorgungsunternehmen, Motoren, Antriebe und Industrie-Automation sowie Systeme für die Automatisierung und Optimierung industrieller Prozesse. ABB ist ein typischer Investitionsgüterhersteller mit Produkten, Systemen und Dienstleistungen für die Fertigungs- und Prozessindustrie.

ABB war durch den Leiter des Forschungszentrums in Ladenburg, Dr. Christian Zeidler, bereits im Arbeitskreis Industrie 4.0 von acatech und Forschungsunion vertreten, dessen Ergebnisse der Bundesregierung im April 2013 als „Umsetzungsempfehlungen" übergeben wurden. Schon bald nach der Gründung des Industrial Internet Consortiums trat ABB auch diesem Gremium bei. Diese beiden Initiativen sind für den Konzern die bedeutendsten extern sichtbaren Anstrengungen hinsichtlich der nächsten Stufe der industriellen Weiterentwicklung, und sie werden deshalb auf der Vorstandsebene behandelt. Auch in vielen anderen Initiativen in diversen Ländern und Regionen der Welt ist ABB mit den jeweiligen lokalen Organisationen aktiv.

Im Jahr 2014 hat das Unternehmen für seine eigene Positionierung im Rahmen seiner Next-Level-Strategie den Slogan „Internet of Things, Services and People (IoTSP)"

C. Ganz (✉)
ABB Technology Ltd
Zürich, Schweiz
E-Mail: christopher.ganz@ch.abb.com

© Springer-Verlag Berlin Heidelberg 2016   187
U. Sendler (Hrsg.), *Industrie 4.0 grenzenlos*, Xpert.press, DOI 10.1007/978-3-662-48278-0_11

formuliert, das Internet der Dinge, Dienste und Menschen. Damit soll zum Ausdruck gebracht werden, dass es bei der Weiterentwicklung der Industrie nicht nur um die Nutzung des Internets für Produkte und Dienstleistungen geht, sondern dass gerade auch bei diesem Schritt der Mensch im Mittelpunkt steht. Nach Ansicht von ABB ist das Internet der Dinge nicht mehr und nicht weniger als das Mittel zum Zweck. Der Zweck ist die Optimierung, Flexibilisierung und Produktivitätssteigerung von industriellen Prozessen, der Nutzung fortschrittlicher Services zum Wohle der Menschen.

11.1 Wir wissen jetzt, wie es geht

In den letzten Jahren, in denen die Diskussion über die Weiterentwicklung der Industrie insbesondere von der Initiative Industrie 4.0, aber auch durch das Industrial Internet Consortium, sehr intensiv und in großer Breite bis in alle gesellschaftlichen Bereiche hinein geführt wurde, hat sich faktisch noch nicht viel verändert. Wir sehen nicht, dass die Industrie – und hier meinen wir immer die diskrete Fertigung ebenso wie die Prozessindustrie – tatsächlich bereits einen deutlichen Schritt in die viel diskutierte Richtung der Vision Industrie 4.0 gemacht hat. Aber die Diskussion hat trotzdem viel bewirkt. Wir wissen jetzt viel besser, worüber wir sprechen. Wir wissen jetzt viel besser, welche Herausforderungen vor uns liegen. Und wir wissen, wo die Menschen mit den richtigen Lösungsansätzen in unserem eigenen Unternehmen und außerhalb sitzen.

Es ist aber auch nicht so, dass erst diese Diskussion die Entwicklung in Gang gesetzt hat. Meine eigenen ersten Folien zu diesen Themen sind schon ein paar Jahre älter. ABB hat bereits zu Beginn des Jahrtausends im Zusammenhang mit der Entwicklung des Prozessleitsystems 800xA seine „Aspect Object"-Technologie entwickelt, die im Grunde vorweggenommen hat, was heute als cyber-physical system bezeichnet wird. 2001 gab es ein Whitepaper „Aspect Object technology – Industrial[IT] Solutions from ABB". Wenn man sich die Illustrationen in einem Beitrag dazu aus dem Jahre 2010 anschaut, dann denkt man sofort an diejenigen, die heute in den Referenzarchitekturen von Industrie 4.0 und Industrial Internet Consortium zu finden sind (siehe Abb. 11.1).

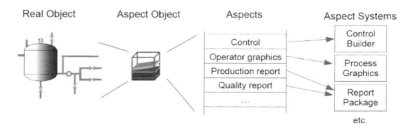

Abb. 11.1 ABB's aspect object system von 2001. (Whitepaper ABB 2010, Seite 3)

Insofern sind die Diskussionen in den Initiativen und auch die dort definierten Referenzarchitekturen für die digitale Fabrik oder eine einzelne Industrie 4.0-Komponente für ABB nichts wirklich Überraschendes. Es wäre umgekehrt aber auch erstaunlich gewesen, wenn dort etwas völlig anderes herausgekommen wäre, als in unserer markt- und kundenorientierten Forschung und Entwicklung.

Als vor einigen Jahren der Begriff Industrie 4.0 geprägt wurde, wusste niemand außer den Mitgliedern des Arbeitskreises, was darunter zu verstehen sei. Es gab lange Zeit nicht einmal eine offizielle Definition dieses Begriffes. Auch all die anderen Begriffe, die eng damit zusammenhängen, waren noch unklar und schwammig in ihrer Bedeutung. Big Data, Smart Data, Smart Factory, Smart Service, Internet der Dinge und Dienste – diese Bezeichnungen waren nicht selbsterklärend. Jeder schien darunter etwas anderes zu verstehen. Mitglieder des Arbeitskreises aus der IT-Industrie sahen die Begriffe und Terminologien aus einem anderen Blickwinkel als die Mitglieder von Investitionsgüterherstellern. Es fehlten die Abgrenzungen, es fehlte ein gemeinsames Verständnis davon, wie die einzelnen Termini zusammenhängen oder sich überlappen. Die vergangenen Jahre waren davon geprägt, diese Klarheiten zu schaffen und eine Plattform der gegenseitigen Verständigung zu bilden.

Heute gibt es eine anerkannte offizielle Definition von Industrie 4.0, die Umsetzungsempfehlungen wurden im Frühjahr 2015 ersetzt durch eine ausformulierte Umsetzungsstrategie, die ersten Ergebnisse der verschiedenen Arbeitsgruppen in diversen Gremien liegen vor. Das Bild ist klarer geworden, die erreichbaren Ziele sichtbarer, ja greifbarer formuliert. Keiner fragt mehr, ob hier nur ein Hype erzeugt wird. Jeder Beteiligte in der Industrie will vielmehr wissen, was er tun muss, um beim nächsten Schritt der industriellen Revolution – von dem inzwischen wohl alle wissen, dass er in Wahrheit eher eine rasante Fortentwicklung der technologischen Evolution ist – erfolgreich zu sein.

Die Industrie hat sich darüber verständigt, wie ihre Welt in Zukunft aussehen wird. Und zugleich hat sie untersucht, welche Wege dahin führen, welche Technologien und Methoden, welche Werkzeuge sie benötigt, um diese Wege erfolgreich zu gehen. Heute können wir sagen: Es besteht Einigkeit darüber, wohin wir wollen. Wir wissen auch, was wir dazu benötigen, und dass wir die Mittel dazu haben, beziehungsweise uns schaffen können. Wir wissen jetzt, wie es geht. Und viele haben wie ABB bereits damit begonnen, dieses Wissen in praktische Maßnahmen umzusetzen.

Mit Industrie 4.0 ist es ein wenig wie mit der Mondlandung in den Sechzigerjahren: Das Ziel war klar, die Technik zur Erreichung des Ziels wurde Schritt für Schritt und Komponente für Komponente entwickelt und getestet, aber es dauerte eine Zeit, nämlich in diesem Fall fast zwanzig Jahre, bis tatsächlich der erste Mensch seinen Fuß auf den Mond setzte. So ähnlich ist es jetzt mit Industrie 4.0: Wir wissen, was wir darunter verstehen, wir wissen, was wir dazu brauchen und tun müssen. Aber wie es tatsächlich sein wird, das werden wir erst in etlichen Jahren wissen.

Für uns bei ABB sind Industrie 4.0 genauso wie das industrielle Internet Kernelemente für unser umfassenderes Verständnis vom Internet der Dinge, Dienste und Menschen. Die Vernetzung softwaregesteuerter Geräte und Anlagen über das Internet erlaubt uns das

Angebot von Systemen und Dienstleistungen, die den Menschen in der Industrie helfen, ihre Aufgaben schneller, flexibler, effektiver und besser zu erledigen als bisher. Wir wissen, wie wir das erreichen werden. Die Technik ist da, und die Cloud als ein technisches Element spielt dabei eine wichtige Rolle. Das Internet der Dinge ist Technik, Technik ist das Mittel zum Zweck. Der Zweck sind fortschrittliche Dienste, mit denen die Technik genutzt werden kann. Der nächste Schritt nach Vernetzeng und Verdauung der technischen Elemente ist die Umsetzung von fortschrittlichen Serviceprodukten. Und diese werden in den nächsten Jahren entstehen und in den Vordergrund der Diskussion rücken.

11.2 Die „Intelligenz" der Maschine

In der Diskussion über die Rolle des Internets gerät manchmal etwas in den Hintergrund, dass das eigentliche Herz der Entwicklung auch in Industrie 4.0 die Software ist: der gigantische Fortschritt, den die Digitalisierung gemacht hat und immer noch macht. Die technologische Entwicklung hat – beispielsweise in der Cloud – nahezu grenzenlose Speicherkapazitäten gebracht. Die Rechenleistungen und die Entwicklung von Algorithmen wurden gleichzeitig so ungeheuerlich gesteigert, dass sich Prozesse berechnen und folglich exakt planen und optimieren lassen, bei denen das noch vor einigen Jahren vollständig unmöglich war.

In der chemischen Industrie laufen viele Prozesse relativ langsam ab. Früher haben wir bei unseren Kunden dort zwölf Stunden lang in einem Prozess Messungen vorgenommen, die dann ausgewertet wurden. ABB hatte ein Modell des Prozesses, das gewissermaßen die Soll-Daten lieferte. Sie wurden mit den Ist-Daten der Messung verglichen, und das berechnete Ergebnis lieferte die Munition für die Optimierung des Prozesses.

Dann konnte allmählich auch in der elektrischen Antriebstechnik mit Hilfe von Software die Optimierung der Steuerung in Angriff genommen werden, die ja im Sekundentakt funktioniert. Anfangs dauerte es noch etliche Minuten, bis belastbare Ergebnisse eine Anpassung der Regelung erlaubten. Heute lassen sich in Bruchteilen von Sekunden hochkomplexe Prozesse berechnen und gewissermaßen stufenlos und unmerklich etwa einen Motor über Software so ansteuern, dass er mit höchster Effizienz und geringstem Ressourcenverbrauch arbeitet.

Es ist diese Digitalisierung in den Geräten und Maschinen, die sie „intelligent" erscheinen lässt, weil sie scheinbar von Geisterhand oder eben aus eigenem „Denken" sich selbst umschalten und ihren eigenen Betrieb optimieren, und das exakter und schneller, als es ein Mensch tun könnte. Aber in Wahrheit ist es die Intelligenz der Programmierer, die die Maschinen so funktionieren lässt. Sie haben die Software so geschrieben, dass genau das passiert, was sie unter gegebenen und vorhersehbaren Randbedingungen als optimal betrachtet haben. Die Maschine führt nur das logische Programm aus, das heute durch eine Vielzahl von Sensoren Daten geliefert bekommt, auf das die es reagieren kann.

Natürlich kann der Mensch diese Entwicklung immer weiter treiben. Es gibt Forschungsprojekte, in denen höchst komplexe Vorgänge in kleinste Einzelaspekte und Funk-

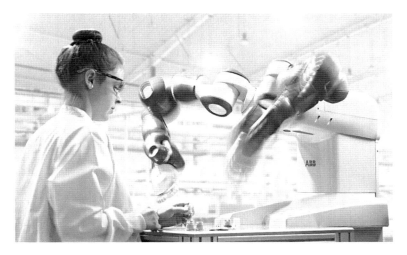

Abb. 11.2   Der für die Zusammenarbeit mit Menschen geeignete Roboter YuMi. (Foto ABB)

tionen zerlegt werden. Sogenannte Software Agents werden dann programmiert, die im Einzelnen nur einen einzigen Aspekt behandeln, eine einzige, winzige Aufgabe zu erfüllen haben. Dann schaltet man diese Software Agents zusammen und setzt sie auf die Gesamtaufgabe an. Was dabei erforscht wird, ist die Entwicklung einer Schwarmintelligenz, wie wir sie von Lebewesen unterschiedlichster Art kennen.

Allerdings ist diese Art von Forschung noch weit davon entfernt, sich auf industrielle Prozesse anwenden zu lassen. Und es darf durchaus angezweifelt werden, ob es jemals sicher genug sein wird, sie darauf anzuwenden. In der Industrie ist zumindest gegenwärtig deterministisches Denken so ausgeprägt, dass eine wirkliche Autonomität von Maschinen – oder gar großen Anlagen und ganzen Fabriken – beinahe undenkbar erscheint. Was nicht heißen soll, dass das so bleibt. Das meiste von dem, was wir heute ja schon tagtäglich als selbstverständlich nutzen, war ja vor zwanzig Jahren auch noch pure Science Fiction.

Wie groß der Unterschied zwischen programmierter und wirklich intelligenter Maschine noch ist, mag eine kleine Anekdote veranschaulichen: Unser Roboter YuMi (Abb. 11.2) kann ohne Käfigeinzäunung mit dem Menschen zusammenarbeiten. Er merkt, wenn er beispielsweise dem Menschen zu nahe kommt, und dann verlangsamt oder stoppt er seine Bewegungen. Bei bisherigen Industrierobotern funktionierte Sicherheit so, dass der Roboter automatisch abgeschaltet wurde, wenn jemand den Käfig öffnete. YuMi sieht demgegenüber ziemlich „intelligent" aus. Tatsächlich ist er aber mit feinfühligen Sensoren ausgestattet, die jede Abweichung von der Norm – etwa Beschleunigung pro Sekunde – als Störung interpretieren und ihn aus Sicherheitsgründen in einen sicheren Modus schalten.

Als ABB in einer Presseinformation 2015 bekanntgab, dass dieser Roboter „sechs Sprachen" spreche, gab es eine Anfrage einer Tageszeitung, die mit YuMi ein Interview

als dem „Mitarbeiter des Monats" führen wollte. Dass es für den Roboter Programmier-
software, Bedienungsanleitungen und Handbücher in sechs Sprachen gibt, bedeutet aber
eben nicht, dass er ein Spracherkennungssystem hat, natürliche Sprache versteht oder sogar selbst spricht. Man kann ihm derzeit in menschlicher Sprache sagen, was man möchte,
er versteht kein Wort und reagiert auch nicht darauf. Technisch machbar wäre es auf jeden Fall. Man könnte ihn mit einem fortschrittlichen Spracherkennungssystem, wie wir
es aus Autos oder vom Smartphone her kennen, ausstatten und ihm beibringen, was welches Wort bedeutet, und welche Reaktion darauf von ihm erwartet wird. Intelligenz und
digitale Funktion sind nicht dasselbe.

Aber die Digitalisierung der Produkte und Prozesse hat heute einen Stand erreicht, der
sehr viele Möglichkeiten eröffnet, um die Maschine und die Fabrik besser funktionieren
zu lassen, und diese Möglichkeiten setzt ABB in Produkten und Dienstleistungen um. Und
natürlich arbeiten wir auch an der gerade skizzierten Zukunft, indem wir in Unternehmen
investieren, die an Systemen der „künstlichen Intelligenz" forschen.

11.3 Verschiebung der Systemgrenzen

Das Beispiel von YuMi zeigt noch etwas anderes: Die cyber-physischen Systeme verschie-
ben ihre Grenzen immer weiter nach außen. YuMi arbeitet nicht im Rahmen eines Käfigs,
sondern an nahezu beliebiger Stelle, denkbar ist er zum Beispiel auch als Reparatur-Ro-
boter in einer Roboterstraße im laufenden Betrieb. Er ist in der Lage, mit der Umwelt zu
interagieren, mit dem Menschen, mit anderen Robotern und Maschinen. Solche Entgren-
zung von Systemen gilt heute für immer mehr Produkte und ist ein wichtiges Element
auch von Industrie 4.0 und dem Internet der Dinge, Dienste und Menschen.

Ein Auto kennt nicht mehr nur die Reifenoberfläche als Schnittstelle zur Straße und
die Karosserie als Schnittstelle zur Umwelt. Es ist über das Internet und andere Dienste
mit der Umwelt, aber auch mit anderen Fahrzeugen, mit Menschen und Diensten in aller
Welt vernetzt. Deshalb können die Hersteller nun über Dienste nachdenken und sie in
die Autos integrieren, die sich aus dieser Vernetzung ergeben. Ähnliches gilt auch für die
Investitionsgüterindustrie.

Der Unterschied, der sich aus der Grenzverschiebung ergibt, lässt sich gut am optimalen Betrieb von Schiffsmaschinen erläutern. Kreuzfahrt- und Containerschiffe, Tan-
ker, Großyachten, Offshore-Errichterschiffe sind hochkomplexe Anlagen. Längst ist die
Brücke auf einem modernen Schiff nicht mehr nur der Ort, an dem das Ruder betätigt und
die Maschine gestartet oder gestoppt wird. Es sind Leitstände wie in einem Kraftwerk, be-
stückt mit Monitoren, die die Zustände der zahlreichen Maschinen und Antriebe an Bord
darstellen. Alle aktiven Komponenten einer Anlage auf solch einem Schiff können heute
mit Sensoren ausgestattet werden und die Besatzung auf der Brücke kann sich ganz genau darüber informieren, in welchem Zustand diese Komponente ist – das ist das Internet
(oder besser das Intranet) der Dinge, mehr nicht.

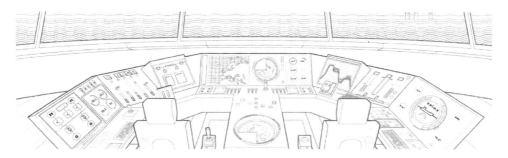

Abb. 11.3 Modell des ABB Advisory Systems. (Quelle: ABB)

Betrachtet man nur ein einzelnes Schiff, dann ist allein durch Software und Sensorik ein großes Maß an Optimierung des Betriebs möglich, das es früher nicht gab. Die exakte Lage des Bugs im Wasser, die Kenntnis von Strömung und Wind in Stärke und Richtung ermöglichen die kontinuierliche Anpassung der Motordrehzahl auf eine Weise, die eine deutliche Reduzierung des Kraftstoffverbrauchs bewirkt. Es gibt unzählige weitere Möglichkeiten der Optimierung, die hier inzwischen machbar sind. Ein Teil einer ABB-Software namens Octopus wird beispielsweise auf Kreuzfahrtschiffen eingesetzt, um das Auftreten von Seekrankheiten bei den Passagieren durch die entsprechend optimierte Schiffssteuerung weitgehend zu vermeiden.

Octopus ist ein Modul der umfassenden und sehr umfangreichen Automation and Advisory Suite (vgl. Abb. 11.3), die ABB für die Schifffahrt im Angebot hat. Aber erst die Anbindung der Datenströme eines Schiffes an das Internet schafft grundsätzlich neue Möglichkeiten, die weit über das Optimieren der einzelnen Schiffssteuerung hinausgehen: vor allem hinsichtlich der Wartung im Störungsfall auf See und hinsichtlich der Gesamtplanung des Schiffs- oder Flottenbetriebs.

Die Störung eines Antriebs auf einem Großschiff, das die Ozeane durchquert, ist ein Sicherheitsrisiko, kostet viel Zeit und Geld, wenn das Schiff beispielsweise sein Tempo auf die Hälfte drosseln und tagelang so weiterfahren muss, bis die Störung in einem Hafen behoben wird. Wenn aber alle Daten der Maschine zugreifbar sind, wenn sie mit den Modellen des Normalbetriebs verknüpft werden können, wenn sich auf Basis solcher Informationen und mit der Kompetenz des Spezialisten in der Ferne die Ursache der Störung und die notwendigen Maßnahmen zu ihrer Behebung analysieren lassen, dann kann das Internet der Dinge, Dienste und Menschen greifen: Mit Internetanbindung kann nämlich die Reederei jetzt einen Service-Spezialisten per Software von jedem Ort der Erde ins Schiff und seine Leitsysteme schauen und zu einer schnellen Lösung kommen lassen.

Über das Internet stehen der Reederei auch jederzeit Informationen zur Verfügung, die die Planung der Tour eines einzelnen Schiffes oder einer ganzen Flotte optimieren lassen. Wie bei der Vernetzung von Autos werden außer den Informationen der Seewetterdienste auch die jeweils aktuellen Daten der übrigen Flotte und vielleicht von Partnerflotten herangezogen. Hier wird nicht mehr nur die Strömung und das Wetter für die Steuerung eines einzelnen Schiffes berücksichtigt. Vielmehr hat die Reederei jedes Schiff der Flotte im Zusammenhang der Gesamtwetterlage oder auch der politischen Verhältnisse im Blick.

Der Weitwinkel des Internets und die Verschiebung der Grenzen des Systems Schiff in die Weltmeere ermöglichen das Angebot von Diensten, die es vorher nicht geben konnte. Dass dieses Angebot von ABB nicht nur technisch möglich ist, sondern den Betreibern umgehend zählbare Vorteile bringt, lässt sich daran sehen, dass bereits über 400 Schiffe ihren Betrieb mit dieser IoTSP-Lösung optimieren.

11.4 Daten erlauben Integrated Operations

Auch die Grenzen der Prozesse in den Unternehmen und die Grenzen zwischen Hersteller und Kunden bleiben nicht hart und klar wie vor der Diskussion von Industrie 4.0. Digitalisierung und Vernetzung führen dazu, dass für beide Seiten die Funktion eines Produktes und die Lösung einer Aufgabe immer mehr in den Vordergrund treten, während das einzelne Produkt relativ an Bedeutung verliert. Das geschieht zuerst auf der Seite der Kunden, aber es führt natürlich – sonst kann die Vision der umfassenden Optimierung von Wertschöpfungsketten durch das IoTSP nicht Realität werden – auch beim Hersteller zu grundlegenden Veränderungen.

Heute gibt es beispielsweise innerhalb von ABB eine klare Trennung zwischen den Divisionen: Die Division Process Automation ist zuständig für die Entwicklung und den Bau von Gesamtanlagen; die Division Discrete Automation and Motion bietet Produkte, die teils separat vermarktet, teilweise auch in den Anlagen verbaut werden, wie zum Beispiel Motoren und Antriebe. Beide Divisionen haben ihre eigenen Vertriebs- und Service-Kanäle.

Wenn ein Kunde, etwa aus dem Bergbau, in einem Teil seines Prozesses früher ein Problem hatte, weil etwas nicht erwartungsgemäß läuft, dann rief er bei ABB an. Der Schweizer Minenspezialist schaute sich das Problem an und stellte fest, dass es möglicherweise nicht am Prozess lag, sondern von einem Antrieb oder Motor verursacht wurde. Also musste ein Spezialist aus der anderen Division hinzugezogen werden, der vielleicht wieder einen Spezialisten benötigte. Alle hatten ihre Informationen über ihr Teilgebiet auf ihrem PC oder auf dem Abteilungsserver und mussten sich darüber verständigen, was zu tun sei. Für den Kunden aber sind solche internen Verknüpfungen zwischen den Bereichen bei ABB uninteressant. Er will nur, dass sein Prozess möglichst schnell wieder richtig läuft.

Heute können alle Informationen über die Gesamtanlage – in unserem Beispiel also ein Bergwerk – und alle darin verbauten Geräte und Komponenten beispielsweise in die Cloud verlagert werden. Gleichgültig, in welcher Division der Anruf des Kunden zuerst ankommt, kann jeder Spezialist bei ABB dann sofort auf alle relevanten Daten zugreifen. Die Funktion der Anlage ist das Entscheidende. Die durchgängige Digitalisierung der gesamten Anlage und ihrer Geräte bietet alle Daten, die für die Lösung benötigt werden,

Abb. 11.4 Blick in den Leitstand 800xA. (Foto: ABB)

an beliebigem Ort, selbst über ein Smartphone. Und das Know-how über den Prozess und die Geräte beim Hersteller führen auf Grundlage der Daten zur Lösung.

Aber die Verfügbarkeit der Daten ist nicht nur für den Service im Störfall oder für die Wartung interessant. In einem Bergwerk, in dem bisher 20 Prozesse auf 20 Bildschirmen überwacht und gesteuert wurden, lässt sich heute ein integriertes Asset Management realisieren, das alle Prozesse auf einer einzigen Oberfläche zusammenführt, miteinander verbindet, holistisch darstellt und alle relevanten Daten kontinuierlich auswertet (vgl. Abb. 11.4).

Die Grenzen zwischen den Prozessen, den Unternehmensbereichen und den eingesetzten Produkten werden unscharf, weil sie bei einer durchgängigen Digitalisierung nicht mehr im selben Maß und in derselben Form benötigt werden. Das führt auch bei ABB intern zu Veränderungen. Die Anforderungen an die Servicemitarbeiter werden dabei nicht etwa kleiner, sie steigen vielmehr erheblich. ABB benötigt Fachleute, die nicht nur in einem einzigen Gebiet Spezialisten sind. Sie müssen mit dem Überblick über das Ganze umgehen können und mit den Daten etwas anzufangen wissen. Auch unsere Organisation wird sich darüber immer wieder verändern. Umstrukturierung wird nicht die Ausnahme sondern die Regel sein.

11.5   Data Scientists und Prozesswissen

Wenn Daten zusammengeführt und analysiert werden, dann ist das nicht unbedingt eine Aufgabe, für die Big Data Analytics zum Einsatz kommen. Wir sprechen hier zunächst von Advanced Analytics. ABB betreibt das schon lange, und auch wenn dort sehr viele Daten sehr schnell verarbeitet werden müssen, sind wir bislang sehr gut in der Lage, dies mit herkömmlichen Lösungen zu tun.

Bei Twitter wird von Big Data gesprochen, wenn 15.000 Tweets in einer Sekunde zu verarbeiten sind. Bei unseren Anlagen sind 30.000 Messwerte und mehr pro Sekunde gar nichts Besonderes. Das liegt daran, dass wir mit dem Wissen des Prozesses, mit der Kenntnis des Datenmodells an die Auswertung gehen.

Big Data Lösungen sind vor allem dort wichtig, wo Korrelationen zwischen Daten gesucht werden, um daraus Schlüsse zu ziehen. Von Verkaufsportalen kennt jeder die nach der Eingabe eines Suchbegriffs sofort erscheinende Angabe, die etwa lautet: Wer nach diesem Produkt gesucht hat, hat sich auch für folgende Produkte interessiert. Dazu müssen Daten ausgewertet werden, die zunächst keinerlei Bezug zueinander haben. Die Big Data Analyse liefert die Bezüge und macht damit diese Daten zum Gegenstand eines Geschäfts.

In der Industrie haben wir den umgekehrten Fall. Der Hersteller einer Anlage, dessen Ingenieure sie programmiert und gebaut haben, hat ein digitales Modell der Anlage und des Prozesses. Er weiß exakt, wie sich die Anlage an welcher Stelle des Prozesses verhält, welche Messdaten sie im Normalbetrieb liefern wird. Die Beziehung der Daten von Anlage, Maschine und Prozess sind bestens bekannt. Bei einer Analyse dieser Daten wissen unsere Spezialisten sehr genau, wonach sie suchen, was als auffällige Abweichung zu bewerten ist.

Data Scientists in der ABB Forschung haben uns immer wieder gesagt, sie könnten uns mit Hilfe von Big Data Analytics zu ganz neuen Ideen verhelfen. Das haben wir ausprobiert. Wir haben ihnen die Daten von Tausenden von Robotern gegeben. Bis auf sehr wenige und unbedeutende Erkenntnisse haben ihre Analysen nur ergeben, was wir ohnehin wussten: welche Bewegungen der Roboterarm wann macht, welche Kräfte er aufwendet bei welcher Aktion. Es gibt in unseren Geräten kein einziges Signal, das wir nicht kennen und dessen Bezug zu anderen Signalen unbekannt wäre. Deshalb nützt uns hier Big Data Analyse wenig. Ähnlich war es bei Zahlen aus dem Vertrieb von ABB. Die Erkenntnis, dass alle Kunden zuerst die Anlage kaufen und immer erst im zweiten Schritt die Wartung, hat uns nicht überrascht.

Es kann durchaus sein, dass sich auch für die Investitionsgüterindustrie sinnvolle Einsatzfelder für Big Data Analytics ergeben, wenn wir zunehmend Daten von unseren Geräten im Betrieb sammeln und in die Cloud verlagern. Aber solche Einsatzfelder müssen in enger Zusammenarbeit zwischen denen, die das Prozesswissen haben, und den Datenwissenschaftlern gefunden werden. Sie müssen herausfinden, wo neue Lösungen liegen können, wenn man die bereits gut beherrschte Analyse der bekannten Modelle ausklammert. Aber auf diesen Advanced Analytics liegt bis auf Weiteres unser Hauptaugenmerk.

11.6 Cyber-Security ist Chefsache

Eine massive Veränderung hat es in den vergangenen Jahren hinsichtlich der Datensicherheit gegeben. Nicht nur in Zusammenhang mit Industrie 4.0. Aber durch die rasante Fortentwicklung der Digitalisierung und insbesondere durch Internetanbindung und Cloud-Nutzung hat das Thema eine dramatisch höhere Aufmerksamkeit erfahren. Die Systeme werden immer komplexer, die Verbindungen zwischen Geräten und zwischen Geräten und Menschen nehmen unaufhörlich zu, und damit vermehren sich natürlich auch die Gefahrenstellen (Abb. 11.5).

Wenn wir früher von Datenschutz gesprochen haben, dann handelte es sich beispielsweise um eine Anlage, die aber ein in sich geschlossenes System war. Das ist es heute nur noch zum Teil, denn es gibt immer mehr Verbindungen in die Außenwelt. Aber es kommt ja etwas ganz anderes hinzu: Wenn wir Daten aus Maschinen, Robotern oder Anlagen in die Cloud verlagern und analysieren, dann haben wir es ja sofort auch mit dem Problem der Privacy zu tun. Diese Daten der Kunden können zwar nicht zu einer Gefahr etwa für die Anlage werden, aber sie können doch gegen den Kunden gewendet und genutzt werden, und deshalb müssen wir dieses Thema genauso ernst nehmen.

ABB hat in den vergangenen Jahren in diesem Umfeld sehr viel investiert. Nicht nur in Produkte und Systeme, die der Sicherheit dienen, wie etwa die Cyber Security Monitoring Services. Das ist nicht einmal das Entscheidende. Das Entscheidende ist das Bewusstsein aller Beteiligten von der Bedeutung dieser Frage für das gesamte Unternehmen. So wurden Roadshows an allen großen Standorten durchgeführt, um die Mitarbeiter zu informieren und aufzuklären, und ABB beteiligt sich an zahlreichen Gremien und Veranstaltungen dazu.

Es gibt inzwischen in allen Bereichen des Konzerns Verantwortliche für Cyber-Security, ABB hat ein Cyber-Security Core-Team. Eine Weisung des CEO selbst zur Cyber-

Abb. 11.5 Grafik aus einem Video von ABB zur Cyber-Security. (Internet-Video ABB)

Security ist an alle Mitarbeiter gegangen: welche Tests durchzuführen sind, wer unverzüglich informiert werden muss, wie welche Problemsituation gehandhabt wird. Für die IT-Industrie sind das sicher schon lange bekannte Themen. Aber für die Industrie werden sie nun mit der umfassenden Digitalisierung der Unternehmen genauso wichtig.

Das Wichtigste sind dabei die Sicherheitsprozesse, die eingeführt wurden und weiter ausgebaut werden. Sie betreffen nicht nur Zugriffsmethoden, Passwörter und Authentifizierung. Sie umfassen beispielsweise umfangreiche Checklisten für alle Entwicklungseinheiten oder das prinzipielle Durchführen von Tests gegen typische Angriffe von Hackern. Und für die Software selbst, die ABB in seine Geräte integriert, sind ganz besondere Maßnahmen Bestandteil dieser Prozesse.

Wenn heute ein Produktmanager wegen eines Cyber-Security Problems oder auch nur wegen eines entsprechenden Risikos eine Verschiebung der Produktfreigabe vorschlägt, dann wird kein Verantwortlicher auf die Idee kommen, dies abzulehnen. Hier hat sich die Einstellung fundamental geändert. Schließlich sind die Daten nicht mehr nur ein Teil des Ganzen. Sie sind zunehmend auch in der Industrie das wichtigste Kapital, von dessen Sicherheit und richtigem Einsatz das erfolgreiche Geschäft in der Zukunft mehr und mehr abhängt.

11.7   Die Daten der Kunden

Je häufiger die Vision vom Internet der Dinge, Dienste und Menschen realisiert wird, desto klarer zeigt sich, dass sie sowohl für ABB als auch für seine Kunden einen großen Nutzen bringen wird. Das lässt sich bereits jetzt sagen, denn es gibt umfangreiche Erfahrungen mit ersten Dienstleistungen, die auf Maschinendaten beruhen.

Vor ein paar Jahren gab es diese Diskussion über die Daten noch nicht. Sie spielten noch keine Rolle im Verhältnis zum Kunden. Das hat sich sehr rasch geändert. Auch wenn unsere Cloud-Services noch nicht vollumfänglich fertig sind. Erste Pilotanwendungen zeigen uns, dass wir viele Potentiale bei unseren Kunden heben können.

So haben wir in Indien ein Service-Center für Industrieroboter aufgebaut. Dort werden permanent die Daten von rund 5000 Robotern weltweit – bei insgesamt 250.000 installierten ABB-Robotern (Abb. 11.6) – gesammelt. Halbstündlich empfangen die Server die Daten von allen angeschlossenen Geräten. So können wir schneller sehen, wenn es in irgendeiner Anlage ein Problem gibt oder bald geben könnte, und wir können sofort den lokalen Service in Bewegung setzen, um für die Lösung zu sorgen. Wir können aber vor allem auch aus dieser massenhaften Datensammlung Schlüsse ziehen, die sehr viel wertvoller sind als die, die wir früher aus den Daten einzelner Systeme gezogen haben. Daraus ergeben sich verschiedene Serviceangebote an unsere Kunden, die von der Optimierung des laufenden Betriebs bis zur vorausschauenden Wartung reichen.

Natürlich müssen die Kunden der Nutzung der Daten zustimmen, denn die Daten ihrer Produkte und Systeme gehören ihnen. Da gibt es für ABB kein Wenn und kein Aber. Wir haben allerdings festgestellt, dass entgegen manchen Befürchtungen viele Kunden

Abb. 11.6 ABB Roboter.
(Foto ABB)

sehr dafür sind, dass wir die Daten ihrer Geräte für solche Mehrwertdienste sammeln und auswerten. Denn in der Regel interessieren sie diese Daten ja gar nicht. Es sind absolute Ausnahmefälle, in denen sie dezidiert sagen: Diese Daten der Pumpen in jenen Anlagen sind strikt geheim, denn daraus könnten Schlüsse auf unsere Prozesse und sogar auf Rezepturen gezogen werden. Aber generell haben sie sehr viel davon, wenn wir – mit unseren Kenntnissen und Analysemodellen – die Gerätedaten sammeln und auswerten, denn es macht ihre Prozesse besser, sicherer, effizienter.

Das Beispiel mit den Roboterdaten zeigt auch, dass das Internet der Dinge, Dienste und Menschen global am besten funktioniert. Ein Service-Zentrum in Indien – oder künftig in der Cloud – und lokale Spezialisten, die entweder remote oder vor Ort die Lösung suchen. Eine redundante Vorhaltung solcher Dienste an jedem Ort der Welt wäre gar nicht möglich. Und im Übrigen stimmt, was vom CEO von ABB, Ulrich Spiesshofer in der Frankfurter Allgemeinen Zeitung vom 8. Oktober 2015 zitiert wird:

> Die Zeit geschlossener Systeme sei ohnehin vorbei. Am Ende würden sich unterschiedliche Standards durchsetzen, die miteinander harmonieren.

Deshalb setzt sich ABB auch für die engere Zusammenarbeit der deutschen Initiative Industrie 4.0 mit dem in den USA gegründeten Industrial Internet Consortium ein.

Daten werden der Stoff sein, der künftig auch die Geschäfte der Industrie antreibt. Ob dabei allerdings wirklich viele neue Geschäftsmodelle entstehen, ist eher fraglich. Geschäftsmodelle, die auf die zeitliche Nutzung von Maschinenleistung abzielen, sind erstens nicht neu, sondern werden in vielen Industrien und Wirtschaftszweigen schon lange genutzt. Zweitens sind es nicht wirklich andere Geschäftsmodelle, sondern sie beinhalten nur eine andere Finanzierungsform: Leasing statt Kauf.

Solche Modelle funktionieren dann gut, wenn es sich um Standardprodukte handelt, die in fertig vorkonfigurierter Form zum Einsatz kommen. Dabei spielt keine Rolle, ob es sich um Hardware oder um Software handelt. In der Investitionsgüterindustrie aber erzielt der Kunde in aller Regel seinen Wettbewerbsvorteil gerade aus der unternehmensspezifischen

Konfiguration der Maschine oder Anlage, nicht aus der einfachen Nutzung eines Standards, eines Systems von der Stange. Deshalb wird es in dieser Industrie vermutlich nur in einzelnen Fällen zu solchen neuen Geschäftsmodellen kommen, wenn man sie denn so bezeichnen will. Aber ABB hat hier alle Antennen ausgefahren und wird jede Möglichkeit prüfen, die sich zeigt.

11.8   Schritt für Schritt zum IoTSP

Das Internet der Dinge, Dienste und Menschen gibt es nicht von einem Tag auf den anderen. Es entsteht in einem kontinuierlichen Veränderungsprozess, der wie vorher beschrieben die Digitalisierung der Produkte, der Prozesse und der Dienstleistungen beinhaltet.

Dabei ist besonders wichtig, dass die Kunden nicht vor die Alternative gestellt werden, entweder ebenfalls in diese Richtung zu gehen und entsprechend in neueste Produkte, also Maschinen, Anlagen, Motoren et cetera zu investieren, oder aber auf dem alten Stand zu bleiben und den nächsten Entwicklungssprung der Industrie nicht mitmachen zu können. So grundlegend die Veränderungen sind, die wir gerade erleben und selbst mitgestalten, so wichtig bleibt gerade in der Investitionsgüterindustrie, dass keine Investition sich als Fehlinvestition erweisen darf.

Bei allen neueren Geräten ist es schon heute so, dass der große Anteil an integrierter Software ein Upgrade der Funktionalität der Maschinen oder Anlagen über ein Aufspielen aktualisierter Software erlaubt. So wie die Software bei einem Auto bald teilweise sogar während des Betriebs auf den neuesten Stand gebracht werden kann, werden sich künftig auch Maschinen softwaretechnisch erneuern lassen.

Während ABB auf der einen Seite an solchen Produkten forscht, entwickelt und arbeitet, sind die Ingenieure zugleich auf der Suche nach den Möglichkeiten, ältere Maschinen und Anlagen durch Sensoren, Aktoren und Software in ihrem Niveau so anzuheben, dass sie sich in die neue Welt der Industrie einfügen.

Und natürlich können Softwaresysteme wie die beschriebene Automation and Advisory Suite die Vorteile des IoTSP auch in Fabriken bringen, in denen damit bereits installierte Hardware gesteuert und optimiert wird.

Die nächste Stufe der industriellen Entwicklung erfordert eine ganzheitliche Sichtweise, eine umfassende Aus- und Fortbildung der Mitarbeiter, und die Anwendung moderner Technologien mit Digitalisierung und Internet-Anbindung auf alle Bereiche der Industrie. ABB sieht sich für diesen nächsten Schritt sehr gut gerüstet. ABB wird an vorderster Stelle seinen Beitrag dazu leisten und seinen Kunden helfen, ihre Unternehmen ebenfalls neu zu erfinden. Schritt für Schritt und keinesfalls die gesamte Wertschöpfungskette auf einmal.

Die Chancen für den Standort nutzen 12

Roman Dumitrescu

Zusammenfassung

In Ostwestfalen-Lippe wurde mit it's OWL ein Cluster aus Industrieunternehmen und Forschungseinrichtungen gebildet, der Technologien, wie sie für intelligente Produkte und Produktionsverfahren benötigt werden, erforscht und in gemeinsamen Projekten in die Praxis umsetzt. Die Projekte und das Management von it's OWL werden durch den Bund und das Land gefördert. Der Cluster ist ein wichtiges Vehikel, damit auch kleine und mittlere Unternehmen Industrie 4.0 erfolgreich in Angriff nehmen können. In diesem Kapitel werden der Cluster und wichtige Beiträge aus seiner Arbeit und vor allem Praxisprojekte seiner Mitglieder vorgestellt, an denen sich die Chancen des Netzwerks für alle Beteiligten am besten zeigen lassen.

12.1 Ein Cluster für den Mittelstand

Das Technologie-Netzwerk it's OWL – Intelligente Technische Systeme OstWestfalen-Lippe – wurde im Spitzencluster-Wettbewerb des Bundesministeriums für Bildung und Forschung ausgezeichnet und gilt bundesweit als eine der größten Initiativen zu Industrie 4.0. it's OWL vernetzt Weltmarkt- und Technologieführer in Maschinenbau, Elektro- und Elektronikindustrie sowie Automobilzulieferindustrie. Gemeinsam mit regionalen Forschungseinrichtungen arbeiten sie in 47 Projekten an neuen Technologien für intelligente Produkte und Produktionssysteme.

33 dieser Projekte betreffen innovative Produktentwicklungen, die von Mitgliedsunternehmen in Kooperation mit Forschungseinrichtungen bis zur Marktreife geführt werden.

R. Dumitrescu (✉)
it's OWL
Paderborn, Deutschland
E-Mail: roman.dumitrescu@ipt.fraunhofer.de

© Springer-Verlag Berlin Heidelberg 2016   201
U. Sendler (Hrsg.), *Industrie 4.0 grenzenlos*, Xpert.press, DOI 10.1007/978-3-662-48278-0_12

Fünf Projekte sind Querschnittsprojekte, in denen die regionalen Hochschulen ihre individuellen Kompetenzen themenübergreifend zusammenführen und dem Netzwerk zur Verfügung stellen. Schließlich gibt es neun Nachhaltigkeitsmaßnahmen, die dafür sorgen, dass die erreichten Fortschritte des Clusters über dessen Förderdauer, die Ende 2017 ausläuft, gesichert werden.

Eine wichtige Rolle spielt der Technologietransfer, mit dem auch kleinen und mittleren Unternehmen die Nutzung neuer Technologien ermöglicht wird, die dafür keine oder nicht ausreichend eigene Ressourcen haben. Wie wichtig dieser Aspekt ist, zeigt die große Zahl von entsprechenden Transferprojekten, die hier inzwischen auf den Weg gebracht wurden: 73 sind bereits abgeschlossen, weitere 100 werden bis Ende 2017 umgesetzt.

Außer den Mitgliedsfirmen, Hochschuleinrichtungen und Transferpartnern haben sich rund 100 weitere Unternehmen als Fördermitglieder eingeschrieben. Sie wollen an den Ergebnissen der Forschung an vorderster Linie teilhaben.

2014 wurden bereits erste Resultate, konkrete Technologien und Lösungen anhand von Best-Practice-Beispielen in einer Broschüre „Auf dem Weg zu Industrie 4.0" veröffentlicht. In einer zweiten Veröffentlichung hat sich der Cluster mit einer Reihe heute verfügbarer Vorschläge für Architekturmodelle zu Industrie 4.0 beschäftigt, die Sichtweise zahlreicher Unternehmen darauf vorgestellt und Empfehlungen ausgesprochen. Im Zentrum der dritten Broschüre steht der erfolgreiche Technologietransfer in den Mittelstand.

Aus Sicht von it's OWL bieten die Initiative Industrie 4.0 und die dadurch angestoßene Debatte um die Zukunft der Industrie in einer digitalisierten Gesellschaft und Wirtschaft große Chancen für den Industriestandort Deutschland. Wenn diese Chancen verstanden und richtig genutzt werden, kann der Standort sich auch für die Zukunft einen wichtigen Platz als Technologieführer auf dem Weltmarkt sichern.

Die Digitalisierung der Industrie birgt natürlich auch Risiken, die ernstgenommen werden müssen. Nicht automatisch wird der Mensch davon profitieren, nicht ohne Weiteres werden die Bedingungen entstehen, die dafür auf den Ebenen der Gesellschaft, der Aus- und Weiterbildung, und vor allem des unternehmerischen Managements erforderlich sind.

Es ist gut, dass die deutsche Politik auf höchster Ebene die Bedeutung der industriellen Weiterentwicklung erkannt und Industrie 4.0 zum Kern ihrer Hightech-Strategie gemacht hat. Dennoch ist nicht alles Politik, was Industrie 4.0 ist. Und nicht alle Wünsche, die sich aus Industrie 4.0 an die Politik ergeben, sind in Angriff genommen oder gar erfüllt.

it's OWL will nicht nur technische und technologische Beiträge liefern. Insbesondere für die am Standort Deutschland so wichtige mittelständische Industrie wird das Netzwerk, dessen Mitglieder selbst vorwiegend kleine und mittlere Unternehmen sind, Wege aufzeigen für die Schritte vom Status Quo zu Industrie 4.0. Dazu gehören auch zwei Themen, die immer mehr in den Vordergrund rücken: die Auswirkungen auf die Arbeitswelt und die Suche und das Etablieren neuer Geschäftsmodelle.

12.2 Strategiefindung im Netzwerk

Industrie 4.0 ist ein Thema, das auf der technischen Ebene der eingesetzten Systeme angesiedelt ist. Wie müssen Maschinen miteinander und mit dem Menschen kommunizieren? Welche IT-Struktur, welche Applikationen sind dafür nötig? Bevor ein Unternehmen solche Fragen für sich beantworten kann, muss es allerdings einige andere Aufgaben erledigen.

Die Systeme sollen Prozesse steuern. Nicht jedes Unternehmen hat seine Prozesse in der Vergangenheit gründlich analysiert und definiert. Und wenn, dann waren es die Prozesse, wie sie in den vergangenen Jahrzehnten gebraucht wurden. Für Industrie 4.0 müssen sie in jedem Fall neu definiert werden. Wie muss ein Antrieb entwickelt und produziert werden, der in einer vernetzten Produktionsanlage zum Einsatz kommt? Was ist an welcher Stelle im Prozess zu berücksichtigen? Wer ist involviert?

Die gesamte industrielle Prozesslandschaft steht mit Industrie 4.0 auf dem Prüfstand. Um aber die Wertschöpfungsprozesse neu zu definieren und richtig miteinander zu verketten, braucht das Unternehmen eine Strategie, muss es wissen, welches Ziel erreicht werden soll. Geht es um dieselben Produktlinien wie bisher? Ändert sich das Geschäftsmodell? Treten neue Geschäftsmodelle neben das oder die alten? Wird das Unternehmen zum Software- oder Dienstleistungsanbieter, der seine Produkte als Basis dafür nutzt? Für viele Firmen in der Industrie, besonders für die kleineren, ist es keineswegs selbstverständlich, sich solche Gedanken zu machen. Das Produkt muss sich verkaufen lassen und Gewinn bringen. Oft muss das genügen.

Noch schwieriger ist es, mit Weitsicht und mit Kenntnis über Markt- und Technologieentwicklung und andere wichtige Trends ausgerüstet, daran zu gehen, eine passende und vor allem erfolgversprechende Strategie zu finden. Meist sind es die großen Konzerne, die über genügend Kapital und deshalb auch Personal verfügen können, um Innovationsmanagement professionell zu gestalten.

Vorausschau, Strategiefindung, Prozessdefinition – und dann die nächsten Schritte zu Industrie 4.0. it's OWL sieht seine Aufgabe auch darin, den Mitgliedern dabei zu helfen, diese für die meisten nicht alleine zu bewältigenden Schritte gemeinsam zu gehen. Und dabei erweisen sich Digitalisierung und Vernetzung bereits in den ersten Projekten als Wegbereiter für eine andere Industrie, als wir sie bisher kannten. Statt im anderen Unternehmen in erster Linie den Konkurrenten oder aber Auftraggeber beziehungsweise Lieferanten zu sehen, setzt sich jetzt eine Art der Kooperation durch, die künftig wohl die gesamte Industrie erfassen wird: Weil niemand die Anforderungen des Marktes aus eigener Kraft und mit den eigenen Produkten erfüllen kann, etablieren sich Netzwerke, Plattformen und Ecosysteme, wie sie noch vor einem Jahrzehnt nur selten und in besonderen Fällen anzutreffen waren.

Ein Beispiel für dieses Networking war eine Studie, die it's OWL 2015 abgeschlossen hat, und an der sich eine Reihe von Mitgliedsfirmen unterschiedlicher Größe beteiligt haben. Das Ergebnis war die zweite Broschüre des Clusters: „Auf dem Weg zu Industrie 4.0 – Erfolgsfaktor Referenzarchitektur". Sechs unterschiedliche Modelle für eine Architektur von Industrie 4.0 wurden untersucht und verglichen. Dazu haben das Heinz Nixdorf Institut und die Fraunhofer-Projektgruppe Entwurfstechnik Mechatronik in Kooperation mit dem Clusterpartner UNITY AG 13 Unternehmen aus dem Maschinen- und Anlagenbau, der Automobil- und Automatisierungstechnik, der Elektroindustrie sowie Softwarehäuser und Beratungsunternehmen in ganz Deutschland befragt. Die beteiligten Unternehmen waren Atos IT Solutions and Services, Beckhoff Automation, Bender, FASTEC, Gestamp Umformtechnik, Intel Deutschland, KraussMaffei Technologies, MODUS Consult, Adam Opel, PHOENIX CONTACT Electronics, SAP, Siemens und Smart Mechatronics. Sie umfassen also neben den unterschiedlichen Geschäftsfeldern auch sehr unterschiedliche Größenordnungen und sind damit durchaus repräsentativ.

Industrielle Prozesse und Produkte, alle Ebenen eines modernen Unternehmens werden heute beherrscht von Informations- und Kommunikationstechnik. Die über einige Jahrzehnte gängigste Beschreibung der Unternehmensarchitektur mit Hilfe der Automatisierungspyramide ist dafür nicht mehr geeignet. Sie geht von einer hierarchischen Gliederung und klaren Abhängigkeiten zwischen den einzelnen Ebenen aus. Von der Leitebene bis zur Feldebene der Ein- und Ausgangssignale hatte bis vor Kurzem alles seine Ordnung. Wenn aber Sensoren Signale senden, die eine Aktion einer Maschine auslösen, dann gelten offensichtlich andere Regeln. Die Vorschläge für eine Referenzarchitektur sollen dazu dienen, diese neuen Regeln zu verstehen und so zu strukturieren, dass sie – gewissermaßen als Ersatz für die Automatisierungspyramide – bei der Neugestaltung der Prozesse, der Unternehmen und der Zusammenarbeit ganzer Netzwerke hilfreich sind. Aus Sicht von it's OWL sind dabei drei übergeordnete Aspekte zu beachten: die vertikale Integration, die horizontale Integration und ein umfassendes Systems Engineering (SE).

Vertikal müssen die verschiedenen Ebenen der Unternehmens-IT so miteinander verknüpft werden, dass physische und technische Prozesse einschließlich ihrer Ressourcen mit den Geschäftsprozessen über alle Unternehmensebenen hinweg synchronisiert werden können. In der Smart Factory sind Unternehmensstrukturen bis hin zur Produktion nicht mehr fest vorgegeben, sondern sie entstehen auf Basis von Daten, Modellen, Kommunikation und Algorithmen ständig neu. Hierfür müssen Konzepte zur Modularisierung und Wiederverwendung entwickelt werden, die klare Beschreibungen der Fähigkeiten und Verhaltensweisen beispielsweise von Anlagenkomponenten einschließen (vgl. Abb. 12.1)

Horizontal verlangt Industrie 4.0 die Verknüpfung von Maschinen, Betriebsmitteln, Produkten und Werkstücken sowie Lagersystemen über Unternehmensgrenzen hinweg zu einem leistungsfähigen Wertschöpfungsnetzwerk. Das erfordert eine durchgängige Integration der IT-Systeme, die für die Steuerung und das Management der betreffenden Prozessschritte von der Beschaffung über die Entwicklung und Produktion bis zur Distribution und Wartung implementiert sind. Hier liegen große Chancen für neue Dienstleistungsangebote und Geschäftsmodelle. Aber diese Netzwerke brauchen auch klare Regeln für das Miteinander, um ausgewogene Partnerschaftsverhältnisse zu etablieren (vgl. Abb. 12.2).

Umfassendes Systems Engineering – ursprünglich vor allem in der Luft- und Raumfahrt angewendet – ist mit Industrie 4.0 und multidisziplinären technischen Systemen auch

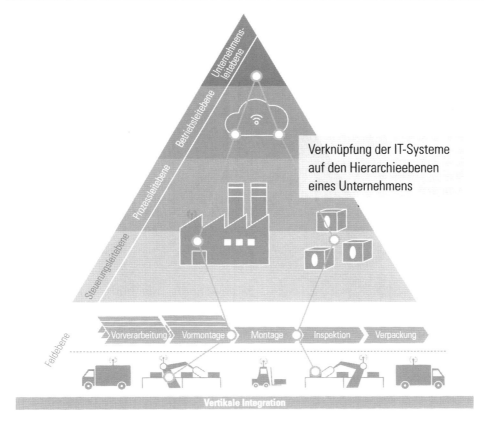

Verknüpfung der IT-Systeme
auf den Hierarchieebenen
eines Unternehmens

Abb. 12.1 Vertikale Integration. (it's OWL)

im allgemeinen Maschinen- und Anlagenbau und selbst bei den Komponentenherstellern angekommen. Nur wenn technische Systeme im Zusammenhang mit zu vernetzenden anderen Systemen entwickelt und gefertigt werden, lässt sich die Vision von Industrie 4.0 realisieren. Modellbasiertes Systems Engineering (MBSE) erscheint als das mächtigste Werkzeug, da es die Kommunikation über Fachdisziplinen hinweg erleichtert. Hierzu müssen allerdings sowohl organisatorisch, als auch in der Aus- und Weiterbildung, und nicht zuletzt in den IT-Systemen noch wesentliche Voraussetzungen geschaffen werden.

Die befragten Unternehmen stimmen diesen drei übergeordneten Aspekten zu. Aber bei der Gewichtung gehen die Positionen deutlich auseinander. Insbesondere die produzierenden Unternehmen legen den Schwerpunkt eindeutig auf die vertikale Integration. Die Steigerung des Automatisierungsgrades und eine zunehmende Vernetzung in der Produktion werden hier oft als wesentliche Ziele von Industrie 4.0 angegeben. Die horizontale Integration oder gar ein umfassendes Systems Engineering werden derzeit gar nicht oder nur am Rande betrachtet.

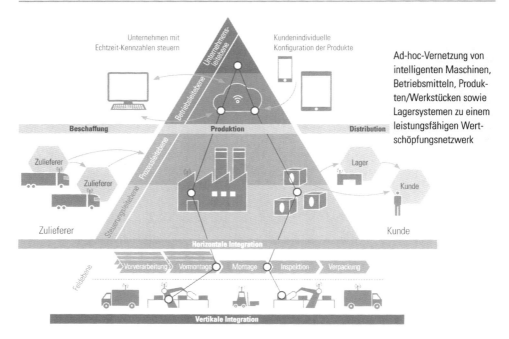

Abb. 12.2 Horizontale Integration. (it's OWL)

Die untersuchten Referenzarchitekturen waren „CPS (Cyber Physical Systems) mit verteilten Diensten", vom VDI 2013 veröffentlicht; zwei unterschiedliche Vorschläge (2013 und 2014) des ZVEI, „MES als zentrale Plattform" und „Zentrale Verbindung zwischen Office und Shop Floor"; die „IoT Plattform" von SAP (2015); die „Referenzarchitektur Industrie 4.0 RAMI4" von ZVEI und Plattform Industrie 4.0, im April 2015 veröffentlicht; schließlich die „Industrial Internet Reference Architecture IIRA", die das IIC im Juli 2015 herausgab.

Die teilweise sehr wissenschaftlichen Modelle adressieren jeweils verschiedene Sichten und Zielgruppen. Jedes weist wichtige Aspekte auf und deckt einen Teil der Anforderungen ab. Dies bestätigten auch die befragten Unternehmen, die sich je nach Branche besser oder schlechter mit den einzelnen Modellen identifizieren konnten. Auch wenn eine Übersicht über die Erfüllungsgrade der Modelle (vgl. Abb. 12.3) hinsichtlich der Anforderungen an eine Referenzarchitektur das Modell RAMI4 als dasjenige ausweist, das die meisten Anforderungen erfüllt, heißt das nicht, dass es sich auch durchsetzen wird. Die Tauglichkeit für die industrielle Praxis muss sich erweisen, erst dann werden sich Unternehmen mit dem Thema Referenzarchitektur für Industrie 4.0 stärker befassen.

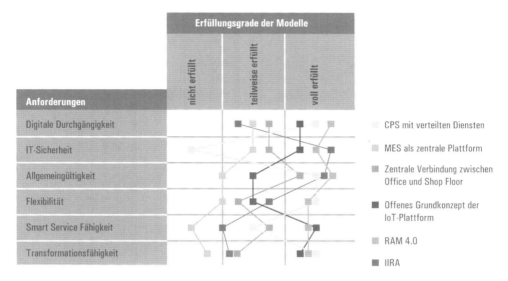

Abb. 12.3   Vergleich der Referenzarchitekturen. (it's OWL)

12.3   Erfolgsprojekte

it's OWL sieht eine wesentliche Aufgabe darin, die Unternehmen auf ihrem Weg vom Status Quo zu begleiten und ihnen gewissermaßen Brücken zu bauen, die sie ohne den Cluster nicht hätten. Ein wesentlicher Brückenpfeiler sind dabei die gemeinsamen Projekte, in denen sich Industrieunternehmen mit Einrichtungen von Wissenschaft und Forschung ebenso wie mit IT-Anbietern zusammenschließen, um einzelne Aspekte von Industrie 4.0 zu adressieren und Lösungen zu finden. Lösungen, die dann vielleicht nicht nur den einen Fall betreffen, sondern wiederverwendbar sind oder zu Standarddiensten führen.

Etliche der eingangs erwähnten 47 Projekte haben bereits zu vorzeigbaren Ergebnissen geführt. Nicht alle Projekte können im Rahmen dieses Kapitels vorgestellt werden. Einige sollen beispielhaft veranschaulichen, wohin der Weg geht.

12.3.1   ScAut

Im Projekt Scientific Automation (itsowl-ScAut) decken die Projektpartner die komplette Kette von der Produktidee bis zur Serienanwendung ab. Beckhoff ist als Anbieter für Automatisierungslösungen und durch die Neuentwicklung einer Scientific Automation Plattform federführend und kooperiert mit der Universität Paderborn und den Querschnittsprojekten im Spitzencluster. Im Rahmen von drei Pilotprojekten entwickeln und bauen die Firmen IMA Klessmann, Schirmer und Hüttenhölscher vorausschauende, selbstoptimie-

Abb. 12.4 Steuerung von Beckhoff bei nobilia. (nobilia)

rende und energieeffiziente Bearbeitungsmaschinen. Der Einsatz der Anlagen erfolgt dann beim assoziierten Endanwender nobilia, dem größten deutschen Hersteller von Einbauküchen mit 580.000 Küchen pro Jahr. Firmen wie nobilia fordern schnelle, hochpräzise, zuverlässige, nachhaltig arbeitende und effiziente Produktionsprozesse für die Fertigung in Losgröße 1. Zur Reduzierung der Lieferzeiten ist eine Vernetzung der Produktion entlang der Lieferanten-Kundenkette Voraussetzung.

Die Scientific Automation Plattform bietet intelligente Hard- und Softwarekomponenten, eine sehr leistungsfähige Laufzeitumgebung, Softwarewerkzeuge für ein interdisziplinäres und den Produktlebenszyklus umfassendes Engineering sowie einen Satz von Methoden für Entwurf und Implementierung. Scientific Automation bedeutet die Integration ingenieurwissenschaftlicher und nicht ingenieurwissenschaftlicher Erkenntnisse wie Messtechnik, Analyse- und Auswertverfahren, Kognition oder Adaption in die PC-basierte Automatisierungstechnik. Daten einer Produktionsanlage werden zentral erfasst, analysiert und ausgewertet, um dann in Echtzeit entsprechende Steuerungsprozesse zu initiieren. IMA Klessmann, Schirmer und Hüttenhölscher erforschen für ihre Bearbeitungsmaschinen Scientific Automation Ansätze wie die Integration von Messtechnik, Energiemanagement, Condition Monitoring und Selbstoptimierung. Eine gemeinschaftlich von Hüttenhölscher und Beckhoff in dem Projekt entwickelte Lösung zur frühzeitigen Erkennung von Bohrerverschleiß ist bei nobilia bereits erfolgreich in der Erprobung (vergl. Abb. 12.4).

Scientific Automation Lösungsansätze erforscht Beckhoff auch an einer Demonstrationsplattform bestehend aus zwei Smart Factories, die Maschinendaten über die Cloud kommunizieren und auswerten. Im Innovationsprojekt eXtreme Fast Automation (itsowl-efa) arbeitet Beckhoff parallel am echtzeitfähigen Einsatz von Many-Core-Rechnern in der Automatisierung. Steuerungsaufgaben wie Ablaufsteuerung, Robotik und Scientific Automation Lösungen sollen so verteilt werden, dass sich komplexe und zeitintensive Berechnungen auf mehreren Kernen innerhalb kurzer aufeinander abgestimmter Zyklen bearbeiten lassen. Produktivitätssteigerungen und Energieeinsparungen sind das Ergebnis.

12.3.2 Intelligenter Separator

Die GEA Westfalia Separator Group in Oelde betreibt Entwicklung, Herstellung und Vertrieb von Hochleistungs-Separatoren und Dekantern für den Einsatz in der Milchindustrie, Nahrungsmittel- und Getränkeindustrie. Es ist eine Tochter der GEA Mechanical Equipment Group, die gemeinsam mit der Fraunhofer-Einrichtung Entwurfstechnik Mechatronik (IEM) einen intelligenten Separator erforscht (vergl. Abb. 12.5).

Bei der industriellen Herstellung von Lebensmitteln wie Molkereierzeugnissen oder Pharmaprodukten bestehen hohe Anforderungen an die Produktqualität. Rohprodukte werden dazu in einem mehrstufigen Prozess veredelt. In Zentrifugen – oder auch Separatoren – werden mit Hilfe der Zentrifugalkraft Substanzen aus der Suspension getrennt. Für eine zuverlässige Trennung sind optimale Betriebsbedingungen hinsichtlich Temperatur, Drehzahl und Zusammensetzung der Rohprodukte erforderlich. Häufig sind sie aber nicht gegeben, da die Zentrifuge in einen übergeordneten, keineswegs stabilen Produktionsprozess eingebunden ist. Um Verfahrensabläufe zu optimieren, ist darüber hinaus ein umfangreiches Maschinen- und Prozesswissen erforderlich, das ebenfalls keineswegs immer verfügbar ist. Um die Zuverlässigkeit und Effizienz des Trennprozesses zu steigern, sollen die Separatoren nun lernen, sich eigenständig an veränderliche Bedingungen anzupassen und dafür auf das notwendige Expertenwissen zugreifen.

Ziel des Innovationsprojekts ist die Entwicklung eines virtuellen Systemmodells, um Hard- und Softwarelösungen für intelligente Zentrifugen zu konzipieren. Eine intelligente Sensorik und eine Datenbank sollen das Expertenwissen verfügbar machen.

Dazu werden Betriebsbedingungen und Verfahrensabläufe für unterschiedliche Rohprodukte erhoben. Ein virtuelles Systemmodell führt sie zusammen. Auf dieser Grundlage analysiert eine intelligente Sensorik die Betriebsbedingungen im Separator und erkennt Abweichungen vom Soll-Zustand. Eine Datenbank liefert das erforderliche Expertenwissen in Form von mathematischen Regeln, was eine autonome Auswertung der Sensorsignale erlaubt. Das Projekt greift auf Ergebnisse der it's OWL Querschnittsprojekte Systems Engineering, Intelligente Vernetzung und Selbstoptimierung zurück. Anhand eines Demonstrators werden die Sensorik und die Datenbank validiert und in Zentrifugen integriert.

Abb. 12.5 Virtuelles Systemmodell von GEA hilft bei der
Optimierung des Separations-
prozesses. (GEA)

Durch dieses Projekt lassen sich Zuverlässigkeit und Effizienz des Separationspro-
zesses erhöhen. Es wird eine Effizienzsteigerung von mindestens zehn Prozent erwartet.
Das virtuelle Systemmodell ist die Grundlage für die Entwicklung intelligenter Zentrifugen und beispielsweise für die Implementierung von Fernwartung. Die Sensorik und
das Expertensystem lassen sich durchaus auf andere Branchen wie die Medizintechnik
übertragen.

12.3.3 Intelligente Vernetzung von Landmaschinen

Für das Innovationsprojekt zur intelligenten Anpassung und Vernetzung von Landmaschinen hat sich Claas Selbstfahrende Erntemaschinen in Harsewinkel (Abb. 12.6) mit der
Fachhochschule für Wirtschaft (FHDW) in Paderborn zusammengetan.

Die Anschaffung von Landmaschinen ist mit hohen Investitionen verbunden. Viele Maschinen werden dabei nur in einem kurzen Zeitraum im Jahr eingesetzt. Ein Mähdrescher
beispielsweise kommt durchschnittlich nur 22 Tage im Jahr zum Einsatz. Alles kommt
also darauf an, schnell und effizient ein optimales Ernteergebnis zu erreichen. Dazu müs-

sen die Maschinenführer die jeweiligen Bedingungen des Feldes wie den Reifegrad der Pflanzen oder die Bodenbeschaffenheit berücksichtigen. Gleichzeitig gilt es, die einzelnen Prozesse – das Ernten, den Transport und die Einlagerung – optimal aufeinander abzustimmen. Bisher geschieht das überwiegend manuell und erfahrungsbasiert. Um die Qualität und die Effizienz des gesamten Erntevorgangs zu erhöhen, sollen sich die Landmaschinen künftig eigenständig an die Bedingungen des Feldes anpassen. Und für die optimale Abstimmung der einzelnen Prozesse werden alle Akteure – Hersteller, Lohnunternehmer und Landwirte – einbezogen.

Dazu wurden die unterschiedlichen Eigenschaften eines Feldes und der Ablauf der einzelnen Prozesse analysiert. Dann wurden die Anforderungen an einen optimalen Einsatz der Landmaschinen und die intelligente Vernetzung der Akteure definiert. Auf dieser Grundlage wurde für unterschiedliche Maschinen und Situationen eine Software zur Erfassung und Analyse der Feldeigenschaften und für die selbständige Anpassung der Maschinen entwickelt, unter Einbeziehung der Systeme der Beteiligten, etwa der Datenbanken von Hersteller und Lohnunternehmer. Das Projekt stützte sich auf Ergebnisse der Querschnittsprojekte Selbstoptimierung, Intelligente Vernetzung und Systems Engineering. Die intelligente Software wurde um Simulationstechniken ergänzt, exemplarisch in der Ernte von Grünfutterpflanzen erprobt und beispielhaft in Landmaschinen implementiert.

Die Ergebnisse des Projektes erlauben Claas, mit seinen Landmaschinen bis zu 50 % mehr Leistung zu nutzen, die bisher ungenutzt blieb. Damit wurde eine deutlich effizientere Nutzung der Ressourcen und eine spürbare Verbesserung der Qualität der Ernteprozesse erreicht. Die eigenständige Anpassung entlastet zudem den Maschinenführer, da er Änderungen im Ernteprozess nicht mehr manuell umsetzen muss. Auch diese Software kann auf weitere Anwendungen übertragen werden, wie beispielsweise für Winterdienste, den Betrieb von Baustellen oder Transportlogistik. In einem Transferprojekt des Deichbaumaschinen-Herstellers topocare wurde sie bereits für den Hochwasserschutz verfügbar gemacht.

12.3.4   Energiemanagement in Smart Grids

Vier Partner arbeiten in diesem Projekt: der Hausgerätehersteller Miele aus Gütersloh, Beckhoff Automation, die Fraunhofer-Einrichtung Entwurfstechnik Mechatronik und die Universität Paderborn. Das Ziel sind intelligente Hausgeräte für intelligente Stromnetze.

Die Stromversorgung in Deutschland wurde bis vor Kurzem durch wenige leistungsstarke Kraftwerke gewährleistet. Deren Stromproduktion passt sich über den Tag dem schwankenden Verbrauch an. Durch den steigenden Anteil regenerativer Energien wird die Energiegewinnung jedoch immer stärker dezentralisiert und ist schwerer zu steuern. Stromüberproduktion und Engpässe sind mögliche Folgen. Künftig muss sich deshalb die Nachfrage an das schwankende Angebot anpassen. Eine Möglichkeit liegt in intelligenten Stromnetzen, sogenannten SmartGrids, die Energieerzeuger und Verbraucher vernetzen

Abb. 12.6 Claas Landmaschinen im Einsatz. (Claas)

und eine Synchronisation von Angebot und Nachfrage ermöglichen. Noch fehlen jedoch Hausgeräte, die auf die dynamischen Rahmenbedingungen in SmartGrids reagieren können.

Ziel des Projekts ist die Entwicklung von flexiblen Hausgeräten am Beispiel eines Waschtrockners, der auf schwankende Stromverfügbarkeit und -preise reagiert und seine Prozessabläufe selbständig entsprechend anpasst. Ein weiteres Projektziel ist ein innovatives Energiemanagementsystem für private Haushalte. Es ermittelt das Optimum aus Energieverbrauch, Kosten und Zeit – automatisch und komfortabel für den Kunden.

Dazu werden die veränderlichen Rahmenbedingungen eines SmartGrids modelliert, um ihre Auswirkungen auf den Betrieb von Hausgeräten zu ermitteln. Eine darauf aufbauende Software für intelligentes Energiemanagement soll dann die Optimierung unterschiedlicher Ziele für verschiedene Geräte in einem Einfamilienhaus ermöglichen. Bei der Entwicklung eines verfahrensflexiblen Waschtrockners, der durch Regelungstechnik und verschiedene Technologien seinen Betriebszustand eigenständig an die Rahmenbedingungen des SmartGrids anpasst, stützt sich das Projekt auf physikalische Modelle. Das Gerät wird zusammmen mit dem Energiemanagement anhand von Demonstratoren realisiert, erprobt und dann gebaut. Auch dieses Projekt nutzt Ergebnisse der Querschnittsprojekte Selbstoptimierung, Energieeffizienz und Systems Engineering.

Die Kombination von intelligenter Software mit energieeffizienten Technologien wie Wärmespeichern soll den Energieverbrauch um etwa 40 % reduzieren und gleichzeitig den Komfort für die Nutzer erhöhen. Die Ergebnisse lassen sich auf andere Hausgeräte und auf komplexere Verbraucherstrukturen wie Mehrfamilienhäuser bis hin zu industriellen Betrieben oder Bürogebäuden übertragen.

12.3.5   Virtuelle Inbetriebnahme von Werkzeugmaschinen

Ein typisches Beispiel für die Technologie-Transfer-Projekte ist die Zusammenarbeit der Elha Maschinenbau Liemke KG in Hövelhof mit dem Heinz Nixdorf Institut (HNI) in Paderborn. Elha ist ein typisch ostwestfälischer Mittelständler, ein familiengeführtes Unternehmen mit 240 Mitarbeitern, das komplexe Werkzeugmaschinen von Vertikal-Dreh-Fräszentren über Rundtakt-Bearbeitungszentren bis zu Sondermaschinen für die Fertigung und Bearbeitung von Hochpräzisionsteilen wie Großwälzlager entwickelt und fertigt.

Die Fachgruppe Regelungstechnik und Mechatronik des HNI erarbeitete im Rahmen des Querschnittsprojektes „Systems Engineering" Grundlagen einer optimierten Entwurfssystematik von Maschinen und Anlagen. Ziel war dabei, dem Maschinenbau ein Instrumentarium für die fachgewerkeübergreifende Entwicklung intelligenter Produkte und Produktionssysteme zur Verfügung zu stellen.

Im Sondermaschinenbau werden die Maschinen immer komplexer. Zugleich wünschen die Kunden kürzere Lieferzeiten und vor allem kürzere Zeiten für die Inbetriebnahme – ein Dilemma, das sich durch eine immer höhere Geschwindigkeit der altbekannten Abläufe nicht auflösen lässt. Das Ziel von Elha war, möglichst viele Schritte einer Inbetriebnahme zu virtualisieren und dabei auch der Tatsache Rechnung zu tragen, dass die Sondermaschinen je nach Kundenwunsch mit CNC-Steuerungen verschiedener Hersteller (unter anderem von Siemens, Bosch, Beckhoff und Heidenhain) ausgestattet sind.

Gemeinsam analysierten die Projektteilnehmer den Markt für entsprechende Software und definierten die Anforderungen an das Tool, das zum Einsatz kommen sollte. Hierzu gehörten die Simulation mit realitätsnaher Steuerungsumgebung, also mit echten Maschinendaten, die Echtzeitsimulation zur frühzeitigen Taktzeiterfassung sowie einfache Fehler- und Funktionssimulationen. Sechs Produkte kamen in die engere Auswahl. Sie wurden im Rahmen einer Nutzwertanalyse eingehend untersucht und verglichen.

Das am besten passende System erlaubte die Simulation in maschinenseitig geforderter Echtzeit (unter einer Millisekunde) und den Import von 3D-CAD-Daten und SPS-Konfigurationen. Alle gängigen Steuerungs- und Feldbus-Systeme ließen sich verwenden. Außerdem waren dynamische Änderungen von Werkstück- und Teilegeometrien möglich, um noch während der virtuellen Inbetriebnahme die Konstruktion optimieren zu können.

Nun wurde mit diesem Tool an zwei Beispielen – einer Werkzeug- und einer Formenbaumaschine mit zwei unterschiedlichen Steuerungen – die virtuelle Inbetriebnahme getestet. Dabei zeigte sich, dass alle erforderliche Funktionslogik programmierbar war und sich alle realen Funktionen abbilden ließen. Mit Hilfe von Testfall-Checklisten konnten Fehler systematisch aufgedeckt und frühzeitig behoben werden. Und es ergaben sich neue Ansätze für die anforderungs- und funktionsorientierte Entwicklung: Die Konstrukteure konnten Methodenelemente des Systems Engineering in die Entwicklung der virtuellen Inbetriebnahme einbauen.

Die Projektverantwortlichen von Elha ermittelten, dass nun mehr als 80 % der Inbetriebnahme-Aufgaben im Büro stattfinden konnten. Zuvor waren es etwa 40 %. Außerdem konnten die Konstrukteure bei auftretenden Fehlern viel schneller reagieren, weil die Fertigung noch nicht abgeschlossen war. Der Zeitraum für die reale Inbetriebnahme an der Maschine konnte erheblich reduziert werden. Daraus ergab sich insgesamt eine Reduzierung der Projektlaufzeit.

Bei Elha führte das Projekt zu einigen Entscheidungen bezüglich der künftigen Arbeit. Virtuelle Inbetriebnahme soll mit allen relevanten Steuerungen realisiert werden; untersucht wird, inwieweit einzelne Maschinengruppen frühzeitig separat virtuell in Betrieb zu nehmen sind; die virtuelle Inbetriebnahme wird ausgedehnt auf weitere Maschinen- und Anlagentypen, zum Beispiel robotergestützte Automatisierungs- und Werkzeugwechselsysteme. Als generelles Ziel wurde formuliert, 90 % des Aufwands für Inbetriebnahmen am Rechner durchzuführen und nur die restlichen 10 % real an der Maschine.

12.4 Vorsprung durch Vorreiten

Wie diese Beispiele sehr eindrucksvoll zeigen, ist Industrie 4.0 keineswegs eine Veranstaltung, bei der nach wissenschaftlichen Vorgaben weit in der Zukunft liegende Visionen ins Auge gefasst werden, von denen bis dahin niemand etwas spürt. Ganz im Gegenteil. Jeder Schritt, der in diese Richtung gegangen wird, bedeutet auch eine Verbesserung des Status Quo: eine Steigerung der Effizienz bei gleichzeitiger Schonung der Ressourcen, eine Optimierung von Prozessen und Verfahren, Einsparung von Zeit, also bares Geld. Wer sich im Industrie- und Forschungsnetzwerk it's OWL an der Arbeit beteiligt, ist Vorreiter. Gleichzeitig sind die Beteiligten aber auch die ersten, die die neuen Technologien und Erkenntnisse für einen Vorsprung gegenüber Wettbewerbern nutzen können, die vielleicht glauben, sie könnten mit der Transformation ihrer Unternehmen noch warten.

Was sich in den Projekten und in der gesamten Arbeit des Clusters aber auch zeigt, ist die Größe der Kluft zwischen dem, was am Ende des Weges erreicht werden soll, und dem Status Quo, an dem Unternehmen und Forschung heute stehen. Denn so wichtig und gut die schon vorzeigbaren Ergebnisse der ersten Schritte sind, fast immer sind jeweils nur einzelne Unternehmensbereiche, einzelne Produktlinien, einzelne Fachdisziplinen beteiligt. In Einzelprojekten geht es auch um die unternehmensübergreifende Vernetzung. Aber weder kann irgendwo bereits von einer wirklich durchgängigen, vertikalen Integration der Informationsflüsse gesprochen werden, noch ist eine horizontale Integration über

Firmen- und Ländergrenzen hinweg – zentraler Aspekt des Internets der Dinge und Dienste und damit von Industrie 4.0 – in Sicht.

Besonders groß sind die schnell erzielbaren Verbesserungen, das legen die bisherigen Ergebnisse der Projekte nahe, im Bereich des Service. Dass der bisherige Leiter Services bei GEA nun in den Vorstand berufen wurde, ist wohl kein Zufall. Intelligente technische Systeme und ihre Vernetzung erlauben dabei eben nicht nur die Optimierung des Service, sondern gerade in diesem Bereich werden Geschäftsmodelle denkbar und realisierbar, die innovativ sind und eine Ausweitung der Geschäfte mit sich bringen.

Die Cloud-Technologie hat einen Reifegrad erreicht, der ihren Einsatz auch für kleine und mittlere Unternehmen realistisch macht. Allmählich dürfte sich durch die Praxiserfahrungen auch die Furcht vor den Risiken legen, die derzeit in Deutschland noch vorherrscht. Vielleicht können auch dazu it's OWL und die vielen weltberühmten Marken beitragen, die zum Cluster gehören. Denn die Sicherheit hat natürlich bei der industriellen Nutzung des Internets sehr, sehr hohe Priorität. Erst recht, wenn die persönlichen Daten von Endnutzern, beispielsweise im Gesundheitswesen, involviert sind. Wenn aber ein Hausgerät von Miele, um einen der vielen guten Namen herauszugreifen, nicht nur mit der Zuverlässigkeit seiner Funktionalität punktet, einschließlich der autonomen und ferngesteuerten Funktionen, sondern auch mit der Garantie größtmöglicher Sicherheit, dann könnte aus der generellen Furcht vor Datenmissbrauch sogar ein Wettbewerbsvorteil werden. Dann könnte es sein, dass weltweit mit den Namen deutscher Hersteller nicht nur ingenieurmäßige Perfektion verknüpft wird, sondern auch die Wahrung von Datenschutz und Sicherheitsregeln nach höchstem europäischen Maßstab.

Das Thema Systems Engineering ist – wie weiter vorne beschrieben – in seiner auch für den mittelständischen Maschinenbau großen Bedeutung noch nicht im Bewusstsein der Verantwortlichen. Auch die multidisziplinäre, modellbasierte Zusammenarbeit der Ingenieurdisziplinen, die Teil eines umfassenden Systems Engineering ist, wird vorläufig noch nur vereinzelt praktiziert. Noch ist die IT-Landschaft in den meisten Unternehmen keineswegs so, dass sie eine durchgängige Verkettung der Systeme innerhalb der Entwicklung und über die Wertschöpfungskette erlaubt. Und natürlich sind auch die Beschäftigten dieselben, die die letzten Phasen der Automatisierung und Digitalisierung umgesetzt haben. Fachkräfte sind in Deutschland eine Mangelware. Ganz besonders gilt das für jene Fachkräfte, die jetzt für Industrie 4.0 gebraucht werden: mit einem Blick für das Gesamtsystem, mit der Fähigkeit, vernetzte Projektteams zu leiten. Aber auch dafür sind die Projekte, die it's OWL organisiert, ausgesprochen hilfreich. Die Fachkräfte und Manager, die hier beteiligt sind, erwerben sich genau die Fähigkeiten, die sehr bald zu den wichtigsten Qualifikationen überhaupt gehören.

Mit dem Selbstlernen in Praxisprojekten ist es aber natürlich nicht getan. Die Ausbildung in den Schulen und vor allem die Ausbildung, Lehre und Forschung an den Hochschulen und Akademien ist an Zielen ausgerichtet, die ohne die Kenntnis von den Anforderungen multidisziplinärer Systementwicklung und Industrie 4.0 entwickelt wurden. Hier sind der Staat und insbesondere das BMBF und die Länderministerien gefordert. So wie die Unternehmen sich vernetzen, so wie Ingenieure über die Grenzen unterschiedlicher Disziplinen hinweg zusammenarbeiten, so wie Organisationsstrukturen und Prozesse in den Unternehmen neu ausgerichtet werden müssen, so müssen auch die Grenzen der Fakultäten neu justiert werden.

Vorbild können die wenigen Einrichtungen sein, die – wie etwa das Heinz Nixdorf Institut – schon lange an neuen Lehr- und Lernmethoden für Mechatronik und das Engineering vernetzter Systeme arbeiten. Auch das Exzellenzcluster CITEC und das Forschungsinstitut CoR-Lab an der Universität Bielefeld verfolgen eine interdisziplinäre Herangehensweise an die interaktiven Systeme von morgen. Dort entwickeln Ingenieure, Informatiker, Psychologen, Sprach-, Natur- und Sportwissenschaftler gemeinsam Lösungen im Bereich der Mensch-Maschine-Interaktion und der kognitiven Robotik, bei der die Roboter selbst lernen, wie sie die ihnen zugedachten Arbeitsschritte ausführen.

Neue Lehrpläne, neue Professuren, neue oder neu ausgerichtete Institute – das braucht Zeit. Hier sind in den letzten Jahren seit dem Start von Industrie 4.0 noch zu wenig politische Entscheidungen getroffen, zu wenig Weichen gestellt worden. Ohne die Politik wird es nicht gehen.

Auf der anderen Seite ist Industrie 4.0 in erster Linie kein politisches, sondern ein Thema der Industrie – in Verbindung mit der Forschung, innerhalb der Unternehmen ebenso wie innerhalb solcher Netzwerke wie it's OWL. Hier entwickeln die Partner gemeinsam eigene Angebote zur Fachkräftequalifizierung. Beispiele sind Schülercamps, eine Summer School für Masterstudierende, Doktoranden und Young Professionals und ein Weiterbildungsangebot für Ingenieure mit langjähriger Berufserfahrung.

Für die Bundesregierung ist das Wirken von it's OWL in Hinsicht auf die Stärkung der mittelständischen Industrie auf ihrem Weg zu Industrie 4.0 so wichtig, dass es Bestandteil der vom BMWi beschlossenen und teilweise bereits Ende 2015 gebildeten Mittelstand 4.0 Kompetenzzentren ist. Auch hier ist it's OWL mit dabei. Im Kompetenzzentrum für den Mittelstand in NRW bündeln it's OWL (intelligente Maschinen), die Metropole Ruhr (intelligente Logistik) und das Rheinland (intelligente Produktionstechnik) ihre Kompetenzen. Ziel ist es, kleine und mittlere Unternehmen zu unterstützen, die Potenziale der Digitalisierung zu erschließen.

Tanja Rückert

13.1 Produkte: smart und vernetzt

In den vergangenen beiden Jahrzehnten hat das Internet Milliarden von Menschen, deutlich mehr als die Hälfte der Menschheit, miteinander vernetzt und ihre Kommunikation auf eine völlig neue Grundlage gestellt. Jetzt kommen die Dinge hinzu. Sie werden mit Fähigkeiten ausgestattet, die sie hören, sehen, fühlen und „denken" lassen, was mit Worten wie intelligent und smart umschrieben wird. Und sie werden vernetzt. Nach Schätzungen von Gartner und McKinsey werden bis 2020 20 bis 25 Mio. Geräte über eine eigene Internetadresse online sein. Und damit ändert sich nach der Kommunikation der Menschen untereinander auch die Wertschöpfung grundlegend.

Die Hersteller können zu verschwindend geringen Kosten ihre Produkte mit Sensoren, Aktuatoren, Minikameras und anderen digitalen Komponenten ausrüsten. In die Produkte eingebettete Software erlaubt es dann, während des Betriebs Daten zu erzeugen, zu sammeln und zu analysieren. Das Internet der Dinge sorgt dafür, dass nicht nur das einzelne Produkt auf diese Weise zum Datenlieferant wird, sondern dass Produkte nahezu grenzenlos miteinander und mit den Menschen über ihre Daten kommunizieren können.

Das Auto kennt seine Position und kann sie mitteilen. Die Vernetzung vieler Autos erlaubt damit unter anderem beispielsweise eine Analyse des Verkehrsflusses, und aus dieser Analyse können wiederum Vorschläge für eine Änderung des vom Fahrer eingeschlagenen Weges resultieren. Schon dieses Beispiel zeigt, dass kein Produzent die Vorteile des Internets der Dinge allein realisieren kann. Die Vernetzung der Dinge verlangt auch die Vernetzung der Produzenten und ihrer Kunden. So haben die europäischen Fahrzeugher-

T. Rückert (✉)
SAP AG
Walldorf, Deutschland
E-Mail: tanja.rueckert@sap.com

© Springer-Verlag Berlin Heidelberg 2016   217
U. Sendler (Hrsg.), *Industrie 4.0 grenzenlos*, Xpert.press, DOI 10.1007/978-3-662-48278-0_13

steller schon vor etlichen Jahren das Car 2 Car Communication Consortium (C2C-CC) ins Leben gerufen, das das Ziel eines kooperativen, intelligenten Transportsystems verfolgt. Das IoT erlaubt die Neugestaltung der Art, wie sich Menschen bewegen und wie sie leben. Projekte für Smart Cities erforschen dies weltweit.

Das Internet der Dinge steckt noch in den ersten Kinderschuhen. Aber es ist schon jetzt schwer vorstellbar, dass es irgendeinen Industriezweig geben wird, dessen Produkte nicht online gehen. Das heißt, dass auch die Produkte der Investitionsgüterindustrie wie Maschinen, Anlagen und selbst Fabrik- und Lagerhallen, Montagelinien und Reparatur-werkstätten vernetzt werden. Mit einem zunehmenden Vernetzungsgrad von Maschinen und Menschen werden außerdem Industriegrenzen immer mehr miteinander verschwim-men. Dieser Teil des Internets der Dinge, der die Vernetzung der industriellen Prozesse selbst betrifft, hat in Deutschland die Bezeichnung Industrie 4.0. Der Begriff Industrial Internet in den USA fokussiert darüber hinaus auf Einzelhandel, Logistik und Energiever-sorgung.

Das McKinsey Global Institute veröffentlichte im Juni 2015 eine Untersuchung, in der es hieß: „Wir erwarten durch das Internet der Dinge bis 2025 gesamtwirtschaftliche Auswirkungen von 3,9 bis 11,1 Billionen US$. Das entspräche im äußersten Fall etwa 11 % der Weltwirtschaft."

Dies deckt sich mit den Erfahrungen, die SAP in den vergangenen Jahren mit sei-nen Kunden gemacht hat. Es sind vor allem die diskrete Fertigungsindustrie, der gesamte Transportbereich – von der Flugzeugindustrie über die Automobilhersteller bis zum Flot-tenmanagement in der Logistik – und der Handel, die am stärksten auf Lösungen drängen, mit denen sie neue Geschäftsmodelle angehen oder ihre laufenden Geschäfte optimieren und effizienter gestalten können.

SAP wird sich dabei auf die Entwicklung von IoT Anwendungen und die Bereitstellung von wiederverwendbaren Services in Form einer IoT-Plattform konzentrieren, um auch Partnern, Kunden und Entwicklern eine effiziente Entwicklung von IoT Anwendungen zu ermöglichen. Außerdem steht der umfassende Schutz von hochgradig vernetzten IoT Anwendungen auf der Agenda, um einen sicheren Austausch von Daten über alle Phasen der Netzwerkkommunikation sicherzustellen.

Im Fokus stehen Architekturen und Standards im Bereich der IT-Sicherheit zur Eta-blierung von sicheren Anwendungen. Am dem Gerät, am Server, in der Cloud muss sichergestellt sein, dass nur zwischen Berechtigten Daten fließen. Je weiter die Intelli-genz reicht, je autonomer Geräte Entscheidungen treffen, je wichtiger und auch kritischer Daten aus dem Internet für die Geschäftsprozesse in der Industrie werden, desto größe-re Bedeutung bekommt die Absicherung des Datenflusses. Ein Kernelement ist dabei die prinzipielle Verschlüsselung aller Daten. Selbst wenn sich Unberechtigte Zugriff auf einen Teil der Informationen verschaffen sollten, muss der Besitzer der Daten eine hundertpro-zentige Sicherheit haben, dass diese Informationen für den Unberechtigten nicht lesbar, nicht nutzbar sind.

13.2   Die Datenkette schließen

Geräte zu digitalisieren und mit dem Internet zu verbinden, ist eine Sache. Aber damit ist es nicht getan. Mit dem Internet der Dinge tritt das Computing in eine neue Phase. Es muss in dreierlei Hinsicht neue Lösungen liefern: Daten von Dingen müssen gesammelt und analysiert werden, sodass Geschäftsprozesse regelbasiert unter der Berücksichtigung identifizierter Pattern gesteuert werden können; das Management dieser Daten muss entsprechend organisiert werden; und schließlich sind innovative Geschäftsideen zu entwickeln, die sich auf die Analyse und Auswertung der Daten stützen. Alle drei Aufgaben hat eine IoT-Lösung zu bewältigen, die eine Integration von Informations- und Operationstechnologie sicherstellt und das Steuerwerk moderner Systemlandschaften repräsentiert. Alle drei Aufgaben sind in der Regel nicht von den Produzenten allein zu erledigen.

Am Anfang stehen die Dinge, deren Fähigkeit zur Vernetzung vorausgesetzt wird, die Daten sammeln und generieren können. Die Hersteller beziehungsweise Nutzer müssen entscheiden, welche Daten für welchen Zweck genutzt und wie und wo sie analysiert und verwertet werden sollen. Auf Grundlage dieser Entscheidungen müssen die richtigen, die passenden Wege der Integration zum Einsatz kommen. Es macht einen Unterschied, ob Daten in regelmäßigen Zeitabständen vom selben Ort mit konstant starker Netzwerkverbindung kommen, oder ob zu unvorhersehbaren Zeiten ganz unterschiedliche Datenmengen unterschiedlicher Art von beliebigen Orten gesendet werden, wobei etwa die Unterbrechung und Wiederherstellung der Netzwerkverbindung jederzeit einkalkuliert werden muss.

Von zentraler Bedeutung ist, dass die Daten auf eine Weise eingebunden werden, die von vornherein Wichtiges von Unwichtigem trennt, beispielsweise auch Ausnahmedaten von Normaldaten unterscheiden kann. Beispielsweise beim Digital Farming, bei der digitalen Feldbearbeitung, fallen geografische und Daten der Beschaffenheit des zu bearbeitenden Feldes an, hinzu kommen laufende Daten des Bearbeitungsfortschritts, Informationen der Wetterdienste und vieles andere mehr. Diese Informationen nach Relevanz zu sortieren und die relevanten Daten so mit den Geschäftsdaten des jeweiligen Auftrags zu verbinden, dass er zur richtigen Zeit schneller und effizienter abgewickelt werden kann – das macht aus den Datenbergen der Dinge smarte Daten.

Die Anbindung von Endgeräten ist deshalb der erste wichtige Schritt, den eine IoT-Lösung beinhalten muss. Dieser Schritt ist sozusagen der Zündfunken für die Verschmelzung von realem Ding und seinen Daten, von realer und digitaler Welt. Konnektoren, die diesen Schritt möglich machen, müssen wichtige Anforderungen erfüllen.

Erstens müssen sie in der Lage sein, die Sprache des Geräts, seinen digitalen Dialekt, zu verstehen und ohne Informationsverlust in ein Protokoll zu übersetzen, das für die jeweilige Auswertung und Nutzung der Daten, beispielsweise in Form eines Signals für die An- oder Abschaltung eines Antriebs, implementiert ist.

Zweitens muss die Anbindung des Geräts gewährleisten, dass über das Netz ein Programmschritt direkt am Gerät ausgeführt werden kann, um im Beispiel zu bleiben, ein

Signal auszulösen, möglicherweise in Zusammenhang mit den Daten anderer, mit dem Gerät vernetzter Dinge. Oder umgekehrt, aufgrund der Informationen vom Feld im Beispiel des Digital Farming, Management-Entscheidungen zu treffen, die den Einsatz einer zusätzlichen Erntemaschine betreffen könnten.

Es ist auch die Aufgabe des Konnektors, für eine smarte Verbindung zu sorgen. Sollte die Vernetzung unterbrochen werden, muss er den Datenfluss wiederherstellen und die Daten aktualisieren. Und die Verbindung muss höchsten Sicherheitsanforderungen genügen. Niemand darf die Möglichkeit haben, die Verbindung zu hacken, unbefugt Daten abzugreifen oder den Datenfluss zu manipulieren. All das gehört zu den Aufgaben der Konnektoren.

Sind Dinge vernetzt und der Zugriff auf ihre Daten möglich, geht es um das passende Management. Datenmanagement in herkömmlicher Form ist dabei überfordert. Bei der Vernetzung von Dingen sind eine extreme Datenmenge, eine große Varianz von Datenarten und ein plötzlich in sehr kurzer Zeit auftretender und extrem schneller Datenfluss keine Seltenheit, sondern eher der Normalfall. Das Datenmanagement muss also einerseits über grenzenlosen Speicher verfügen – selbst wenn die Intelligenz der Vernetzung den nicht benötigten Teil der Informationen bereits unmittelbar nach der Erfassung aussortiert und damit einen Daten-Tsunami im Ansatz verhindert. Andererseits muss das Datenmanagement aber auch in sehr kurzer Zeit sehr gezielten Zugriff erlauben, um Entscheidungen über das Endgerät unter Umständen in Echtzeit zu erlauben. Neben der enormen Speicherkapazität, die sinnvollerweise mit Hilfe der Cloud-Technologie zur Verfügung gestellt werden kann, sollte das Datenmanagement also auch stufenlos skalierbar sein, von der Ad-hoc-Entscheidung in Echtzeit bis zur gründlichen Datenanalyse über einen längeren Zeitraum.

Der letzte Schritt, den eine IoT-Lösung bereitstellen muss, betrifft die Analyse und Auswertung der Daten. Je nachdem, welche Daten zu welchem Zweck genutzt werden sollen, müssen die passenden Werkzeuge für die Visualisierung, Berechnung und jede erdenkliche Art von statistischer Analyse zur Verfügung stehen. Dazu gehört, wie im Beispiel der Feldbearbeitung bereits erläutert, eben auch, dass die Gerätedaten mit den Daten aus der Unternehmenssoftware, mit Prozessdaten und anderen Rahmendaten des Unternehmens, aber auch mit beliebigen anderen Daten aus dem Internet verknüpfbar sind. Nur dann können für den Produktnutzer oder auch für einen Maschinenantrieb im richtigen Moment und in Echtzeit die richtigen Entscheidungen getroffen werden.

Das Schließen der Datenkette ist natürlich kein einmaliger Vorgang. Die Verfügbarkeit der Daten aus den vernetzten Geräten führt zu einem regelrechten Kreislauf, in dem die Daten – und die sie nutzenden Netzwerke und selbstverständlich auch die Menschen – kontinuierlich intelligenter werden. Jede Analyse, jede statistische Auswertung, jeder neue Endknoten im Netz vergrößert das fortwährend wachsende Wissen über Zusammenhänge. Es wird mehr umfassen, als die größte und beste Forschergruppe jemals zusammentragen könnte.

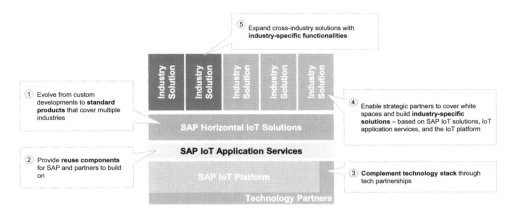

Abb. 13.1 Die Internet of Things Strategie von SAP. (© 2016 SAP SE or an SAP affiliate company)

13.3   IoT-Lösungen und SAP Ecosystem

SAP hat sich zum Ziel gesetzt, seine Kunden in vollem Umfang auf diesem Weg ins Internet der Dinge zu unterstützen und ordnet diesem Ziel hohe strategische Priorität zu (Abb. 13.1). Von der Erfassung der Daten des vernetzten Geräts über das Datenmanagement bis zur Auswertung und Auslösung einer konkreten Aktion sollen die IoT-Lösungen reichen. Bei SAP wurde dafür der Begriff geprägt: Close the loop from Thing-To-Insight-To-Outcome, also das bidirektionale Schließen der Kette vom Ding über die Datenanalyse zur Aktion. Die Voraussetzungen dafür sind sehr gut, denn viele Bestandteile solcher Lösungen sind bereits erprobt und bei Hunderttausenden von Kunden täglich im Einsatz. Jetzt geht es darum, sie auszubauen und auf die vernetzten Endgeräte zu erweitern.

Standardsoftware von SAP wird für die optimierte Steuerung der gesamten Abläufe in den Unternehmen genutzt. Die Business Suite 4 SAP HANA (SAP S/4HANA) basiert auf HANA und ihrer In-Memory-Datenbank. Die ursprüngliche Bedeutung der Abkürzung HANA, **H**igh Performance **An**alytic **A**ppliance oder Hochleistungsanalyseanwendung, macht deutlich, dass hier genau die Basistechnologie verfügbar ist, auf der IoT-Lösungen im oben beschriebenen Sinn erstellt werden können. Hoch skalierbar, kann HANA extrem schnell sehr große Datenmengen analysieren. In Verbindung mit den Lösungen für Supply Chain Management (SCM) und Enterprise Resource Management (ERP) können nun die Daten der Dinge in die Prozesse der Unternehmen integriert werden. Das SAP Manufacturing Execution System (SAP ME) hat schon vor der Vernetzung der Maschinen über das Internet die Kommunikation mit Maschinen beherrscht.

SAP baut eine offene, sehr weitgehend skalierbare und sichere IoT-Plattform (vgl. Abb. 13.2). Sie gilt inzwischen über den eigenen Kundenkreis hinaus als ein wichtiger Vorschlag für eine Referenzarchitektur für Industrie 4.0. Die Basis bildet die HANA In-Memory Datenbanktechnologie in Verbindung mit Big Data Techniken wie Hadoop und

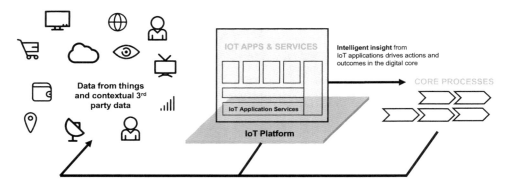

Abb. 13.2 Die Internet of Things Suite von SAP und ihre Plattform. (© 2016 SAP SE or an SAP affiliate company)

Spark, was 2015 als HANA VORA vorgestellt wurde. Darauf setzt die HANA Cloud Platform für die Vernetzung beliebiger Daten über die Cloud auf. IoT Services bieten die Möglichkeit, die Daten von Endgeräten zu integrieren, und dafür werden standardisierte Dienste zur Verfügung gestellt. Über die Cloud Integration können auf der anderen Seite Daten in die Unternehmensprozesse integriert werden, um sie zu optimieren. Ziel dieser Plattform ist das Angebot von IoT-Applikationen, für die SAP ebenfalls eine Schicht von standardisierten Services einrichtet, die jeder zur Entwicklung von Applikationen nutzen kann.

Die IoT Plattform soll den sicheren und schnellen Datenfluss standardisieren und die Integration aller erdenklichen IoT-Applikationen erlauben. Offenheit ist erstens deshalb so entscheidend, weil – ähnlich wie im Fall des erwähnten Car 2 Car Communication Consortiums im Verkehr – kein einzelnes Unternehmen gleich welcher Größe in der Lage ist, alle im Einzelfall benötigten Aspekte des Internets der Dinge zu berücksichtigen. Zweitens aber ist die Offenheit überhaupt Voraussetzung dafür, dass sich das Internet der Dinge entwickeln kann. Denn es sind vor allem auch die Kunden, die darauf wiederum für ihre Kunden Applikationen anbieten können. Die IoT-Plattform wird die Grundlage eines umfangreichen Ecosystems, zu dem SAP alle Kunden und andere Anbieter und Entwickler von IoT-Applikationen einlädt. Die Vernetzung der Dinge führt zur Vernetzung der Wirtschaft.

Ein gutes Beispiel ist die Mindsphere – Siemens Cloud for Industry, die auf der CeBIT 2015 angekündigt wurde. Sie wird von Siemens als wichtiger Bestandteil ihrer Digital Enterprise Software Suite bezeichnet. Und die Basis dafür ist die SAP HANA Cloud Platform. Mit diesem Angebot können Kunden von Siemens (und wiederum deren Kunden) Produkte und Produktionsanlagen vernetzen und Daten über die Cloud zur Auswertung zur Verfügung stellen. Damit lässt sich der Support über den gesamten Produkt-Lebenszyklus durch die Laufzeitdaten der Anlagenteile auf eine neue Stufe heben. Aber mit dieser Cloud nimmt Siemens auch den optimierten Einsatz von Produkten und Anlagen,

Betriebsüberwachung und Energiemanagement in Echtzeit, Abrechnungsmodelle nach Nutzungszeiten und alle möglichen Szenarien vorausschauender Services ins Visier.

Diese Industrie-Cloud auf Basis der SAP IoT Platform wird nicht die einzige bleiben. Es wird zahlreiche andere geben, teils mit ähnlicher Zielsetzung, teils vielleicht mit ganz anderen Schwerpunkten. Solche Industrieplattformen dürften künftig zu den wichtigsten Unterscheidungsmerkmalen im Wettbewerb der Industrieunternehmen zählen.

13.4   Schlüsselindustrien und exemplarische IoT-Produkte

SAP legt den Fokus auf Bereiche, in denen gemeinsam mit führenden Kunden aus der Wirtschaft und gemeinsam mit Software- und Servicepartnern IoT-Applikationen entwickelt werden. Einige sind bereits als Standardsoftware verfügbar und können für zahlreiche Anwendungsfälle zum Einsatz kommen. Weitere werden folgen.

Als erste inhaltliche Themen wurden Produktion, Wartung, Logistik, Transport, Fahrzeuge sowie die Einbeziehung des smarten Kunden identifiziert. Und zahlreiche Projekte erlauben bereits die Nennung messbarer Resultate. Mit dem Projekt Dynamic Maintenance Service beispielsweise konnte Trenitalia die Wartungskosten um 8 bis 10 % reduzieren. Bei der High-Performance-Marke Mercedes AMG, die die leistungsstärksten Serienmodelle im Fahrzeugprogramm von Mercedes-Benz produziert, werden die nicht erfolgreich durchzuführenden Testfahrten 94 % schneller durchlaufen, weil sie jetzt bei Erfüllung bestimmter Parameter in Echtzeit abgebrochen werden können. Um zu verstehen, was die neuen Lösungen ausmacht, werden im Folgenden einige im Detail vorgestellt.

13.4.1   Predictive Maintenance and Service

Betreiber und Hersteller von Investitionsgütern wie Maschinen und Anlagen verwalten und überwachen ihre Produkte in der Regel über beträchtliche Entfernung. Falls es zu Problemen kommt, ist es oft zeit- und kostenaufwendig, deren Ursache ausfindig zu machen. Noch kostspieliger ist die Beseitigung des Problems, die Beschaffung von Ersatzteilen, die Organisation eines Teams zur Reparatur. Besonders kostspielig wird es, wenn die Problemlösung zu lange dauert oder gar fehlschlägt. Dann steht die Anlage mit unübersehbaren Folgekosten still, oder sie erfüllt nicht die geforderte Funktion, nicht einmal menschengefährdende Risiken sind auszuschließen.

Deshalb ist es schon lange ein großer Traum der Verantwortlichen, rechtzeitig vor einem Problem davon zu erfahren, schnell und kostengünstig über die Lösung des bevorstehenden Problems informiert zu werden, und schließlich sichere Maßnahmen organisieren zu können, die – möglicherweise sogar ganz ohne den Stillstand von Maschine oder Anlage – das Problem gar nicht erst auftauchen lassen. Das Internet der Dinge lässt diesen Traum nun Wirklichkeit werden. Vorausschauende Wartung (Predictive Maintenance) ist eines der wichtigsten Felder, in denen die Industrie derzeit an IoT-Lösungen arbeitet.

Mit der SAP Predictive Maintenance and Service Solution steht seit Ende 2014 auf Basis von SAP HANA eine Standardsoftware zur Verfügung, die genau dieses Thema adressiert. Von fern, nämlich über das Internet, lassen sich die Daten beliebiger Anlagen und Geräte abrufen. Sie zeigen Betriebstemperaturen, Ressourcenverbrauch, Schwingungen oder Vibrationen, kurz: Leistung und „Gesundheitszustand" des Dings, um das es geht. In Verbindung mit den historischen Daten des Betriebs desselben Geräts, bei Bedarf auch in Verbindung mit Vergleichsdaten anderer Geräte weltweit, auch in Verbindung mit Umgebungsdaten wie Hallentemperatur und Klima, Kapazitätsauslastung und Auftragsplanung, lassen sich nicht nur möglicherweise auftauchende Probleme frühzeitig erkennen und vermeiden. Die Informationen, die jetzt – in Echtzeit analysiert und ausgewertet – als Betriebswissen zur Verfügung stehen, erlauben eine wirkliche Optimierung des Betriebs. Der Service ist nicht mehr Ausputzer und Feuerwehr. Der Service sorgt mit hoher Verantwortung für den optimalen Betrieb der Anlage.

Für SAP-Kunden ist eine Lösung für vorausschauende Wartung und Services eine ganz natürliche Erweiterung von Unternehmenssoftware wie Enterprise Asset Management, Customer Service Management, oder Connected Manufacturing, mit der schon bislang ihre Prozesse unterstützt wurden. Abhängig von den Anforderungen der Kunden, kann die Predictive Maintenance Lösung von SAP sowohl in der Cloud als auch mit einer Implementierung vor Ort bereitgestellt werden.

Kaeser Kompressoren, einer der weltweit größten Anbieter von Druckluftsystemen, bietet seinen Kunden heute Service ganz neuer Qualität und baut dabei auf eine exakt auf seine Anforderungen zugeschnittene Predictive Maintenance Lösung, die auf der SAP HANA Plattform läuft. Diese Lösung ermöglicht das Echtzeit-Monitoring von Parametern wie Stromverbrauch, Betriebszustand, Sicherheit und Druckluftqualität einer Anlage beim Kunden, und zwar immer verglichen mit den erlaubten Minimal- und Maximalwerten. Über ein Internetportal können die Servicetechniker diese Echtzeitdaten analysieren, ohne den Kunden aufsuchen zu müssen. Das beschleunigt natürlich die Lösung etwaiger Probleme und sorgt für eine hohe Zuverlässigkeit und Effizienz des Betriebs der Anlagen.

Diese Lösung versetzt Kaeser in die Lage, Wartungsaufgaben bei seinen Kunden vorausschauend anzugehen und zu erledigen. Mit dem Ergebnis, dass der verbesserte Service zu höherer Betriebszuverlässigkeit und besseren Laufzeiten der Anlagen, aber auch zu schnelleren Problemlösungen, geringeren Betriebsrisiken und kürzeren Innovationszyklen führt. Denn die Erkenntnisse aus dem Betrieb der Maschinen werden unmittelbar an die Entwicklung zurückgespielt.

In der Konsequenz war Kaeser in der Lage, neben dem Produktvertrieb der Kompressoren ein neues Dienstleistungsangebot in sein Portfolio aufzunehmen: Unter der Marke Sigma Air Utility bietet der Hersteller nun auch Druckluft als Service. Der Kunde muss den Kompressor nicht kaufen. Stattdessen erhält er exakt die für den jeweiligen Zweck benötigte Druckluft, und zwar mit einer extrem hohen Verfügbarkeitsgarantie.

Wie weit sich die Wertschöpfungskette über derartige IoT-Lösungen verändert, zeigt sich an der Arbeit der verschiedenen Unternehmensbereiche bei Kaeser, speziell an der Zusammenarbeit zwischen dem Design und Engineering der Kompressoren und dem Service. Seit einiger Zeit verbringen die Ingenieure aus der Produktentwicklung bis zu einem Viertel ihrer Arbeitszeit mit den Service-Spezialisten, um sich über die wichtigsten Anforderungen an die Entwicklung abstimmen. Der Service ist der Bereich, der am besten weiß, wie gut das Produkt sich im Betrieb bewährt.

13.4.2   Logistik-Lösungen

Lebten 1950 noch mehr als 70 % der damals 2,5 Mrd. Menschen weltweit auf dem Land, so ist die Weltbevölkerung seither nicht nur auf 6,8 Mrd. angewachsen, sondern es lebt bereits mehr als die Hälfte in Städten. Der Trend geht unaufhaltsam weiter in diese Richtung. Je weiter die Industrialisierung alle Länder der Erde erfasst, desto größer werden die Städte, desto schwieriger die Organisierung des Lebens darin. Insbesondere der Verkehr jeglicher Art erweist sich zunehmend als ein Problem, für dessen Lösung die begrenzten Kapazitäten der vorhandenen Infrastrukturen wie Straßen, Schienen oder Wasserwege nicht ausreichen. Es wird immer dringender, neue Lösungen zu finden, die den schnell wachsenden Anforderungen gerecht werden. Überall auf der Welt gibt es deshalb Forschungs- und Pilotprojekte für die sogenannte Smart City, die das Internet der Dinge nutzt.

Ein wichtiger Bestandteil solcher Lösungen betrifft die Logistik. Wie gut Güter und Menschen von A nach B transportiert werden, kann nicht mehr der Erfahrung des einzelnen Verkehrsteilnehmers überlassen bleiben. Zu viel Anteile des Verkehrs sind vermeidbar, denn sie sind zum Beispiel der Parkplatzsuche, vergeblichen Zustellversuchen, umgehbaren oder vermeidbaren Staus und anderen Rahmenbedingungen geschuldet, die der Einzelne nicht vermeiden kann.

SAP Connected Logistics Software ist eine neue Lösung für Transport und Supply Chain Management. Sie schafft eine bisher ungekannte Transparenz im gesamten Ecosystem der an den Transportbewegungen beteiligten Geschäftspartner. Connected Logistics gibt Unternehmen, Institutionen und Einzelpersonen Echtzeiteinblick in ihr gesamtes Arbeitsumfeld und darüber hinaus. Sehr gut lassen sich die spürbaren Vorteile am Beispiel der Hamburger Hafenverwaltung (Hamburg Port Authority (HPA)) zeigen, des größten deutschen Hafens, der das Be- und Entladen von rund 10.000 Schiffen und neun Millionen Containern pro Jahr zu meistern hat. Sascha Westermann, Leiter Intermodales, operatives IT-Verkehrsmanagement der HPA, schätzt, dass der Hafen bis 2025 Umschlagplatz für rund 25 Mio. Container jährlich sein wird. Und das größte Problem dabei benennt er so: „Wir können die Hafenfläche nicht vergrößern und müssen nach Möglichkeiten suchen, den Platz, den wir haben, effizienter zu nutzen."

Mit der HPA und dem Partner T-Systems baut SAP eine auf den Hamburger Hafen zugeschnittene Lösung für ein Logistiknetz, das die TelematicOne Plattform von T-Systems nutzt. Damit können telematische Daten unterschiedlicher Art in einer Ansicht zusammengeführt und mit sogenannten Geo-Fence Signalen vernetzt werden. Geo-Fence Signale sind in der Regel Daten aus Geo-Informationssystemen, die das Ein- oder Austreten von Objekten in einen oder aus einem definierten Raum betreffen. Diese Daten können nun mit der Anwendung für vernetzte Logistik gekoppelt werden. Lastwagenfahrer erhalten damit über ein angeschlossenes mobiles Endgerät beispielsweise jederzeit aktuelle Informationen über Unfälle oder Parkmöglichkeiten.

Wenn sich ein Schiff verspätet und das Containergate nicht offen ist, werden die Fahrer auf die verfügbaren Parkplätze verwiesen. Wenn das Schiff angelegt hat, informiert das Containergate den Fahrer über die kürzeste Strecke zum Gate. Die Ergebnisse dieser Lösung für Hamburg, die weltweite Beachtung findet: kürzere Wartezeiten, schnellerer Umschlag, effizientere Routenplanung und geringere Treibstoffkosten.

13.4.3 Connected Manufacturing

Industrie 4.0 oder die vierte industrielle Revolution wird in Deutschland die Umwälzung genannt, die insbesondere die Fertigungsindustrie betrifft. Denn die Vernetzung von Menschen, Maschinen, Anlagen und Fabriken verändert die gesamte Art und Weise, wie produzierende Unternehmen organisiert sind.

Die Basis der SAP-Lösungen für Industrie 4.0 sind Applikationen, die die nahtlose Integration vernetzter Maschinen in einer automatisierten Fertigung sicherstellen. Die Manufacturing Execution und die Manufacturing Integration and Intelligence Anwendungen sorgen für eine Produktion, die im richtigen Moment die richtigen Antworten bereithält. Und sie sind das Bindeglied zwischen der Werkshalle und den Managementbüros. Aber die Vision von Industrie 4.0 geht deutlich darüber hinaus. Sie schließt die Integration der Kernfunktionen des Unternehmens von der Produktentwicklung über die Produktion bis hin zur Zulieferkette und dem Ersatzteillager ein. Um das zu realisieren, werden die Unternehmen Systems Engineering mit Produktions-IT und Unternehmenssoftware verketten müssen. Wo sie dies tun, sind sie dem Wettbewerb überlegen.

Eines dieser visionären Unternehmen ist Harley-Davidson. In einer neuen Produktionsanlage von Harley ist jede Maschine ein vernetztes Gerät, jede relevante Variable wird kontinuierlich gemessen und ausgewertet. Die Anlagenkomponenten liefern Leistungsdaten, die das Fertigungssystem für vorausschauende Wartung nutzt, um es gar nicht erst zum Ausfall einer Maschine oder eines Werkzeugs kommen zu lassen. Auf eine Zehntelsekunde genau ist der Einbau von Teilen in ein Motorrad geplant, und das System warnt das Hallenmanagement auf der Ebene einzelner Komponenten, wenn etwas nicht nach Plan läuft. Harley misst selbst die Temperatur, die Luftfeuchtigkeit und die Drehzahlen der Ventilatoren im Gebäude. Ihre kontinuierliche Auswertung identifiziert Faktoren zur Verbesserung der Effizienz.

In dieser neuen, nach dem aktuellen Stand der Technik und der Debatte über Industrie 4.0 gebauten Halle fertigt Harley 1700 Motorradvarianten in einer einzigen Produktionslinie, und alle 90 s läuft ein kundenspezifisch gebautes Motorrad vom Band, 25 % mehr als vorher. Die Zeit für die Fertigung eines Bikes ist von 21 Tagen auf 6 Stunden geschrumpft.

13.5   Industrie 4.0 als politische Herausforderung

Die Bundesregierung hat Industrie 4.0 zum Kern ihrer Digitalen Agenda gemacht. Auch in Brüssel ist es ein viel beachtetes politisches Thema. SAP betrachtet dies als Chance, um auch solche Themen nach vorn zu bringen, die nicht von der Industrie alleine gelöst werden können, und beteiligt sich deshalb auch auf dieser Ebene an den Gesprächen und Aktivitäten.

Nachdem die Leitung der Plattform Industrie 4.0 im Frühjahr 2015 von Vertretern der Industrie, der Forschung, der Verbände und den beiden Bundesministerien für Bildung und Forschung sowie für Wirtschaft und Energie übernommen wurde, haben sich die neuen Kommunikationswege auf der Bundesebene etabliert. In den Bundesländern sieht es sehr unterschiedlich aus. Naturgemäß ist die Beschäftigung mit dem Thema dort am intensivsten, wo die Industrie eine besonders hohe Bedeutung für das Wirtschaftsleben hat, etwa in Nordrhein-Westfalen und Baden-Württemberg, wo mit It's OWL und der Allianz Industrie 4.0 eigene Initiativen angestoßen wurden. Ein großes Plus ist sicher auch, dass nicht nur Industrieverbände, sondern mit der IG Metall auch die Gewerkschaften an der Plattform beteiligt sind.

SAP sieht vier große Aufgabenfelder, für die vom Gesetzgeber die Rahmenbedingungen abgesteckt werden müssen:

1. die Förderung geeigneter Forschungs- und Innovationsaktivitäten, unter anderem im Bereich Standardisierung,
2. die Formulierung rechtlicher Rahmenbedingungen für Industrie 4.0 und der Umgang mit den dort generierten und verwendeten Daten,
3. die Förderung von Venture Capital und steuerliche Maßnahmen,
4. Aus- und Weiterbildung in der digitalisierten Wirtschaft.

Die Diskussion über Datenschutz spielt in Deutschland und ganz Europa eine große Rolle. Beim Internet der Dinge geht es größtenteils nicht um personenbezogene Daten, sondern um Sachdaten, die mit Geräten und Dingen gesammelt oder daraus geliefert werden. Hier ist eine grundsätzliche Debatte nötig, die den Umgang mit solchen industriellen Internetdaten definiert und gestaltet. Wem gehören sie? Was darf unter welchen Bedingungen damit getan werden? Und wie wird der Schutz personenbezogener Daten gewährleistet, wenn sie Teil der industriell erzeugten Informationen sind? Hier muss die Politik aktiv werden. Dabei sollte der Gesetzgeber darauf achten, gerade für datenbasierte Geschäftsmodelle den notwendigen Raum zu lassen, der eine Realisierung in Deutschland und Europa ermöglicht und dabei global die Wettbewerbsfähigkeit sicherstellt. Eine zu strenge Reglementierung könnte dazu führen, dass wir den Anschluss an die USA und Asien verlieren.

Auch jungen Start-ups und innovativen Unternehmern wird es hier nicht besonders leicht gemacht. Viele klagen über bürokratische und gesetzgeberische Hemmnisse, die diesem für das Internet der Dinge und Industrie 4.0 so wichtigen Teil der Wirtschaft den

Start in die Existenz schwer machen. Gezielt staatlich gefördertes Wagniskapital könnte diese Situation verbessern.

Es gab einmal eine Abwrackprämie für Autos. Nun diskutiert man Kaufprämien für Elektrofahrzeuge. Vergleichbare Anreizsysteme für das Rückgrat der Digitalisierung, nämlich Hard- und Software, sucht man vergebens. Dabei sind viele Maßnahmen denkbar, von steuerlichen Anreizen bis zu Abschreibungsmöglichkeiten. Es ist zu begrüßen, dass jetzt vom Bundesministerium für Bildung und Forschung neue Gelder für die Förderung des Mittelstands in Richtung Industrie 4.0 beschlossen wurden. Aber insgesamt ist hier noch Handlungsbedarf, wenn der Standort Deutschland mit seiner mittelständischen Industrie langfristig den Nutzen haben soll.

Eine Anpassung der Ausbildung ist ebenfalls erforderlich. Die herkömmlichen Wege der schulischen und der akademischen Ausbildung bringen Spezialisten hervor, die für bestimmte Aufgaben in den bisherigen Prozessen der Industrie hervorragend qualifiziert sind. Aber für vernetzte, disziplinübergreifende Zusammenarbeit und systemische Ansätze brauchen wir eine Anpassung der Ausbildungsgänge.

Bereits in den Schulen sollten bessere Grundlagen für das Verständnis der digitalen Welt und der wichtigen Technologien gelegt werden. Andernfalls droht uns in absehbarer Zukunft ein Teil unserer Jugend für eine erfolgreiche Erwerbstätigkeit in der Industrie und in der Dienstleistung verloren zu gehen.

Und wir benötigen eine größere Durchgängigkeit der Fakultätsgrenzen, um multidisziplinäres Arbeiten zum Gegenstand der Ausbildung zu machen. Denn wir brauchen wieder in stärkerem Maße Generalisten, die in der Lage sind, das ganze System mit all seinen fachspezifischen Seiten im Blick zu haben. Nur solche Menschen werden künftig Führungsrollen in der Industrie übernehmen können.

In all diesen Fragen ist die Debatte derzeit leider noch zu oft geprägt von Bestandswahrung und mangelndem Weitblick. Es wird zu wenig auf die Chancen geschaut, die die Digitalisierung eröffnet. Auf politischer Ebene führt dies eher zu reglementierenden als zu gestalterischen Maßnahmen. Letzteres wäre aus Sicht von SAP dringend und wünschenswert.

Auch auf der internationalen Ebene, etwa gegenüber China oder den USA, kann Industrie 4.0 von der aktiven Rolle der Bundesregierung profitieren. Es haben dazu bereits zahlreiche Gespräche stattgefunden. Insbesondere aus China gibt es ein sehr starkes Interesse an den Standardisierungsbemühungen und den technischen Architekturen, wie sie etwa im Referenzarchitekturmodell Industrie 4.0 (RAMI40) entstehen. Regelmäßige Treffen auf Ebene von Arbeitsgruppen haben bisher den Eindruck verstärkt, dass die chinesische Seite an einer langfristigen, konstruktiven Zusammenarbeit mit der deutschen Industrie und den Regierungen von Bund und Ländern interessiert sind.

Es ist Zeit für eine gesamtgesellschaftliche Debatte über die Zukunft der digitalisierten Wirtschaft und Gesellschaft. Das Internet der Dinge und Industrie 4.0 bieten so viele positive Ansätze, so viele Möglichkeiten zur Verbesserung von Arbeit und Leben, dass diese Debatte das Zeug hat, die Lust an der Gestaltung der Zukunft in größerem Umfang zu steigern.

Das Digital Enterprise nimmt Gestalt an

14

Anton S. Huber

Zusammenfassung

Als ich vor ca. drei Jahren mein Kapitel zum ersten Buch über Industrie 4.0 schrieb, war die gesamte Situation auf diesem Gebiet gekennzeichnet von großer Unklarheit, was Industrie 4.0 bedeutete. Man spürte allgemein eine große Nervosität, die das Gefühl vermittelte, dass es um etwas sehr Bedeutsames ging, eventuell um die Existenz von einzelnen Firmen, von Industriezweigen ja sogar um ganze Volkswirtschaften wie etwa der deutschen, mit ihrer mittelständisch geprägten und auf Produktion ausgerichteten Wertschöpfungsstruktur. Zwischenzeitlich hat sich nun der Nebel ein wenig gelichtet, und man meint gelegentlich etwas schärfere Konturen erkennen zu können. Diese versuche ich in diesem Kapitel an der einen oder anderen Stelle etwas herauszuarbeiten und auch Eindrücke beizusteuern, die ich auf dem Gebiet der Digitalisierung zwischenzeitlich im globalen Geschäft gesammelt habe.

Auf der Hannover Messe 2016 hat man den Eindruck gewinnen können, dass die allgemeine Nervosität zu diesem Thema deutlich abgenommen hat. Wesentliche Fortschritte bei der inhaltlichen Klärung waren allerdings kaum festzustellen. Auffallend aber war der zum Teil sehr flexible Umgang mit der Bezeichnung Industrie 4.0, den einzelne Lieferanten bei der Charakterisierung ihrer Automatisierungs-Produkte/Systeme an den Tag gelegt haben.

Wenn man an diesem Punkt einmal ein Zwischenresümee zu Industrie 4.0 ziehen möchte, dann muss man konzedieren, auch wenn inhaltlich bisher wenig Hilfreiches entstanden ist, dass die Aufmerksamkeit für die schnell fortschreitende Digitalisierung in der Industrie und für die dadurch zu erwartenden Veränderungen und die notwendi-

A. S. Huber (✉)
Siemens AG
Nürnberg, Deutschland
E-Mail: Anton.Huber@siemens.com

© Springer-Verlag Berlin Heidelberg 2016
U. Sendler (Hrsg.), *Industrie 4.0 grenzenlos*, Xpert.press, DOI 10.1007/978-3-662-48278-0_14

ge Reaktionsmaßnahmen deutlich zugenommen hat. Das alleine dürfte vielleicht den bisherigen Aufwand bereits rechtfertigen.

Aus pragmatischen Gründen, weil eine ausreichend präzise Definition für Industrie 4.0 fehlte, habe ich mich in meinem Kapitel zum ersten Buch über Industrie 4.0 mit dem Kernthema unserer eigenen Digitalisierungsstrategie, die bei uns unter dem Begriff Digital Enterprise zusammengefasst ist, beschäftigt und diese in die Nähe von Industrie 4.0 gerückt. Unsere Digitalisierungsstrategie begann allerdings bereits im Jahr 2001 mit der Akquisition von Orsi, einem kleinen italienischen Unternehmen, dass sich damals unter anderem mit der Entwicklung von MES Systemen beschäftigte, und hat sich ab dem Jahr 2007 mit der Akquisition von UGS enorm beschleunigt.

In diesem Kapitel berichte ich über Fortschritte, die wir zwischenzeitlich bei der Umsetzung unserer Digitalisierungsstrategie gemacht haben. Ich überlasse es dabei dem Leser zu entscheiden, was er davon unter Industrie 4.0 einordnet und was nicht. Ich berichte auch über Beobachtungen und Entwicklungen zu wichtigen Produktionsverfahren, die sich besonders auf Digitalisierung und Datendurchgängigkeit stützen.

14.1 Digitalisierung der Industrie

Die sich Ende der 80er-Jahre massiv ausbreitende Anwendung der Digitaltechnik in der Signalübertragung und Signalverarbeitung hat in ihrer ersten Phase zu großen Veränderungen bei denjenigen Unternehmen geführt, deren Geschäftszweck die Aufbereitung und Verteilung von Informationen im engeren Sinne war. Aus diesem Grund wurden die Auswirkungen dieser Technologie zuerst in der Unterhaltungsindustrie und hier besonders bei Musik, Film, Telekommunikation und Printmedien sichtbar.

In den produzierenden Industrien zeichnen sich die Konsequenzen der fortschreitenden Digitalisierung mindestens seit ca. 15 Jahren ab und es wird allgemein erwartet, dass sie in den nächsten 10–15 Jahren zu erheblichen Veränderungen führen werden. Von Einigen wird in diesem Zusammenhang sogar von der vierten Industriellen Revolution gesprochen. Wegen der Wichtigkeit dieses Themas für die produzierenden Unternehmen in der Bundesrepublik haben die deutschen Industrieverbände die Initiative Industrie 4.0 ins Leben gerufen, die auch von der Bundesregierung unterstützt wird. Ihr Ziel ist es, die Entwicklungen und Auswirkungen der Digitalisierung in Industrie und Arbeitswelt zu begleiten und zu steuern.

Die Digitalisierung ist in die Unternehmen schon längst eingekehrt und hat zwischenzeitlich auch eine sehr große Bedeutung erlangt. Bei den leichter zu standardisierenden betriebswirtschaftlichen und transaktionalen Prozessen ist die Softwareunterstützung, also Digitalisierung, bereits weit fortgeschritten und auch systematischer ausgeprägt als in den technischen Wertschöpfungsprozessen. Industrieunternehmen haben in den vergangenen Jahrzehnten viele Milliarden in sogenannte ERP und CRM Software investiert und sich dadurch, fast unbemerkt von der Öffentlichkeit, zu mächtigen datenverarbeitenden Organisationen entwickelt, deren Informationsinhalt (data assets) heute in vielen Fällen einen wesentlichen Teil des jeweiligen Unternehmenswertes darstellt. Durch die tägliche Arbeit ihrer vielen Mitarbeiter wächst dieser Informationsinhalt und damit der Unternehmenswert ständig weiter. Dieser immer offensichtlich werdende Zusammenhang zwischen Unternehmensdaten und Unternehmenswert ist ein wesentlicher Grund für die steigende Sensibilität in Bezug auf die Sicherheit dieser Daten.

Die fehlerfreie Aufbereitung, Speicherung und immer zeitgerechtere Bereitstellung und Verteilung dieser Informationen im Unternehmen selbst, aber auch zwischen deren Partnern (extended enterprise) ist eine wichtige Voraussetzung dafür, dass ein Unternehmen heute im Wettbewerb bestehen und seinen Geschäftszweck erfüllen kann.

Natürlich zählt in der verarbeitenden Industrie auch heute noch der Transformationsprozess von Information und Wissen zu physischen Gütern zum Kernwertschöpfungsprozess. Leider ist es so, dass gerade in diesem Bereich immer noch IT und Softwareunterstützung sehr fragmentiert und unsystematisch eingesetzt wird. Das hat in erster Linie mit den deutlich komplexeren Prozessen zu tun und der Tatsache, dass eine Standardisierung bei diesen Prozessen, wenn überhaupt, nur ungleich schwerer umzusetzen ist, als bei betriebswirtschaftlichen Verwaltungsprozessen. Unterschiedlichkeit gehört beim Produktentstehungsprozess in vielen Fällen zur höchst wettbewerbsrelevanten Differenzierung und sichert Vorteile gegenüber den Wettbewerbern. Diese möchte man natürlich nicht einer Standardisierung opfern.

Automobilhersteller beispielsweise verwenden trotz der Tatsache, dass sie aus der Distanz gesehen alle nur ein einziges Produkt herstellen, nämlich ein Automobil, in vielen Teilbereichen der Produktentstehung unterschiedliche Prozesse, die ihre Begründung und ihren Sinn in wettbewerblichen Vorteilen haben. Es gibt also keinen bis ins Detail ausdifferenzierten Standardprozess zur Herstellung eines Automobils.

Gerade in solchen, sich differenzierenden Prozessen, wird die Wettbewerbsfähigkeit in zunehmendem Maße durch die Digitalisierung, also den Einsatz von IT und Softwaretools beeinflusst. IT-Lösungen und Software-Tool-Ketten für den Einsatz in den technischen Kernwertschöpfungsbereichen (PLM, SCM) müssen aber wegen der dort erforderlichen hohen Flexibilität deutlich anders konzipiert sein, als Software, die in betriebswirtschaftlichen Verwaltungsprozessen eingesetzt wird, die eine weitgehende Standardisierung erlauben.

Gleichgültig von welcher Seite man sich Investitionen zur Digitalisierung des gesamten technischen Workflows in Industrieunternehmen nähert, wird man letztlich ohne eine Plattform, die ein gemeinsames Datenmanagement sicherstellt, nicht auskommen (vergl. Abb. 14.1). Nur durch eine solche lassen sich die enormen Produktivitätspotentiale heben, die heute noch in den meisten Industrieunternehmen vorhanden sind.

Siemens hat mit großen Investitionen in den letzten Jahren seine Datenmanagement-Plattform Teamcenter, die ursprünglich nur CAD-Daten verwaltet hat, in eine mächtige Unternehmensplattform ausgebaut, die alle technischen Daten, angefangen vom PLM Prozess bis hin zur Produktion, also alle Daten des technischen Wertschöpfungsprozesses eines Unternehmens verwalten kann. Da von Anfang an klar war, dass Siemens nie alle Software Applikationen für die industriellen Wertschöpfungsprozesse selbst entwi-

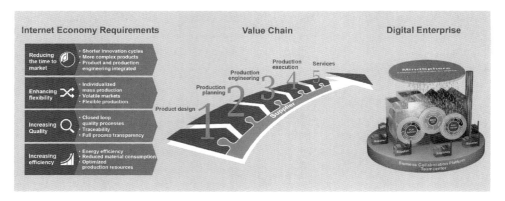

Abb. 14.1 Die PLM-Plattform ist das Backbone, ohne das die Digitalisierung der gesamten Wertschöpfungskette nicht möglich ist. (© Siemens AG 2016)

ckeln wird, wurde die Plattform als offene Plattform konzipiert. Mit Hilfe standardisierter Schnittstellen können Kunden alle ihre Software-Applikationen an Teamcenter anbinden. Im Zentrum der gesamten „Digital Enterprise Software Suite" von Siemens steht deshalb auch Teamcenter als deren gemeinsame Datenmanagement Plattform.

14.2 Digitalisierung und Standardisierung

Die Digitalisierung der Informationsübertragung und -verarbeitung hat aber auch das allseits bekannte Internet ermöglicht, und dieses wiederum hat nun nicht nur zu massiven Veränderungen bei etablierten Geschäften geführt, sondern es hat auch völlig neue Geschäfte mit bisher nicht bekannten Geschäftsmodellen entstehen lassen, Amazon, Facebook und Google sind einige der bekanntesten Beispiele dafür. Diese Unternehmen tragen nun ihrerseits durch ihre Existenz und ihr Geschäftsgebaren zu weiteren gravierenden Veränderungen in Wirtschaft und Gesellschaft bei. Die vielleicht signifikantesten Veränderungen, die in diesem Zusammenhang zu nennen wären, sind die sehr hohe Informationsgeschwindigkeit und die dadurch erreichte Transparenz in allen Lebensbereichen. Genau diese bewirken unter anderem auch den sich ständig weiter beschleunigenden Wirtschaftskreislauf.

Die damit einhergehenden Veränderungen zwingen die Unternehmen, ihre Wertschöpfungsprozesse ebenfalls immer weiter zu beschleunigen. Das funktioniert nur, wenn sie nicht nur ihre Produktionsprozesse sondern auch ihre Informations-, Kreations- und Entscheidungsprozesse kontinuierlich weiter automatisieren. Die Voraussetzung dafür ist die vollständige Digitalisierung und nahtlose Verkettung von allen Information und allem Wissen in den Unternehmen, und besonders die der hoch wertschöpfenden technischen Prozesse und Bereiche.

Die Behauptung, dass es Amazon, Facebook, Google und andere Internetunternehmen nicht geben würde, hätten diese zunächst versucht, ihre technologische Basis einer weltweiten Standardisierung zu unterziehen und die Klärung aller rechtlichen Fragen im Zusammenhang mit ihren Geschäftsmodellen abzuwarten, dürfte kaum Widerspruch hervorrufen. Interessanterweise gehören aber neben dem Anspruch, dass die deutsche Industrie bei der Einführung und Anwendung der Digitalisierung in der Produktion weltweit führend sein möchte, gerade Forderungen nach Standardisierung und gesicherten rechtlichen Rahmenbedingungen zu den Kernelementen der Initiative Industrie 4.0.

In der kurzen Zeitspanne in der es internetbasierte Unternehmen gibt, haben viele von ihnen ihren geschäftlichen Höhepunkt bereits überschritten und sind zwischenzeitlich schon wieder auf dem absteigenden Ast oder bereits ganz verschwunden. Von den Segnungen internationaler Standardisierungsgremien mit ihrer berühmt-berüchtigten Dynamik hätten diese Unternehmen während ihrer Lebenszeit nicht einmal etwas gemerkt, geschweige denn davon profitiert.

Wie bereits erwähnt, nehmen heute Forderungen nach internationalen – zumindest europäischen – Standards bei Referenzarchitekturen sowie gesicherte rechtliche Rahmenbedingungen für datengetriebene Geschäftsmodelle einen breiten Raum in der Diskussion um Industrie 4.0 ein. Nach langen Verhandlungen mögen diese in mehr oder weniger ferner Zukunft Ergebnisse zeitigen, es dürfte aber sehr fraglich sein, ob sie für die dann existierenden technologischen, wirtschaftlichen und geschäftlichen Randbedingungen noch hoch relevant sein werden. Sicher dürfte nur eines sein: eine bei der Digitalisierung führende deutsche Industrie wird man mit einer solchen Strategie weder hervorbringen noch befördern.

Die Problematik mit der hohen Innovationsgeschwindigkeit legt natürlich nicht nahe, auf Standardisierung gänzlich zu verzichten. Es gibt sicher auf einigen Gebieten betriebsbewährte Technologien, deren Standardisierung sich lohnt. Man muss sich nur auch darüber im Klaren sein, dass Standards keine Gesetze darstellen, zu deren Beachtung oder Anwendung man jemanden zwingen kann. Vielmehr stellen sie zum Teil einen sehr gefährlichen Treibsand dar, der riesige Investitionen in sehr kurzen Zeiträumen verschwinden lassen kann – wie man vor nicht allzu langer Zeit beispielsweise in der Kommunikationsindustrie beim Übergang zur Internettelefonie beobachten konnte, die Siemens besonders schwer getroffen hat.

Eine andere Problematik, die sich besonders bei nationalen Standards nicht ausschließen lässt, ist die, dass sie sich recht elegant als Schutzmaßnahmen für nationale Märkte einsetzen lassen, auch wenn dazu manchmal die abenteuerlichsten Begründungen bis hin zu „national security interests" bemüht werden müssen.

Für führende Industrieunternehmen heißt das leider, dass sie nicht auf die Segnungen solcher allseits bekannten Institutionen warten können. Weder alle rechtlichen noch alle technischen Standards zukünftiger Geschäfte werden sich vorab klären lassen – zumindest nicht in einem wettbewerblichen Umfeld. So schwer es im Einzelnen auch fallen mag, Unternehmen müssen zur Verbesserung ihrer Wettbewerbsfähigkeit schleunigst und systematisch die Digitalisierung ihrer Unternehmen vorantreiben. Die hohe Innnovationsrate bei den digitalen Technologien und der globale Wettbewerb werden leider dafür sorgen, dass jeder Stand der Digitalisierung schnell überholt sein wird, und jedes Ziel bei der Digitalisierung immer ein sich schnell bewegendes Ziel sein wird. Den besten Rat, den man zur Digitalisierung geben kann, ist, sich auf die ständige, schnelle Weiterentwicklung und Verbesserungen von IT und Software einzustellen. Deshalb ist zukünftig vom Kauf von IT-Infrastruktur und Softwaretools auch eher abzuraten, Leasing- und Miet-Modelle sind wesentlich sinnvoller.

Industrieunternehmen können ihr Produktivitätswachstum und ihre Wettbewerbsfähigkeit in der Zukunft nur noch aufrechterhalten, wenn sie die Workflows in den indirekt technischen Bereichen mit Hilfe der sich ständig weiterentwickelnden Softwaretools ähnlich systematisch weiterentwickeln und automatisieren, wie das bei den Workflows in der Produktion seit vielen Jahren geübte Praxis ist. Die dazu notwendige Software bekommt wegen der hohen Innovationsrate leider immer mehr den Charakter eines Verbrauchsguts mit kurzem Verfallsdatum, das deswegen regelmäßig und in immer kürzer werdenden Intervallen Verbesserung und Wartung bedarf.

14.3 Wo steht die Digitalisierung auf globaler Ebene

Wie weiter oben bereits angedeutet, beeinflusst die Digitalisierung in der Industrie die gesamte Wertschöpfungskette und nicht nur die Produktion. Bei der gegenwärtigen Industrie 4.0 Diskussion spielen aber Schlagworte wie „autonome Systeme", „Control in der Cloud", „Smart Robots" und dergleichen die dominierende Rolle. Es sollte jedoch klar sein, dass man alleine mit der weiteren Erhöhung des Automatisierungsgrades in der Produktion die notwendige Beschleunigung bei der industriellen Wertschöpfung nicht wird erreichen können.

Nach der Übernahme von UGS im Jahr 2007 und den unmittelbar darauf folgenden vielen Kundenbesuchen rund um den Globus habe ich festgestellt, dass der Grad des systematischen Softwareeinsatzes von Unternehmen zu Unternehmen enorm schwankte. Die Early Adopters dürften rund sieben Jahre vor dem Mittelfeld der Industrieunternehmen (zu denen der Autor auch Siemens zählt) gelegen haben. An diesem Zustand hat sich zwischenzeitlich nicht viel geändert, dieser Abstand ist nicht viel kleiner geworden.

Der Unterschied bestand dabei weniger in der Anzahl und dem Umfang der verwendeten Softwaretools als in der Konsequenz, mit der Workflows systematisch und durchgängig mit Softwaretools verbunden und unterstützt waren. Im Vergleich dazu gab es bei den anderen Unternehmen sehr viele unterschiedliche Softwaretools, zum Teil sogar mehrere unterschiedliche für gleiche Aufgaben, und ebenso viele Applikationsinseln, die in der Regel – wenn überhaupt – zumindest keinen automatisierten, konsistenten Datenaustausch erlaubten. Die dadurch über die Zeit entstehenden Probleme mit fehlerhaften und ungepflegten Daten sind hinreichend bekannt.

Ein wirklich beeindruckendes Beispiel, das mir in Erinnerung geblieben ist, war das eines japanischen Herstellers von Digitalkameras. Dieser hatte seine Kameras zu dieser

Zeit bereits für die Serienproduktion entwickelt, ohne einen einzigen physischen Entwick-
lungs-Prototypen zu bauen. Auf der Basis von Siemens Softwareprodukten hat er sich mit
hohen eigenen Investitionen über einen Zeitraum von circa sieben Jahren einen digitalen
Workflow geschaffen, der bis zum Produktionsanlauf ausschließlich mit digitalen Mock-
ups und Simulation (auch bei Zulieferteilen) arbeitete. Die Entstehungszeit einer neuen
Kamera hatte sich damit um über 40 % verringert.

Wenn man zur Beurteilung des Digitalisierungsgrades der deutschen Industrie die Position der deutschen Softwareindustrie auf dem Weltmarkt heranzieht, dann ist die Aus-
gangsposition nicht besonders ermutigend. Besorgniserregend ist aber der Grad der systematischen Anwendung von Software in der industriellen Wertschöpfung und besonders
auch im Mittelstand. In weiten Bereichen der Industrie wird Software immer noch hauptsächlich als Kostenfaktor gesehen, den es vor allem zu reduzieren gilt. Das große Potential
zur Erhöhung der Produktivität durch Software wird vielfach kaum gesehen und deswegen
auch nicht systematisch entwickelt. Im Vergleich zu den direkten Personalkosten in der
Produktion sind in der Regel die Personalkosten in den restlichen Arbeitsprozessen eines
Unternehmens, insbesondere in den technischen, um ein Vielfaches höher. Die Automatisierung dieser Prozesse zur notwendigen Steigerung der Produktivität ist im Wesentlichen
nur durch den Einsatz von Software möglich. Dass dazu auch Investitionen und zusätzliche Betriebskosten notwendig sind und der sich ergebende Produktivitätsgewinn nicht zu
hundert Prozent in den Gewinn gehen kann, ruft auch heute noch bei vielen Industrieunternehmen ungläubiges Staunen hervor.

Vermutlich ist es gar nicht verwunderlich, dass in einem Umfeld wie dem der deutschen
Industrie, in der Softwaregeschäfte schon in der Vergangenheit keine große Begeisterung
hervorgerufen hatten, sich auch für deren Anwendung keine große Wertschätzung entwickeln konnte. Insofern kann man hier sicher von einer unterschiedlichen kulturellen
Einstellung zu Software sprechen, die sich heutzutage allerdings noch nachteiliger aus-
wirkt als bereits in der Vergangenheit.

Apropos Begeisterung ist es beeindruckend zu beobachten, wie klar viele chinesische
Firmen das Potential der Digitalisierung erkennen und trotz relativ niedriger Löhne und
Gehälter systematisch und aggressiv in die Softwareunterstützung ihrer technischen Pro-
zesse investieren. Es gibt bereits eine ganze Anzahl chinesischer Firmen, die hinsichtlich
der Digitalisierung zu den weltweit führenden Unternehmen zählen, zu ihnen gehört auch
Haier.

Die Gefahr, bei der Digitalisierung überholt zu werden, besteht in der deutschen Industrie weniger in der Entwicklung und Bereitstellung von für Industrie 4.0 tauglicher Hardware und Software, sondern in der viel zu langsamen und unsystematischen Anwendung
von bereits verfügbaren Softwaretools und IT-Technologie in den heutigen Wertschöpfungsprozessen.

14.4 Integrierte Produktentwicklung

Seit Einführung der PLC (Programmable Logic Controller) kann man beobachten, dass deren Anforderungen ständig steigen und das der Umfang des PLC-Codes, der für Produktionsanlagen und Maschinen notwendig ist, enorme Komplexitätsgrade erreicht hat.

Um das Jahr 2004 entwickelte sich in unserem Hause die Überzeugung, dass mit den bis dahin eingesetzten PLC-Engineering-Tools die komplexen Aufgaben technisch nur noch schwer, bestimmt aber nicht mehr zu akzeptablen Kosten zu erledigen waren. Aus der sich ständig verschärfenden Problematik folgte die Definition eines neuen Prozessschrittes, der sich virtuelle Inbetriebnahme nennt. Er war dazu gedacht, das erstellte PLC-Programm in der dafür vorgesehenen Hardware-Umgebung zu testen und möglichst fehlerfrei zu bekommen, bevor die Inbetriebnahme der einzelnen Module einer Produktionsanlage begann. Als konsequenter Schluss folgte daraus die Forderung nach einer umfassenden Systemsimulation, die auch die Dynamik der jeweiligen Maschine mitberücksichtigte. Das bedeutete, dass die Automatisierungslogik der jeweiligen Maschine beziehungsweise des jeweiligen Maschinenmoduls bereits während der Entwicklung der Maschine zur Verfügung stehen musste, beziehungsweise sich mit dieser entwickeln sollte. Natürlich denkt man zu diesem frühen Zeitpunkt noch nicht an die Erstellung eines PLC-Codes mit Hilfe eines entsprechenden PLC-Engineering-Tools, sondern eher an ein Entwurfswerkzeug, mit dessen Unterstützung man die gewünschte Ablauflogik einfach grafisch erstellen kann. Aus dem von diesem Tool erzeugten Hochsprachen-Code kann später mit Hilfe eines Compilers der entsprechende PLC-Code generiert werden. Diese Vorgehensweise hat mehrere weitreichende Konsequenzen:

1. Die Erstellung der Automatisierungslogik einer Maschine wird von der Erstellung des PLC-Codes entkoppelt.
2. Die Automatisierungslogik ist grundsätzlich agnostisch gegenüber jedweder PLC. Der Kunde muss erst zu einem sehr viel späteren Zeitpunkt die Entscheidung treffen, mit welcher PLC er seine Maschine automatisieren möchte.
3. Der für die Entwicklung der Mechanik zuständige Entwicklungsingenieur erstellt die Ablauflogik seiner Maschine oder Produktionsanlage selbst. Dazu ist in sein Mechanik-CAD-Tool ein Software-Tool integriert, mit dessen Hilfe er die Ablauflogik in der Maschine einfach graphisch selbst erzeugen kann, ohne einen PLC-Code zu erstellen. Die dabei erzeugten Daten bilden gleichzeitig seine Automatisierungs-Spezifikation, die um vieles vollständiger ist als jedes textuelle Spezifikationsdokument.
4. Der Entwicklungsingenieur kann das Modell seiner Maschine mit der von ihm erstellten Logik jederzeit virtuell betreiben und mit Hilfe dieser Simulation Mechanik und Ablauflogik optimieren.
5. Der Arbeitsaufwand des heutigen Automatisierungsingenieurs wird sich dadurch um geschätzte 70 bis 80 % verringern.

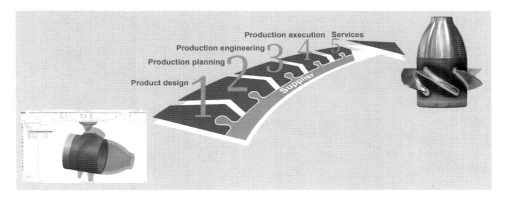

Abb. 14.2 Durchgängige Entwicklung vom Produktkonzept bis zur Systemsimulation. (© Siemens AG 2016)

Diese und ähnliche Überlegungen fanden in den Jahren 2004 und 2005 in unserem Hause statt. Die Konsequenz daraus waren der Beginn der Entwicklung des TIA Portals im Jahr 2006 und die Übernahme des Softwareunternehmen UGS im Mai 2007.

Auf der Hannover Messe 2016 hat Siemens im Rahmen seiner „Digital Enterprise Software Suite" eine Vorserienversion seiner Softwaretoolkette für Mechatronik-Design gezeigt. Damit ist nun genau das weiter oben beschriebene Engineering Szenario einer durchgängigen Entwicklung von der Produktkonzeption bis zur Systemsimulation implementiert (vergl. Abb. 14.2). Ein erstes kommerzielles Release ist zur Hannover Messe 2017 geplant.

Im Nachhinein hat sich die Entwicklung dieses Tool-Sets als noch deutlich komplexer herausgestellt, als es zunächst ohnehin schon eingeschätzt wurde. Als besonders aufwendig haben sich die Architekturarbeiten in den Produkten NX und Teamcenter erwiesen. Diese Produkte waren so angelegt, dass sie aus naheliegenden Gründen gut mit geometrischen Objekten umgehen konnten. Fähigkeiten zum kontextuellen Verwalten von logischen Objekten, wie sie in der Automatisierung verwendet werden, waren nicht vorhanden. Nach mehreren Jahren aufwendiger Arbeit sind die Architekturen nun so umgebaut, dass sie auch die Automatisierung unterstützen können. Die Genetik des Automatisierungsengineerings ist heute bereits im CAD Tool NX angelegt.

14.5   Digitale Verbindung von Produktentwicklung und Produktion

Wie aus der Praxis gut bekannt, wird mit der Beseitigung einer Engstelle in einem System eine andere dann umso deutlicher sichtbarer. So ist es auch hier. Wenn durch eine beschleunigte Entwicklung die Anzahl der zur Fertigung anstehenden Produkte zunimmt, dann werden die Probleme, die bei der Überführung des Produktes in die Fertigung und beim Fertigungshochlauf auftreten, umso störender. Hinzukommt, dass mit der ständig fortschreitenden Individualisierung, die man dem Kunden bei dem von ihm gewünschten Produkt zugesteht, die Änderungshäufigkeit erheblich zunimmt. Zur Kostenkontrolle ist es eminent wichtig, dass alle Änderungen möglichst schnell und störungsfrei in der Produktion umgesetzt werden können. Eine durchgehende Softwareunterstützung des gesamten Workflows ist dazu unumgänglich.

Bei einer etwas eingehenderen Analyse stößt man dabei auf eine grundlegende Problematik, die in der Praxis eine große Barriere für eine nahtlose Datendurchgängigkeit und konsistente Datenhaltung darstellt.

In der Regel wird der für die Produktion notwendige Arbeitsplan im ERP-System angelegt. Er ist datentechnisch vollständig entkoppelt von allen anderen Softwaresystemen, die im PLM-Bereich und in der Fertigung Verwendung finden. Folglich passen auch die Datenmodelle nicht zusammen. Die Befüllung mit Daten aus den verschiedensten Quellen erfolgt deswegen manuell. Man kann sich leicht vorstellen, dass es dabei von Anfang an zu Fehlern kommt und dass es besonders schwierig wird, die Daten aktuell und konsistent zu halten, wenn die vielen Menschen, die am Produktentstehungsprozess beteiligt sind, anfangen, notwendige Änderungen vorzunehmen. Das ist ein Prozess, der gerade bei der Einführung neuer Produkte ständig und vielfältig abläuft. Es gibt bis heute keinen Software-Mechanismus, der automatisch dafür sorgt, dass allen Beteiligten die notwendigen Informationen transparent gemacht werden. Kostspielige Fehler sind in der Praxis unvermeidbar.

Diese Problematik lässt sich einfach dadurch lösen, dass der Arbeitsplan nicht entkoppelt im ERP-System aufgebaut wird, sondern – eingebettet im PLM-System – durch einfache Erweiterung entsteht. Alle für das ERP-System notwendigen Daten werden aus dem PLM-System in das ERP-System überspielt. Eine konsistente Datenhaltung zwischen PLM-System, Arbeitsplan und ERP-System wird dadurch automatisch sichergestellt. Auch aus arbeitstechnischer Systematik ist das der richtige Prozess, da Produkt- und Prozessänderungen fast ausschließlich in den technischen Bereichen ihren Ursprung haben und gleich in das dort installiert PLM-System eingeben werden können.

Der Arbeitsplan entsteht damit am Ursprung aller Produktdaten im PLM-System (Stückliste, Materialliste, Bill of Materials) und wird ab diesem Zeitpunkt ohne Systembruch lediglich erweitert. Das PLM-System sorgt dafür, dass alle Änderungen jederzeit für alle am Workflow Beteiligten sichtbar sind. Alle zur Produktion notwendigen Prozessdaten und die relevanten Daten der Fertigungseinrichtungen, die an anderer Stelle erzeugt werden, können überall mit dem gleichen Tool eingegeben werden und sind dann mit den bereits existierenden Daten eindeutig verknüpft.

Auch dieses Konzept wurde bei Siemens in den vergangenen Jahren in die Realität umgesetzt und auf der diesjährigen Hannover Messe als Vorserienversion unter dem Namen „Closed Loop Manufacturing" den Kunden und der Öffentlichkeit vorgestellt. Mit diesem Softwaresystem lässt sich der Arbeitsaufwand und die Fehlerhäufigkeit bei der Produktionseinführung eines neuen Produktes enorm reduzieren. Auch Änderungen am Produkt und im Fertigungsprozess lassen sich schnell und mit großer Sicherheit umsetzen. Damit wird eine weitere komplizierte und wichtige Stufe im Produktentstehungsprozess automatisiert und enorm beschleunigt.

14.6   Fertigungsoptimierte Produkte – Design for Manufacturing

Seit vielen Jahrzehnten gehört es zu den wichtigsten industriellen Erkenntnissen, dass bei der Entwicklung von Produkten von Anfang an auf deren gute Fertigbarkeit geachtet werden muss. Produktionsmaschinen, Produktionsprozess und Produktdesign werden in einem iterativen Prozess so lange optimiert, bis die Fertigungskosten minimal und die Qualität des Produktes optimal sind. Leider ist ebenso gut bekannt, dass es bei den in der Praxis angewendeten hardwaregestützten Entwicklungsprozessen aus zeitlichen Gründen in vielen Fällen unmöglich ist, mehrere Iterationsschleifen zur Optimierung von Produkt und Produktionsprozess zu durchlaufen. Erst die Digitalisierung des gesamten Wertschöpfungsprozesses ermöglicht nun solche Optimierungsprozesse. Sowohl für das Produkt als auch für die Produktionsanlagen ist es heute möglich, recht gute digitale Zwillinge, also eine volle digitale Repräsentanz zu erstellen. Mit Hilfe dieser digital twins ist nun eine parallele Entwicklung und mit Hilfe der Simulation eine Optimierung von Produkt und Produktionsprozess möglich. Dadurch ergeben sich nicht nur ein in Bezug auf Kosten und Qualität optimiertes Produkt und zugehöriger Produktionsprozess, sondern zusätzlich wird auch die Entwicklungszeit zum Teil signifikant verkürzt.

14.7   Additive Manufacturing

Im Vergleich zum schichtweisen Abtragen von Material, um ein gewünschtes Werkstück herzustellen (das mit den allseits bekannten Werkzeugmaschinen erfolgt), versteht man bei Additive Manufacturing den schichtweisen Aufbau des gewünschten Werkstückes. Obwohl das Prinzip leicht verständlich ist, hat sich die Einführung dieser Technologie bis zur industriellen Anwendung, insbesondere wegen hoher materialtechnischer Ansprüche, lange hingezogen. Die grundlegenden Patente zu diesem Verfahren stammen aus der 2ten Hälfte der 80er-Jahre. Siemens beschäftigt sich mit der Stereolithographie, wie dieses Verfahren auch genannt wird, seit 1989.

Durch große Fortschritte bei Material und Aufbauverfahren hat diese Technologie in den letzten Jahren Marktreife erreicht und wird heute nicht nur zur Erstellung von Prototypen, sondern auch zur Serienproduktion von hoch belastbaren Teilen für Gasturbinen, Flugzeuge, Raketenmotoren, Formel 1 Fahrzeugen und vielen weiteren Anwendungen eingesetzt. Man kann nun ohne großes Risiko voraussagen, das diese Produktionstechnologie die industrielle Fertigungswelt in den kommenden Jahren stärker verändern wird, als jedes andere Verfahren. Die Produktionszeiten von Werkstücken verringern sich kontinuierlich und die Qualität der gefertigten Teile verbessert sich ständig, sowohl in Bezug auf die produzierten Oberflächen als auch in Bezug auf Festigkeit und Elastizität.

Abhängig vom Anspruch an das gefertigte Teil ist diese Technologie heute bereits für die industrielle Serienfertigung von bis zu 10.000 Stück pro Jahr wettbewerbsfähig. Durch neue Design-Software mit integrierten Simulationsmöglichkeiten für Produkt und Produktion ist es möglich, das volle Potential dieser Technologie zu heben. So kann man

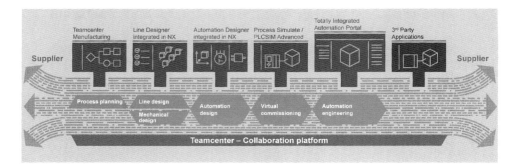

Abb. 14.3 Digitale Tool-Landschaft für Design und Fertigung mit Additive Manufacturing. (© Siemens AG 2016)

für heute aus Massivmaterial hergestellte Werkstücke mit Hilfe des sogenannten Bionic Designs große Materialeinsparung und damit Gewichtsreduzierung realisieren, bei sonst gleicher oder manchmal sogar verbesserter mechanischer Beanspruchung.

Die Flexibilität, die Unternehmen mit dem Einsatz dieser Fertigungstechnologie – gepaart mit einer durchgängigen digitalen Tool-Landschaft von der Produktkonzeption bis hin zur Maschinensteuerung des 3D-Druckers – erreichen, ist nichts weniger als beeindruckend. Die sogenannte Mass Customization, also ein eigenes, spezifisches Produkt für jeden Kunden zu produzieren, wird damit in vielen Bereichen möglich.

Siemens hat dafür bereits eine Software-Toollandschaft (Abb. 14.3) entwickelt, mit der in voller Durchgängigkeit alle Arbeitsschritte digital erledigt werden können, von der Produktkonzeption bis hin zur Erstellung des Steuerungsprogramms für die Sinumerik, den Rechner, der den 3D-Drucker steuert. Damit gibt es nun buchstäblich diese magische Taste, die ein Entwickler am Ende seiner Arbeit betätigen möchte, wenn er will, dass sein Werkstück produziert werden soll. Auf der diesjährigen Hannover Messe wurde auch diese Technologie vorgestellt, die bereits Serienreife erreicht hat.

3D-Drucker und der zugehörige digitale Workflow sind eine Technologiekombination, die für viele produzierende Unternehmen in der Internetökonomie zukünftig nicht nur zur Wettbewerbsfähigkeit notwendig ist, sondern überhaupt erst das weitere Überleben sichern wird.

14.8 Massenfertigung mit Werkzeugmaschinen – Mass Machining

Die überragende Bedeutung der Geschwindigkeit in der Internetwirtschaft, in unserem Fall die Verkürzung der Time to Market, zeigt sich auch im folgenden Beispiel:

Bis vor etwa zehn Jahren wurden Gehäuseschalen für Handys ausschließlich im Kunststoff-Spritzgussverfahren hergestellt. Dieses Produktionsverfahren wählt man bevorzugt bei Teilen, die in großen Stückzahlen hergestellt werden, weil dann die hohen Werkzeugkosten über hohe Produktionsstückzahlen umgelegt werden können. Da Handys in

Stückzahlen von mehreren 100 Mio. produziert werden, ist dieses Verfahren besonders gut geeignet.

Dazu muss, wie bereits angedeutet, eine entsprechende Form, ein Spritzgusswerkzeug, hergestellt werden, in das fließfähiger Kunststoff eingespritzt wird. Das dabei entstehende Kunststoffteil wird nach der Abkühlung des Kunststoffes der Form beziehungsweise dem Werkzeug entnommen.

Bei diesem Verfahren sorgen die Anfertigung und Optimierung des Spritzgusswerkzeuges für einen enormen Zeitaufwand, der je nach Komplexität mehrere Wochen oder sogar Monate umfassen kann. Eine schnelle Reaktion auf Marktbedürfnisse oder auf Produktinnovationen der Wettbewerber ist damit nur mit relativ großer Verzögerung möglich. In einem sehr saisongetriebenen Geschäft wie beim Handy (etwa in der Weihnachtszeit) bedeutet die beschriebene geringe Flexibilität ein großes Geschäftsrisiko. Die entsprechenden Hersteller haben deshalb nach einem flexibleren Verfahren gesucht, das als Hauptmerkmal keine werkzeugfallenden Teile benötigen durfte. Ein bereits bekanntes Verfahren lag dabei auf der Hand, nämlich das Fräsen der Schale mit Hilfe einer Werkzeugmaschine aus einem Metallblock. Der Vorteil war die sehr hohe Flexibilität, man konnte praktisch ohne Zeitverzug bei jedem Run eine andere Schale produzieren. Der Nachteil war, dass die Produktion der Schalen deutlich teurer war. Wegen des enormen Zeitwettbewerbs hat sich aber das teurere Produktionsverfahren durchgesetzt. Eine Konsequenz davon war die plötzliche Order von Zehntausenden von Werkzeugmaschinen. Von diesem Boom hat auch Siemens mit seiner Werkzeugmaschinensteuerung Sinumerik enorm profitiert. Diese Maschinen können heute im Wesentlichen in China besichtigt werden, wo sie zu Tausenden in großen Hallen stehen und 365 Tage rund um die Uhr Smartphone-Schalen produzieren. Vor rund zehn Jahren hätte niemand geglaubt, dass man solche Einfachteile in diesen großen Stückzahlen jemals mit einem so teuren Produktionsverfahren wie dem Einzelfräsen aus einem Metallblock herstellen würde. Die Notwendigkeiten der Internetwirtschaft haben dazu geführt, dass hier der Zeitgewinn höher eingestuft werden musste, als die höheren Kosten des Teils. Die Internetökonomie hat dafür gesorgt, dass bisher für stabil angesehene industrielle Bewertungsmaßstäbe plötzlich ihre Gültigkeit verloren haben. Man sollte sich besser darauf einstellen, dass die Zukunft noch viele solche Überraschungen bereithält.

14.9   Cloud Technologie in der Industrie

Zum Abschluss dieses Kapitels möchte ich mich noch ein wenig mit dem Thema der Cloud-Technologie und ihrer Bedeutung für die Industrie auseinandersetzen. Die Cloud-Technologie ist nicht neu. Man unterscheidet zwischen Public Cloud und Private Cloud. Grob kann man den Unterschied folgendermaßen beschreiben: Bei einer sogenannten Public Cloud weiß der Anwender nicht, wo seine Applikation physisch läuft. Er weiß auch nichts darüber, wo seine Daten physisch gespeichert sind. Generell kann das irgendwo auf der Welt sein. Bei einer Private Cloud kann der Kunde entweder mit dem Provider vereinbaren, wo sich seine Applikationen und seine Daten physisch zu befinden haben, oder der Anwender betreibt seine eigene Cloud. Im letzteren Fall handelt es sich dann nicht um ein Service-Geschäft, denn der Kunde ist Eigentümer der Cloud-Infrastruktur.

Zusätzlich zur den hinlänglich bekannten, bereits bestehenden Risiken im Zusammenhang mit Datensicherheit in Internet und IT-Systemen, verschärft sich diese Problematik durch die Nutzung der Public Cloud-Technologie noch weiter, insbesondere dann, wenn auch die Daten und nicht nur die Applikationen in der Cloud liegen. Selbstverständlich wird von allen Seiten sehr viel getan, um die entstehenden Probleme im Griff zu behalten. Das bedeutet aber zusätzliche Kosten und auch eine Verringerung der Transaktionsgeschwindigkeit, die insbesondere im Zusammenhang mit Industrieautomatisierung (Steuer- und Regeleingriffe) relevant sein kann.

Es hat sich zwischenzeitlich die Überzeugung durchgesetzt, dass alleine mit Technologieeinsatz die gewünschte Sicherheit nicht zu erreichen ist. Es ist auch erkennbar, dass bei den meisten IT-Anwendungsfällen eine akzeptable Outside-in Sicherheit (also der Schutz vor unberechtigtem Zugriff von außen, beispielsweise vor Hacker Angriffen etc.) einfacher zu erreichen ist, als eine vergleichbare Inside-out Sicherheit (Datendiebstahl mit Hilfe von Datenträgern, Einbau von back doors etc.), weil letztere eine sehr viel kritischer ausgeprägte Personenkomponente hat.

Wie sehr der Cloud-Provider selbst von der Sicherheit seiner angebotenen Lösung überzeugt ist, lässt sich leicht an den Garantien erkennen, die er dazu in seinen Vertragsbedingungen gibt. Für jeden Anwendungsfall kann der Anwender damit selbst entscheiden, ob er das zusätzliche Risiko tragen möchte oder nicht.

Hinter der Cloud-Technologie steckt zuallererst ein Geschäftsprinzip, nämlich dass jede Art von IT-Leistung (von IT-Infrastruktur und Rechenleistung über Speicherplatz bis hin zu Applikationssoftware) über das Internet jedem Interessierten zugänglich gemacht wird, ohne dass dieser Investitionen tätigen muss, außer vielleicht in ein eigenes Endgerät. Die gelieferte Leistung wird ihm entsprechend der Nutzung oder des Verbrauchs in Rechnung gestellt. Besonders interessant ist dieses Geschäftsprinzip für Nutzer, die ohne großen Aufwand den Provider wechseln können. Je höher die Wechselkosten sind, umso wirtschaftlich riskanter wird diese Technologie für den Anwender. Man kann davon ausgehen, dass jeder Grad von Inflexibilität über einen gewissen Zeitraum mit einem höheren Preis bezahlt werden muss. Eine vor kurzem durchgeführte, recht umfangreiche Untersuchung bei Cloud-Anwendern für ERP-Software hat keine Hinweise auf Preisvorteile dieser Technologie gegenüber konventionellen Installationen gezeigt.

Siemens, aber auch andere Unternehmen, bieten ihren Kunden schon seit vielen Jahren sogenannte Remote Serviceleistungen an. Dabei wird der dazu notwendige Datentransport über konventionelle Kommunikationsleitungen sichergestellt. Bei der vor Kurzem bei Siemens erfolgten Erneuerung der technologischen Basis wurde für das eigene Remote Service Geschäft nun auch eine Cloud-Technologie gewählt. Die Siemens Industrie Cloud Plattform „MindSpere" wurde im Wesentlichen auf SAP Technologie aufgebaut. Es wird sie in absehbarer Zeit aber auch für die Plattformen aller anderen bekannten Cloud Provider geben. Siemens stellt seine eigene Plattform auch seinen Kunden zur Nutzung zur Verfügung und schafft alle Voraussetzungen, damit Kunden auf dieser Plattform auch ihre eigenen Applikationen beispielsweise für ihre Datenanalytik installieren können. Siemens kann vertraglich bedingt grundsätzlich nicht auf die Daten seiner Kunden zugreifen, die sich in der Siemens Cloud befinden. Ein solcher Zugang wäre nur im Rahmen einer einzelvertraglichen Regelung möglich.

Die Position von Siemens zur Nutzung industrieller Daten ist eindeutig. Ausschließlich dem Kunden stehen seine Daten zur Nutzung zur Verfügung – es sei denn, es gibt eine einzelvertragliche Vereinbarung, die das Nutzungsrecht anders regelt.

Um die Cloud-Technologie in der Industrie hat sich in den letzten Jahren ebenfalls ein erheblicher Hype entwickelt. Insbesondere in Bezug auf Remote Service und zusätzliche, völlig neue Geschäftsmodelle sind die Erwartungen groß. Insider wissen jedoch, dass für den Remote Service die Datenübertragung in der Regel nicht das große Problem darstellt, sondern oftmals die Ausrüstung der zu überwachenden Maschinen und Anlagen mit teurer Sensorik eine relativ hohe Hürde darstellt. Das wird sich allerdings mit der Cloud-Technologie auch nicht ändern.

Wo die hohen Erwartungen bezüglich völlig neuer Geschäftsmodelle herkommen, ist ein Rätsel. Alleine durch die Tatsache, dass es sich in der Industrie im Wesentlichen um eine B2B Umgebung handelt, muss man von Randbedingungen ausgehen, die recht konservativ auf neue Geschäftsmodelle wirken. Auch hier wird es in absehbarer Zeit zu einer deutlichen Ernüchterung kommen, wenn sie nicht schon bereits im Gange ist.

Zusammenfassen kann man sagen, dass sich in den letzten 3 Jahren, seit dem Erscheinen des ersten Buches, sowohl die Digitalisierung in Summe als auch Industrie 4.0 nur recht evolutionär weiterentwickelt haben. Von Revolution ist bisher weit und breit nichts zu sehen.

Jan Stefan Michels

Zusammenfassung

Der vorliegende Beitrag gibt einen Überblick zum Themenfeld der Industrie 4.0 und intelligenter technischer Systeme in der Produktion. Er startet bei der Motivation, Industrie 4.0 zu realisieren und zu nutzen – den Herausforderungen, mit denen sich produzierende Unternehmen konfrontiert sehen. Auf dieser Grundlage werden die wesentlichen Aspekte der Industrie 4.0 und intelligenter technischer Systeme beschrieben. Der Beitrag schließt mit konkreten Ansatzpunkten für die Umsetzung sowie einigen Praxisbeispielen und deckt dabei die Spanne von der Infrastruktur für die Digitalisierung bis hin zur konsequenten Nutzung der erzeugten Daten zur Optimierung der Produktion.

15.1 Industrie 4.0 und intelligente technische Systeme

Getrieben durch neue Technologien in der Mikroelektronik und der Softwaretechnik nimmt die Dynamik bei der Entwicklung technischer Systeme rasant zu. Das lässt sich nicht nur im privaten Umfeld an der Vielzahl von technischen „Helferlein" erkennen, die wir mittlerweile alltäglich nutzen und die sich im Smartphone und im Automobil meist zuallererst zeigen, sondern auch im industriellen Umfeld. Es ist klar erkennbar, dass Maschinen immer intelligenter werden und sich aus eigener Kraft an neue Umgebungsbedingungen und Anforderungen anpassen können. Gleichzeitig nehmen ihr Funktionsumfang, ihre Verlässlichkeit und ihre Effizienz in großen Schritten zu.

J. S. Michels (✉)
Weidmüller Interface GmbH & Co. KG
Detmold, Deutschland
E-Mail: JanStefan.Michels@weidmueller.de

© Springer-Verlag Berlin Heidelberg 2016   245
U. Sendler (Hrsg.), *Industrie 4.0 grenzenlos*, Xpert.press, DOI 10.1007/978-3-662-48278-0_15

Das gilt in besonderem Maße für die Produktion. Seitdem 2011 auf der Hannover Messe der Begriff Industrie 4.0 geprägt wurde, beschäftigen sich Forschung, Unternehmen, Verbände und die Politik intensiv damit, das Potenzial zu konkretisieren sowie Technologien und Lösungen zu realisieren, mit denen diese Potenziale geerntet werden können [1]. Dabei ist mit dem Begriff Industrie 4.0 erst einmal die Nutzung von Informations- und Kommunikationstechnologien in produzierenden Unternehmen gemeint. Hierfür wird auch der Begriff „intelligente technische Systeme" genutzt, im Kontext der Produktion also Maschinen und Anlagen, die auf der Symbiose von Ingenieurswissenschaften und Informatik beruhen und in der Lage sind, sich den Wünschen des Anwenders und auch den Umgebungsbedingungen anzupassen [2].

Der Begriff Industrie 4.0 darf dabei allerdings nicht zu eng gefasst werden, denn am Ende sind nahezu alle Unternehmensbereiche von dieser Digitalisierung der Produktion betroffen. Die Plattform Industrie 4.0 definiert deswegen diesen Begriff als „neue Stufe der Organisation und Steuerung der gesamten Wertschöpfungskette über den Lebenszyklus von Produkten, welche maßgeblich von zunehmend individualisierten Kundenwünschen und der kontinuierlichen Zunahme der marktseitigen Komplexität getrieben" ist [3]. Das zeigt, dass es nicht nur um die Systeme und Technologien auf dem shop floor, also innerhalb der Fabrik, geht, sondern um das vollständige Wertschöpfungssystem inklusive des Produktlebenszyklus und der Supply Chain.

15.1.1 Megatrends und Treiber für produzierende Unternehmen

Blickt man auf die wesentlichen Megatrends (Abb. 15.1) und Treiber der globalen Entwicklung [4, 5], sind es im Prinzip einige wenige Argumente, auf die sich die Entwicklungsdynamik der letzten Jahrzehnte zurückführen lässt: Der Begriff **Globalisierung** bringt die zunehmende gesellschaftliche und wirtschaftliche Verflechtung der Staaten zum Ausdruck. Der **demographische Wandel** beschreibt die Änderung in der Anzahl der globalen Bevölkerung und in ihrer Altersstruktur. Die zunehmende **Verknappung von Ressourcen** und auch der **Klimawandel** lassen sich auf das Bevölkerungs- und Wirtschaftswachstum zurückführen – sicherlich verursacht durch die technologische Entwicklung, die auf der anderen Seite auch der Schlüssel ist, dieser Entwicklung gegenzusteuern. Nicht zuletzt sei die Entwicklung zur **globalen Wissensgesellschaft** genannt, womit die zunehmende Bedeutung des Wissens als Grundlage des Zusammenlebens und Zusammenarbeitens in Gesellschaft und Wirtschaft gemeint ist.

Diese Trends sind sicher nicht neu, sondern sie sind seit Dekaden zu spüren. Nichtsdestotrotz sind sie hochaktuell, denn sie treiben die Produktinnovation und das Geschäftsmodell fast aller Unternehmen. Um im globalen Wettbewerb erfolgreich bestehend zu können, arbeiten sie an folgenden Herausforderungen:

- **Produkte individualisieren:** Die Kunden erwarten heutzutage keine aus ihrer Sicht kompromissbehafteten Standardkomponenten, sondern passgenaue Lösungen für ihr

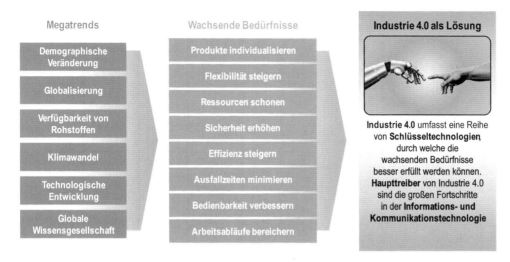

Abb. 15.1   Globale Megatrends und Bedürfnisse produzierender Unternehmen. (Weidmüller)

individuelles Problem. Auf der einen Seite liegt in diesem Bedürfnis sicher die Chance zur Differenzierung gegenüber dem Wettbewerb, auf der anderen Seite wird die Verfügbarkeit von individuellen Produkten zunehmend zur Selbstverständlichkeit. Auch wenn heute ein Großteil der Beispiele aus der Consumer-Industrie kommt, ist klar zu erkennen, dass auch für industrielle Anwendungen zunehmend individuelle Lösungen nachgefragt werden.

- **Wandlungsfähigkeit steigern:** Auch wenn das Produktionsvolumen in Summe steigt, ist eine eindeutige Konsequenz der Individualisierung, dass die Stückzahlen je spezifischem Einzelteil und Produkt sinken – bis hin zur sprichwörtlichen „Losgröße Eins". Das stellt Unternehmen vor die Herausforderung, ihren Innovationsprozess und ihre Supply Chain in Zukunft deutlich wandlungsfähiger und flexibler aufstellen zu müssen. Das betrifft nicht nur die Flexibilität gegenüber volatilen Stückzahlen und Produktionsaufträgen, sondern auch gegenüber sich ändernden Kundenbedürfnissen und damit sich ändernden Produkten und Technologien.
- **Effizienz steigern und Ressourcen schonen:** Im globalen Wettbewerb sind produzierende Unternehmen vor die Notwendigkeit gestellt, die Produktivität ihrer Prozesse und Anlagen kontinuierlich zu steigern. Das bezieht sich grundsätzlich auf den Einsatz aller Produktionsfaktoren, in besonderem Maße aber auf den Einsatz von Energie und Rohmaterial. Hier liegt in der Regel ein signifikantes Potenzial, die Wirtschaftlichkeit der Produktion zu verbessern. Gleichzeitig ist festzustellen, dass die Anforderungen aus legislativer und normativer Sicht steigen, so dass hier ebenfalls die Forderung nach einem effizienten Umgang mit den Ressourcen besteht.
- **Ausfallzeiten minimieren:** Die Verfügbarkeit der Produktionsanlagen ist ein entscheidender Faktor, um die Wettbewerbsfähigkeit sicherzustellen. Auf der einen Seite führt

Anlagenstillstand zu entgangenem Umsatz, auf der anderen Seite ziehen solche Still-
stände in der Regel signifikante Kosten nach sich – besonders dann, wenn sie ungeplant
sind und hohe Kosten für Wartung und Instandhaltung verursachen. Herausragende
Beispiele sind Produktionsprozesse, die kontinuierlich laufen müssen, wie in der Energieerzeugung, in der Stahlproduktion oder der pharmazeutischen Industrie. Die Mini-
mierung der Ausfallzeiten ist deswegen auch der maßgebliche Treiber für eine Reihe
von Forschungsarbeiten auf den Gebieten Condition Monitoring und Predictive Maintenance (siehe Abschn. 15.4).

- **Sicherheit erhöhen:** Es geht darum, sicherzustellen, dass Mensch und Maschine in der
  Produktion auch bei unvorhergesehenen Ausfällen unversehrt bleiben. Hierzu gibt es
  eine Reihe einschlägiger legislativer und normativer Vorgaben. Aufgrund des technologischen Wandels, der unter anderem durch den Einzug von Industrie 4.0-Konzepten
  beschleunigt wird, entstehen neue Anforderungen, für die entsprechende Regularien
  erarbeitet werden müssen, beispielsweise für die Zertifizierung von modularen Maschinen und Anlagen. Ferner bezieht sich dieser Punkt auf die Sicherheit von Daten,
  Informationen und geistigem Eigentum – dem so genannten Intellectual Property – vor
  dem unerlaubten Zugriff von Dritten. Die Anforderungen an die Informationssicherheit sind natürlich nicht grundsätzlich neu, werden allerdings durch die zunehmende
  unternehmensübergreifende Vernetzung und Digitalisierung deutlich verschärft [4].
- **Entwicklungszeiten verkürzen:** Es geht um die Time to Market, also die Geschwindigkeit, mit der ein Unternehmen neue Lösungen entwickelt und in den Markt einführt.
  Diese Fähigkeit, Produktinnovation schneller umzusetzen als andere Unternehmen, ist
  sicher der wesentliche Erfolgsfaktor im globalen Wettbewerb. Kern ist, die Kunden-
  bedürfnisse und -probleme genau zu verstehen und in entsprechende Spezifikationen
  zu übersetzen und das in einem zutreffenden Produkt zu realisieren. Hierbei spielen natürlich das Technologie- und Innovationsmanagement eine wesentliche Rolle.
  Gleichzeitig bietet aber die Digitalisierung der Produktentstehung ein erhebliches Potenzial, die Time to Market zu reduzieren [6, 7].
- **Bedienbarkeit verbessern und Arbeitsabläufe bereichern:** Trotz aller Automation
  spielt der Mensch die Hauptrolle bei der Überwachung und Optimierung der Produktion – nicht nur heute, sondern er wird auch in Zukunft die maßgebliche Rolle spielen
  [8]. Die Digitalisierung bietet grundsätzlich das Potenzial, die Transparenz über den
  Zustand der Prozesse und Betriebsmittel deutlich zu erhöhen und schafft damit die
  Grundlage für die weitere Steigerung der Effizienz und Qualität. Vor diesem Hintergrund ist das Ziel, diese Potenziale mit Hilfe neuer Technologien zu heben und
  gleichzeitig die Ergonomie für die Mitarbeiter in der Produktion zu steigern und sie
  von monotonen und anstrengenden Tätigkeiten zu entlasten.

15.1.2 Trends in den Applikationen

Projiziert man diese Bedürfnisse auf die aktuelle Situation im Maschinen- und Anlagenbau sowie auf produzierende Unternehmen, wird deutlich, wo Potenzial für die evolutionäre Weiterentwicklung liegt. Ohne bereits an dieser Stelle konkreten technischen Ansatzpunkten vorgreifen zu wollen (siehe Abschn. 15.3 und 15.4), seien im Folgenden die wesentlichen Potenziale genannt, die die konsequente Anwendung von Industrie 4.0-Konzepten und der zugrundliegenden Technologien Maschinen- und Anlagenbauern sowie produzierenden Unternehmen eröffnet [9–11]:

- **Flexibilität**, also die Fähigkeit, verschiedenartige Fertigungsaufgaben umsetzen zu können, die bereits bei der Entwicklung berücksichtigt wurden. Das führt dazu, dass Maschinen und Anlagen in Zukunft ein gegenüber dem heutigen Stand deutlich größeres Spektrum verschiedenartiger Einzelteile, Baugruppen und Endprodukte herstellen können werden. Im Kern ist das ein Teil der Antwort auf die Forderung nach der Wandlungsfähigkeit (siehe Abschn. 15.1.1), also die Flexibilität gegenüber den technischen Anforderungen sowie die Flexibilität gegenüber den zeitlichen und kapazitiven Anforderungen.
- **Adaptivität**, also die Anpassungsfähigkeit von Maschinen und Anlagen an sich ändernde Umgebungsbedingungen und Ziele. Damit ist gemeint, dass sie in die Lage versetzt werden, eigenständig auf Änderungen ihrer Umwelt und Anforderungen zu reagieren, ihre Funktionsweise darauf anzupassen und ihren Betrieb dynamisch nach verschiedenen Zielen zu optimieren. Das passiert autonom, also ohne Einwirkung des Benutzers, und über die vom Entwickler vorausgedachten Anwendungsfälle hinaus [2].
- **Modularität:** Maschinen und Anlagen werden heute in der Regel auf einen Zweck hin entwickelt und optimiert. Das führt dazu, dass sie als Monolithen realisiert werden und den Anforderungen an Flexibilität und Adaptivität nur eingeschränkt folgen können. Aus diesem Grund sollen sie in Zukunft modular, das heißt untergliedert in einzelne, unabhängige Funktionseinheiten, realisiert werden. Diese Einheiten übernehmen spezifische Aufgaben des Fertigungsprozesses und können mehr oder weniger frei miteinander kombiniert oder gegen andere Module ausgetauscht werden. Die Modularisierung bezieht sich dabei auf alle Gewerke, also die Mechanik, Elektrik, Elektronik und Software sowie weitere Domänen, falls benötigt. Hierfür erforderlich sind standardisierte Schnittstellen sowie ein objektorientiertes Vorgehen im Engineeringprozess [12].
- **Dezentralisierung:** Der Modularisierung auf der Maschinenebene folgt die Modularisierung der Automatisierungstechnik und damit auch der Maschinensteuerung. In der Konsequenz wird das Steuerungsprogramm in Software-Module gegliedert, die der Funktionalität der Maschinenmodule entsprechen, und auf verschiedene intelligente Geräte verteilt. Das müssen nicht zwangsläufig die heute etablierten speicherprogrammierbaren Steuerungen oder Industrie-PCs sein, denn dafür kommen auch weitere Automatisierungsgeräte wie Antriebssteuerungen, IO-Module oder die Geräte

der Kommunikationsinfrastruktur (Ethernet-Switches, -Router) in Frage. Sie sind heute durchaus leistungsfähig genug, um einzelne Steuerungs- oder Regelungsaufgaben zu übernehmen [13].

- **Plug and Produce:** Das aus der Consumer- und Office-IT bekannte Plug and Play ist in der Automatisierungstechnik bis dato nur ansatzweise umgesetzt. Es bekommt aber besonders aufgrund der Modularisierung und Dezentralisierung und zur Beherrschung des Engineering- und Inbetriebnahme-Aufwandes eine hohe Bedeutung. Wesentliche Voraussetzung sind Methoden und Modelle zur Selbstbeschreibung und Selbstkonfiguration von Automatisierungsgeräten, die aktuell Gegenstand der Forschung und Entwicklung sind [12]. Ziel ist, dass Automatisierungsgeräte und auch Maschinenmodule „sich selbst" beschreiben und parametrieren können, sodass die Inbetriebnahme automatisch durchgeführt werden kann und der Aufwand für die Konfiguration und Parametrierung erheblich reduziert wird. Diese Prinzipien finden nicht nur bei der Erstinstallation einer Anlage Anwendung, sondern auch bei der Erweiterung oder beim Austausch einzelner Geräte. Ferner setzt Plug and Produce standardisierte Schnittstellen voraus (mechanisch und elektrisch, insbesondere aber bei Protokollen, Modellen und Semantik).

- **Funktionsintegration**, also die Erweiterung der Funktionalität eines Systems mit neuen Features. Hierbei spielen die Miniaturisierung sowie neue Fertigungstechnologien eine Hauptrolle, um Mechanik und Elektronik zusammenzubringen. Das betrifft nicht nur Automatisierungsgeräte an sich, sondern auch ihre Integration in die Betriebsmittel und Prozesse, beispielsweise die Integration von Sensorik in Maschinenteile und Werkstücke, oder die Ausrüstung mit Kommunikationsschnittstellen.

- **Transparenz von Zustands- und Life-Cycle-Informationen:** Dabei stellen die Maschinen ihre eigenen Zustands- und Konfigurationsdaten sowie die Prozessdaten durchgängig, das heißt über alle Phasen ihres Lebenszyklus, transparent und vollständig im Netzwerk bereit. Auf diese Daten können dann Dienste zugreifen, um neue Applikationen und Dienste zu realisieren. Die Grundlage dafür sind einfache und preiswerte Sensoren. Die Steigerung ihrer Genauigkeit sowie die Verfügbarkeit dieser Signale und Daten im gesamten Netzwerk führen dazu, dass das Datenvolumen und damit der Bedarf zur Datenübertragung und -speicherung signifikant zunehmen. Der Begriff Big Data soll dies zum Ausdruck bringen [14].

- **Diagnose von Prozessen und Zuständen:** Der wesentliche Anwendungsfall für die Nutzung dieser Daten, der heute bereits erkennbar ist, ist eine umfassende und konsequente Erfassung des Zustandes von Produktionsprozessen sowie der Maschinen und Anlagen und der Automatisierungstechnik, die diese Prozesse treiben. Das erlaubt, die Prozesse zu diagnostizieren und damit Abweichungen im laufenden Betrieb zu erkennen und zu signalisieren. Zusätzlich ist damit die Grundlage geschaffen, Fertigungsprozesse auf Basis dieser detaillierten und online verfügbaren Daten konsequent zu optimieren [15].

- **Verlässlichkeit**, worunter im Allgemeinen die Verfügbarkeit, die Zuverlässigkeit, die funktionale Sicherheit und die Informationssicherheit zusammengefasst werden [2].

- **Benutzungsfreundlichkeit**, damit die Anwender mit diesen Systemen einfach, schnell und nachvollziehbar interagieren können. Eine wesentliche Anforderung dabei ist, die Komplexität auf das Maß zu reduzieren, das der Bediener je nach Situation für eine Entscheidung braucht.
- **IT-Security:** Wesentliche Aspekte der Industrie 4.0 sind die Digitalisierung und Vernetzung, die ja auch die Voraussetzung für die Realisierung der oben genannten Potenziale sind. Die Kehrseite dieser Medaille ist die Notwendigkeit, diese prinzipiell offenen Netzwerke vor dem Zugriff von Dritten zu schützen, nicht nur, um das Intellectual Property eines Unternehmens zu schützen, sondern auch, um die funktionale Sicherheit und die Integrität zu gewährleisten. Aus diesem Grund sind für zukünftige Industrie 4.0-Lösungen zwangsläufig Maßnahmen zur IT-Sicherheit zu treffen [16].

15.2 Von intelligenten technischen Systemen zur Industrie 4.0

Konsequenz dieser Trends und Bedürfnisse ist die Weiterentwicklung von traditionell mechanischen und mechatronischen Lösungen zu intelligenten technischen Systemen, die seit einigen Jahren intensiv betrieben wird. Werden solche Systeme miteinander vernetzt und interagieren sie im Sinne einer gemeinsamen Zielsetzung, entstehen so genannte Cyber Physical Systems oder auch – im Fall der Produktion – Cyber Physical Production Systems [2]. Sie sind ein Kernbaustein der Industrie 4.0. Als weiterer Aspekt kommen die Digitalisierung der Geschäftsprozesse sowie die Vernetzung von Unternehmen und Fabriken zu Wertschöpfungsnetzwerken hinzu. Die folgenden Abschnitte gehen im Detail darauf ein und bringen Beispiele für das Potenzial, das sie bieten.

15.2.1 Die Digitalisierung und Vernetzung der Produktion

Für die Produktion zeigen die Industrie 4.0 und intelligente technische Systeme eine besonders hohe Relevanz. Der Kern ist die Nutzung von Informations- und Kommunikationstechnologien [1, 17]. Das bezieht sich allerdings nicht nur auf die Nutzung in Maschinen und Anlangen, sondern auch auf die Nutzung im Entwicklungsprozess für neue Produkte und die zugehörigen Produktionssysteme, auch als Product Life Cycle bezeichnet. Industrie 4.0 erlaubt dabei die Optimierung der aktuell betriebenen Prozesse, sie bietet allerdings deutlich mehr: Es geht um den bereits beschriebenen Paradigmenwechsel, der die Wertschöpfung und Geschäftsmodelle in produzierenden Unternehmen neu definiert [17]. Die wesentlichen Aspekte sind [9]:

- **Horizontale Integration**, also die Vernetzung von mehreren Systemen der Produktions-IT entlang des Wertschöpfungsprozesses innerhalb eines Unternehmens sowie auch über Unternehmensgrenzen hinaus in Wertschöpfungsnetzwerken. Das bedeutet nichts anderes, als dass Unternehmen in Zukunft deutlich intensiver vernetzt sein werden als heute, und zwar nicht nur wirtschaftlich, sondern auch informationstechnisch.

- **Vertikale Integration**, also die Vernetzung der verschiedenen Ebenen der Automatisierungstechnik und Unternehmenssteuerung, vom Aktor und Sensor über die Steuerungs- und Leitebene bis zur Planungsebene. Durch die vertikale Vernetzung und Kommunikation zwischen den Hierarchieebenen wird die Informationstransparenz signifikant verbessert. Das ist wiederum die Voraussetzung zur Realisierung von Analyse- und Monitoring-Funktionen, wie sie im Rahmen der Industrie 4.0 diskutiert werden, Abschn. 15.4 geht darauf näher ein. Auf dieser Basis wird eine Selbstoptimierung wesentlicher Produktionsressourcen und -prozesse denkbar. Das verspricht eine bislang nicht erreichte Flexibilität und die Beherrschung der zunehmenden Komplexität der Produktionsabläufe. Durch die vertikale Integration können Produktionssysteme demnach vermehrt flexibel und rekonfigurierbar gestaltet werden.
- **Durchgängigkeit des Engineerings.** Das bezieht sich vor allem darauf, wie sich Geschäftsprozesse und Wertschöpfungsketten bei der Produkt- und Produktionssystementstehung auf der Basis durchgängiger Informationsmodelle, Werkzeuge und Schnittstellen optimieren lassen. Dabei sollen in Zukunft alle an der Entstehung eines Produktes beteiligten Instanzen – von Produktdesign und Produktionsplanung über die Produktion und den Service bis zum Betrieb – auf durchgängige und kompatible Informationen und Modelle zurückgreifen können. Dieser Aspekt bezieht sich auf den Leistungsentstehungsprozess eines produzierenden Unternehmens, während die beiden erstgenannten Aspekte den Auftragsabwicklungsprozess betreffen.

Die zentralen Funktionen dieser neuen Architektur sind

- Die **Digitalisierung** der Signale und Informationen aus Prozess und Anlagen. Das umfasst die Ausstattung der Werkstücke und der Betriebsmittel bis zum einzelnen Gerät mit Kommunikationsschnittstellen und Datenmodellen, um signifikante Prozess- und Zustandsgrößen kontinuierlich zu erfassen und transparent zu machen. Weil einfache Komponenten und Geräte heute in vielen Fällen nicht kommunikationsfähig sind, liegt hier ein signifikantes Potenzial (siehe Abschn. 15.3.1).
- Ihre **Vernetzung über Internettechnologien** sowie die Sicherstellung der Informationssicherheit oder auch **IT-Security**, das heißt einer sicheren Bereitstellung und Übertragung, die vor dem unzulässigen Zugriff von Dritten geschützt ist.
- Die **kontinuierliche Analyse** des aktuellen Zustands von Prozess und Anlage. Der Begriff Industrial Analytics bringt das zum Ausdruck und beschreibt die datengetriebene Erstellung von Prozessmodellen auf Basis statistischer Methoden und maschinellem Lernen sowie den kontinuierlichen Vergleich des Modells mit dem realen Prozess, um Anomalien zu erkennen, Fehler vorherzusagen und damit die Grundlage für **Optimierungsmaßnahmen** zu schaffen (siehe Abschn. 15.4.2). Diese Maßnahmen betreffen die Maschinen und Anlagen selbst und auch die Produktionsprozesse, die sie betreiben.

- Die **Visualisierung** des Prozesszustandes und die **Rückkopplung in den Prozess** schließen den Regelkreis und führen das System zum Optimum, das kontinuierlich überwacht und gegebenenfalls neu optimiert wird.
- Diese Funktionen werden typischerweise in **übergeordneten IT-Systemen** abgebildet, zum Beispiel in webbasierten beziehungsweise cloudbasierten Plattformen. Diese Plattformen werden in vielen Fällen dezentral implementiert, weil sie flexibel und elastisch auf sich ändernde Bedarfe reagieren können. Sie können aber auch als lokale IT-Lösung (beispielsweise innerhalb einer Fabrik oder einer Fertigungszelle) aufgesetzt sein, etwa um kritische Anforderungen an die Reaktionszeiten oder Informationssicherheit umzusetzen. Der wesentliche Funktionsumfang liegt in der Bereitstellung von Rechen- und Speicherkapazität sowie der grundlegenden Infrastruktur und Schnittstellen zur Implementierung der gewünschten Services. Gleichzeitig bilden diese Lösungen die erforderlichen Funktionen für den Fernzugriff ab, wozu im Wesentlichen die Rechteverwaltung und die Bereitstellung sicherer, verschlüsselter Übertragungstechnologien wie VPN zählen (siehe Abschn. 15.4.1).
- Die **Durchgängigkeit** der Informationsmodelle und Kommunikationstechnologien entlang der Wertschöpfungskette und über die Unternehmensebenen mit dem Ziel, die Daten und Informationen, die in einem Wertschöpfungssystem entstehen, in allen Prozessschritten und auf allen Ebenen einheitlich nutzen zu können. Heute existieren hier zahlreiche monolithische Systeme, vielfach mit proprietären Schnittstellen und Informationsmodellen, die zu einem verlustbehafteten Transfer und unvollständiger Transparenz führen. Für die Umsetzung von Industrie 4.0-Konzepten ist allerdings ein durchgängiger Datenaustausch Voraussetzung, sodass hier dringender Handlungsbedarf liegt. Neben den Informationsmodellen und Kommunikationstechnologien selbst bedarf es ferner einer übergreifenden Semantik, um die einheitliche Interpretation der Informationen sicherzustellen [4].
- Die Bereitstellung aller relevanten Informationen über den kompletten Lebenszyklus eines Produktes oder einer Maschine in einem digitalen Modell, dem so genannten Digitalen Zwilling oder der **Verwaltungsschale**, wie die Plattform Industrie 4.0 sie nennt [18]. Sie ist der wesentliche Aspekt der so genannten Industrie 4.0-Komponente, neben der Kommunikationsfähigkeit. Die Verwaltungsschale muss nicht zwangsläufig in der Komponente selbst implementiert sein, sondern die relevanten Informationen können auch in übergeordneten Datenbanken abgelegt sein, auf die eineindeutig verwiesen wird. Die dort ablegten Daten betreffen Informationen zum Typ (wie Materialnummer, Stücklisten, Datenblätter), aber auch zur Instanz, also der konkreten, in einer Applikation genutzten Komponente (wie Parametrierung, Zustandsdaten, Betriebszeiten).

Die neue Architektur löst zwar die Hierarchie der etablierten Automatisierungspyramide auf, steht allerdings nicht im Widerspruch dazu. Die betrieblichen Informations- und Steuerungs-Systeme (zum Beispiel Systeme für das Enterprise Resource Planning (ERP), Manufacturing Execution System (MES), Supervisory Control and Data Acquisition (SCADA)) sowie die Prozesssteuerung selbst sind nicht in Frage gestellt, sondern

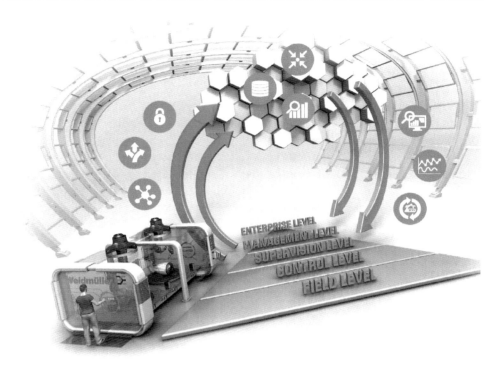

Abb. 15.2 Die wesentlichen Aspekte der Industrie 4.0. (Weidmüller)

werden integriert. Dabei können sich durchaus neue Lösungen ergeben, beispielsweise verteilte Steuerungsfunktionen. Gleichzeitig werden sich zukünftig verschiedenste Architekturen für die Gesamt-IT etablieren, von denen cloudbasierte Systeme einen wesentlichen Anteil haben werden. In allen Fällen sind jedoch entsprechende Lösungen erforderlich, die die IT-Sicherheit gewährleisten und den nicht gewünschten Zugriff auf Daten und IP unterbinden.

15.2.2 Definitionen und Architekturen für die Industrie 4.0

Die grundlegende Technologiekonzeption der Industrie 4.0 (vergl. auch Abb. 15.2), die im vorigen Kapitel beschrieben wurde, ist zunächst einmal abstrakt von konkreten Anforderungen und Spezifikationen spezifischer Anwendungsfälle formuliert und beschreibt die Idee der Digitalisierung und Vernetzung der Produktion bewusst in ihrer Breite. Um die Sache allerdings konkret zu machen, die Umsetzung realer Applikationen vorzubereiten und auch die erforderlichen Standards abzuleiten, wurden in Zusammenarbeit von

Unternehmen, Forschungsinstituten, Verbänden und der Politik verschiedene Architekturmodelle erarbeitet. Die wesentlichen seien an dieser Stelle kurz charakterisiert:

- **RAMI4.0/Referenzarchitekturmodell für die Industrie 4.0:** Das RAMI4.0 wurde
  durch die deutsche Plattform Industrie 4.0 in Kooperation von maßgeblichen Unternehmen, Hochschulen und Industrieverbänden erarbeitet. Es beschreibt ein Framework,
  das die wesentlichen Aspekte der Industrie 4.0 strukturiert und zueinander in Beziehung setzt. Konkret umfasst das RAMI4.0 die drei Dimensionen (1) der **Hierarchie**
  vom Werkstück beziehungsweise Produkt bis zur sprichwörtlichen vernetzten Welt,
  (2) des **Produktlebenszyklus** von der ersten Idee bis zur Verschrottung sowie (3) der
  Funktionalität („Layer"). Die letztgenannte Dimension betrifft in erster Linie die digitale Repräsentation eines Produktes oder einer Maschine und strukturiert sie in einzelne
  funktionale Sichten. Das RAMI4.0 dient dazu, die komplexe und vielfältige Welt der
  Industrie 4.0 zu ordnen, um eine gemeinsame Basis für Umsetzungsprojekte zu schaffen und die erforderliche Standardisierung vorzubereiten [19].
- **Industrie 4.0-Komponente:** Sie verknüpft einen realen Gegenstand aus dem Produktionsumfeld, etwa ein Werkstück oder Maschinenaggregat, mit einem abstrakten
  Modell, beispielsweise einer digitalen Spezifikation oder mit einem funktionalen Modell. Dieses virtuelle Modell wird auch als **Verwaltungsschale** bezeichnet. So umfasst
  beispielsweise die Industrie 4.0-Komponente „IO-System" nicht nur die reale Hardware aus Elektromechanik, Elektronik und Software, sondern auch 3D-CAD-Modelle
  für das Engineering einer Anlage, funktionale Spezifikationen für den Auswahlprozess
  und kaufmännische Daten für den Angebotsprozess und die Kommissionierung. Darüber hinaus werden mit einer Industrie 4.0-Komponete nicht nur allgemeine Typenspe-
  zifikationen, sondern auch Informationen zur konkreten Verwendung einer einzelnen
  Instanz modelliert. Damit wird ihr Life Cycle individuell nachvollziehbar. Ferner sind
  Industrie 4.0-Komponenten in einem Mindestumfang kommunikationsfähig, um die
  relevanten Informationen austauschen zu können [18, 20].
- **IIRA/Industrial Internet Reference Architecture:** Das nordamerikanische Äqui-
  valent zur Plattform Industrie 4.0 ist das Industrial Internet Consortium. Dieser
  Zusammenschluss aus Unternehmen und Forschungsinstituten im Umfeld des Internet
  of Things hat eine Architektur erarbeitet, die unter dem Begriff Industrial Internet
  Reference Architecture veröffentlich wurde. Die IIRA umfasst die drei Dimensionen
  (1) **Schlüsselmerkmale** (Safety, Security, Resilience), (2) **Viewpoints** (Business, Usa-
  ge, Functional, Implementation) und (3) **Systems Concerns** (Anliegen im Sinne von
  Entwicklungszielen). Die Dimensionen strukturieren ein konkretes System im Umfeld
  der Industrie 4.0, sodass analog zum RAMI4.0 die Entwicklungsaufgaben abgeleitet
  werden können, sowohl mit Blick auf eine konkrete Produktentwicklung als auch mit
  Blick auf Standardisierungs- oder Technologieentwicklungsaktivitäten [21].

Diese drei Referenzarchitekturen lösen sicher keine konkreten Entwicklungsaufgaben
eines Unternehmens, sie strukturieren aber den Entwicklungsprozess und unterstützen

somit eine zielgerichtete Vorgehensweise unter Berücksichtigung aller relevanten Aspekte. Gleichzeitig dienen sie dazu, einen Rahmen für ein bestimmtes Anwendungsfeld zu bilden, der alle relevanten Aspekte abbildet und zueinander in Beziehung stellt. Darin lassen sich die bestehenden Standards einordnen, noch fehlende Standards ableiten und vor allem Schnittstellen zwischen den einzelnen Lösungsbausteinen der Industrie 4.0 erkennen und die Entwicklungsanforderungen daraus ableiten. Damit stellen diese Referenzarchitekturen einen wichtigen Beitrag zur strategischen Technologieentwicklung und Standardisierung dar und unterstützen die Weichenstellung zu einer abgestimmten und effizienten Umsetzung von Industrie 4.0-Lösungen.

15.2.3   Anwendungsfelder für die Industrie 4.0

Auch wenn das Konzept der Industrie 4.0 sicher keine grundsätzlich neuen Herausforderungen adressiert und teils auch auf Technologien basiert, die heute bereits verfügbar sind, schafft es die Grundlage für einen Paradigmenwechsel in der Produktion und der Automation. Das eröffnet das Potenzial für Innovationen in Komponenten, Lösungen und Geschäftsmodellen, von denen wir uns viele heute sicher noch nicht vorstellen können. Nichtsdestotrotz gibt es derzeit bereits Pilotanwendungen, die durchaus das Potenzial der Industrie 4.0 aufzeigen können. Hierfür seien an dieser Stelle einige Ansatzpunkte ohne Anspruch auf Vollständigkeit genannt. Die folgenden Kapitel gehen hierauf teils genauer ein.

Die Digitalisierung der Prozess- und Zustandsdaten einer industriellen Anlage schafft die Grundlage, um ein präzises Modell zu erzeugen. Mittels solcher Modelle lassen sich Anomalien erkennen und **Prognosen für den Zustand des Prozesses und der Anlagen** ableiten, mit denen die zeitliche Vorhersage von Fehlern und Störungen möglich wird. Damit wird der Anlagenbetreiber in die Lage versetzt, schon vor dem Eintreten dieser unerwünschten Zustände zu reagieren, sodass die Verfügbarkeit seiner Anlagen und die Stabilität der Prozesse sichergestellt sind [15, 22].

Die Nutzung von Technologien zur **Selbstoptimierung von Produktionsprozessen** geht weiter darüber hinaus: Sie erlauben, dass Änderungen im Prozess mit Hilfe intelligenter Sensorik erkannt werden. Die Ursachen hierfür können im Rohmaterial liegen, aber auch in der Maschine oder im Werkzeug selbst. Auf dieser Grundlage kann die Maschinensteuerung mit Methoden der Selbstoptimierung eigenständig Maßnahmen ableiten und initiieren, die den Prozess zurück in den gewünschten Zustand führen oder sogar ein neues Optimum erreichen [23].

Ein weiteres Beispiel aus dem Kontext des Energiemanagements ist die **energieeffiziente Prozessoptimierung**: Hier geht es darum, einen Fertigungsprozess umfassend mit Sensorik auszustatten und die resultierenden Sensorsignale zu digitalisieren. Sie werden mit Hilfe intelligenter Algorithmen ausgewertet – hierfür wird auch das Stichwort Industrial Analytics genutzt – und mit weiteren Informationen wie dem aktuellen Energiepreis verknüpft. Das bietet die Möglichkeit, den Prozess je nach Kostensituation zu optimieren und die Energieeffizienz zu steigern. Ferner lässt sich das energetische

Verhalten einer Produktionsanlage so vorhersagen, dass Spitzen im Energieverbrauch erkennbar werden, sodass der Betreiber gezielt einzelne Anlagen oder Prozesse drosseln oder abschalten kann, um Lastspitzen zu vermeiden [24].

Der Schritt zu Produktionsnetzwerken basiert auf dem Wandel zu dezentralen Produktionseinheiten oder Fertigungsmodulen. Um im Servicefall zu vermeiden, dass hochqualifizierte Mitarbeiter ihre Aufgaben zwangsläufig vor Ort erfüllen müssen – sicherlich die zeit- und kostenintensivste Variante – bekommen Lösungen für die **Fernwartung** eine signifikante Bedeutung. Hier werden in der Regel webbasierte Services genutzt, die auf der einen Seite den durchgängigen Daten- und Informationsaustausch realisieren, andererseits auch eine sichere und flexible Infrastruktur hierfür bieten.

Als letztes Anwendungsbeispiel sei die **Digitalisierung des Engineerings** von Produktionsanlagen genannt. Während die Entwicklung, die Realisierung und das Life Cycle Management von Maschinen und Anlagen heute vielfach durch heterogene Informationsmodelle und IT-Systeme erschwert werden, schaffen Industrie 4.0-Konzepte die Grundlage dafür, die relevanten Daten und Modelle durchgängig, das heißt ohne Schnittstellenverluste, verwenden und automatisiert interpretieren zu können. Grundlage sind einerseits standardisierte Informationsmodelle, wofür Technologien wie OPC-UA [25] oder eCl@ss [26] wesentliche Bausteine sind. Andererseits bedarf es einer übergreifenden Semantik, die beschreibt, wie diese Modelle und die betreffenden Daten zu interpretieren sind. Ziel muss die Fähigkeit zur umfassenden Selbstbeschreibung sein, die alle Phasen des Lebenszyklus und damit sowohl Typen als auch Instanzen eines Produktes abdeckt, die Anforderungen aller betreffenden Ingenieurdisziplinen berücksichtigt und über eine entsprechende Implementierung Zugang zu allen relevanten Systemen schafft.

15.3 Die Infrastruktur für die Industrie 4.0

Wie wir in Abschn. 15.2.1 gesehen haben, ist die Digitalisierung der Produktion der Kern der Industrie 4.0. Sie ist die Voraussetzung für die horizontale und die vertikale Integration und damit die wesentliche Basis für die adressierten Potenziale. Ferner spielt sie eine wesentliche Rolle bei der Umsetzung neuer Fertigungsstrukturen, die sich durch die Modularisierung und Dezentralisierung auszeichnen. Wo stehen wir aber mit Blick auf die Infrastruktur für die Digitalisierung in der Produktion der Zukunft, insbesondere auf die Verfügbarkeit und Zugänglichkeit der relevanten Daten und Informationen in einem Produktionsbetrieb? Welche weiteren Konsequenzen für die Infrastruktur sind bereits heute klar erkennbar?

15.3.1 Datendurchgängigkeit und Informationstransparenz

In den meisten Fällen sind hier noch zwei getrennte Welten zu finden, und zwar die Office-IT und die Production-IT. Wegen ihrer unterschiedlichen Herkunft setzen sie auf verschiedene Technologien und Architekturen, die heute nur schwierig zu integrieren sind. So ist beispielsweise die Maschinensteuerung der Knotenpunkt, in dem alle Sensordaten zusammenlaufen, der sie aber nur nach dezidierter Programmierung den Systemen auf den höheren Ebenen zur Verfügung stellt. Ferner arbeiten die Systeme auf den unterschiedlichen Ebenen mit unterschiedlichen Schnittstellen, Protokollen und Informationsmodellen, so dass sie kaum durchlässig sind. Das liegt in vielen Fällen auch daran, dass proprietäre Schnittstellen eingesetzt werden, die innerhalb der Welt des einen Herstellers arbeiten, die für die Systeme eines anderen Herstellers allerdings nur mit erheblichem Programmieraufwand transparent werden.

Die Durchgängigkeit ist dann zu erreichen, wenn die Systeme auf den verschiedenen Planungsebenen des Unternehmens einheitliche Protokolle und Informationsmodelle nutzen, die gleichzeitig Freiheitsgrade für die spezifischen Anforderungen eines jeden Systems lassen. Zu diesem Zweck werden auch im Bereich der Automation zunehmend serviceorientierte Architekturen sowie Cloud-basierte Lösungen eingesetzt. Sie erlauben es, dass die Komponenten und Systeme über alle Ebenen transparent Informationen austauschen können, natürlich unter der Voraussetzung, dass sie einheitliche Schnittstellen und Informationsmodelle nutzen, und dass über eine entsprechende Semantik diese Informationen auch interpretiert werden können.

Als Grundlage für die Netzwerkinfrastruktur hat sich das Ethernet etabliert, das auch für die spezifischen Anforderungen der Produktion weiterentwickelt wurde – und weiterhin wird. Hierauf werden spezifische Protokolle aufgesetzt, je nach Einsatzzweck und Anforderung. Ansatzpunkte, um das konsequent zusammenzuführen, sind Technologien wie OPC UA [25], MQTT [3] und MTConnect [27], die sich in spezifischen Anwendungen bereits als Quasi-Standards etabliert haben. Neben dem Ethernet bleibt allerdings weiterhin Potenzial für weitere Kommunikationstechnologien für spezielle Anwendungsfälle, wie funkbasierte Verfahren für entfernte oder mobile Maschinen oder unterlagerte Kommunikationssysteme wie IO-Link für die Vernetzung von einfachen und preiswerten Geräten.

In jedem Fall ist allerdings Voraussetzung, dass alle relevanten Komponenten kommunikationsfähig sind, damit sie sich in das Gesamtsystem einbinden lassen. In Anlehnung an die Industrie 4.0-Komponente, die in Abschn. 15.2.2 aufgegriffen wurde, ist das mindestens eine passive Kommunikationsfähigkeit. Wenn es um Automatisierungsgeräte wie Sensoren oder Interface-Bausteine geht, wird es allerdings um eine aktive Kommunikationsfähigkeit gehen. Das bedeutet, dass beispielsweise klassische analoge Signalwandler um eine Ethernet-Schnittstelle erweitert werden, über die sie Prozess- und Zustandsgrößen des Signalwandlers selbst sowie auch der angeschlossenen Geräte an die überlagerten Systeme weitergeben können. Damit können sie in das Gesamtsystem vertikal integriert werden, während der Signalpfad der klassischen Automatisierungstechnik vom Sensor zur Steuerung davon unberührt bleibt.

Bei aller Offenheit und Durchgängigkeit von Office-IT und Production-IT muss sichergestellt sein, dass hierbei kein ungewollter Zugriff von außen möglich ist. Angriffe von Dritten, die zu Verlust von Daten bis hin zum Intellectual Property oder zu Störungen im Produktionsablauf führen, werden sich zwar niemals zu 100 % ausschließen lassen.

Die Nutzung von entsprechenden Technologien wie Verschlüsselungsverfahren oder zertifikatsbasierte Authentifizierung schafft allerdings die Voraussetzungen für eine adäquate IT-Sicherheit. Diese Technologien sind teils in die etablierten Standards der Automation integriert, teils müssen sie über dezidierte Lösungen wie z. B. Security-Router umgesetzt werden.

15.3.2 Industrial Connectivity für zukünftige Produktionsstrukturen

Sowohl die horizontale und vertikale Integration als auch der Wandel in der Art und Weise, wie Produktionsanlagen zukünftig aufgebaut sein werden, haben einen erheblichen Impact auf die Infrastruktur der Industrieautomatisierung. Die Verteilung der Kommunikation, aber auch der erforderlichen elektrischen Energie, von Sensor- und Steuerungssignalen und gegebenenfalls weiteren Gewerken (zum Beispiel Pneumatik beziehungsweise Druckluft) verursacht einen signifikanten Kostenanteil, zieht aber auch hohe Aufwände für deren Installation nach sich. Aus diesem Grund ist die elektrische Verbindungstechnik – die Industrial Connectivity – ein entscheidender Erfolgsfaktor für die Umsetzung der Industrie 4.0 [11].

Zunächst setzt eine umfassende Digitalisierung voraus, dass eine große Anzahl von Sensoren an der Anlage und im Prozess installiert wird. Das und die gleichzeitig zunehmende Modularisierung der Produktionsanlagen führen in der Konsequenz zu einer deutlich höheren Anzahl von Schnittstellen, für die eine entsprechende Verbindungstechnik gebraucht wird. Gegenüber den aktuell eingesetzten Komponenten gibt es ein signifikantes Innovationspotenzial, die Handhabung und die Robustheit zu steigern, damit sie den rauen Bedingungen in der Produktion genügen. Deswegen werden werkzeuglos konfektionierbare Steckverbinder die Hauptrolle spielen. Gleichzeitig bieten hybride und applikationsspezifische Lösungen für Energie, Signale und Daten das Potenzial, die Anzahl von Schnittstellen zu reduzieren, Kosten zu senken und die Flexibilität zu steigern.

Auch wenn die Funktechnologien sicher von der Digitalisierung profitieren und Anteile gewinnen werden, ist davon auszugehen, dass auch in Zukunft der überwiegende Anteil der Signale und Daten leitungsbasiert übertragen wird, das heißt mittels Kabeln und Steckverbindern. Nichtsdestotrotz liegt hier ein großes Potenzial für innovative Übertragungstechnologien wie der kontaktfreien Übertragung von Energie, Signalen und Daten. Sie bietet den Vorteil der Robustheit und Verschleißfreiheit auch unter hohen Umgebungsanforderungen und häufiger Betätigung. Verbindungstechnik auf der Basis kontaktfreier Technologien unterstützt die Modularität zukünftiger Anlagen und stellt ihre Flexibilität und Verfügbarkeit sicher. Weiteres Potenzial liegt in der Integration von Sensorik: Die Überwachung der Steckverbinder trägt signifikant zur Verfügbarkeit von Produktionsanlagen bei. Darüber hinaus lassen sich so Zustandsinformationen erfassen. Ferner können bis dato nicht überwachte Komponenten nachträglich zu einer Industrie 4.0-Komponente (siehe Abschn. 15.2.2) aufgewertet und in das Automatisierungssystem integriert werden.

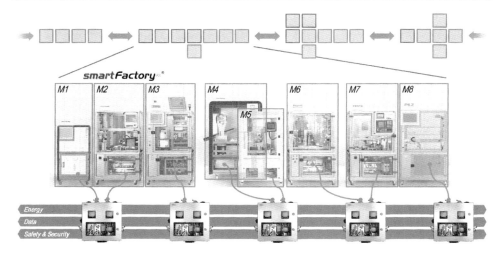

Abb. 15.3 Integrierte Lösung für die Infrastruktur in modularen und wandlungsfähigen Produktionsanlagen. (Weidmüller)

15.3.3 Integrierte Lösungen für die Infrastruktur der Industrie 4.0

Auf der nächsthöheren Abstraktionsebene über der einzelnen Komponente – auf der Ebene der Infrastruktur für Energie, Signale und Daten – liegt weiteres Potenzial. Integrierte Lösungen (vergl. Abb. 15.3) wie die Infrastrukturbox, die für die Forschungsfabrik „Smart Factory KL" realisiert wurde, erlauben es, modulare Maschinen einfach und flexibel zu versorgen und in die Infrastruktur einzubinden. Die Infrastrukturbox beschreibt eine modulare und flexibel erweiterbare Lösung für die Verteilung von Energie, Signalen und Daten sowie Safety und Security, die ferner auch die relevanten Zustandsgrößen der Infrastruktur, beispielsweise Energieverbräuche, erfasst und zur Auswertung bereitgestellt. Sie unterstützt damit das so genannte „Plug and Produce", also die schnelle und einfache Inbetriebnahme – nicht nur für die Verbindungstechnik selbst, sondern auch für ihre Einbindung in die übergeordneten IT-Systeme. Technologien wie OPC-UA erlauben es, Daten und Informationen zu verteilen, ohne zusätzlich eine aufwändige Middleware implementieren zu müssen [28].

Um den Anforderungen an eine sichere und zuverlässige Infrastruktur in modularen Produktionsanlagen gerecht zu werden, bietet sich ferner die Umsetzung neuer Topologien an: Während die Infrastruktur heute üblicherweise als Linie mit einzelnen Abzweigen realisiert wird, erfordern modulare Lösungen Baumstrukturen oder ringförmige Strukturen. Die konsequente Weiterentwicklung liegt in der Realisierung als Netzwerk, was neben der Sicherheit bei Fehlern oder Störungen auch den Vorteil bietet, Energie ähnlich wie Datenpakete „routen", das heißt nach entsprechenden Optimierungskriterien durch das Netzwerk verteilen zu können. Nicht zuletzt wird auch die Industrial Connectivity um das digitale Modell ergänzt, das als Verwaltungsschale einer Industrie 4.0-Komponente

[18] alle Informationen zu der Komponente und ihrer spezifischen Nutzung umfasst. Das Potenzial liegt in der Optimierung des Engineerings sowie der Unterstützung von Inbetriebnahme und Austausch vor Ort.

15.4 Datenbasierte Optimierung von Verfügbarkeit und Produktivität

Kommen wir zurück zu den Bedürfnissen produzierender Unternehmen (siehe Abschn. 15.1.1), stehen die Verfügbarkeit und die Produktivität weit im Vordergrund. Hier spielt die Nutzung der Daten, die durch die Digitalisierung eröffnet wird, die wesentliche Rolle. Sie schafft eine bis dato nicht gekannte Transparenz und damit auch die Voraussetzung, um auf der Grundlage dieser präzisen und aktuellen Beschreibung des Zustandes von Maschinen und Prozessen einen großen Beitrag zu ihrer Optimierung zu leisten. Der erste Schritt ist die Fernwartung, auch als Remote Maintenance bezeichnet. Analytics und Selbstoptimierung bauen konsequent auf der Digitalisierung auf und bieten das Potenzial, Unternehmen auf eine neue Stufe der Wertschöpfung zu bringen.

15.4.1 Remote Maintenance

Drei wesentliche Aspekte der Industrie 4.0 sind die Modularisierung von Maschinen und Anlagen, ihre Dezentralisierung sowie der Wandel zu Wertschöpfungsnetzwerken, in denen produzierende Unternehme zukünftig arbeiten werden. Gleichzeitig steigen die Anforderungen an die Verfügbarkeit und Produktivität, während die Automatisierungstechnik aufgrund der Digitalisierung und Vernetzung sicher nicht einfacher, sondern durchaus komplexer wird. Um dennoch in solchen Strukturen einen schnellen und professionellen Service bieten und im Fall der Fälle schnell reagieren zu können, bekommt der Fernzugriff, also der direkte Zugriff auf die Konfiguration, Parametrierung und Programmierung einer Maschine, ein hohes Gewicht.

Der Begriff Remote Maintenance oder Fernzugriff beziehungsweise Fernwartung bringt dieses Ziel zum Ausdruck. Gemeint ist damit, aus räumlicher Distanz über eine vernetzte Infrastruktur den direkten Zugriff auf das Bedieninterface der betreffenden Maschine zu erhalten, so dass alle Zustandsgrößen und Meldungen erfasst werden können und auch Eingriffe in die aktuelle Konfiguration der Maschine möglich sind. In der Konsequenz kann sie damit auch über große Distanzen genau so bedient und beobachtet werden, als wäre der betreffende Service-Techniker vor Ort. Die Vorteile liegen in der Geschwindigkeit – Diagnose und Wartung werden unmittelbar möglich, sofern sie ohne direkte Eingriffe in die Hardware der Maschine ausführbar sind – und den Kosten, weil die Servicetechniker nicht zwangsläufig vor Ort sein müssen und damit Personal- und Reisekosten eingespart werden können.

Lösungen für Remote Maintenance setzen auf der Infrastruktur zur Digitalisierung und Vernetzung auf, wie sie in Abschn. 15.3 beschrieben wurde. Wesentliche Komponenten sind I/O-Syteme und kommunikationsfähige Interface-Bausteine zur Erfassung der entscheidenden Prozess- und Zustandsgrößen sowie die Netzwerkinfrastruktur wie Ethernet-Switches und -Router, die einerseits die Digitalisierung und Kommunikation der Informationen ermöglichen, andererseits aber auch die Informationssicherheit beim Zugriff und der Weiterleitung der Informationen garantieren. Im Zentrum stehen allerdings Lösungen für den entfernten Zugriff, die in der Regel über webbasierte Technologien realisiert werden. Sie bilden die Grundlage für das Daten- und Informationsmanagement, aber auch für die automatisierte Überwachung des Anlagenzustands und die erforderlichen Status- oder Warnmeldungen. Ferner sind die Konfiguration und das Benutzermanagement sowie die IT-Sicherheit über entsprechende Verschlüsselungsverfahren und eine zertifikatsbasierte Authentifizierung Voraussetzung, um Remote-Maintenance-Lösungen sicher betreiben zu können.

Zuletzt sei erwähnt, dass klassische Remote-Maintenance-Lösungen auf Basis von Zustands- und Diagnoseinformationen zunehmend ergänzt werden durch moderne Interaktionstechnologien. Ein Beispiel ist die Nutzung von Augmented Reality, um dem Servicepersonal seine Aufgabe zu erleichtern und konkrete Hinweise und Anweisungen zur Problemlösung zu geben. Ferner können Remote-Maintenance-Lösungen auch für die direkte Kommunikation von Maschine zu Maschine genutzt werden, um über große Distanzen eine sichere Vernetzung realisieren zu können.

15.4.2 Industrial Analytics

Der Begriff Big Data ist seit einiger Zeit in aller Munde. Er meint die Verarbeitung von großen Datenmengen mit Hilfe statistischer und mathematischer Methoden, wobei sich das Attribut „big" auf die drei Dimensionen Datenvolumen („volume"), Verarbeitungsgeschwindigkeit („velocity") und Komplexität beziehungsweise Vielfalt („variety") bezieht [14]. Im Kontext der Industrie 4.0 geht es darum, die aus einem Produktionsprozess oder einem Wertschöpfungssystem erzeugten Daten zu nutzen, um seine Produktivität zu steigern [15]. Hierfür wird auch der Begriff Industrial Analytics genutzt (vergl. Abb. 15.4).

Ausgangspunkt sind diejenigen Daten, die die in einer Produktionsanlage vorhandenen Sensoren und Automatisierungsgeräte erzeugen. Dabei geht es um Prozessgrößen, also Informationen, die den eigentlichen Fertigungsprozess beschreiben, aber auch um Zustandsgrößen der Maschinen und ihrer Aggregate und Komponenten. Je nach Aufgabenstellung und Zielsetzung ist es sinnvoll, zusätzliche Messtechnik zu ergänzen, um beispielsweise bis dato nicht bekannte Zusammenhänge und Störeffekte identifizieren zu können. Diese Rohdaten werden digitalisiert und in entsprechenden Datenbanksystemen zur Verarbeitung bereitgestellt. Der Begriff Big Data ist hier übrigens mehrdeutig: Auf der einen Seite ist die Anzahl der eingesetzten Messpunkte durchaus nennenswert, in typischen Maschinen wie einer Kunststoff-Spritzgussmaschine ist schnell eine Anzahl von

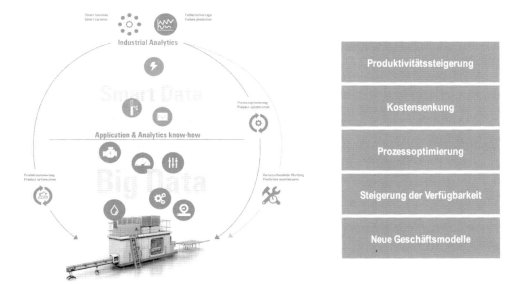

Abb. 15.4 Vorgehensweise der Industrial Analytics. (Weidmüller)

200 Signalen und mehr erreicht. Das Spektrum reicht dabei von einfachen binären Schaltern bis hin zu Sensoren mit einer hohen Signal- und Zeitauflösung. Nichtsdestotrotz bleibt das Datenvolumen beherrschbar für typische Automatisierungsgeräte, denn üblicherweise liegt das Volumen der Rohdaten für eine Fertigungsmaschine mit verschiedenen binären und analogen Sensoren über eine Laufzeit von circa einer Woche im Bereich von einigen zehn bis wenigen hundert MegaByte. Das obere Ende des Spektrums für das Datenvolumen in der Produktion sind aus heutiger Sicht sicher Bildverarbeitungssysteme und andere komplexe Messgeräte, die kontinuierlich ein erhebliches Datenvolumen erzeugen [29].

Im nächsten Schritt geht es darum, aus den Rohdaten die wirklich aussagekräftigen Informationen zu extrahieren. Dieser Schritt hängt natürlich stark von der Aufgabenstellung und den Optimierungskriterien ab. Zu diesem Zweck werden etwa statistische Verfahren, Filter- und Klassifizierungsmechanismen oder Verfahren der Mustererkennung eingesetzt. Diese Grundlage wird genutzt, um ein der Zielsetzung entsprechendes Modell des technischen Systems zu erzeugen. Hier stehen eine Reihe verschiedener Verfahren aus dem Umfeld des Maschinellen Lernens zur Verfügung, die zu diesem Zweck genutzt werden können. Das wesentliche Ziel ist, die relevanten Zusammenhänge und Abhängigkeiten im Verlauf einzelner Signale und in den Zusammenhängen verschiedener Signale zu erkennen. Ferner existieren weitere dezidierte Algorithmen, die zum Beispiel aus einer gegebenen Datenmenge die relevanten Zustände einer Maschine beziehungsweise eines Prozesses extrahieren können oder die Verhaltensmuster in einer Menge vergleichbarer Prozesse oder Produkte erkennen [15].

Die so erzeugten Modelle werden zur Laufzeit des Prozesses den Ist-Daten gegenübergestellt. Abweichungen deuten auf Anomalien hin, also Effekte, die vom gewünschten Verhalten abweichen. Ob diese Abweichung tatsächlich zu einer Störung führt oder erst einmal keine negativen Effekte drohen, muss jeweils bewertet werden. Diese Bewertung führt auf der einen Seite zu der Entscheidung, ob der Prozess weiter betrieben werden kann, oder ob ein Eingriff wie eine Instandhaltungs- oder Optimierungsmaßnahme umgesetzt wird. Auf der anderen Seite wird diese Information in das Modell zurückgespielt, um es weiterzuentwickeln und zu präzisieren. Das Ziel sind natürlich Modelle, die autark lauffähig sind und die die erforderlichen Handlungsoptionen ohne zusätzliche Unterstützung von außen ableiten können. Hierbei kommen zunehmend Verfahren der Advanced Analytics zum Einsatz, die prädiktiv arbeiten und so auf Basis der aktuell ermittelten Daten eine Prognose für das zukünftige Verhalten des Prozesses treffen können. Solche Technologien erlauben es also, einen Fehler zu erkennen, bevor er entsteht, und versetzen so den Betreiber einer Produktionsanlage in die Lage, Stillstandzeiten aufgrund von Störungen zu minimieren und die optimale Verfügbarkeit seiner Prozesse sicherzustellen. Eine Visualisierung der Ergebnisse aus der Analytics unterstützt die Mitarbeiter vor Ort bei der Interpretation der Ergebnisse und der Umsetzung der Maßnahmen [22].

Prinzipiell sollten die Schritte der Modellbildung und der Prädiktion rein auf Basis der extrahierten Daten umsetzbar sein. Die Praxis zeigt allerdings, dass der Schlüssel für den Erfolg von Industrial-Analytics-Projekten in der engen Zusammenarbeit der Data Scientists – der Fachleute für die Algorithmik, die in der Hauptsache datenbasiert arbeiten – und der Ingenieure – der Fachleute für den Prozess und das Betriebsmittel, die von den bekannten Wirkmechanismen ausgehen und in vielen Fällen erfahrungsbasiert arbeiten – liegt. Die Gefahr, ausschließlich datenbasiert zu arbeiten, liegt darin, das sprichwörtliche „Gras wachsen zu hören", während die Gefahr eines ausschließlich ingenieurmäßigen Vorgehens darin liegt, „nicht den Wald vor lauter Bäumen zu sehen". Das Potenzial, beide Ansätze zu integrieren, ist, grundsätzlich neue Erkenntnisse zu erzielen und zu berücksichtigen, ohne das umfangreiche Erfahrungswissen zu negieren.

Für die Implementierung einer Analytics-Lösung kommen alternative Architekturen in Frage. Startpunkt sind die prozessnahen Komponenten, die die Prozess- und Zustandsgrößen erfassen und digitalisieren. Sie müssen zwangsläufig kommunikationsfähig sein, um die erfassten Signale vernetzen zu können. Das können beispielsweise sogenannte Remote-I/O-Systeme oder kommunikationsfähige Signalwandler, aber auch Industriesteuerungen sein. Alle relevanten Daten müssen in ein gemeinsames Datenmodell gebracht werden, um sie für die Analyse vorzubereiten. Die Frage, wo die Daten abgelegt und verarbeitet werden, lässt sich auf die Frage nach dem erforderlichen Speicherplatz, der Rechenkapazität, der Verarbeitungsgeschwindigkeit und den Zugriffsmöglichkeiten reduzieren. Das Spektrum reicht von Cloud-basierten Lösungen bis hin zu Industrie PCs oder embedded Devices, die unmittelbar im Prozess – „on premise" – installiert sind. Cloud-basierte Lösungen zeichnen sich durch prinzipiell unbegrenzte Speicher- und Rechenkapazität aus, sind andererseits aufgrund des Antwortzeitverhaltens durch lange Kommunikationsstrecken in der Regel nicht echtzeitfähig. Automatisierungsgeräte verfügen über vergleichsweise geringe Speicherkapazität und Rechenleistungen, sind durch ihre Installation vor Ort und die dadurch realisierten kürzesten Reaktionszeiten aber auch zur Prozesssteuerung geeignet. Vor diesem Hintergrund wird die typischerweise speicher- und rechenintensive Phase des Modelllernens meist in Cloud-basierten Lösungen umgesetzt, während die Ausführung des Modells zur Prozesslaufzeit wegen des deutlich geringeren Speicher- und Rechenbedarfs auch on premise implementiert werden kann [22].

15.4.3   Selbstoptimierung in der Produktion

In einem engen Zusammenhang mit der Industrial Analytics steht die Selbstoptimierung von Produktionsanlagen und -prozessen. Während Analytics den Fokus auf die Erkennung von Mustern und Wirkzusammenhängen in großen Datenbeständen sowie die Progno-se des Systemverhaltens legt, ist das Ziel der Selbstoptimierung, das Systemverhalten zur Laufzeit so anzupassen, dass es sich ändernden Umgebungsbedingungen und vor al-lem sich ändernden Zielen genügt. Beide setzen allerdings auf der Digitalisierung des Produktionsprozesses und der umfänglichen Erfassung von Prozess- und Zustandsdaten auf.

Die Selbstoptimierung überlagert dem technischen System beziehungsweise Prozess und den relevanten Signalen und Informationen eine mehrschichtige Informationsverar-beitung. Diese Schichten zeichnen sich durch unterschiedlich umfangreiche Anpassungs-möglichkeiten, aber auch durch unterschiedlich enge Kopplungen an den technischen Prozess und damit durch unterschiedliche Reaktionsgeschwindigkeiten aus, analog zum Schichten-Modell der Kognitionswissenschaft für die Verhaltenssteuerung. Auf der un-tersten Ebene ist die Prozesssteuerung zu finden, die in harter Echtzeit reagiert, aber nur zwischen verschiedenen Konfigurationen und Parametrierungen variiert werden kann. Auf der obersten Ebene werden sogenannte kognitive Operatoren genutzt, die das System nach verschiedenen Zielen optimieren und dabei umfangreich in die Systemkonfiguration und das Systemverhalten eingreifen können. Beispiele sind die Optimierung des System-verhaltens nach der Sicherheit oder nach der Energieeffizienz, die zu unterschiedlichen Zeitpunkten des Betriebs relevant sein können und dementsprechend priorisiert werden müssen, um die Funktionsfähigkeit des Systems sicherzustellen [2].

Ein Beispiel für die Nutzung der Selbstoptimierung in der Produktion sind industrielle Umformprozesse, bei denen das Verhalten der Betriebsmittel (zum Beispiel Maschinen-dynamik, Geschwindigkeit, Temperatur, Verschleiß), aber auch externe Einflussgrößen (beispielsweise Festigkeit und Geometrie der Halbzeuge, Einflüsse aus vorgelagerten Pro-zessschritten) die Qualität der produzierten Artikel signifikant beeinflussen. Die Nutzung von Selbstoptimierungstechnologien erlaubt es, je nach Betriebsbedingungen und Rah-menbedingungen der Produktion (zum Beispiel Vorgaben aus der Disposition, Synchro-nisierung mit vor- und nachgelagerten Prozessschritten) verschiedene Reglerkonfiguratio-nen zu nutzen oder bestimmte Werkzeuge zu- oder abzuschalten und dies je nach Situation und Zielvorgaben individuell auszuprägen [23, 30].

Ein zweites Beispiel ist die energieeffiziente Prozessoptimierung des Kunststoff-Spritz-gießens, ein aufgrund der erforderlichen Thermodynamik und der hohen Dynamik der Betriebsmittel energieintensiver Prozess. Die Verknüpfung der Prozessregelung mit einer überlagerten Optimierung nach Kriterien der Energieeffizienz erlaubt es, je nach aktuellen Rahmenbedingungen den optimalen Betriebspunkt zwischen Produktivität, Qualität und Energieeffizienz zu finden. Gleichzeitig ist dies ein Beispiel für den Nutzen der vertikalen Integration, denn zur Umsetzung der energieeffizienten Prozessoptimierung ist die Verfügbarkeit der Energiekosten in Echtzeit erforderlich, was beispielsweise durch die Einbindung von Daten der EPEX-Strombörse in das System erreicht werden kann [15].

Neben dem Potenzial einer Selbstoptimierung zeigen beide Beispiele auch den Nutzen der vertikalen und der horizontalen Integration (siehe Abschn. 15.2.1). Gleichzeitig geben diese Anwendungsfälle Antworten auf die in Abschn. 15.1.2 beschrieben Trends und Potenziale im Maschinen- und Anlagenbau, insbesondere die Adaptivität, die Flexibilität und die Diagnose.

15.4.4 Cyber-physische Produktionssysteme

Projiziert man die Merkmale eines selbstoptimierenden Systems auf das Produktionsnetz-werk aus verschiedenen Maschinen, Anlagen und auch Produktionsbetrieben, entsteht ein konkretes Beispiel für ein cyber-physikalisches Produktionssystem, auch als CPPS be-zeichnet. Gegenüber einem intelligenten technischen System, das auf Umgebungseinflüs-se eigenständig reagieren und jederzeit das relevante Optimum umsetzen kann, vernetzt ein CPPS mehrere solcher Teilsysteme, die – gegebenenfalls auch über größere Distanzen – miteinander vernetzt sind und auf dieser Basis miteinander kommunizieren und ko-operieren, zu einem übergeordneten. Abb. 15.5 zeigt die Technologiekonzeption, die im Spitzencluster it's OWL (Intelligente technische Systeme Ostwestfalen-Lippe) entstanden ist und dort maßgeblich weiterentwickelt wird [2].

Um bei den in Abschn. 15.4.3 genannten Anwendungsfällen zu bleiben, würde ein CPPS z. B. dann entstehen, wenn für die Bestimmung der optimalen Prozessparameter des einen Betriebsmittels Daten aus vorgelagerten Prozessschritten einbezogen werden. So kann beispielsweise der Hersteller eines Metallbandes Informationen zu Geometrie, Legierung und Festigkeit des Halbzeuges in seinen Prozessen erfassen und dem Betrei-ber des Umformprozesses zur Verfügung stellen, damit er das Optimum hierfür einstellen kann. Ein zweites Beispiel ist die Möglichkeit, den Gesamtenergieverbrauch über alle Betriebsmittel in einer Fabrik zu erfassen und eine drohende kostspielige Lastspitze zu prognostizieren, die durch eine gezielte Drosselung einzelner Maschinen unter Berück-sichtigung der aktuellen Auftragslage, der bereits gestarteten Produktionsaufträge und den Fähigkeiten der einzelnen Betriebsmittel vermieden wird.

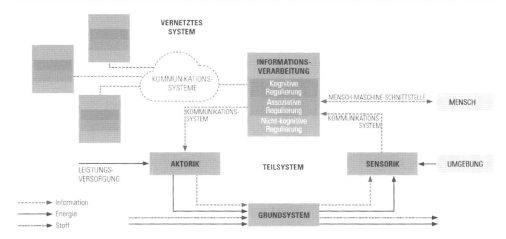

Abb. 15.5 Die Technologiekonzeption des Spitzenclusters it's OWL für intelligente technische Systeme. (Gausemeier et al. [2]; it's OWL)

15.5   Die Fabrik der Zukunft erfordert mehr als neue Technologien

Die vorhergehenden Abschnitte und insbesondere die beschriebenen Beispiele zeigen auf, dass die Konzeption der Industrie 4.0 ein konkretes Potenzial für produzierende Unternehmen bietet: Weil Technologien, die für die Produktion zwar neu sind, aber auf konkrete Bedarfe treffen, wird ihre Einführung nur eine Frage der Zeit sein – und keine Frage des ob. Das trifft nicht nur für die Konzepte und Anwendungsfälle zu, die in Abschn. 15.3 und 15.4 beschrieben wurden. Darüber hinaus gibt es eine Reihe von weiteren Potenzialen für die Nutzung von Informations- und Kommunikationstechnologien in der Produktion, zu denen beispielsweise die Digitalisierung des Engineerings, die Unterstützung von produktionsnahen Tätigkeiten mit virtuellen Methoden oder die Entstehung von neuen Geschäftsmodellen für produzierende Unternehmen und die Ausrüster zählen.

Die **Digitalisierung des Engineerings** meint die Nutzung von durchgängigen und übergreifenden Modellen und Schnittstellen, um den Entwicklungs- und Errichtungsprozess für eine Produktionsanlage in seiner Effizienz und Qualität zu steigern. Grundlage ist neben standardisierten Informationsmodellen eine umfassende Semantik, um die eindeutige Interpretation der in den Modellen abgebildeten Informationen sicherzustellen. Methoden der Virtual Reality und der Augmented Reality bieten für produzierende Unternehmen das Potenzial, den Menschen in seinen Arbeitsabläufen mit Informationen zu unterstützen. Das erlaubt, seine Tätigkeiten anzureichern und ihn unbekannte Abläufe einfach und sicher umsetzen zu lassen.

Das Konzept der Industrie 4.0 und die Erweiterung des bestehenden Technologieportfolios um die Digitalisierung versetzen produzierende Unternehmen und ihre Ausrüster aber auch in die Lage, ihre **Geschäftsmodelle zu erweitern**. Stehen heute in den meisten

Fällen der Verkauf eines physischen Produktes sowie die Servicierung über die Lebenszeit im Zentrum der Geschäftstätigkeit, erlaubt der tiefe Einblick in den aktuellen Zustand der Prozesse und Systeme Möglichkeiten für neue Dienstleistungen und Geschäftsmodelle. Beispiele sind die Optimierung von Fertigungsprozessen, Betreibermodelle für Betriebsmittel, Benchmarkings oder die Flexibilisierung der Supply Chain, für die in allen Fällen die Digitalisierung Voraussetzung ist. Sicher ist allerdings auch, dass uns heute noch die Vorstellungskraft fehlt, die neuen Möglichkeiten vollständig vorauszudenken, die durch die Industrie 4.0 entstehen.

Auf der anderen Seite gilt es, die Voraussetzungen zu schaffen. Für die Entwicklung konkreter neuer Technologien wurde eine Reihe von Ansatzpunkten genannt, weitere finden sich in anderen Beiträgen dieses Buches. Neben der Technologieentwicklung selbst ist allerdings auch die **Standardisierung** ein wesentlicher Baustein, um umfassende Anwendbarkeit sicherzustellen und Investitionssicherheit zu schaffen. Dabei müssen die internationalen Anforderungen berücksichtigt werden, um Einzellösungen und technologische Sackgassen zu vermeiden.

Zu den Voraussetzungen zählt allerdings auch die Methodik, wie solche Systeme zu entwickeln sind. Der Begriff **Systems Engineering** fasst das Framework aus Vorgehensmodellen, Methoden und Werkzeugen zusammen, das für die Entwicklung heutiger Produkte eingesetzt werden kann. Auf dem Weg zu intelligenten technischen Systemen besteht hier allerdings weiterer Handlungsbedarf [31]. Ähnliches gilt auch für die rechtlichen Rahmenbedingungen: Die technisch grundlegend neuen Konzepte der Industrie 4.0 erfordern auch rechtlich und normativ neue Herangehensweisen, um ihre Umsetzung nicht zu behindern. Nicht zuletzt bedarf es auf dem Weg zur Industrie 4.0 auch der Unterstützung der Industrieverbände, der Gewerkschaften und der Politik, um die erforderlichen innovationsfreundlichen Rahmenbedingungen zu setzen und die richtigen Anreize zu schaffen. Damit wird das Konzept für die Fabrik der Zukunft – die Industrie 4.0 – zu einer umfassenden gesellschaftlichen Herausforderung, die allerdings ein vielfältiges und vielversprechendes Spektrum neuer Möglichkeiten schafft.

Literatur

Verwendete Literatur
1. Kagermann, H., Lukas, W.-D., & Wahlster, W. (2011). Industrie 4.0: Mit dem Internet der Dinge auf dem Weg zur 4. Industriellen Revolution. *VDI Nachrichten, 2011*(13).
2. Gausemeier, J., Dumitrescu, R., Jasperneite, J., Kühn, A., & Trsek, H. (2015). Auf dem Weg zu Industrie 4.0: Lösungen aus dem Spitzencluster it's OWL. http://www.its-owl.de/fileadmin/ PDF/Informationsmaterialien/2016-Auf_dem_Weg_zu_Industrie_4.0_Loesungen_aus_dem_ Spitzencluster.pdf. Zugegriffen: 12. Mai 2016.
3. MQTT.org (2014). MQTT Version 3.1.1 OASIS Standard. http://docs.oasis-open.org/mqtt/mqtt/ v3.1.1/os/mqtt-v3.1.1-os.html. Zugegriffen: 12. Mai 2016.
4. Plattform Industrie 4.0 (2016). Aspekte der Forschungsroadmap in den Anwendungsszenarien. Ergebnispapier der AG2 der Plattform Industrie 4.0. http://www.plattform-i40.de/I40/

Redaktion/DE/Downloads/Publikation/anwendungsszenarien-auf-forschungsroadmap.html. Zugegriffen: 12. Mai 2016.

5. Roland Berger Strategy Consultants (2015). Trend Compendium 2030. http://www.rolandberger. com/gallery/trend-compendium/tc2030/. Zugegriffen: 12. Mai 2016.

6. Gausemeier, J., & Plass, C. (2014). *Zukunftsorientierte Unternehmensgestaltung. Strategie, Geschäftsprozesse und IT-Systeme für die Produktion von morgen.* München u.a.: Hanser.

7. Sendler, U. (2009). *Das PLM-Kompendium. Referenzbuch des Produkt-Lebenszyklus-Managements.* Berlin u.a.: Springer.

8. Plattform Industrie 4.0 (2016). Arbeit, Aus- und Weiterbildung in den Anwendungsszenarien. Diskussionspapier der AG4 der Plattform Industrie 4.0. http://www.plattform-i40. de/I40/Redaktion/DE/Downloads/Publikation/anwendungsszenarien-fuer-arbeit-aus-und-weiterbildung.html. Zugegriffen: 12. Mai 2016.

9. Köhler, P., Six, B., & Michels, J. S. (2015). Industrie 4.0: Ein Überblick. In C. Köhler-Schute (Hrsg.), *Industrie 4.0: Ein praxisorientierter Ansatz.* Berlin: KS-Energy.

10. Plattform Industrie 4.0 (2015). Industrie 4.0 – White Paper FuE-Themen. http://www.plattform-i40.de/industrie-40-whitepaper-fue-themen-stand-7-april-2015-0. Zugegriffen: 12. Mai 2016.

11. Zentralverband Elektrotechnik- und Elektronikindustrie ZVEI e.V. (2015). *Elektrische Verbindungstechnik für Industrie 4.0? – Herausforderungen an die elektrische Verbindungstechnik durch den Einzug von „Industrie 4.0"-Konzepten.* Frankfurt: ZVEI.

12. Heymann, S., Jasperneite, J., Schröck, S., & Fay, A. (2015). *Beschreibung von modularisierten Produktionsanlagen in Industrie 4.0.* Tagungsband Kongress Automation 2015, Baden-Baden, 11.–12. Juni 2015.

13. Hempen, U., Albers, T., Kreft, S., Holm, T., Obst, M., Fay, A., & Urbas, L. (2015). *Dezentrale Intelligenz für modulare Anlagen.* Kongress Automation 2015, Baden-Baden, 11.–12. Juni 2015.

14. Reichert, R. (2014). *Big Data: Analysen zum digitalen Wandel von Wissen, Macht und Ökonomie.* Bielefeld: transcript Verlag.

15. Maier, A., & Niggemann, O. (2015). *On the Learning of Timing Behavior for Anomaly Detection in Cyber-Physical Production Systems.* International Workshop on the Principles of Diagnosis (DX), Paris, August 2015.

16. Plattform Industrie 4.0 (2016). Security in RAMI4.0. Leitfaden der AG Sicherheit der Plattform Industrie 4.0. http://www.plattform-i40.de/I40/Redaktion/DE/Downloads/Publikation/security-rami40.html. Zugegriffen: 12. Mai 2016.

17. Plattform Industrie 4.0 (2015). Umsetzungsstrategie Industrie 4.0. Ergebnisbericht der Plattform Industrie 4.0. http://www.plattform-i40.de/umsetzungsstrategie-industrie-40-0. Zugegriffen: 12. Mai 2016.

18. Plattform Industrie 4.0 (2016). Struktur der Verwaltungsschale. Fortentwicklung des Referenzmodells für die Industrie 4.0-Komponente. Ergebnispapier der AG1 der Plattform Industrie 4.0. http://www.plattform-i40.de/I40/Redaktion/DE/Downloads/Publikation/struktur-der-verwaltungsschale.html. Zugegriffen: 12. Mai 2016.

19. DIN SPEC 91345:2016-04 – Referenzarchitekturmodell Industrie 4.0 (RAMI4.0) (2016).

20. Verein Deutscher Ingenieure e.V. (2014). *Statusreport Industrie 4.0 Gegenstände, Entitäten, Komponenten.* Berlin.

21. Industrial Internet Consortium (2016). The Industrial Internet Reference Architecture Report. http://www.iiconsortium.org/IIRA.htm. Zugegriffen: 12. Mai 2016.

22. Gatica, P. C. (2016). *Produktivitätssprung in der Kunststofffertigung durch den Einsatz von Advanced Analytics.* VDMA-Veranstaltung „Mehrwert in Produktion und Service durch Big Data Ansätze", Frankfurt, 6. April 2016.

23. Damerow, U., Borzykh, M., Tabakajew, D., Schaermann, W., Hesse, M., Homberg, W., Trächtler, A., Jungeblut, T., & Michels, J. S. (2015). Intelligente Biegeverfahren. Entwicklung selbstkorri-

gierender Fertigungsprozesse in der Umformtechnik. *wt Werkstattstechnik online*, *2015*(6), 427–432.

24. Strohbach, M., & von Toll, C. (2016). *Fallbeispiel Energy Management in der Produktionswirtschaft – Einsparungspotential mit datenorientierter Analyse und Big Data Technologien.* bitkom Big Data Summit, Hanau, 16. Februar 2016.
25. OPC Foundation (2016). OPC Unified Architecture Specification. https://opcfoundation.org/developer-tools/specifications-unified-architecture. Zugegriffen: 12. Mai 2016.
26. eCl@ss e.V, Classification and Product Description (2016). eCl@ss Technical Standards. http://wiki.eclass.eu/wiki/Category:Rules_and_standards. Zugegriffen: 12. Mai 2016.
27. MTConnect Institute (2015). MTConnect Standard Version 1.3.1. http://www.mtconnect.org/standard. Zugegriffen: 12. Mai 2016.
28. Jacob, H. (2015). *Smarte Fabrik ohne Kopfzerbrechen.* A&D, Bd. 4/2015. München: Publish Industry.
29. Gaukstern, T. (2016). *Umsetzung von Predictive Maintenance in der Produktion – Herausforderungen und Lösungen am Beispiel einer Spritzgussmaschine.* VDMA-Kongress „Predictive Maintenance 4.0", Frankfurt, 23. Februar 2016.
30. Verein Deutscher Ingenieure e.V. (2014). *Statusreport Industrie 4.0 CPS-basierte Automation.* Berlin.
31. Gausemeier, J., Dumitrescu, R., Steffen, D., Czaja, A., Wiederkehr, O., & Tschirner, C. (2013). *Systems Engineering in der industriellen Praxis.* Paderborn: Heinz Nixdorf Institut, Universität Paderborn: Lehrstuhl für Produktentstehung.

Weiterführende Literatur
32. Dumitrescu, R., Gausemeier, J., Kühn, A., Luckey, M., Plass, C., Schneider, M., & Westermann, T. (2016). Auf dem Weg zur Industrie 4.0: Erfolgsfaktor Referenzarchitektur. http://www.its-owl.de/fileadmin/PDF/Informationsmaterialien/2015-Auf_dem_Weg_zu_Industrie_4.0_Erfolgsfaktor_Referenzarchitektur.pdf. Zugegriffen: 12. Mai 2016.
33. Gausemeier, J., Lanza, G., & Lindemann, U. (2012). *Produkte und Produktionssysteme integrativ konzipieren. Modellbildung und Analyse in der frühen Phase der Produktentstehung.* München u.a.: Hanser.
34. Michels, J. S., Gatica, P. C., & Köster, M. (2015). Anomalien und Ineffizienzen in Produktionsanlagen erkennen. *Automatisierungstechnische Praxis.*
35. Plattform Industrie 4.0 (2016). Technischer Überblick: Sichere unternehmensübergreifende Kommunikation. http://www.plattform-i40.de/I40/Redaktion/DE/Downloads/Publikation/sichere-unternehmensuebergreifende-kommunikation.htmlZugegriffen. Zugegriffen: 12. Mai 2016.

Printed by Printforce, the Netherlands